EUCLIDIS
ELEMENTA
GRAECE ET LATINE.

COMMENTARIIS INSTRUCTA

EDIDERUNT

IOANNES GUILELMUS CAMERER

ET

CAROLUS FRIDERICUS HAUBER.

BEROLINI

SUMTIBUS G. REIMERI

MDCCCXXV.

EUCLIDIS

ELEMENTORUM

LIBRI SEX PRIORES

GRAECE ET LATINE

COMMENTARIO E SCRIPTIS VETERUM AC RECENTIORUM MATHEMATICORUM ET PFLEIDERERI MAXIME ILLUSTRATI.

EDIDIT

IOANNES GUILELMUS CAMERER

GYMNASII STUTTGARDIANI RECTOR.

TOM. II. COMPLECTENS LIBR. IV—VI.

CUM VI. TABULIS.

BEROLINI

SUMTIBUS G. REIMERI

MDCCCXXV.

EUCLIDIS

ELEMENTORUM

LIBRI SEX PRIORES.

ΕΥΚΛΕΙΔΟΥ
ΣΤΟΙΧΕΙΩΝ
ΒΙΒΛΙΟΝ ΤΕΤΑΡΤΟΝ.

ΟΡΟΙ.

α΄. Σχῆμα εὐθύγραμμον εἰς σχῆμα εὐθύγραμμον ἐγγράφεσθαι λέγεται, ὅταν ἑκάστη τῶν τοῦ ἐγγραφομένου σχήματος γωνιῶν ἑκάστης πλευρᾶς τοῦ εἰς ὃ ἐγγράφεται ἅπτηται.

β΄. Σχῆμα δὲ ὁμοίως περὶ σχῆμα περιγράφεσθαι λέγεται, ὅταν ἑκάστη πλευρὰ τοῦ περιγραφομένου ἑκάστης γωνίας τοῦ περὶ ὃ περιγράφεται ἅπτηται.

γ΄. Σχῆμα δὲ εὐθύγραμμον εἰς κύκλον ἐγγράφεσθαι λέγεται, ὅταν ἑκάστη γωνία τοῦ ἐγγραφομένου ἅπτηται τῆς τοῦ κύκλου περιφερείας.

δ΄. Σχῆμα δὲ εὐθύγραμμον περὶ κύκλον περιγράφεσθαι λέγεται, ὅταν ἑκάστη πλευρὰ τοῦ περιγραφομένου ἐφάπτηται τῆς τοῦ κύκλου περιφερείας [1]).

ε΄. Κύκλος δὲ εἰς σχῆμα ὁμοίως λέγεται ἐγγράφεσθαι, ὅταν ἡ τοῦ κύκλου περιφέρεια ἑκάστης πλευρᾶς τοῦ εἰς ὃ ἐγγράφεται ἅπτηται [2]).

1) Ita rectius omnino cum Cod. a. legit Peyrardus. Priores editiones habebant: ὅταν ἑκάστη πλευρὰ τῆς τοῦ κύκλου περιφερείας τοῦ περιγραφομένου ἐφάπτηται.

2) Si vera sunt, quae e Rob. Simson. ad III. Def. 2. notavimus, hic legendum fuerit ἐφάπτηται.

EUCLIDIS
ELEMENTORUM
LIBER QUARTUS.

DEFINITIONES.

1. Figura rectilinea in figura rectilinea inscribi dicitur, quando unusquisque inscriptae figurae angulus tangit unumquodque latus eius, in qua inscribitur.

2. Figura autem similiter circa figuram circumscribi dicitur, quando unumquodque latus circumscriptae tangit unumquemque angulum eius, circa quam circumscribitur.

3. Figura vero rectilinea in circulo inscribi dicitur, quando unusquisque angulus circumscriptae tangit circuli circumferentiam.

4. Figura autem rectilinea circa circulum circumscribi dicitur, quando unumquodque latus circumscriptae contingit circuli circumferentiam.

5. Circulus vero in figura similiter dicitur inscribi, quando circuli circumferentia unumquodque latus eius, in qua inscribitur contingit.

DEFIN.

Obs. Campanus habet tantum duas primas huius libri definitiones. At illae ipsae nusquam adhibentur. Hinc du-

ϛ'. Κύκλος δὲ περὶ σχῆμα περιγράφεσθαι λέγεται, οταν ἡ τοῦ κύκλου περιφέρεια ἑκάστης γωνίας τοῦ περὶ ὃ περιγράφεται ἅπτηται.

ζ'. Εὐθεῖα εἰς κύκλον ἐναρμόζεσθαι λέγεται, ὅταν τὰ πέρατα αὐτῆς ἐπὶ τῆς περιφερείας ᾖ τοῦ κύκλου.

ΠΡΟΤΑΣΙΣ α.

Εἰς τὸν δοθέντα κύκλον τῇ δοθείσῃ εὐθείᾳ, μὴ μείζονι οὔσῃ τῆς τοῦ κύκλου διαμέτρου, ἴσην εὐθεῖαν ἐναρμόσαι.

Ἔστω ὁ δοθεὶς κύκλος ὁ ΑΒΓ, ἡ δὲ δοθεῖσα εὐθεῖα μὴ μείζων τῆς τοῦ κύκλου διαμετρου ἡ Δ· δεῖ δὴ εἰς τὸν ΑΒΓ κύκλον τῇ Δ εὐθείᾳ ἴσην εὐθεῖαν ἐναρμόσαι.

Ἤχθω τοῦ ΑΒΓ κύκλου διάμετρος ἡ ΒΓ. Εἰ μὲν οὖν ἴση ἐστὶν ἡ ΒΓ τῇ Δ, γεγονὸς ἂν εἴη τὸ ἐπιταχθέν· ἐνήρμοσται γὰρ εἰς τὸν ΑΒΓ κύκλον τῇ

bium videri possit, annon serius adiectae fuerint ad analogiam sequentium.

PROPOSITIO I.

Obs. Quum punctum *Γ* in circumferentia pro lubitu sumi queat, patet, innumeris modis problema solvi posse, nisi nova adhuc determinatio accedat. Eiusmodi determinatio ea esse potest, si punctum *Γ* datum esse sumere velis. Verum, etiam hoc sumto, duplex tamen, quod et Commandinus monuit, solutio locum habebit: aeque enim ducta recta *ΓZ* ad punctum Z, in quo circuli iterum sibi occurrunt, problemati satisfaciet, ac recta *ΓA*. Alia determinatio haec esse poterit, ut recta circulo inscribenda vel ipsa, vel producta, per datum punctum transeat, quod non sit in circuli circumferentia; vel ut illa parallela sit rectae positione datae. Et,

6. Circulus autem circa figuram circumscribi dicitur, quando circuli circumferentia unumquemque angulum ipsius, circa quam circumscribitur, tangit.

7. Recta in circulo aptari dicitur, quando termini eius in circumferentia sunt circuli.

PROPOSITIO I. (Fig. 283.)

In dato circulo datae rectae, quae non maior sit diametro circuli, aequalem rectam aptare.

Sit datus circulus $AB\Gamma$, data autem recta Δ non maior circuli diametro, oportet igitur in circulo $AB\Gamma$ rectae Δ aequalem rectam aptare.

Ducatur circuli $AB\Gamma$ diameter $B\Gamma$. Si quidem igitur $B\Gamma$ aequalis est Δ, factum erit propositum. Aptata est enim in circulo $AB\Gamma$, $B\Gamma$ rectae Δ ae-

si quidem illud postuletur, ut recta circulo dato inscribenda per datum punctum transeat, problema unum ex iis est, quae Pappo testante in Praefat. ad libr. VII. Collect. Math. Apollonius in libris περὶ νεύσεων tractavit. (Cf. Apollonii Pergaei Inclinat. Libri duo ed. Horsley Oxon. 1770. et: Die Bücher des Apollonius von Perga de Inclinationibus von Diesterweg Berlin. 1823). Et particulare illud problema facile solvetur sequentem in modum.

Anal. Puta factum, et Fig. 284. recta AB, quae aequalis sit rectae datae Δ diametro non maiori, inscripta sit circulo dato ABZ, eaque ipsa aut producta per datum punctum Γ transeat, quod non sit in circuli dati circumferentia. Et 1) quidem, si recta data sit aequalis diametro circuli, recta circulo inscribenda erit diameter per datum punctum ducta. Si autem non fuerit diameter, erit ex hyp. minor diametro,

Δ εὐθείᾳ ἴση ἡ ΒΓ. Εἰ δὲ οὐ μείζων ἐστὶν ἡ ΒΓ τῆς Δ, καὶ κείσθω [1]) τῇ Δ ἴση ἡ ΓΕ, καὶ κέντρῳ μὲν τῷ Γ, διαστήματι δὲ τῷ ΓΕ κύκλος γεγράφθω ὁ ΑΕΖ, καὶ ἐπεζεύχθω ἡ ΓΑ.

Ἐπεὶ οὖν τὸ Γ σημεῖον κέντρον ἐστὶ τοῦ ΑΕΖ κύκλου, ἴση ἐστὶν ἡ ΓΑ τῇ ΓΕ. Ἀλλὰ τῇ Δ ἡ ΓΕ ἐστὶν ἴση· καὶ ἡ Δ ἄρα τῇ ΓΑ ἐστὶν ἴση.

Εἰς ἄρα τὸν δοθέντα κύκλον τὸν ΑΒΓ, τῇ δοθείσῃ εὐθείᾳ [2]), μὴ μείζονι οὔσῃ τῆς τοῦ κύκλου διαμέτρου, ἴση ἐνήρμοσται ἡ ΓΑ. Ὅπερ ἔδει ποιῆσαι.

ΠΡΟΤΑΣΙΣ β'.

Εἰς τὸν δοθέντα κύκλον τῷ δοθέντι τριγώνῳ ἰσογώνιον τρίγωνον ἐγγράψαι.

Ἔστω ὁ δοθεὶς κύκλος ὁ ΑΒΓ, τὸ δὲ δοθὲν τρίγωνον τὸ ΔΕΖ· δεῖ δὴ εἰς τὸν ΑΒΓ κύκλον τῷ ΔΕΖ τριγώνῳ ἰσογώνιον τρίγωνον ἐγγράψαι.

1) Peyrardus cum Cod. a legit: εἰ δὲ μείζων ἐστὶν ἡ ΒΓ τῆς Δ, κείσθω. Nos restituimus lectionem ed. Oxon.

2) Peyrardus cum Cod. a. omittit verba μὴ μείζονι οὔσῃ τῆς τοῦ κύκλου διαμέτρου et eorum loco ponit τῇ Δ: nos ista verba, quae necessariam omnino determinationem continent, restituimus.

adeoque extra centrum *E* transibit (III. 15.). Demissa igitur in eam e centro perpendicularis *EΘ* eam bisecabit (III. 3.), adeoque, ob datam *AB*, data erit dimidia *AΘ*, adeoque data erit, vel inveniri poterit in triangulo ad *Θ* rectangulo *AΘE*, in quo etiam *EA* datur, recta *EΘ* (I. 47. Cor. 20.) vel distantia, qua recta *AB* a centro *E* abest, vel, ut aliter dicamus, notum erit, in qua distantia a centro *E* situm esse debeat punctum *Θ*, nempe in circulo centro *E*, radio *EΘ* descripto. (Quod ipsum brevius e III. 15. Cor. derivari poterat.). Qui circulus si describatur, continget eum recta *AB*

qualis. Sin minus, maior est $B\Gamma$ ipsa $\varDelta$, et ponatur ipsi $\varDelta$ aequalis ΓE (I. 3.), et centro Γ, intervallo vero ΓE, circulus describatur AEZ (Post. 3.), et iungatur ΓA.

Quoniam igitur punctum Γ centrum est circuli AEZ, aequalis est ΓA ipsi ΓE. Sed ΓE ipsi $\varDelta$ est aequalis; et $\varDelta$ igitur ipsi ΓA est aequalis.

In dato igitur circulo $AB\Gamma$, datae rectae, quae non maior est diametro circuli, aequalis aptata est ΓA. Quod oportebat facere.

PROPOSITIO II. (Fig. 285.)

In dato circulo inscribere triangulum aequiangulum dato triangulo.

Sit datus circulus $AB\Gamma$, datum vero triangulum $\varDelta EZ$; oportet in circulo $AB\Gamma$ triangulo $\varDelta EZ$ aequiangulum triangulum inscribere.

in Θ (III. 16.), adeoque tota extra eum posita erit. Unde, ut recta AB transire possit per punctum datum Γ, necesse est, ut punctum Γ non sit intra circulum centro E, radio $E\Theta$, descriptum. Quodsi non fuerit, problema reductum est ad hoc: e puncto dato Γ, quod non sit intra circulum datum, ducere ad hunc circulum rectam, quae eum contingat, i. e. ad III. 17.

Compositio problematis itaque huc redit. Si recta data $\varDelta$ aequalis sit diametro circuli dati, ducatur per punctum datum Γ diameter circuli. (Punctum nempe Γ a centro E diversum esse sumitur, quodsi non foret, quaevis diameter problemati satisfaceret.). Sin autem recta data minor sit diametro circuli dati, sumatur in circumferentia circuli punctum quodcunque H, et ex IV. 1. circulo inscribatur recta $HK = \varDelta$, et, demisso in HK perpendiculo EI, centro E, radio EI, describatur circulus. Quodsi iam punctum datum Γ sit intra hunc circu-

Ἤχθω τοῦ *ΑΒΓ* κύκλου ἐφαπτομένη ἡ *ΗΘ* κατὰ τὸ *Α*, καὶ συνεστάτω πρὸς μὲν τῇ *ΑΘ* εὐθείᾳ καὶ τῷ πρὸς αὐτῇ σημείῳ τῷ *Α* τῇ ὑπὸ *ΔΕΖ* γωνίᾳ ἴση ἡ ὑπὸ *ΘΑΓ*· πρὸς δὲ τῇ *ΗΑ* εὐθείᾳ καὶ τῷ πρὸς αὐτῇ σημείῳ τῷ *Α* τῇ ὑπὸ *ΖΔΕ* γωνίᾳ ἴση ἡ ὑπὸ *ΗΑΒ*, καὶ ἐπεζεύχθω ἡ *ΒΓ*.

Ἐπεὶ οὖν κύκλου τοῦ *ΑΒΓ* ἐφάπτεταί τις εὐθεῖα ἡ *ΘΑ*, καὶ ἀπὸ τῆς κατὰ τὸ *Α* ἐπαφῆς εἰς τὸν κύκλον διῆκται εὐθεῖα ἡ *ΑΓ*· ἡ ἄρα ὑπὸ *ΘΑΓ* ἴση ἐστὶ τῇ ἐν τῷ ἐναλλὰξ τοῦ κύκλου τμήματι γωνίᾳ, τῇ ὑπὸ *ΑΒΓ*. Ἀλλ' ἡ ὑπὸ *ΘΑΓ* τῇ ὑπὸ *ΔΕΖ* ἐστὶν ἴση· καὶ ἡ ὑπὸ *ΑΒΓ* ἄρα γωνία τῇ ὑπὸ *ΔΕΖ* ἐστὶν ἴση. Διὰ τὰ αὐτὰ δὴ καὶ ἡ ὑπὸ *ΑΓΒ* τῇ ὑπὸ *ΖΔΕ* ἐστὶν ἴση, καὶ λοιπὴ ἄρα ἡ ὑπὸ *ΒΑΓ* λοιπῇ τῇ ὑπὸ *ΕΖΔ* ἐστὶν ἴση· ἰσογώνιον ἄρα ἐστὶ τὸ *ΑΒΓ* τρίγωνον τῷ *ΔΕΖ* τριγώνῳ, καὶ ἐγγέγραπται εἰς τὸν *ΑΒΓ* κύκλον.

lum, problema solvi nequit. Si autem *HK* transeat per punctum *Γ*, factum erit, quod petebatur. Sin minus ex puncto *Γ* ducatur recta *ΑΓΒ* circulum interiorem contingens (III. 17. vel III. 16. Cor.) eritque illa =*HK* (Obs. 4. ad III. 18.) =*Δ*. Et patet ex III. 17. duas semper solutiones locum habere, excepto eo casu, quo punctum *Γ* est in circumferentia circuli interioris, qui non nisi unam solutionem admittit. Notari meretur, ad facillimum hoc et simplicissimum problema facile reduci posse alia magis composita v. c. problema, circulo dato inscribendi triangulum, cuius duo latera parallela sint duabus rectis positione datis, et cuius tertium latus transeat per datum punctum, vel generalius problema circulo dato inscribendi Polygonum quodcunque, quod imparem laterum numerum habeat, ita, ut eius latera omnia, uno excepto, sint parallela rectis positione datis, reliquum autem latus transeat per punctum datum, vel etiam, ut omni polygoni

Ducatur recta $H\Theta$ contingens circulum $AB\Gamma$ in A (III. 17.), et constituatur ad rectam $A\Theta$ et ad punctum in ea angulo ΔEZ aequalis $\Theta A\Gamma$ (I. 23.); rursus, ad rectam HA et ad punctum in ea A angulo $Z\Delta E$ aequalis HAB, et iungatur $B\Gamma$.

Quoniam igitur circulum $AB\Gamma$ contingit aliqua recta ΘA, a contactu autem ad A in circulo ducta est recta $A\Gamma$, angulus $\Theta A\Gamma$ aequalis est angulo $AB\Gamma$ in alterno circuli segmento (III. 32.). Sed angulus $\Theta A\Gamma$ ipsi ΔEZ est aequalis; angulus igitur $AB\Gamma$ ipsi ΔEZ est aequalis. Ex eadem ratione et angulus $A\Gamma B$ ipsi $Z\Delta E$ est aequalis, et reliquus igitur $BA\Gamma$ reliquo $EZ\Delta$ est aequalis (I. 32.). Triangulum igitur $AB\Gamma$ aequiangulum est triangulo ΔEZ, et inscriptum est in circulo $AB\Gamma$.

latera transeant per puncta data, aliaque huius generis plura, quod primum ostendit Annibale Giordano di Ottaiano (Memorie di Fisica e di Math. della Societa Italiana T. IV.), et post eum eodem loco Malfatti. Cf. l'Huilier Elémens d'Analyse Géométrique et d'Analyse Algébraique §. 146. sqq. Klügel. Wörterb. T. III. p. 155. Meier. Hirsch. Samml. geom. Aufg. I. Th. §. 150. sqq. Carnot. Géom. de Position. Transeamus iam ad aliud, de quo ante diximus, problema. Inscribenda nempe sit circulo dato recta AB aequalis rectae datae Δ, quae non maior esse ponitur, quam circuli diameter, ita, ut recta AB simul parallela sit rectae positione datae. Praetermisso eo casu, quo recta data Δ aequalis est diametro, ostendetur, ut in problemate praecedente, rectam AB esse contingentem circuli ex eodem centro cum circulo dato descripti: cuius radii quadratum aequale sit differentiae quadrati radii circuli dati, et quadrati dimidiae rectae Δ. Quum itaque

Εἰς τὸν δοθέντα ἄρα κύκλον τῷ δοθέντι τριγώνῳ ἰσογώνιον τρίγωνον ἐγγέγραπται. Ὅπερ ἔδει ποιῆσαι.

ΠΡΟΤΑΣΙΣ γ'.

Περὶ τὸν δοθέντα κύκλον τῷ δοθέντι τριγώνῳ ἰσογώνιον τρίγωνον περιγράψαι.

Ἔστω ὁ δοθεὶς κύκλος ὁ ΑΒΓ, τὸ δὲ δοθὲν τρίγωνον τὸ ΔΕΖ· δεῖ δὴ περὶ τὸν ΑΒΓ κύκλον τῷ ΔΕΖ τριγώνῳ ἰσογώνιον τρίγωνον περιγράψαι.

Ἐκβεβλήσθω ἡ ΕΖ ἐφ' ἑκάτερα τὰ μέρη κατὰ τὰ Η, Θ σημεῖα, καὶ εἰλήφθω τοῦ ΑΒΓ κύκλου κέντρον τὸ Κ, καὶ διήχθω ὡς ἔτυχεν εὐθεῖα ἡ ΚΒ, καὶ συνεστάτω πρὸς τῇ ΚΒ εὐθείᾳ καὶ τῷ πρὸς αὐτῇ σημείῳ τῷ Κ τῇ μὲν ὑπὸ ΔΕΗ γωνίᾳ ἴση ἡ ὑπὸ ΒΚΑ, τῇ δὲ ὑπὸ ΔΖΘ ἴση ἡ ὑπὸ ΒΚΓ, καὶ διὰ τῶν Α, Β, Γ σημείων ἤχθωσαν ἐφαπτόμεναι τοῦ ΑΒΓ κύκλου αἱ ΛΑΜ, ΜΒΝ, ΝΓΛ.

Καὶ ἐπεὶ ἐφάπτονται τοῦ ΑΒΓ κύκλου αἱ ΛΜ, ΜΝ, ΝΛ κατὰ τὰ Α, Β, Γ, ἀπὸ δὲ τοῦ Κ κέντρου ἐπὶ τὰ Α, Β, Γ 1) σημεῖα ἐπιζευγνύμεναί εἰσιν αἱ ΚΑ, ΚΒ, ΚΓ· ὀρθαὶ ἄρα εἰσὶν αἱ πρὸς τοῖς Α,

1) Verba: ἀπὸ δὲ τοῦ Κ κέντρου ἐπὶ τὰ Α, Β, Γ, quae cum Cod. a. omittit Peyrardus, ex antiq. ed. restituimus, quod magis determinate exprimunt, rectas *ex centro* ductas esse.

hic circulus eodem ac ante modo describi possit, problema redit ad id, de quo Obs. 5. ad III. 17. diximus. Aliam et faciliorem huius problematis solutionem tradunt Commandinus et ex eo Clavius. Nempe ducta diametro rectae positione datae parallela, abscindantur in ea e centro ex utraque parte segmenta aequalia dimidiae rectae Δ, atque ex horum extremitatibus erigantur ad diametrum perpendicula, quae *inter se* comprehendent segmenta circuli, quorum singulae chordae

In dato igitur circulo triangulum dato triangulo aequiangulum descriptum est. Quod oportebat facere.

PROPOSITIO III. (Fig. 286.)

Circa datum circulum dato triangulo aequiangulum triangulum circumscribere.

Sit datus circulus $AB\Gamma$, datum autem triangulum ΔEZ; oportet circa $AB\Gamma$ circulum triangulo ΔEZ aequiangulum triangulum circumscribere.

Producatur EZ ex utraque parte ad H, Θ puncta, et sumatur centrum K circuli $AB\Gamma$ (III. 1.), et ducatur utcunque recta KB, et constituatur ad KB rectam et ad punctum in ea K angulo ΔEH aequalis BKA, angulo vero $\Delta Z\Theta$ aequalis $BK\Gamma$ (I. 23.) et per puncta A, B, Γ ducantur rectae ΛAM, MBN, $N\Gamma\Lambda$ circulum $AB\Gamma$ contingentes.

Et quoniam contingunt circulum $AB\Gamma$ rectae ΛM, MN, $N\Lambda$ in punctis A, B, Γ, ex centro K autem ad puncta A, B, Γ ductae sunt KA, KB, $K\Gamma$, recti sunt anguli ad puncta A, B, Γ (III. 18.). Et

propositum efficient. Caeterum (ope III. 20.) ad hoc problema facile reducitur illud: circulo dato inscribere triangulum, cuius singula latera parallela sint rectis positione datis, quae omnes se intersecant.

PROPOSITIO II.

Obs. In hoc quoque problemate punctum A in circumferentia pro lubitu sumi, aut datum esse, aut nova aliqua alia conditio accedere potest. Praeterea, etiam si punctum A datum sit, triangulum circulo inscribendum sex diversis modis in circulo poni poterit. Nempe angulus $\Theta A\Gamma$ cuilibet angulorum E, Δ, Z aequalis fieri potest, quo ipso iam tres

Β, Γ σημείοις γωνίαι. Καὶ ἐπεὶ τοῦ ΑΜΒΚ τετραπλεύρου αἱ τέσσαρες γωνίαι τέτρασιν ὀρθαῖς ἴσαι εἰσὶν, ἐπειδήπερ καὶ εἰς δύο τρίγωνα διαιρεῖται τὸ ΑΜΒΚ, καί εἰσιν ὀρθαὶ αἱ ὑπὸ ΜΑΚ, ΚΒΜ γωνίαι· λοιπαὶ ἄρα αἱ ὑπὸ ΑΚΒ, ΑΜΒ δυσὶν ὀρθαῖς ἴσαι εἰσίν. Εἰσὶ δὲ καὶ αἱ ὑπὸ ΔΕΗ, ΔΕΖ δυσὶν ὀρθαῖς ἴσαι· αἱ ἄρα ὑπὸ ΑΚΒ, ΑΜΒ ταῖς ὑπὸ ΔΕΗ, ΔΕΖ ἴσαι εἰσὶν, ὧν ἡ ὑπὸ ΑΚΒ τῇ ὑπὸ ΔΕΗ ἐστὶν ἴση· λοιπὴ ἄρα ἡ ὑπὸ ΑΜΒ λοιπῇ τῇ ὑπὸ ΔΕΖ ἐστὶν ἴση. Ὁμοίως δὴ δειχθήσεται ὅτι καὶ ἡ ὑπὸ ΛΝΜ τῇ ὑπὸ ΔΖΕ ἐστὶν ἴση· καὶ λοιπὴ ἄρα ἡ ὑπὸ ΜΛΝ λοιπῇ τῇ ὑπὸ ΕΔΖ ἐστὶν ἴση. Ἰσογώνιον ἄρα ἐστὶ τὸ ΛΜΝ τρίγωνον τῷ ΔΕΖ τριγώνῳ, καὶ περιγέγραπται περὶ τὸν ΑΒΓ κύκλον.

Περὶ τὸν δοθέντα ἄρα κύκλον τῷ δοθέντι τριγώνῳ ἰσογώνιον τρίγωνον περιγέγραπται. Ὅπερ ἔδει ποιῆσαι.

ΠΡΟΤΑΣΙΣ δ'.

Εἰς τὸ δοθὲν τρίγωνον κύκλον ἐγγράψαι.

Ἔστω τὸ δοθὲν τρίγωνον τὸ ΑΒΓ· δεῖ δὴ εἰς τὸ ΑΒΓ τρίγωνον κύκλον ἐγγράψαι.

modi trianguli constituendi efficiuntur. Deinde, cuicunque angulorum *E*, *Δ*, *Z* angulum *ΘΑΓ* aequalem facias, duo reliqui adhuc anguli locum inter se mutare possunt, quo itaque sex omnino modi prodeunt. Magnitudo tamen laterum trianguli semper eadem est, quamvis variari possit eorum positio. Facile etiam patet, reduci hoc problema posse (ut a Borellio factum est) ad Prop. III. 34, adeoque etiam ad alteram, quae ibi allata est, solutionem, vel eam quoque, quam tum habuimus, conditionem admittere.

Cor. Nominatim itaque circulo dato triangulum aequi-

quoniam quadrilateri *AMBK* quatuor anguli quatuor rectis aequales sunt (I. 32.), quippe in duo triangula dividitur *AMBK*, et sunt recti anguli *MAK*, *KBM*; reliqui igitur *AKB*, *AMB* duobus rectis aequales sunt; sunt autem et *ΔEH*, *ΔEZ* duobus rectis aequales (I. 13.); anguli igitur *AKB*, *AMB* angulis *ΔEH*, *ΔEZ* aequales sunt, quorum *AKB* ipsi *ΔEH* est aequalis; reliquus igitur *AMB* reliquo *ΔEZ* est aequalis. Similiter ostendetur et angulum *ANM* ipsi *ΔZE* esse aequalem; et reliquus igitur *MAN* reliquo *EΔZ* est aequalis. Triangulum igitur *AMN* aequiangulum est triangulo *ΔEZ*, et circumscribitur circum *ABΓ* circulum.

Circa datum igitur circulum dato triangulo aequiangulum triangulum circumscriptum est. Quod oportebat facere.

PROPOSITIO IV. (Fig. 287.)

In dato triangulo circulum inscribere.

Sit datum triangulum *AΓB*; oportet in triangulo *ABΓ* circulum inscribere.

angulum, adeoque (I. 6.) aequilaterum inscribetur ope *I* 1. quod ipsum fieri posse in IV. 16. sumitur.

PROPOSITIO III.

Obs. Similes hic observationes locum habent ac in praecedente. Nempe punctum *B* pro lubitu, ὡς ἔτυχε, in circumferentia sumi aut etiam datum esse, aut quacunque alia ratione determinari potest. Deinde etiam determinato puncto *B* sex variis modis trianguli *AMN situs* variari potest, quamvis magnitudo laterum non varietur. Praeterea iure quidem

Τετμήσθωσαν αἱ ὑπὸ ΑΒΓ, ΑΓΒ γωνίαι δίχα ταῖς ΒΔ, ΓΔ εὐθείαις, καὶ συμβαλλέτωσαν ἀλλήλαις κατὰ τὸ Δ σημεῖον, καὶ ἤχθωσαν ἀπὸ τοῦ Δ ἐπὶ τὰς ΑΒ, ΒΓ, ΓΑ εὐθείας κάθετοι αἱ ΔΕ, ΔΖ, ΔΗ.

Καὶ ἐπεὶ ἴση ἐστὶν ἡ ὑπὸ ΑΒΔ γωνία τῇ ὑπὸ ΔΒΓ, ἐστὶ δὲ καὶ ὀρθὴ ἡ ὑπὸ ΒΕΔ ὀρθῇ τῇ ὑπὸ ΒΖΔ ἴση, δύο δὴ τρίγωνά ἐστι τὰ ΕΒΔ, ΖΒΔ, τὰς δύο γωνίας ταῖς δυσὶ γωνίαις ἴσας ἔχοντα, καὶ μίαν πλευρὰν μιᾷ πλευρᾷ ἴσην, τὴν ὑποτείνουσαν ὑπὸ μίαν τῶν ἴσων γωνιῶν, κοινὴν αὐτῶν τὴν ΒΔ, καὶ τὰς λοιπὰς ἄρα πλευρὰς ταῖς λοιπαῖς πλευραῖς ἴσας ἕξουσιν· ἴση ἄρα ἡ ΔΕ τῇ ΔΖ. Διὰ τὰ αὐτὰ δὴ καὶ ἡ ΔΗ τῇ ΔΖ ἐστὶν ἴση. Αἱ τρεῖς ἄρα εὐθεῖαι αἱ ΔΕ, ΔΖ, ΔΗ ἴσαι ἀλλήλαις εἰσίν· ὁ ἄρα κέντρῳ τῷ Δ, καὶ διαστήματι ἑνὶ τῶν ΔΕ, ΔΖ, ΔΗ κύκλος γραφόμενος ἥξει καὶ διὰ τῶν λοιπῶν σημείων, καὶ ἐφάψεται τῶν ΑΒ, ΒΓ, ΓΑ εὐθειῶν, διὰ τὸ ὀρθὰς εἶναι τὰς πρὸς τοῖς Ε, Ζ, Η σημείοις γωνίας. Εἰ γὰρ τεμεῖ αὐτάς, ἔσται ἡ τῇ διαμέτρῳ τοῦ κύκλου πρὸς ὀρθὰς ἀπ᾽ ἄκρας ἀγομένη ἐντὸς πίπτουσα τοῦ κύκλου, ὅπερ ἄτοπον ἐδείχθη· οὐκ ἄρα ὁ κέντρῳ Δ, διαστήματι δὲ ἑνὶ τῶν ΔΕ, ΔΖ, ΔΗ γραφόμενος

observat Austin., demonstrari oportere, contingentes *AM*, *BN*, *ΓA* inter se convenire, quod facillimum est, ducta v. c. recta *AB*, quae tum, quum anguli *KAM*, *KBN* recti sint, summam angulorum *MAB*, *MBA* duobus rectis minorem efficiet, unde res consequitur ope 11. axiom. vel I. Post. 5., verum eandem demonstrationem iam dederat Tacquet. Denique notandum Peletarium et Borellium aliam adhuc huius problematis solutionem exhibere, in qua, ope praecedentis propositionis primum circulo triangulum dato aequiangulum inscribitur, et deinde ope problem. in Obs. 5. ad III. 17.

Secentur $AB\Gamma$, $A\Gamma B$ anguli bifariam a rectis $B\Delta$, $\Gamma\Delta$ (I. 9.), et conveniant inter se in puncto Δ, et ducantur a Δ ad AB, $B\Gamma$, ΓA rectae perpendiculares ΔE, ΔZ, ΔH (I. 12.).

Et quoniam aequalis est angulus $AB\Delta$ angulo $\Delta B\Gamma$, est autem et rectus $BE\Delta$ recto $BZ\Delta$ aequalis; duo igitur sunt triangula $EB\Delta$, $ZB\Delta$, duos angulos duobus angulis aequales habentia, et unum latus uni lateri aequale, et utrique commune $B\Delta$, quod uni aequalium angulorum subtenditur; ergo et reliqua latera reliquis lateribus aequalia habebunt (I. 26.); aequalis igitur ΔE ipsi ΔZ. Ex eadem ratione et ΔH ipsi ΔZ est aequalis. Tres igitur rectae ΔE, ΔZ, ΔH aequales inter se sunt; ergo centro Δ, et intervallo una ipsarum ΔE, ΔZ, ΔH circulus descriptus transibit et per reliqua puncta, et continget AB, $B\Gamma$, ΓA rectas, propterea quod recti sunt ad E, Z, H puncta anguli. Si enim secet ipsas, recta diametro circuli ad rectos angulos ab extremitate ducta intra ipsum cadet circulum, quod absurdum ostensum est (III. 16.); circulus igitur centro Δ, intervallo autem una ipsarum ΔE, ΔZ, ΔH descriptus non secat rectas AB,

rectae inscripti huius trianguli lateribus parallelae circulum contingentes ducuntur. Caeterum de simili problemate generaliore vide infra ad IV. 7. Obs. 2.

PROPOSITIO IV.

Obs. 1. Analysis huius problematis ita institui potest. Quum centrum circuli esse debeat ex III. 17. Obs. 1. in recta, quae angulum $AB\Gamma$ bifariam dividit, dividat eum bifariam recta $B\Delta$, eritque in $B\Delta$ centrum circuli (vel, ut aliter geometrarum more dicamus, erit recta $B\Delta$ locus centri circuli

κύκλος τέμνει τὰς ΑΒ, ΒΓ, ΓΑ εὐθείας· ἐφάψεται ἄρα αὐτῶν καὶ ἔσται κύκλος ἐγγεγραμμένος εἰς τὸ ΑΒΓ τρίγωνον. Ἐγγεγράφθω ὡς ΖΕΗ [1]).

Εἰς ἄρα τὸ δοθὲν τρίγωνον τὸ ΑΒΓ κύκλος ἐγγέγραπται ὁ ΕΖΗ. Ὅπερ ἔδει ποιῆσαι.

ΠΡΟΤΑΣΙΣ έ.

Περὶ τὸ δοθὲν τρίγωνον κύκλον περιγράψαι.

Ἔστω τὸ δοθὲν τρίγωνον τὸ ΑΒΓ· δεῖ δὴ περὶ τὸ δοθὲν τρίγωνον τὸ ΑΒΓ κύκλον περιγράψαι.

Τετμήσθωσαν αἱ ΑΒ, ΑΓ εὐθεῖαι δίχα κατὰ τὰ Δ, Ε σημεῖα, καὶ ἀπὸ τῶν Δ, Ε σημείων ταῖς ΑΒ, ΑΓ πρὸς ὀρθὰς ἤχθωσαν αἱ ΔΖ, ΖΕ· συμπεσοῦνται δὲ ἤτοι ἐντὸς τοῦ ΑΒΓ τριγώνου, ἢ ἐπὶ τῆς ΒΓ εὐθείας, ἢ ἐκτὸς τῆς ΒΓ.

1) Verba: Ἐγγεγράφθω ὡς ΖΕΗ, quae in edd. Oxon. te Basil. omissa sunt, recte omnino e Cod. a restituit Peyrardus. Pariter certe in Prop. 5. 9. 13. 14. ad finem similia verba adiecta legimus. Eadem tamen ad finem Prop. 8. desunt.

describendi). Eodem modo, quum id centrum esse debeat in recta, quae angulum ΑΓΒ bifariam dividit, dividat eum bifariam recta ΓΔ, eritque in recta ΓΔ centrum circuli. Erit itaque in concursu utriusque rectae. Rectas autem ΒΔ, ΓΔ necessario concurrere, facile patet. Quum enim anguli ΑΒΓ ΑΓΒ simul minores sint duobus rectis (I. 17.), multo magis anguli ΔΒΓ, ΔΓΒ simul (quippe dimidii priorum) minores erunt duobus rectis, adeoque rectae ΒΔ, ΓΔ convenient (Ax. 11. vel I. Post. 5.).

Obs. 2. Cor. 1. Quum etiam rectae ΑΕ, ΑΗ circulum contingant, recta quoque ΑΔ, quae angulum ΒΑΓ bifariam dividit, in eodem puncto Δ, centro circuli, conveniet (III. 17. Obs. 1.). Itaque tres rectae, quae angulos trianguli alicuius bifariam secant, in eodem intra ipsum puncto conve-

$B\Gamma$, ΓA; contingit igitur ipsas, et erit circulus descriptus in triangulo $AB\Gamma$ (IV. Def. 5.). Inscribatur ut ZHE.

In dato igitur triangulo $AB\Gamma$ circulus inscriptus est EZH. Quod oportebat facere.

PROPOSITIO V. (Fig. 290.)

Circa datum triangulum circulum circumscribere.

Sit datum triangulum $AB\Gamma$; oportet circa datum triangulum $AB\Gamma$ circulum circumscribere.

Secentur AB, $A\Gamma$ rectae bifariam in Δ, E punctis (I. 10.), et punctis Δ, E ipsis AB, $A\Gamma$ ad rectos angulos ducantur ΔZ, ZE (I. 11.). Convenient autem vel intra triangulum $AB\Gamma$, vel in recta $B\Gamma$, vel extra $B\Gamma$.

niunt. Et vice versa: Recta, quae ex puncto Δ, in quo conveniunt rectae, quae duos angulos B et Γ trianguli bisecant, ad tertium angulum ducitur, hunc quoque bisecat (Obs. 2. ad I. 26. Cas. 5.). Cf. Pfleiderer., e cuius annotationibus partim manuscriptis, etiam in hoc libro plura hausimus, Schol. in VI. Elem. P. I. §§. 41. 42. Caeterum ipsam propositionem IV. 4. Euclides ex absurdo demonstrat, Rob. Simson. paulo brevius directe. Neque vero cum Matthias (Auszug aus Rob. Simsons Uebersetzung) dixerim, verba εἰ γὰρ τεμεῖ αὐτὰς κ. τ. λ. usque ad finem demonstrationis manifesto otiosum esse additamentum. Ad *indirectam* demonstrationem omnino necessaria sunt.

Obs. 3. Cor. 2. Et, quae a puncto, in quo tres rectae conveniunt, quae angulos alicuius trianguli bisecant, ad latera eius trianguli demittuntur, sunt inter se aequalia.

Obs. 4. Cor. 3. Et, quum sit $AE = AH$, et $\Gamma Z = \Gamma H$ (III. 17. Obs. 5.), erit itaque $BZ + BE$, vel, quod eodem redit, $2BE$ excessus, quo summa duorum laterum BA, $B\Gamma$

Συμπιπτέτωσαν οὖν πρότερον ἐντὸς κατὰ τὸ Ζ, καὶ ἐπεζεύχθωσαν αἱ ΖΒ, ΖΓ, ΖΑ. Καὶ ἐπεὶ ἴση ἐστὶν ἡ ΑΔ τῇ ΒΔ, κοινὴ δὲ καὶ πρὸς ὀρθὰς ἡ ΔΖ· βάσις ἄρα ἡ ΑΖ βάσει τῇ ΖΒ ἐστὶν ἴση. Ὁμοίως δὴ δείξομεν ὅτι καὶ ἡ ΓΖ τῇ ΑΖ ἐστὶν ἴση, ὥστε καὶ ἡ ΖΒ τῇ ΖΓ ἐστὶν ἴση· αἱ τρεῖς ἄρα αἱ ΖΑ, ΖΒ, ΖΓ ἴσαι ἀλλήλαις εἰσίν. Ὁ ἄρα κέντρῳ τῷ Ζ, διαστήματι δὲ ἑνὶ τῶν ΖΑ, ΖΒ, ΖΓ κύκλος γραφόμενος ἥξει καὶ διὰ τῶν λοιπῶν σημείων, καὶ ἔσται περιγεγραμμένος ὁ κύκλος περὶ τὸ ΑΒΓ τρίγωνον. Περιγραφέσθω ὡς ὁ ΑΒΓ.

Ἀλλὰ δὴ αἱ ΔΖ, ΕΖ συμπιπτέτωσαν ἐπὶ τῆς ΒΓ εὐθείας κατὰ τὸ Ζ, ὡς ἔχει ἐπὶ τῆς δευτέρας καταγραφῆς, καὶ ἐπεζεύχθω ἡ ΑΖ. Ὁμοίως δὴ δείξομεν ὅτι τὸ Ζ σημεῖον κέντρον ἐστὶ τοῦ περὶ τὸ ΑΒΓ τρίγωνον περιγραφομένου κύκλου.

Ἀλλὰ δὴ αἱ ΔΖ, ΕΖ συμπιπτέτωσαν ἐκτὸς τοῦ ΑΒΓ τριγώνου, κατὰ τὸ Ζ πάλιν, ὡς ἔχει ἐπὶ τῆς τρίτης καταγραφῆς, καὶ ἐπεζεύχθωσαν αἱ ΑΖ, ΒΖ, ΓΖ. Καὶ ἐπεὶ πάλιν ἴση ἐστὶν ἡ ΑΔ τῇ ΔΒ, κοινὴ

superat tertium *ΑΓ*, quo ipso propius determinatur I. 20. Hanc observationem Clavius ad Ioann. Baptistam Benedictum refert.

Obs. 5. Facile patet, eadem ratione solvi problema generalius, quo iubetur circulus describi, qui contingat tres rectas positione datas, quae non omnes tres inter se sunt parallelae. Erunt enim vel a) (Fig. 288.) duae rectarum positione datarum *ΑΒ*, *ΓΔ* parallelae, et secabuntur a tertia *ΑΓ* in punctis *Α*, *Γ*, et tum eodem modo ostendetur, si anguli *ΓΑΒ*, *ΑΓΔ* bifariam secentur rectis *ΓΕ*, *ΑΕ*, has rectas in puncto aliquo *Ε* convenire, et demissa ex *Ε* in rectas perpendicula *ΕΖ*, *ΕΘ*, *ΕΗ* esse inter se aequalia, adeoque cir-

Conveniant igitur primum intus in Z, et iungantur ZB, $Z\Gamma$, ZA. Et quoniam $A\Delta$ aequalis est $B\Delta$, communis autem et ad rectos angulos ΔZ; basis igitur AZ basi ZB est aequalis (I. 4.). Similiter ostendemus et rectam ΓZ rectae AZ esse aequalem, quare et ZB aequalis est $Z\Gamma$; tres igitur ZA, ZB, $Z\Gamma$ aequales inter se sunt. Ergo circulus centro Z, intervallo autem una ipsarum ZA, ZB, $Z\Gamma$ descriptus transibit et per reliqua puncta, et erit circulus circumscriptus (IV. Def. 6.) circa $AB\Gamma$ triangulum. Circumscribatur ut $AB\Gamma$.

Sed ΔZ, EZ conveniant in recta $B\Gamma$ in Z, ut in secunda figura, et iungatur AZ. Similiter ostendemus punctum Z centrum esse circuli circa $AB\Gamma$ triangulum circumscripti.

Sed ΔZ, EZ conveniant extra triangulum $AB\Gamma$, rursus in Z, ut in tertia figura, et iungantur AZ, BZ, ΓZ. Et quoniam rursus $A\Delta$ aequalis est ΔB, communis autem et ad rectos angulos ΔZ; basis igi-

culum centro E, radio EZ descriptum tres rectas in Z, Θ, H contingere. Et eodem modo etiam ex altera rectae $A\Gamma$ parte invenietur circulus, qui propositum efficiet. Aliter, ducto ad utramque rectarum parallelarum perpendiculo quocunque ZH, eoque in E bifariam diviso, ac per E ducta recta $E\iota$ parallela rectis AB, $\Gamma\Delta$, ostendetur, in hac parallela esse centra describendorum circulorum. †Vel (Fig. 289.) b) nulla rectarum positione datarum parallela erit alteri. Omnes igitur tres AB, $B\Gamma$, $A\Gamma$ inter se convenient, vel triangulum $AB\Gamma$ efficient, adeoque problema idem erit, quod nostrum IV. 4. et invenietur centrum Δ circuli intra triangulum describendi, qui tres rectas AB, $B\Gamma$, $A\Gamma$ contingat.

δὲ καὶ πρὸς ὀρθὰς ἡ ΔΖ· βάσις ἄρα ἡ ΑΖ βάσει τῇ ΖΒ ἐστὶν ἴση. Ὁμοίως δὴ δείξομεν ὅτι καὶ ἡ ΖΓ τῇ ΖΑ ἐστὶν ἴση, ὥστε καὶ ἡ ΖΒ τῇ ΖΓ ἐστὶν ἴση, ὁ ἄρα πάλιν κέντρῳ τῷ Ζ, διαστήματι δὲ ἑνὶ τῶν ΖΑ, ΖΒ, ΖΓ κύκλος γραφόμενος ἥξει καὶ διὰ τῶν λοιπῶν σημείων, καὶ ἔσται περιγραφόμενος περὶ τὸ ΑΒΓ τρίγωνον. Καὶ γεγράφθω ὡς ΑΒΓ.

Περὶ τὸ δοθὲν ἄρα τρίγωνον κύκλος περιγέγραπται. Ὅπερ ἔδει ποιῆσαι.

ΠΟΡΙΣΜΑ.

Καὶ φανερὸν ὅτι, ὅτε μὲν ἐντὸς τοῦ τριγώνου πίπτει τὸ κέντρον τοῦ κύκλου, ἡ ὑπὸ ΒΑΓ γωνία, ἐν μείζονι τμήματι τοῦ ἡμικυκλίου τυγχάνουσα, ἐλάττων ἐστὶν ὀρθῆς· ὅτε δὲ ἐπὶ τῆς ΒΓ εὐθείας τὸ κέντρον πίπτει, ἡ ὑπὸ ΒΑΓ γωνία ἐν ἡμικυκλίῳ τυγχάνουσα ὀρθή ἐστιν· ὅτε δὲ τὸ κέντρον τοῦ κύκλου ἐκτὸς τριγώνου πίπτει [1]), ἡ ὑπὸ ΒΑΓ, ἐν ἐλάττονι

1) Ita sane rectius Peyrardus ex Cod. a habet, quam vulgata lectio: ὅταν ἐκτὸς τῆς ΒΓ εὐθείας τὸ κέντρον πίπτει. Caeterum iam Gregorius in versione latina veram lectionem expressit.

Facile autem patet, eodem modo intra spatia *ΚΒΓΘ*, *ΛΒΑΝ*, *ΜΓΑΟ* describi posse circulos, qui rectas *ΑΒ*, *ΒΓ*, *ΑΓ* extra triangulum *ΑΒΓ* contingant. Nolumus huic problemati, quod unum ex iis est, quae Apollonius in libris de Tactionibus tractavit, plenius evolvendo insistere. Plura scitu digna, quae ad illud pertinent, et ex hac constructione derivari possunt, congessit Pfleiderer. ebene Trigonometrie Tüb. 1802. Ita v. c. facile patet, esse $A\varepsilon = A\eta = \frac{AB + A\Gamma + B\Gamma}{2}$, pariter ac in Obs. 4. vidimus esse $AE = \frac{AB + A\Gamma - B\Gamma}{2}$, et angulum $\Delta B\delta$ esse rectum etc.

tur AZ basi ZB est aequalis (I. 4.). Similiter ostendemus et $Z\Gamma$ aequalem esse $Z\Delta$, quare et ZB aequalis est $Z\Gamma$; ergo rursus circulus centro Z, intervallo autem una ipsarum $Z\Delta$, ZB, $Z\Gamma$ descriptus transibit per reliqua puncta, et erit circa triangulum $AB\Gamma$ circumscriptus. Describatur igitur ut $AB\Gamma$.

Circa datum igitur triangulum circulus circumscriptus est. Quod oportebat facere.

COROLLARIUM.

Et manifestum est, quod si centrum circuli intra triangulum cadit, angulus $BA\Gamma$, in segmento maiore quam semicirculo positus, minor sit recto; si autem centrum in rectam $B\Gamma$ cadit, angulus $BA\Gamma$, in semicirculo positus, rectus sit; si vero centrum circuli extra triangulum cadit, angulus $BA\Gamma$, in segmento minore quam semicirculo, maior sit recto.

PROPOSITIO V.

Obs. 1. Rob. Simson. putat, demonstrationem huius propositionis ab aliquo vitiatam esse, non enim ostendere, rectas, quae latera trianguli bifariam et ad angulos rectos secant, inter se convenire, et inepte dividere propositionem in tres casus, cum una eademque demonstratio omnibns inserviat, ut iam Campanus observarit. Et illud quidem, rectas, quae ex Δ et E ad angulos rectos lateribus ducuntur, inter se convenire, facile, ut est apud Campanum, probatur; ducta recta ΔE, unde res eodem modo ex Ax. 11. vel I. Post. 5. patet, ac in IV. 3. de rectis circulum contingentibus. Quod autem rectae ΓZ, EZ nec in unam lineam coincidere possint, inde patet, quod si id fieret, rectae AB, $A\Gamma$ forent inter se parallelae (I. 28.), quod est contra hypothesin. Rob. Simson. rectas ΔZ, EZ convenire inde probat, quod si non conveni-

τμήματι τοῦ ἡμικυκλίου τυγχάνουσα, μείζων ἐστὶν ὀρθῆς. Ὥςτε καὶ ὅταν ἐλάττων ὀρθῆς τυγχάνῃ ἡ διδομένη γωνία, ἐντὸς τοῦ τριγώνου συμπεσοῦνται αἱ ΔΖ, ΕΖ· ὅταν δὲ ὀρθὴ, ἐπὶ τῆς ΒΓ· ὅταν δὲ μείζων ὀρθῆς, ἐκτὸς τοῦ ΑΒΓ τριγώνου [1]).

ΠΡΟΤΑΣΙΣ ϛ'.

Εἰς τὸν δοθέντα κύκλον τετράγωνον ἐγγράψαι.

Ἔστω ὁ δοθεὶς κύκλος ὁ ΑΒΓΔ· δεῖ δὴ εἰς τὸν ΑΒΓΔ κύκλον τετράγωνον ἐγγράψαι.

Ἤχθωσαν τοῦ ΑΒΓΔ κύκλου δύο διάμετροι πρὸς ὀρθὰς ἀλλήλαις αἱ ΑΓ, ΒΔ· καὶ ἐπεζεύχθω αἱ ΑΒ, ΒΓ, ΓΔ, ΔΑ.

1) Ἐκτὸς τοῦ ΑΒΓ τριγώνου ex coniectura, quam iam versiones Campani, Clavii, Gregorii, Rob. Simsonis aliorumque habent, posuimus pro vulgata omnium editionum (in Paris. ex sphalmate typographico est ἐντὸς pro ἐκτὸς) ἐκτὸς τῆς ΒΓ.

rent parallelae forent; at si parallelae forent ΔΖ, ΕΖ, parallelae quoque forent ΑΒ, ΑΓ, qui iis sunt ad angulos rectos. Hanc demonstrationem reprehendit Matthias Auszug aus Rob. Sims. Uebersetzung et Austin., quod propositio illa, rectas, quae perpendiculares sint ad duas parallelas, ipsas etiam parallelas esse, non praecedat. Facillime tamen res ad I. 28. reducitur. Caeterum poterat quoque Analysis addi simili ratione ac in IV. 4. facile deducenda ex III. 1. Cor. 1.

Obs. 2. Cor. 2. Quum centrum circuli describendi esse debeat (III. 1. Cor. 1.) in recta ΔΖ, quae rectam ΑΒ bifariam et ad angulos rectos secat, pariterque in recta ΕΖ, quae rectam ΑΓ bifariam et ad angulos rectos secat, et denique eodem modo in recta, quae rectam ΒΓ bifariam et ad angulos rectos secat, patet, hoc, quod ultimo loco diximus, perpendiculum cum duobus reliquis in uno eodemque puncto convenire debere.

Quare et si datus angulus minor est recto, intra triangulum convenient *ΔZ*, *EZ*; si autem rectus, in *BΓ*; si vero maior recto, extra triangulum *ABΓ*.

PROPOSITIO VI. (Fig. 291.)

In dato circulo quadratum inscribere.

Sit datus circulus *ABΓΔ*; oportet in circulo *ABΓΔ* quadratum inscribere.

Ducantur circuli *ABΓΔ* duae diametri *AΓ*, *BΔ* ad rectos angulos inter se (I. 11.), et iungantur *AB*, *BΓ*, *ΓΔ*, *ΔA*.

Obs. 3. Cor. 3. Et quae ab hoc communi trium perpendiculorum concursu ad angulos trianguli *A*, *B*, *Γ* ducuntur rectae *ZA*, *ZB*, *ZΓ* aequales sunt. Casu itaque figurae secundae (Fig. 290. b.) quo angulus *BAΓ* rectus est, centrum Z circuli circumscribendi facillime invenitur, bisecando tantum latus recto angulo oppositum. Cf. III. 31. Cor. 2.

Obs. 4. Eodem modo per tria puncta, quae non in eadem recta sunt, circulus describetur.

Obs. 5. Corollarii 1., quod in graeco textu legitur, pars prior non est apud Campanum, neque omnino ex hac constructione consequitur, sed patet ex III. 31. Pars posterior consequitur ex conversa III. 31. vid. Obs. ad III. 31. In parte posteriore corollarii praeterea, ut Rob. Simson. notat, sermo est de angulo *dato*, quum tamen propositio nihil habeat, nec habere possit de angulo dato, atque hinc ille corollarium hoc manifeste vitiatum esse concludit. Austin. id omnino ex hoc loco eliminandum esse putat.

PROPOSITIO VI.

Obs. A sexta inde huius libri propositione Euclides non nisi de figuris quibusdam regularibus tractat, et de his iis,

Καὶ ἐπεὶ ἴση ἐστὶν ἡ ΒΕ τῇ ΕΔ, κέντρον γὰρ τὸ Ε, κοινὴ δὲ καὶ πρὸς ὀρθὰς ἡ ΕΑ· βάσις ἄρα ἡ ΑΒ βάσει τῇ ΑΔ ἴση ἐστίν. Διὰ τὰ αὐτὰ δὴ καὶ ἑκατέρα τῶν ΒΓ, ΓΔ ἑκατέρᾳ τῶν ΒΑ, ΑΔ ἴση ἐστίν· ἰσόπλευρον ἄρα ἐστὶ τὸ ΑΒΓΔ τετράπλευρον. Λέγω δὴ ὅτι καὶ ὀρθογώνιον. Ἐπεὶ γὰρ ἡ ΒΔ εὐθεῖα διάμετρός ἐστι τοῦ ΑΒΓΔ κύκλου, ἡμικύκλιον ἄρα ἐστὶ τὸ ΒΑΔ· ὀρθὴ ἄρα ἡ ὑπὸ ΒΑΔ γωνία. Διὰ τὰ αὐτὰ δὴ καὶ ἑκάστη τῶν ὑπὸ ΑΒΓ, ΒΓΔ, ΓΔΑ ὀρθή ἐστιν· ὀρθογώνιον ἄρα ἐστὶ τὸ ΑΒΓΔ τετράπλευρον. Ἐδείχθη δὲ καὶ ἰσόπλευρον· τετράγωνον ἄρα ἐστίν. Καὶ ἐγγέγραπται εἰς τὸν δοθέντα ΑΒΓΔ κύκλον.

Εἰς ἄρα δοθέντα κύκλον τὸν ΑΒΓΔ τετράγωνον ἐγγέγραπται τὸ ΑΒΓΔ. Ὅπερ ἔδει ποιῆσαι.

ΠΡΟΤΑΣΙΣ ζ.

Περὶ τὸν δοθέντα κύκλον τετράγωνον περιγράψαι.

Ἔστω δοθεὶς κύκλος ὁ ΑΒΓΔ· δεῖ δὴ περὶ τὸν ΑΒΓΔ κύκλον τετράγωνον περιγράψαι.

quae Prop. 2—5 generatim de triangulis docuerat, similia proponit. Neque enim poterant ad figuras multilateras quaecunque illa omnia applicari. Nonnulla tamen de aliis quoque figuris non regularibus valent. Propositio sexta, ut de hac iam dicamus, de quadrato idem docet, quod Prop. 2. de triangulo dato alicui aequiangulo. Quodvis autem quadratum etiam cuivis alii quadrato est aequiangulum. Nec vero generaliter iam proponi poterat problema: in dato circulo inscribere quadrilaterum dato quadrilatero aequiangulum. Vidimus nempe in Obs. 2. ad III. 22., ut quadrilaterum circulo inscribi possit, necesse esse, si quaestio sit de figuris, quae nullos angulos gibbos habent, ut duo anguli oppositi simul sumti aequales sint reliquis duobus angulis. Itaque etiam, si circulo dato

Et quoniam BE aequalis est $E\Delta$, centrum enim E, communis autem et ad rectos angulos EA; basis igitur AB basi $A\Delta$ aequalis est (I. 4.). Ex eadem ratione et utraque rectarum $B\Gamma$, $\Gamma\Delta$ utrique rectarum BA, $A\Delta$ aequalis est; aequilaterum igitur est quadrilaterum $AB\Gamma\Delta$. Dico autem et rectangulum. Quoniam enim recta $B\Delta$ diameter est circuli $AB\Gamma\Delta$, semicirculus igitur est $BA\Delta$; quare angulus $BA\Delta$ rectus est (III. 31.). Ex eadem ratione et unusquisque angulorum $AB\Gamma$, $B\Gamma\Delta$, $\Gamma\Delta A$ rectus est; rectangulum igitur est quadrilaterum $AB\Gamma\Delta$. Ostensum est autem et aequilaterum; quadratum igitur est. Et inscriptum est in dato circulo $AB\Gamma\Delta$.

In dato igitur circulo $AB\Gamma\Delta$ quadratum inscriptum est $AB\Gamma\Delta$. Quod oportebat facere.

PROPOSITIO VII. (Fig. 293.)

Circa datum circulum quadratum describere.

Sit datus circulus $AB\Gamma\Delta$; oportet circa circulum $AB\Gamma\Delta$ quadratum circumscribere.

inscribi debet quadrilaterum dato quadrilatero aequiangulum, in dato quadrilatero eadem conditio obtinere debet. Quod si fuerit, poterit non modo, et quidem ita, ut punctum in circumferentia, per quod unum laterum quadrilateri inscribendi transeat, datum sit, aut pro lubitu sumatur, res fieri, sed innumeris modis fieri poterit, vel, ut aliter dicamus, problema generaliter sumtum erit indeterminatum. Nempe, si propositum sit, dato circulo $AB\Gamma$ (Fig. 292.) inscribere quadrilaterum, quod aequiangulum sit dato quadrilatero $EZ\Theta H$, cuius anguli oppositi $ZEH + Z\Theta H = Z + H = 2$ rectis, ita, ut unum eius latus transeat per punctum datum A in circumferentia circuli, fieri id poterit sequentem in modum. Abscindatur per III. 34. recta $A\Gamma$ segmentum $A\Delta\Gamma$, quod ca-

Ἤχθωσαν τοῦ ΑΒΓΔ κύκλου δύο διάμετροι πρὸς ὀρθὰς ἀλλήλαις αἱ ΑΓ, ΒΔ, καὶ διὰ τῶν Α, Β, Γ, Δ σημείων ἤχθωσαν ἐφαπτόμεναι τοῦ ΑΒΓΔ κύκλου αἱ ΖΗ, ΗΘ, ΘΚ, ΚΖ.

Ἐπεὶ οὖν ἐφάπτεται ἡ ΖΗ τοῦ ΑΒΓΔ κύκλου, ἀπὸ δὲ τοῦ Ε κέντρου ἐπὶ τὴν κατὰ τὸ Α ἐπαφὴν ἐπέζευκται ἡ ΕΑ· αἱ ἄρα πρὸς τῷ Α γωνίαι ὀρθαί εἰσιν. Διὰ τὰ αὐτὰ δὴ καὶ αἱ πρὸς τοῖς Β, Γ, Δ

piat angulum aequalem angulo *H*, ductaque *ΘE* fiat angulus $ΓAΔ = ΘEH$, et $ΓAB = ΘEZ$, et iungantur *BΓ*, *ΔΓ*, eritque, ut facile ex III. 22. consequitur, quadrilaterum *ABΓΔ* aequiangulum quadrilatero *EZΘH*. Neque vero solum quadrilaterum *ABΓΔ* propositum efficiet. Quodsi enim v. g. ducta fuisset recta *ζϑ* parallela rectae *ZΘ*, iunctaque *Eϑ*, angulus $ΓAδ = ϑEH$, et angulus $ΓAβ = ϑEζ$ constitutus esset, quadrilaterum *AβΓδ* pariter scopo respondisset, atque ita innumera alia, quae idem praestarent, exhiberi poterant. Nominatim, si circulo dato inscribenda fuerit figura quadrato aequiangula, innumera rectangula problema solvent. At, si figura inscribenda ipsa etiam quadratum esse, et per punctum in circumferentia datum *A* transire debet, una tantum figura his conditionibus satisfaciet. Si circulo inscribi iubetur figura multilatera aequiangula figurae datae, ante omnia, an res fieri possit, ex observatis ad III. 22. diiudicari debet, et si fieri possit, problema plerumque erit indeterminatum. Caeterum propositioni VI. 6. addi potest hoc

Cor. Circulus quoque (Fig. 291.) diametris *AΓ*, *BΔ* in quatuor segmenta aequalia dividitur (III. 26.).

PROPOSITIO VII.

Obs. 1. Rectas circulum contingentes *HZ*, *ΘK* cum contingentibus *HΘ*, *ZK* convenire, patet ex I. 29. Cor. 3.

Cor. 1. Quodvis quadrati circumscripti latus aequale est diametro circuli, cui circumscribitur (I. 34.).

Ducantur circuli $AB\Gamma\Delta$ duae diametri $A\Gamma$, $B\Delta$ ad rectos angulos inter se (I. 11.), et per puncta A, B, Γ, Δ ducantur rectae ZH, $H\Theta$, ΘK, KZ circulum $AB\Gamma\Delta$ contingentes (III. 17.).

Quoniam igitur ZH contingit circulum $AB\Gamma\Delta$ centro autem E ad contactum A ducta est EA; anguli ad A recti sunt (III. 18.). Ex eadem ratione et anguli ad B, Γ, Δ puncta recti sunt. Et quoniam

Cor. 2. Si ductis rectis AB, $B\Gamma$, $\Gamma\Delta$, ΔA eidem circulo quadratum inscribatur, erit quadratum circumscriptum duplum quadrati inscripti, hoc nempe erit aequale duplo quadrati radii (I. 47.), illud autem quadrato diametri Cor. 1.

Cor. 3. Circulus etiam hic diametris $A\Gamma$, $B\Delta$ in quatuor segmenta aequalia dividitur (III. 26.).

Cor. 4. Pariter latera quadrati circumscripti diametris $A\Gamma$, $B\Delta$ bisecantur. Est nempe $HA = BE$ (I. 34.) et $ZA = E\Delta$. At $BE = E\Delta$, itaque et $HA = ZA$.

Obs. 2. Quum quodvis quadratum aequiangulum sit cuivis alii, etiam haec propositio conferri potest cum propositione IV. 3. Et facile patet, propositionem IV. 3. longe generalius, et certe ad figuram rectilineam quamcunque, quae angulos gibbos non habet, extendi posse. Factis nempe (Fig. 294.) ut in IV. 3. angulis ad centrum O circuli dati ex ordine aequalibus iis, qui deinceps sunt angulis figurae datae $Z\Theta HK\Lambda$, nempe angulo $\alpha O\varepsilon =$ angulo, qui Z deinceps est $\alpha O\beta$ ei, qui Θ deinceps est etc. ductisque per puncta ε, α, β etc. (quorum unum etiam datum esse potest) rectis circulum contingentibus, demonstrabitur, ut in IV. 3. rectarum harum contingentium unamquamque convenire cum duabus ipsi proxime positis, et esse figuram ita enatam aequiangulam datae $Z\Theta HK\Lambda$. Nec generaliter omnes ii casus excludentur, quibus figura data angulos gibbos habet: in figura autem datae aequiangula circa circulum circumscripta latera angulos gibbos comprehendentia non ipsa, sed producta tantum intra figuram circulum con-

σημείοις γωνίαι ὀρθαί εἰσιν. Καὶ ἐπεὶ ὀρθή ἐστιν ἡ ὑπὸ ΑΕΒ γωνία, ἔστι δὲ ὀρθὴ καὶ ἡ ὑπὸ ΕΒΗ· παράλληλος ἄρα ἐστὶν ἡ ΗΘ τῇ ΑΓ. Διὰ τὰ αὐτὰ δὴ καὶ ἡ ΑΓ τῇ ΖΚ ἐστὶ παράλληλος. Ὥςτε καὶ ἡ ΗΘ τῇ ΖΚ ἐστὶ παράλληλος. Ὁμοίως δὴ δείξομεν ὅτι καὶ ἑκατέρα τῶν ΗΖ, ΘΚ τῇ ΒΕΔ ἐστὶ παράλληλος. Παραλληλόγραμμα ἐστὶ τὰ ΗΚ, ΗΓ, ΑΚ, ΖΒ, ΒΚ· ἴση ἄρα ἐστὶν ἡ μὲν ΗΖ τῇ ΘΚ, ἡ δὲ ΗΘ τῇ ΖΚ. Καὶ ἐπεὶ ἴση ἐστὶν ἡ ΑΓ τῇ ΒΔ, ἀλλὰ καὶ ἡ μὲν ΑΓ ἑκατέρᾳ τῶν ΗΘ, ΖΚ, ἡ δὲ

tingent, et anguli quoque ad centrum situm aliquatenus diversum obtinebunt, quae omnia, quum singulis casibus evolvendis haud vacet, hic et in sequentibus praeterimus.

Obs. 3. In figuris circulo alicui circumscriptis (hic quoque praeterimus eas, quae angulos gibbos habent) observari potest circa latera aliquid admodum simile ei, quod in figuris circulo inscriptis circa angulos observavimus Obs. 2. sq. ad III. 22. Nempe, si parem laterum numerum habuerint, et latera, initio facto a quocunque eorum ordine numeris indicentur, erit summa laterum numeris imparibus notatorum aequalis summae laterum numeris paribus notatorum. Sit v. c. talis figura, quae nullos angulos gibbos habet $AB\Gamma\Delta EZ$ (Fig. 295.), quae circulum contingat in punctis α, β, γ, etc. eritque ex III. 17. Obs. 1.

$$A\alpha = A\zeta$$
$$B\alpha = B\beta$$
$$\Gamma\gamma = \Gamma\beta$$
$$\Delta\gamma = \Delta\delta$$
$$E\varepsilon = E\delta$$
$$Z\zeta = Z\varepsilon$$

unde $(A\alpha + B\alpha) + (\Gamma\gamma + \Delta\gamma) + (E\varepsilon + Z\zeta) = (B\beta + \Gamma\beta) + (\Delta\delta + E\delta) + (Z\varepsilon + A\zeta)$

i. e. $AB + \Gamma\Delta + EZ = B\Gamma + \Delta E + ZA$.

Similis demonstratio locum habet in figuris, quae plura ha-

rectus est angulus AEB, rectus autem est et EBH; $H\Theta$ parallela erit $A\Gamma$ (I. 28.) Ex eadem ratione et $A\Gamma$ parallela est ZK; quare et $H\Theta$ parallela est ZK (I. 30.). Similiter ostendemus et utramque ipsarum HZ, ΘK ipsi $BE\Delta$ esse parallelam. Parallelogramma igitur sunt HK, $H\Gamma$, AK, ZB, BK; aequalis igitur est HZ quidem ipsi ΘK, $H\Theta$ vero ipsi ZK. Et quoniam $A\Gamma$ aequalis est $B\Delta$, sed et $A\Gamma$ utrique ipsarum $H\Theta$, ZK, $B\Delta$ vero utrique ipsarum HZ, ΘK est aequalis; et utraque $H\Theta$, ZK utrique HZ,

beat latera. Hinc consequitur, rectangulum et rhomboiden circulo ΔE circumscribi non posse.

Obs. 4. Simile quid obtinet in figuris circulo circumscriptis, quae numerum laterum imparem habent. In illis nempe, si unius cuiuscunque lateris v. c. (Fig. 296.) in pentagono $AB\Gamma\Delta E$ lateris EA partes $A\varepsilon$, et εE in quae in puncto contactus dividitur, separatim numeremus, pariter summa laterum numeris imparibus notatorum aequalis erit summae numeris paribus notatorum, quod eodem modo demonstrabitur.

Obs. 5. In quadrilateris propositio, quam Obs. 3. habuimus, valet etiam conversa. Nempe si quod quadrilaterum ita comparatum sit, ut summa duorum laterum oppositorum aequalis sit summae duorum reliquorum laterum oppositorum, poterit illi circulus inscribi. Demonstrari id potest vel directe, vel indirecte. Directa demonstratio haec erit. Sit (Fig. 297.) quadrilaterum $AB\Gamma\Delta$, in quo summa laterum $AB+\Gamma\Delta$ aequalis est summae laterum $B\Gamma+\Delta A$, poterit ei circulus inscribi. Nam ex Obs. 5. ad IV. 4. circulus potest describi, qui tria quaecunque contigua latera v. c. AB, $B\Gamma$, $\Gamma\Delta$ contingat in punctis α, β, γ, adeoque erit, si O huius circuli centrum sit, $O\alpha = O\delta$, et $O\alpha^2 = O\gamma^2$. Est autem $O\alpha^2 = OA^2 - A\alpha^2$, et $O\gamma^2 = O\Delta^2 - \Delta\gamma^2$ (I. 47. Cor. 2.), adeoque erit $OA^2 - A\alpha^2 = O\Delta^2 - \Delta\gamma^2$. Et, quum sit ex hyp. $AB+\Gamma\Delta = B\Gamma + \Delta A$, et

$B\Delta$ ἑκατέρᾳ τῶν HZ, ΘK ἐστὶν ἴση· καὶ ἑκατέρα ἄρα τῶν $H\Theta$, ZK ἑκατέρᾳ τῶν HZ, ΘK ἐστὶν ἴση. Ἰσόπλευρον ἄρα ἐστὶ τὸ $ZH\Theta K$ τετράπλευρον. Λέγω δὴ ὅτι καὶ ὀρθογώνιον. Ἐπεὶ γὰρ παραλληλόγραμμόν ἐστι τὸ $HBEA$, καί ἐστιν ὀρθὴ ἡ ὑπὸ AEB· ὀρθὴ ἄρα καὶ ἡ ὑπὸ AHB. Ὁμοίως δὴ δείξομεν ὅτι καὶ αἱ πρὸς τοῖς Θ, K, Z γωνίαι ὀρθαί εἰσιν· ὀρθογώνιον ἄρα ἐστὶ τὸ $ZH\Theta K$ τετράπλευρον. Ἐδείχθη δὲ καὶ ἰσόπλευρον· τετράγωνον ἄρα ἐστίν. Καὶ περιγέγραπται περὶ τὸν $AB\Gamma\Delta$ κύκλον.

Περὶ τὸν δοθέντα ἄρα κύκλον τετράγωνον περιγέγραπται. Ὅπερ ἔδει ποιῆσαι.

ΠΡΟΤΑΣΙΣ η.

Εἰς τὸ δοθὲν τετράγωνον κύκλον ἐγγράψαι.

Ἔστω τὸ δοθὲν τετράγωνον τὸ $AB\Gamma\Delta$· δεῖ δὴ εἰς τὸ $AB\Gamma\Delta$ τετράγωνον κύκλον ἐγγράψαι.

Τετμήσθω ἑκατέρα τῶν AB, ΔA δίχα κατὰ τὰ Z, E σημεῖα, καὶ διὰ μὲν τοῦ E ὁποτέρᾳ τῶν AB, $\Gamma\Delta$ παράλληλος ἤχθω ἡ $E\Theta$, διὰ δὲ τοῦ Z ὁποτέρᾳ τῶν $A\Delta$, $B\Gamma$ παράλληλος ἤχθω ἡ ZK· παραλληλό-

$B\alpha = B\beta$, $\Gamma\gamma = \Gamma\beta$ (Obs. 1. ad III. 17.) erit, aequalibus utrimque demtis, $A\alpha + \Delta\gamma = \Delta A$. Iam erit vel $A\alpha = \Delta\gamma$ (Fig. 297. a), vel alterutra earum maior altera (Fig. 297. b.): Utroque casu, demisso ex O in $A\Delta$ perpendiculo $O\delta$, dico esse $O\delta = O\gamma$. Nam, si 1) $A\alpha = \Delta\gamma$, erit tam $A\alpha$, quam $\Delta\gamma = \frac{\Delta A}{2}$. Et, quum $OA^2 - A\alpha^2 = O\Delta^2 - \Delta\gamma^2$, erit $OA^2 = O\Delta^2$, adeoque $OA = O\Delta$, unde perpendiculum $O\delta$ rectam $A\Delta$ bisecabit in δ (I. 26. Cor. 3.), eritque $\Delta\delta = \frac{\Delta A}{2} = \Delta\gamma$. Est autem $O\delta^2 = O\Delta^2 - \Delta\delta^2$ et $O\gamma^2 = O\Delta^2 - \Delta\gamma^2$, itaque $O\delta^2 = O\gamma^2$, adeoque $O\delta = O\gamma$. Sin autem non sit $A\alpha = \Delta\gamma$, sit alterutra earum v. c.

ΘK est aequalis. Aequilaterum igitur est $ZH\Theta K$ quadrilaterum. Dico et rectangulum. Quoniam enim parallelogrammum est $HBE\Delta$, et est rectus angulus AEB; rectus igitur et AHB. Similiter ostendemus et angulos ad Θ, K, Z rectos esse; rectangulum igitur est quadrilaterum $ZH\Theta K$. Ostensum est autem et aequilaterum; quadratum igitur est. Et circumscriptum est circa $AB\Gamma\Delta$ circulum.

Circa datum igitur circulum quadratum circumscriptum est. Quod oportebat facere.

PROPOSITIO VIII. (Fig. 299.)

In dato quadrato circulum inscribere.

Sit datum quadratum $AB\Gamma\Delta$; oportet in quadrato $AB\Gamma\Delta$ circulum inscribere.

Secetur utraque ipsarum AB, $A\Delta$ bifariam in punctis E, Z (I. 10.), et per E alterutri rectarum AB, $\Gamma\Delta$ parallela ducatur $E\Theta$ (I. 31.); per Z vero alterutri rectarum $A\Delta$, $B\Gamma$ parallela ducatur ZK (I.

$\Delta\gamma$ maior altera $A\alpha$ Quoniam igitur $OA^2 - A\alpha^2 = O\Delta - \Delta\gamma^2$: erit $\Delta\gamma^2 - A\alpha^2 = O\Delta - OA^2$. At, demisso ex O in rectam $A\Delta$ perpendiculo $O\delta$, est $O\Delta^2 - OA^2 = \Delta\delta^2 - A\delta^2$ (I. 47. Cor. 3), itaque $\Delta\gamma^2 - A\alpha^2 = \Delta\delta^2 - A\delta^2$ i. e. rectangulum $(\Delta\gamma + A\alpha)(\Delta\gamma - A\alpha) =$ rectang. $(\Delta\delta + A\delta)(\Delta\delta - A\delta)$ (II. 1. Cor. 4.) Quum autem sit $\Delta\gamma + A\alpha = A\Delta = \Delta\delta + A\delta$, erit $\Delta\gamma - A\alpha = \Delta\delta - A\delta$ (Obs. 3. ad I. 40.), adeoque erit $\Delta\Gamma + A\alpha + \Delta\Gamma - A\alpha = \Delta\delta + A\delta + \Delta\delta - A\delta$ i. e. $2\Delta\gamma = 2\Delta\delta$, vel $\Delta\gamma = \Delta\delta^2$, et quum $O\delta = O\Delta - \Delta\delta^2$ et $O\gamma^2 = O\Delta - \Delta\gamma^2$, erit $O\delta = O\gamma^2$, et $O\delta = O\gamma$, adeoque utroque casu circulus radio $O\gamma$ descriptus etiam per δ transibit, et continget rectam $A\Delta$ in δ (III. 16. Cor. 1.). Hinc consequitur quadrato et rhombo circulum posse inscribi.

γράμμιον ἄρα ἐστὶν ἕκαστον τῶν *ΑΚ*, *ΚΒ*, *ΑΘ*, *ΘΔ*, *ΑΗ*, *ΗΓ*, *ΒΗ*, *ΗΔ*, καὶ αἱ ἀπεναντίον αὐτῶν πλευραὶ δηλονότι ἴσαι εἰσίν. Καὶ ἐπεὶ ἴση ἐστὶν ἡ *ΑΔ* τῇ *ΑΒ*, καί ἐστι τῆς μὲν *ΑΔ* ἡμίσεια ἡ *ΑΕ*, τῆς δὲ *ΑΒ* ἡμίσεια ἡ *ΑΖ*, ἴση ἄρα καὶ ἡ *ΑΕ* τῇ *ΑΖ*· ὥςτε καὶ αἱ ἀπεναντίον ἴσαι εἰσίν, ἴση ἄρα καὶ ἡ *ΖΗ* τῇ *ΗΕ*. Ὁμοίως δὴ δείξομεν ὅτι καὶ ἑκατέρα τῶν *ΗΘ*, *ΗΚ* ἑκατέρᾳ τῶν *ΖΗ*, *ΗΕ* ἐστὶν ἴση. Αἱ τέσσαρες ἄρα αἱ *ΗΕ*, *ΗΖ*, *ΗΘ*, *ΗΚ* ἴσαι ἀλλήλαις εἰσίν. Ὁ ἄρα κέντρῳ μὲν τῷ *Η*, διαστήματι δὲ ἑνὶ τῶν *ΗΕ*, *ΗΖ*, *ΗΘ*, *ΗΚ* κύκλος γραφόμενος ἥξει καὶ διὰ τῶν λοιπῶν σημείων· καὶ ἐφάψεται τῶν *ΑΒ*, *ΒΓ*, *ΓΔ*, *ΔΑ* εὐθειῶν, διὰ τὸ ὀρθὰς εἶναι τὰς πρὸς τοῖς *Ε*, *Ζ*, *Θ*, *Κ* γωνίας· εἰ γὰρ τεμεῖ ὁ κύκλος τὰς *ΑΒ*, *ΒΓ*, *ΓΔ*, *ΔΑ*, ἡ τῇ διαμέτρῳ τοῦ κύκλου πρὸς ὀρθὰς ἀπ' ἄκρας ἀγομένη ἐντὸς πεσεῖται τοῦ κύκλου, ὅπερ ἄτοπον ἐδείχθη. Οὐκ ἄρα ὁ κέντρῳ μὲν τῷ *Η*, διαστήματι δὲ ἑνὶ τῶν *ΗΕ*, *ΗΖ*, *ΗΘ*, *ΗΚ* κύκλος γραφόμενος τέμνει τὰς *ΑΒ*,

Obs. 6. In figuris autem, quae plura quam quatuor latera habent, propositio, quam Obs. 5. habuimus, pariterque altera Obs. 4. exhibita converti nequit, quod similiter fere demonstratur ac Obs. 6. ad III. 22. Sit nempe (Fig. 298.) figura *ΑΒΓΔΕΖ* circulo, cuius centrum est *O*, radius *Oα* circumscripta, et contingat ille latera in punctis *α*, *β*, *γ*, *δ*, *ε*, *ζ*, iam sumantur duo quaecunque latera contigua v. c. *ΑΖ*, *ΕΖ*, et producatur utrumque ultra *Ζ* usque ad *Θ* et *Η* eadem quantitate, nempe ita, ut sit $ΖΘ=ΖΗ$, et centro *Α* radio *ΑΘ*, pariterque centro *Ε* radio *ΕΗ* describantur circuli, qui se intersecabunt in puncto aliquo *Κ*, ita ut ductis *ΑΚ*, *ΒΚ* sit punctum *Ζ* inter *ΑΚ* et *ΕΚ*, orieturque novum polygonum *ΑΒΓΔΕΚ*, quod a priore *ΑΒΓΔΕΖ* tantum quoad latera *ΑΚ*, *ΕΚ*, eorumque positionem discrepabit, caeterum vero,

31.); parallelogrammum igitur est unumquodque ipsorum AK, KB, $A\Theta$, $\Theta\Delta$, AH, $H\Gamma$, BH, $H\Delta$, et opposita ipsorum latera aequalia sunt (I. 31.). Et quoniam $A\Delta$ aequalis est AB, et ipsius quidem $A\Delta$ dimidia est AE, ipsius vero AB dimidia AZ, aequalis erit et AE ipsi AZ; quare, et opposita aequalia sunt, ergo ZH aequalis HE. Similiter ostendemus et utramque $H\Theta$, HK utrique ZH, HE esse aequalem. Quatuor igitur HE, HZ, $H\Theta$, HK aequales inter se sunt. Circulus igitur centro H, intervallo vero aequali uni ipsarum HE, HZ, $H\Theta$, HK descriptus transibit et per reliqua puncta; et continget rectas AB, $B\Gamma$, $\Gamma\Delta$, ΔA, propterea quod recti sunt anguli ad E, Z, Θ, K anguli; si enim secat circulus rectas AB $B\Gamma$, $\Gamma\Delta$, ΔA, quae diametro circuli ad rectos angulos ab extremitate ducitur, intra circulum cadet, quod absurdum ostensum est (III. 16.) Circulus igitur centro H, intervallo vero aequali uni ipsarum HE, HZ, $H\Theta$, HK descriptus non secat rectas

quum polygonum $AB\Gamma\Delta EZ$ circulo circumscriptum sit, erit ex Obs. 3. $AB+\Gamma\Delta+EZ=B\Gamma+\Delta E+ZA$, adeoque, quum $EK=EZ+ZH$, et $KA=ZA+Z\Theta$, sumtum autem sit $ZH=Z\Theta$, erit etiam $AB+\Gamma\Delta+EK=B\Gamma+\Delta E+KA$. Polygonum itaque $AB\Gamma\Delta EK$ etiam ita comparatum est, ut numerus laterum alterne numeratorum aequalis sit numero reliquorum laterum, et tamen manifestum est, huic polygono circulum inscribi non posse. Si enim inscribi posset, idem etiam latera AB, $B\Gamma$, $\Gamma\Delta$ ex ea parte lateris $B\Gamma$ contingere deberet, ex qua sunt reliqua latera. At, qui hoc efficit, unicus circulus est, nempe is, qui centro O radio $O\alpha$ describitur. Is autem, quum latera EZ, AZ contingat, nequit simul latera EK, AK extra illa posita contingere.

ΒΓ, ΓΔ, ΔΑ εὐθείας. Ἐφάψεται ἄρα αὐτῶν καὶ ἔσται ἐγγεγραμμένος εἰς τὸ ΑΒΓΔ τετράγωνον.

Εἰς ἄρα τὸ δοθὲν τετράγωνον κύκλος ἐγγέγραπται. Ὅπερ ἔδει ποιῆσαι.

ΠΡΟΤΑΣΙΣ θ'.

Περὶ τὸ δοθὲν τετράγωνον κύκλον περιγράψαι.

Ἔστω τὸ δοθὲν τετράγωνον τὸ ΑΒΓΔ· δεῖ δὴ περὶ τὸ ΑΒΓΔ τετράγωνον κύκλον περιγράψαι.

Ἐπεζευχθεῖσαι γὰρ αἱ ΑΓ, ΒΔ τεμνέτωσαν ἀλλήλας κατὰ τὸ Ε.

Καὶ ἐπεὶ ἴση ἐστὶν ἡ ΔΑ τῇ ΑΒ, κοινὴ δὲ ἡ ΑΓ, δύο δὴ αἱ ΔΑ, ΑΓ δυσὶ ταῖς ΒΑ, ΑΓ ἴσαι εἰσὶ, καὶ βάσις ἡ ΔΓ βάσει τῇ ΒΓ ἴση· γωνία ἄρα ἴση ἐστὶν ἡ ὑπὸ ΔΑΓ γωνίᾳ τῇ ὑπὸ ΒΑΓ· ἡ ἄρα ὑπὸ ΔΑΒ γωνία δίχα τέτμηται ὑπὸ τῆς ΑΓ. Ὁμοίως δὴ δείξομεν ὅτι καὶ ἑκάστη τῶν ὑπὸ ΑΒΓ, ΒΓΔ, ΓΔΑ δίχα τέτμηται ὑπὸ τῶν ΑΓ, ΔΒ εὐθειῶν. Καὶ ἐπεὶ ἴση ἐστὶν ἡ ὑπὸ ΔΑΒ γωνία τῇ ὑπὸ ΑΒΓ, καί ἐστι τῆς μὲν ὑπὸ ΔΑΒ ἡμίσεια ἡ ὑπὸ ΕΑΒ, τῆς δὲ ὑπὸ ΑΒΓ ἡμίσεια ἡ ὑπὸ ΕΒΑ· καὶ ἡ ὑπὸ ΕΑΒ ἄρα τῇ ὑπὸ ΕΒΑ ἐστὶν ἴση· ὥςτε καὶ πλευρὰ ἡ ΕΑ πλευρᾷ τῇ ΕΒ ἐστὶν ἴση. Ὁμοίως δὴ δείξομεν ὅτι καὶ ἑκατέρα τῶν ΕΑ, ΕΒ εὐθειῶν ἑκατέρᾳ τῶν ΕΓ, ΕΔ ἴση ἐστίν. Αἱ τέσσαρες ἄρα αἱ ΕΑ, ΕΒ,

Obs. 7. In figuris circulo circumscriptis, quae numerum laterum imparem habent, propositio, quam Obs. 4. habuimus, etiam ita exprimi poterit: erit in illis summa laterum primi, tertii, quinti etc. aequalis summae laterum secundi, quarti etc. si huic addas duplum segmentum primi lateris, quod inter punctum contactus et eum eius terminum iacet, a quo numerare coeptum est, v. c. (Fig. 296.) in pentagono

AB, *BΓ*, *ΓΔ*, *ΔA*. Continget igitur ipsas et erit inscriptus in quadrato *ABΓΔ*.

In dato igitur quadrato circulus inscriptus est. Quod oportebat facere.

PROPOSITIO IX. (Fig. 291.)

Circa datum quadratum circulum circumscribere.

Sit datum quadratum *ABΓΔ*; oportet circa quadratum *ABΓΔ* circulum circumscribere.

Iunctae *AΓ*, *BΔ* sese secent in *E*.

Et quoniam *ΔA* aequalis est *AB*, communis autem *AΓ*, duae *ΔA*, *AΓ* duabus *BA*, *AΓ* aequales sunt, et basis *ΔΓ* basi *BΓ* aequalis; angulus igitur *ΔAΓ* aequalis est *BAΓ* (I. 8.); angulus igitur *ΔAB* bifariam sectus est ab *AΓ*. Similiter ostendemus et unumquemque angulorum *ABΓ*, *BΓΔ*, *ΓΔA* bifariam sectum esse a rectis *AΓ*, *ΔB*. Et quoniam aequalis est angulus *ΔAB* angulo *ABΓ*, et est ipsius *ΔAB* dimidius angulus *EAB*, et ipsius *ABΓ* dimidius angulus *EBA*; et *EAB* igitur angulo *EBA* erit aequalis. Quare et latus *EA* lateri *EB* est aequale (I. 6.). Similiter ostendemus, et utramque rectarum *EA*, *EB* utrique *EΓ*, *EΔ* aequalem esse; quatuor igitur *EA*, *EB*, *EΓ*, *EΔ* aequales inter se

circulo circumscripto, quod supra delineatum fuit, erat, si a puncto *A* versus *B* numerare incipias ex Obs. 4. $AB+\Gamma\Delta+E\varepsilon=B\Gamma+E\Delta+A\varepsilon$ unde si utrimque addas $A\varepsilon$, erit $AB+\Gamma\Delta+EA=B\Gamma+E\Delta+2A\varepsilon=B\Gamma+E\Delta+2A\alpha$. Hinc consequitur, si latera figurae circulo circumscriptae, quae numerum laterum imparem habet, omnia data sint, data etiam esse segmenta, in quae illa in puncto contactus dividuntur. Erit nempe $2A\alpha$

ΕΓ, ΕΔ ἴσαι ἀλλήλαις εἰσίν. Ὁ ἄρα κέντρῳ τῷ Ε, καὶ διαστήματι ἑνὶ τῶν ΕΑ, ΕΒ, ΕΓ, ΕΔ κύκλος γραφόμενος ἥξει καὶ διὰ τῶν λοιπῶν σημείων, καὶ ἔσται περιγεγραμμένος περὶ τὸ ΑΒΓΔ τετράγωνον. Περιγεγράφθω ὡς ὁ ΑΒΓΔ.

Περὶ τὸ δοθὲν ἄρα τετράγωνον κύκλος περιγέγραπται. Ὅπερ ἔδει ποιῆσαι.

ΠΡΟΤΑΣΙΣ ι.

Ἰσοσκελὲς τρίγωνον συστήσασθαι, ἔχον ἑκατέραν τῶν πρὸς τῇ βάσει γωνιῶν διπλασίονα τῆς λοιπῆς.

Ἐκκείσθω τις εὐθεῖα ἡ ΑΒ, καὶ τετμήσθω κατὰ τὸ Γ σημεῖον, ὥςτε τὸ ὑπὸ τῶν ΑΒ, ΒΓ περιεχόμενον ὀρθογώνιον ἴσον εἶναι τῷ ἀπὸ τοῦ ΓΑ τετραγώνῳ· καὶ κέντρῳ μὲν τῷ Α, διαστήματι δὲ τῷ ΑΒ κύκλος γεγράφθω ὁ ΒΔΕ, καὶ ἐνηρμόσθω εἰς τὸν ΒΔΕ κύκλον τῇ ΑΓ εὐθείᾳ, μὴ μείζονι οὔσῃ τῆς τοῦ ΒΔΕ κύκλου διαμέτρου, ἴση εὐθεῖα ἡ ΒΔ· καὶ ἐπεζεύχθωσαν αἱ ΑΔ, ΓΔ, καὶ περιγεγράφθω περὶ τὸ ΑΓΔ τρίγωνον κύκλος ὁ ΑΓΔ.

Καὶ ἐπεὶ τὸ ὑπὸ τῶν ΑΒ, ΒΓ ἴσον ἐστὶ τῷ ἀπὸ τῆς ΑΓ, ἴση δὲ ἡ ΑΓ τῇ ΒΔ· τὸ ἄρα ὑπὸ τῶν ΑΒ, ΒΓ ἴσον ἐστὶ τῷ ἀπὸ τῆς ΒΔ. Καὶ ἐπεὶ κύκλου τοῦ ΑΓΔ εἴληπταί τι σημεῖον ἐκτὸς τὸ Β, καὶ ἀπὸ τοῦ Β πρὸς τὸν ΑΓΔ κύκλον προςπεπτώκασι δύο εὐθεῖαι αἱ ΒΑ, ΒΔ, καὶ ἡ μὲν αὐτῶν τέμνει, ἡ δὲ προςπίπτει, καί ἐστι τὸ ὑπὸ τῶν ΑΒ, ΒΓ ἴσον τῷ ἀπὸ

$=ΑΒ+ΓΔ+ΕΑ-ΒΓ-ΔΕ$. Caeterum haec disquisitio a tertia inde observatione instituta primum facta est a Pitot. (Mém. de l'Acad. des Sc. de Paris 1725. p. 45.). Cf. Kraft. Geom. Sublim. §. 104.

sunt. Circulus igitur centro E, et intervallo aequali uni rectarum EA, EB, $E\Gamma$, $E\Delta$ descriptus transibit et per reliqua puncta, et erit circumscriptus circa quadratum $AB\Gamma\Delta$. Circumscribatur ut $AB\Gamma\Delta$.

Circa datum igitur quadratum circulus circumscriptus est. Quod oportebat facere.

PROPOSITIO X. (Fig. 301.)

Isosceles triangulum constituere, habens utrumque angulorum ad basin duplum reliqui.

Ponatur aliqua recta AB, et secetur in puncto Γ, ita ut rectangulum sub AB, $B\Gamma$ contentum aequale sit quadrato ex ΓA (II. 11.); et centro A, et intervallo AB describatur circulus $B\Delta E$ (Post. 3.), et aptetur in circulo $B\Delta E$ rectae $A\Gamma$, quae non maior est diametro circuli $B\Delta\Gamma$, aequalis recta $B\Delta$ (IV. 1.); et iungantur $A\Delta$, $\Gamma\Delta$, et circumscribatur circa triangulum $A\Gamma\Delta$ circulus $A\Gamma\Delta$.

Et quoniam rectangulum sub AB, $B\Gamma$ aequale est quadrato ex $A\Gamma$, $A\Gamma$ autem aequalis $B\Delta$, rectangulum igitur sub AB, $B\Gamma$ aequale est quadrato ex $B\Delta$. Et quoniam extra circulum $A\Gamma\Delta$ sumptum est aliquod punctum B; et a B in circulum $A\Gamma\Delta$ cadunt duae rectae BA, $B\Delta$, quarum altera quidem ipsum secat, altera vero in eum incidit; et est rectangulum

PROPOSITIO VIII.

Obs. Si cui rhombo dato $AB\Gamma\Delta$ (Fig. 300.) circulus inscribendus est, quod ex Obs. 5. ad praeced. semper fieri potest, centrum quidem circuli inscribendi eadem ratione inveniri potest, ut hic pro quadrato ostensum fuit, ductis nempe

τῆς ΒΔ· ἡ ΒΔ ἄρα ἐφάπτεται τοῦ ΑΓΔ. Καὶ ἐπεὶ ἐφάπτεται μὲν ἡ ΒΔ, ἀπὸ δὲ τῆς κατὰ τὸ Δ ἐπαφῆς διῆκται ἡ ΔΓ· ἡ ἄρα ὑπὸ ΒΔΓ γωνία ἴση ἐστὶ τῇ ἐν τῷ ἐναλλὰξ τοῦ κύκλου τμήματι γωνίᾳ τῇ ὑπὸ ΔΑΓ. Ἐπεὶ οὖν ἴση ἐστὶν ἡ ὑπὸ ΒΔΓ τῇ ὑπὸ ΔΑΓ, κοινὴ προςκείσθω ἡ ὑπὸ ΓΔΑ· ὅλη ἄρα ἡ ὑπὸ ΒΔΑ ἴση ἐστὶ δυσὶ ταῖς ὑπὸ ΓΔΑ, ΔΑΓ. Ἀλλὰ ταῖς ὑπὸ ΓΔΑ, ΔΑΓ ἴση ἐστὶν ἡ ἐκτὸς ἡ ὑπὸ ΒΓΔ· ἡ ἄρα ὑπὸ ΒΔΑ ἴση ἐστὶ τῇ ὑπὸ ΒΓΔ. Ἀλλ' ἡ ὑπὸ ΒΔΑ τῇ ὑπὸ ΓΒΔ ἐστὶν ἴση, ἐπεὶ καὶ πλευρὰ ἡ ΔΑ τῇ ΑΒ ἐστὶν ἴση· ὥςτε καὶ ἡ ὑπὸ ΔΒΑ τῇ ὑπὸ ΒΓΔ ἐστὶν ἴση. Αἱ τρεῖς ἄρα αἱ ὑπὸ ΒΔΑ, ΔΒΑ, ΒΓΔ ἴσαι ἀλλήλαις εἰσίν. Καὶ ἐπεὶ ἴση ἐστὶν ἡ ὑπὸ ΔΒΓ γωνία τῇ ὑπὸ ΒΓΔ, ἴση ἐστὶ καὶ πλευρὰ ἡ ΒΔ πλευρᾷ τῇ ΔΓ. Ἀλλ' ἡ ΒΔ τῇ ΓΑ ὑπόκειται ἴση· καὶ ἡ ΑΓ ἄρα τῇ ΓΔ ἐστὶν ἴση· ὥςτε καὶ γωνία ἡ ὑπὸ ΓΔΑ γωνίᾳ τῇ ὑπὸ ΔΑΓ ἐστὶν ἴση· αἱ ἄρα ὑπὸ ΓΔΑ, ΔΑΓ τῆς ὑπὸ ΔΑΓ εἰσὶ διπλασίους. Ἴση δὲ καὶ ἡ ὑπὸ ΒΓΔ ταῖς ὑπὸ ΓΔΑ, ΔΑΓ· καὶ ἡ ὑπὸ ΒΓΔ ἄρα τῆς ὑπὸ ΔΑΓ ἐστὶ διπλῆ. Ἴση δὲ ἡ ὑπὸ ΒΓΔ ἑκατέρᾳ τῶν ὑπὸ ΒΔΑ, ΔΒΑ· καὶ ἑκατέρα ἄρα τῶν ὑπὸ ΒΔΑ, ΔΒΑ τῆς ὑπὸ ΒΑΔ ἐστὶ διπλῆ.

rectis *ZK*, *EΘ* per puncta, quae latera rhombi opposita bifariam dividunt, eruntque adhuc ut ante $ZH = HK = HE = H\Theta = \frac{A\Delta}{2}$: at circulus inscribendus iam alium radium habebit, qui invenitur, demisso ex *H* ad unum laterum rhombi v. c. *ΑΔ* perpendiculo *Hε*, quod, ut facile probatur, aequale est perpendiculo cuicunque ex *H* in reliqua latera demisso v. c. *Hζ*. Est enim in triangulis *HEε*, *HζZ*, $HE = HZ$, angulus $E = Z$ et ad *ε* et *ζ* sunt anguli recti, unde ex I. 26. est $H\varepsilon = H\zeta$, et circulus centro *H* radio *Hε* descriptus etiam per puncta *ζ*, *θ*,

sub AB, $B\Gamma$ aequale quadrato ex $B\Delta$, recta $B\Delta$ contingit circulum $A\Gamma\Delta$ (III. 37.). Quoniam igitur $B\Delta$ contingit, a contactu vero ad Δ ducta est $\Delta\Gamma$; angulus igitur $B\Delta\Gamma$ aequalis est angulo $\Delta\Gamma A$ in alterno circuli segmento (III. 32.). Quoniam igitur aequalis est angulus $B\Delta\Gamma$ angulo $\Delta A\Gamma$, communis addatur $\Gamma\Delta A$. Totus igitur $B\Delta A$ aequalis est duobus $\Gamma\Delta A$, $\Delta A\Gamma$. Sed angulis $\Gamma\Delta A$, $\Delta A\Gamma$ aequalis est exterior $B\Gamma\Delta$ (I. 32.); angulus igitur $B\Delta A$ aequalis est angulo $B\Gamma\Delta$. Sed angulus $B\Delta A$ angulo $\Gamma B\Delta$ est aequalis, quoniam et latus ΔA lateri AB est aequale (I. 5.); quare et ΔBA ipsi $B\Gamma\Delta$ est aequalis. Tres igitur $B\Delta A$, ΔBA, $B\Gamma\Delta$ aequales inter se sunt. Et quoniam aequalis est angulus $\Delta B\Gamma$ angulo $B\Gamma\Delta$, et latus $B\Delta$ aequale est lateri $\Delta\Gamma$ (I. 6.). Sed $B\Delta$ ipsi ΓA ponitur aequalis; et $A\Gamma$ igitur ipsi $\Gamma\Delta$ est aequalis, quare et angulus $\Gamma\Delta A$ angulo $\Delta A\Gamma$ est aequalis (I. 5.); anguli igitur $\Gamma\Delta A$, $\Delta A\Gamma$ anguli $\Delta A\Gamma$ sunt dupli. Aequalis autem et $B\Gamma\Delta$ angulis $\Gamma\Delta A$, $\Delta A\Gamma$ (I. 32.); et $B\Gamma\Delta$ igitur anguli $\Delta A\Gamma$ est duplus. Aequalis autem et $B\Gamma\Delta$ utrique angulorum $B\Delta A$, ΔBA, uterque igitur angulorum $B\Delta A$, ΔBA anguli $BA\Delta$ est duplus.

* transit, et rhombum in his punctis contingit (III. 16. Cor. 1.). Paullo brevius centrum H invenietur, ductis diagonalibus $A\Gamma$, $B\Delta$, quae pariter in H se intersecant.

PROPOSITIO IX.

Obs. Eadem constructione etiam circa rectangulum non aequilaterum circulus circumscribetur, quod fieri semper posse patet ex Obs. 5. ad III. 22. Demonstratio tantum paulo diversa erit, et absolvetur ope I. 34. Cor. 1. et I. 34. Cor. 17.

Ἰσοσκελὲς ἄρα τρίγωνον συνίσταται τὸ ΑΔΒ, ἔχον ἑκατέραν τῶν πρὸς τῇ ΔΒ βάσει γωνιῶν διπλασίονα τῆς λοιπῆς. Ὅπερ ἔδει ποιῆσαι.

ΠΡΟΤΑΣΙΣ ιά.

Εἰς τὸν δοθέντα κύκλον πεντάγωνον ἰσόπλευρόν τε καὶ ἰσογώνιον ἐγγράψαι.

Ἔστω ὁ δοθεὶς κύκλος ὁ ΑΒΓΔΕ· δεῖ δὴ εἰς τὸν ΑΒΓΔΕ κύκλον πεντάγωνον ἰσόπλευρόν τε καὶ ἰσογώνιον ἐγγράψαι.

Ἐκκείσθω τρίγωνον ἰσοσκελὲς τὸ ΖΗΘ, διπλασίονα ἔχον ἑκατέραν τῶν πρὸς τοῖς Η, Θ γωνιῶν τῆς πρὸς τῷ Ζ, καὶ ἐγγεγράφθω εἰς τὸν ΑΒΓΔΕ κύκλον τῷ ΖΗΘ τριγώνῳ ἰσογώνιον τρίγωνον τὸ ΑΓΔ, ὥστε τῇ μὲν πρὸς τῷ Ζ γωνίᾳ ἴσην εἶναι τὴν ὑπὸ ΓΑΔ, ἑκατέραν δὲ τῶν πρὸς τοῖς Η, Θ ἴσην ἑκατέρᾳ τῶν ὑπὸ ΑΓΔ, ΓΔΑ· καὶ ἑκατέρα ἄρα τῶν ὑπὸ ΑΓΔ, ΓΔΑ τῆς ὑπὸ ΓΑΔ ἐστὶ διπλῆ. Τετμήσθω δὴ ἑκατέρα τῶν ὑπὸ ΑΓΔ, ΓΔΑ δίχα ὑπὸ τῶν ΓΕ, ΔΒ εὐθειῶν, καὶ ἐπεζεύχθωσαν αἱ ΑΒ, ΒΓ, ΔΕ, ΕΑ.

Ἐπεὶ οὖν ἑκατέρα τῶν ὑπὸ ΑΓΔ, ΓΔΑ γωνιῶν διπλασίων ἐστὶ τῆς ὑπὸ ΓΑΔ, καὶ τετμημέναι εἰσὶ

PROPOSITIO X.

Praemitti potest huic problemati sequens analysis. Puta factum, sitque ΑΒΔ triangulum aequicrurum, in quo uterque angulorum ad basin duplus est reliqui. Bisecetur unus angulorum ad basin recta ΔΓ (I. 9.), eritque angulus ΒΔΓ=ΒΔΑ, pariterque ΓΔΑ=ΒΔΔ, adeoque (I. 5.) ΔΓ=ΓΑ. Praeterea, quum in triangulis ΒΓΔ, ΒΔΑ sit ΒΔΓ=ΒΑΔ, et angulus Β communis, erit etiam reliquus ΒΓΔ=ΑΔΒ (I. 32.). At ex Hyp. ΑΒΔ=ΑΔΒ: erit itaque ΒΓΔ=ΑΒΔ, adeoque ΔΓ=ΒΔ. Praeterea, si triangulo ΑΓΔ circumscribatur circulus

Isosceles igitur triangulum constitutum est $A\Delta B$ habens utrumque angulorum ad AB basin duplum reliqui. Quod oportebat facere.

PROPOSITIO XI. (Fig. 302.)

In dato circulo pentagonum aequilaterum et aequiangulum inscribere.

Sit datus circulus $AB\Gamma\Delta E$; oportet in circulo $AB\Gamma\Delta E$ pentagonum aequilaterum et aequiangulum inscribere.

Ponatur triangulum isosceles $ZH\Theta$ duplum habens utrumque angulorum ad H, Θ anguli ad Z (IV. 10.), et inscribatur in circulo $AB\Gamma\Delta E$, triangulo $ZH\Theta$ aequiangulum triangulum $A\Gamma\Delta$ (IV. 2.), ita ut angulo quidem Z aequalis sit angulus $\Gamma A\Delta$, uterque vero angulorum ad H, Θ aequalis utrique angulorum $A\Gamma\Delta$, $\Gamma\Delta A$; et uterque igitur angulorum $A\Gamma\Delta$, $\Gamma\Delta A$ anguli $\Gamma A\Delta$ est duplus. Secetur autem uterque angulorum $A\Gamma\Delta$, $\Gamma\Delta A$ bifariam a rectis ΓE, ΔB (I. 9.) et iungantur AB, $B\Gamma$, ΔE, EA.

Quoniam igitur uterque angulorum $A\Gamma\Delta$, $\Gamma\Delta A$ duplus est anguli $\Gamma A\Delta$; et secti sunt bifariam a re-

(IV. 5.), ob angulum $B\Delta\Gamma = BA\Delta$, $B\Delta$ hunc circulum continget (Obs. 2. ad III. 32.), adeoque erit $B\Delta q = AB \times B\Gamma$ (III. 36.), vel ob $B\Delta = \Delta\Gamma = A\Gamma$, $A\Gamma q = AB \times B\Gamma$. Solutio problematis itaque eo redit, ut recta AB ita secetur in Γ, ut rectangulum sub tota et segmento $B\Gamma$ aequale sit quadrato reliqui segmenti $A\Gamma$ i. e. ad II. 11. Quo facto sumenda erit in circulo $B\Delta E$ recta $B\Delta = A\Gamma$, et ducenda $A\Delta$. Caeterum manifesum est, positionem rectae AB pro lubitu sumi, itaque, si datum sit punctum A, punctum B in circumferentia cir-

δίχα ὑπὸ τῶν ΓΕ, ΔΒ εὐθειῶν· αἱ πέντε ἄρα γωνίαι αἱ ὑπὸ ΔΑΓ, ΑΓΕ, ΕΓΔ ΓΔΒ, ΒΔΑ ἴσαι ἀλλήλαις εἰσίν. Αἱ δὲ ἴσαι γωνίαι ἐπὶ ἴσων περιφερειῶν βεβήκασιν· αἱ πέντε ἄρα περιφέρειαι αἱ ΑΒ, ΒΓ, ΓΔ, ΔΕ, ΕΑ ἴσαι ἀλλήλαις εἰσίν. Ὑπὸ δὲ τὰς ἴσας περιφερείας ἴσαι εὐθεῖαι ὑποτείνουσιν· αἱ πέντε ἄρα εὐθεῖαι αἱ ΑΒ, ΒΓ, ΓΔ, ΔΕ, ΕΑ ἴσαι ἀλλήλαις εἰσίν· ἰσόπλευρον ἄρα ἐστὶ τὸ ΑΒΓΔΕ πεντάγωνον. Λέγω δὲ ὅτι καὶ ἰσογώνιον. Ἐπεὶ γὰρ ἡ ΑΒ περιφέρεια τῇ ΔΕ περιφερείᾳ ἐστὶν ἴση, κοινὴ προςκείσθω ἡ ΒΓΔ· ὅλη ἄρα ἡ ΑΒΓΔ περιφέρεια ὅλῃ τῇ ΕΔΓΒ περιφερείᾳ ἐστὶν ἴση. Καὶ βέβηκεν ἐπὶ μὲν τῆς ΑΒΓΔ περιφερείας γωνία ἡ ὑπὸ ΑΕΔ, ἐπὶ δὲ τῆς ΕΔΓΒ περιφερείας γωνία ἡ ὑπὸ ΒΑΕ· καὶ ἡ ὑπὸ ΒΑΕ ἄρα γωνία τῇ ὑπὸ ΑΕΔ ἐστὶν ἴση. Διὰ τὰ αὐτὰ δὴ καὶ ἑκάστη τῶν ὑπὸ ΑΒΓ, ΒΓΔ, ΓΔΕ γωνιῶν ἑκατέρᾳ τῶν ὑπὸ ΒΑΕ, ΑΕΔ ἐστὶν ἴση· ἰσογώνιον ἄρα ἐστὶ τὸ ΑΒΓΔΕ πεντάγωνον. Ἐδείχθη δὲ καὶ ἰσόπλευρον.

culi *BΔE* pro lubitu sumi aut datum esse posse. Compositio deinde fiet, ut apud Euclidem.

Cor. 1. Quum $AB\Delta = A\Delta B = 2BA\Delta$, erit $BA\Delta = \frac{AB\Delta + A\Delta B + BA\Delta}{5}$, vel, quum $AB\Delta + A\Delta B + BA\Delta = 2$ rectis (I. 32.), erit $BA\Delta = \frac{2 \text{ Rect.}}{5} = \frac{4 \text{ Rect.}}{10}$, et angulus $AB\Delta = \frac{4 \text{ Rect.}}{5}$.

Cor. 2. Simul cum nostro problemate solutum est etiam hoc: Isosceles triangulum constituere, cuius angulus ad verticem triplus sit utriusque anguli ad basin. Id nempe est triangulum *AΓΔ*, quod vidimus esse isosceles, nempe $A\Gamma = \Gamma\Delta$, et in quo angulus $A\Gamma\Delta = AB\Delta + BA\Gamma = 3BA\Gamma = 3\Gamma\Delta A =$

ctis ΓE, ΔB; quinque igitur anguli $\Delta A\Gamma$, $A\Gamma E$, $E\Gamma\Delta$, $\Gamma\Delta B$, $B\Delta A$ aequales inter se sunt. Aequales autem anguli aequalibus circumferentiis insistunt (III, 26.); quinque igitur circumferentiae AB, $B\Gamma$, $\Gamma\Delta$, ΔE, EA aequales inter se sunt. Aequales autem circumferentias aequales rectae subtendunt (III. 29.); quinque igitur rectae AB, $B\Gamma$, $\Gamma\Delta$, ΔE, EA aequales inter se sunt; aequilaterum igitur est $AB\Gamma\Delta E$ pentagonum. Dico et aequiangulum. Quoniam enim circumferentia AB circumferentiae ΔE est aequalis, communis addatur $B\Gamma\Delta$; tota igitur circumferentia $AB\Gamma\Delta$ toti circumferentiae $E\Delta\Gamma B$ est aequalis. Et insistit quidem circumferentiae $AB\Gamma\Delta$ angulus $AE\Delta$, circumferentiae vero $E\Delta\Gamma B$ angulus BAE, et angulus BAE igitur angulo $AE\Delta$ est aequalis (III. 27.) Ex eadem ratione unusquisque angulorum $AB\Gamma$, $B\Gamma\Delta$, $\Gamma\Delta E$ alterutri angulorum BAE, $AE\Delta$ est aequalis; aequiangulum igitur est pentagonum $AB\Gamma\Delta E$. Ostensum est autem et aequilaterum.

$3\Gamma A\Delta$. Et vice versa, si quis construere sciat triangulum isosceles $A\Gamma\Delta$, in quo $A\Gamma\Delta = 3\Gamma A\Delta$, construere quoque poterit triangulum isosceles $BA\Delta$, in quo $BA\Delta = \frac{AB\Delta}{2}$.

Obs. 2. Campanus et Peletarius, ut bene monet Clavius, sine causa se excruciant, ut probent, rectam $B\Delta$ contingere circulum $A\Gamma\Delta$, quum id ex III. 37. manifesto consequatur. Id autem iure observat Campanus, circulos $A\Gamma\Delta$, $B\Delta E$ se in puncto Δ non contingere, sed se iterum secare in puncto aliquo E, ita, ut arcus maioris circuli $\Delta E = B\Delta$, pariterque arcus minoris circuli $\Delta E = \Gamma\Delta$. Quod facile ita probatur. Hi circuli se non contingunt in Δ, si enim contingerent, recta $B\Delta$, quae minorem contingit, contingeret etiam maiorem (Obs. 2. ad III. 17.). Eadem autem maiori inscripta est

Εἰς ἄρα τὸν δοθέντα κύκλον πεντάγωνον ἰσόπλευρόν τε καὶ ἰσογώνιον ἐγγέγραπται. Ὅπερ ἔδει ποιῆσαι.

ΠΡΟΤΑΣΙΣ ιβ'.

Περὶ τὸν δοθέντα κύκλον πεντάγωνον ἰσόπλευρόν τε καὶ ἰσογώνιον περιγράψαι.

Ἔστω ὁ δοθεὶς κύκλος ὁ ΑΒΓΔΕ· δεῖ δὴ περὶ τὸν ΑΒΓΔΕ κύκλον πεντάγωνον ἰσόπλευρόν τε καὶ ἰσογώνιον περιγράψαι.

Νενοήσθω τοῦ ἐγγεγραμμένου πενταγώνου τῶν γωνιῶν σημεῖα, τὰ Α, Β, Γ, Δ, Ε, ὥστε ἴσας εἶναι τὰς ΑΒ, ΒΓ, ΓΔ, ΔΕ, ΕΑ περιφερείας· καὶ διὰ τῶν Α, Β, Γ, Δ, Ε ἤχθωσαν τοῦ κύκλου ἐφαπτόμεναι αἱ ΗΘ, ΘΚ, ΚΛ, ΛΜ, ΜΗ· καὶ εἰλήφθω τοῦ ΑΒΓΔΕ κύκλου κέντρον τὸ Ζ, καὶ ἐπεζεύχθωσαν αἱ ΖΒ, ΖΚ, ΖΓ, ΖΛ, ΖΔ.

q. e. a. Secent igitur se in *E*, eritque, ductis rectis *AE*, *ΔE*, angulus *AEΔ*=*BΓΔ* (III. 22. Cor. 1.) =*ABΔ*. Est autem etiam, ob *AE*=*AΔ* (I. Def. 15.) *AΔE*=*AEΔ* (I. 5.) =*ABΔ*=*AΔB*. Itaque (I. 32.) aequiangula sunt triangula *AΔE*, *AΔB*, et nominatim angulus *ΔAE*=*BAΔ*, unde et arcus maioris circuli *ΔE*=*ΔB* (III. 26.) et recta *ΔE*=*BΔ* (III. 29.) =*ΓΔ*, adeoque et arcus minoris circuli *ΔE*=*ΓΔ*. Peletarius addit, rectam *ΓΔ* vel *AΓ* esse latus pentagoni regularis circulo *AΓΔ* inscripti. Nempe quum, ut vixdum vidimus, sit arcus *ΔE*=*ΓΔ*, recta autem *ΓΔ*=*AΓ*, erit etiam arcus *AΓ*=*ΓΔ*=*ΔE* (III. 28.). Eodem modo, quum recta *AE*=*AΔ*, erit arcus *AZE*=*AΓΔ* (III. 28.), adeoque, si is bifariam secetur, circulus *AΓΔ* in quinque arcus aequales divisus erit, quorum chordae aequales sunt (III. 29.) et binae proximae angulos aequales comprehendunt (III. 27.).

In dato igitur circulo pentagonum aequilaterum et aequiangulum inscriptum est. Quod oportebat facere.

PROPOSITIO XII. (Fig. 303.)

Circa datum circulum pentagonum aequilaterum et aequiangulum circumscribere.

Sit datus circulus $AB\Gamma\Delta E$; oportet circa circulum $AB\Gamma\Delta E$ pentagonum aequilaterum et aequiangulum circumscribere.

Intelligantur inscripti pentagoni angulorum puncta A, B, Γ, Δ, E, ita ut aequales sint AB, $B\Gamma$, $\Gamma\Delta$, ΔE, EA circumferentiae; et per A, B, Γ, Δ, E ducantur rectae circulum contingentes $H\Theta$, ΘK, KA, AM, MH (III. 17.); et sumatur circuli $AB\Gamma\Delta E$ centrum Z, et iungantur ZB, ZK, $Z\Gamma$, ZA, $Z\Delta$.

PROPOSITIO XI.

Cor. (Clavii.) Quum ex IV. 10. Cor. 1. angulus $\Gamma A\Delta$ sit 2/3 rect. sit autem $BA\Gamma = \Gamma A\Delta = \Delta AE$, sequitur, angulum BAE pentagoni regularis complecti sex quintas unius recti, vel tres quintas duorum rectorum, quod consentit cum I. 32. Cor. 18.; angulus autem $ABE = AEB$ erit (I. 32.) quinta pars duorum rectorum: itaque angulus BAE triplus est anguli ABE. Cf. IV. 10. Cor. 2. Caeterum simpliciorem propositionis IV. 11. solutionem dabit XIII. 10.

Obs. Eodem modo, quo hic ostensum fuit, descriptionem pentagoni regularis in dato circulo pendere a constructione trianguli aequicruri, cuius angulus ad basin uterque duplus sit reliqui — dum nempe ope huius trianguli, aliusque illi aequicruri in dato circulo descripti circulus in quinque partes aequales divisus fuit, quo facto res erat facillima — generaliter demonstrabitur, descriptionem polygoni regularis cuius-

Καὶ ἐπεὶ ἡ μὲν ΚΛ εὐθεῖα ἐφάπτεται τοῦ ΑΒΓΔΕ κύκλου κατὰ τὸ Γ, ἀπὸ δὲ τοῦ Ζ κέντρου ἐπὶ τὴν κατὰ τὸ Γ ἐπαφὴν ἐπέζευκται ἡ ΖΓ· ἡ ΖΓ ἄρα κάθετός ἐστιν ἐπὶ τὴν ΚΛ· ὀρθὴ ἄρα ἐστὶν ἑκατέρα τῶν πρὸς τῷ Γ γωνιῶν. Διὰ τὰ αὐτὰ δὴ καὶ αἱ πρὸς τοῖς Β, Δ σημείοις γωνίαι ὀρθαί εἰσιν. Καὶ ἐπεὶ ὀρθή ἐστιν ἡ ὑπὸ ΖΓΚ γωνία, τὸ ἄρα ἀπὸ τῆς ΖΚ ἴσον ἐστὶ τοῖς ἀπὸ τῶν ΖΓ, ΓΚ. Διὰ τὰ αὐτὰ δὴ καὶ τοῖς ἀπὸ τῶν ΖΒ, ΒΚ ἴσον ἐστὶ τὸ ἀπὸ τῆς ΖΚ· ὥςτε τὰ ἀπὸ τῶν ΖΓ, ΓΚ τοῖς ἀπὸ τῶν ΖΒ, ΒΚ ἐστὶν ἴσα, ὧν τὸ ἀπὸ τῆς ΖΓ τῷ ἀπὸ τῆς ΖΒ ἐστὶν ἴσον· λοιπὸν ἄρα τὸ ἀπὸ τῆς ΓΚ λοιπῷ τῷ ἀπὸ τῆς ΒΚ ἐστὶν ἴσον, ἴση ἄρα ἡ ΓΚ τῇ ΒΚ. Καὶ ἐπεὶ ἴση ἐστὶν ἡ ΖΒ τῇ ΖΓ, καὶ κοινὴ ἡ ΖΚ, δύο δὴ αἱ ΒΖ, ΖΚ δυσὶ ταῖς ΓΖ, ΖΚ ἴσαι εἰσὶ, καὶ βάσις ἡ ΒΚ βάσει τῇ ΓΚ ἐστὶν ἴση· γωνία ἄρα ἡ μὲν ὑπὸ ΒΖΚ γωνίᾳ τῇ ὑπὸ ΚΖΓ ἐστὶν ἴση, ἡ δὲ ὑπὸ ΒΚΖ τῇ ὑπὸ ΖΚΓ ἐστὶν ἴση· διπλῆ ἄρα ἡ μὲν ὑπὸ ΒΖΓ τῆς ὑπὸ ΚΖΓ, ἡ δὲ ὑπὸ ΒΚΓ τῆς ὑπὸ ΖΚΓ. Διὰ τὰ αὐτὰ δὴ καὶ ἡ μὲν ὑπὸ ΓΖΔ τῆς ΓΖΛ ἐστὶ διπλῆ ἡ δὲ ὑπὸ ΓΛΔ τῆς ὑπὸ ΓΛΖ. Καὶ ἐπεὶ ἴση ἐστὶν ἡ ΒΓ περιφέρεια τῇ ΓΔ, ἴση ἐστὶ καὶ γωνία ἡ ὑπὸ ΒΖΓ τῇ ὑπὸ ΓΖΔ. Καί ἐστιν ἡ μὲν ὑπὸ ΒΖΓ τῆς ὑπὸ ΚΖΓ διπλῆ, ἡ δὲ ὑπὸ ΔΖΓ διπλῆ τῆς ὑπὸ ΛΖΓ· ἴση ἄρα καὶ ἡ ὑπὸ ΚΖΓ τῇ ὑπὸ ΛΖΓ· ἔστι δὲ καὶ ἡ ὑπὸ ΖΓΚ γωνία τῇ ὑπὸ ΖΓΛ ἴση. Δύο δὴ τρίγωνά ἐστι τὰ ΖΚΓ, ΖΛΓ

cunque, quod numerum laterum imparem $=2n+1$ habeat, pendere a descriptione trianguli aequicruri, cuius angulus ad basin uterque sit n plus reliqui anguli, ita ut v. gr. pro heptagono angulus ad basin triplus esse debeat anguli ad verticem; in enneagono 4 plus etc. vel, quod eodem redit, et pro

Et quoniam recta $K\Lambda$ contingit circulum $AB\Gamma\Delta E$ in Γ, a centro autem Z in contactum ad Γ ducta est $Z\Gamma$; erit $Z\Gamma$ perpendicularis ad $K\Lambda$ (III. 18.); rectus igitur est uterque angulorum ad Γ. Ex eadem ratione anguli ad puncta B, Δ recti sunt. Et quoniam rectus est angulus $Z\Gamma K$, quadratum ex ZK aequale est quadratis ex $Z\Gamma$, ΓK (I. 47.). Ex eadem ratione et quadratis ex ZB, BK aequale est quadratum ex ZK; quare quadrata ex $Z\Gamma$, ΓK quadratis ex ZB, BK aequalia sunt, quorum quadratum ex $Z\Gamma$ quadrato ex ZB est aequale; reliquum igitur ex ΓK reliquo ex BK est aequale; aequalis igitur recta ΓK rectae BK. Et quoniam aequalis est ZB ipsi $Z\Gamma$, et communis ZK, duae BZ, ZK duabus ΓZ, ZK aequales sunt, et basis BK basi ΓK est aequalis; angulus igitur BZK angulo $KZ\Gamma$ est aequalis (I. 8.), angulus autem BKZ angulo $ZK\Gamma$ est aequalis; duplus igitur angulus $BZ\Gamma$ anguli $KZ\Gamma$, angulus autem $BK\Gamma$ anguli $ZK\Gamma$. Ex eadem ratione et angulus $\Gamma Z\Delta$ anguli $\Gamma Z\Lambda$ est duplus, angulus autem $\Gamma\Lambda\Delta$ anguli $\Gamma\Lambda Z$. Et quoniam aequalis est circumferentia $B\Gamma$ ipsi $\Gamma\Delta$, aequalis est et angulus $BZ\Gamma$ angulo $\Gamma Z\Delta$ (III. 27.). Et est angulus $BZ\Gamma$ anguli $KZ\Gamma$ duplus, angulus autem $\Delta Z\Gamma$ duplus anguli $\Lambda Z\Gamma$; aequalis igitur et $KZ\Gamma$ ipsi $\Lambda Z\Gamma$; est autem et angulus $Z\Gamma K$ angulo $Z\Gamma\Lambda$ aequalis. Duo itaque triangula sunt $ZK\Gamma$, $Z\Lambda\Gamma$ duos angulos duobus an-

omnibus polygonis regularibus valet, a divisione circuli in tot partes aequales, quot latera habere debet polygonum describendum. Sin autem polygonum parem laterum numerum $=2n$ habeat, pendebit eius descriptio a descriptione trianguli aequicruri, cuius angulus ad basin uterque sit $(n-1/2)$

τὰς δύο γωνίας ταῖς δυσὶ γωνίαις ἴσας ἔχοντα ἑκατέραν ἑκατέρᾳ, καὶ μίαν πλευρὰν μιᾷ πλευρᾷ ἴσην, κοινὴν αὐτῶν τὴν ΖΓ, καὶ τὰς λοιπὰς ἄρα πλευρὰς ταῖς λοιπαῖς πλευραῖς ἴσας ἕξει, καὶ τὴν λοιπὴν γωνίαν τῇ λοιπῇ γωνίᾳ· ἴση ἄρα ἡ μὲν ΚΓ εὐθεῖα τῇ ΓΛ, ἡ δὲ ὑπὸ ΖΚΓ γωνία τῇ ὑπὸ ΖΛΓ. Καὶ ἐπεὶ ἴση ἐστὶν ἡ ΚΓ τῇ ΓΛ, διπλῆ ἄρα ἡ ΚΛ τῆς ΚΓ. Διὰ τὰ αὐτὰ δὴ δειχθήσεται, καὶ ἡ ΘΚ τῆς ΒΚ διπλῆ. Καί ἐστιν ἡ ΒΚ τῇ ΚΓ ἴση [1]· καὶ ΘΚ ἄρα τῇ ΚΛ ἐστὶν ἴση. Ὁμοίως δὴ δειχθήσεται καὶ ἑκάστη τῶν ΘΗ, ΗΜ, ΜΛ ἑκατέρᾳ τῶν ΘΚ, ΚΛ ἴση· ἰσόπλευρον ἄρα ἐστὶ τὸ ΗΘΚΛΜ πεντάγωνον. Λέγω δὴ ὅτι καὶ ἰσογώνιον. Ἐπεὶ γὰρ ἴση ἐστὶν ἡ ὑπὸ ΖΚΓ γωνία τῇ ὑπὸ ΖΛΓ, καὶ ἐδείχθη τῆς μὲν ὑπὸ ΖΚΓ διπλῆ ἡ ὑπὸ ΘΚΛ, τῆς δὲ ὑπὸ ΖΛΓ διπλῆ ἡ ὑπὸ ΚΛΜ· καὶ ἡ ὑπὸ ΘΚΛ ἄρα τῇ ὑπὸ ΚΛΜ ἐστὶν ἴση. Ὁμοίως δὴ δειχθήσεται καὶ ἑκάστη τῶν ὑπὸ ΚΘΗ, ΘΗΜ, ΗΜΛ ἑκατέρᾳ τῶν ὑπὸ ΘΚΛ, ΚΛΜ ἴση· αἱ πέντε ἄρα γωνίαι αἱ ὑπὸ ΗΘΚ, ΘΚΛ, ΚΛΜ, ΛΜΗ, ΜΗΘ ἴσαι ἀλλήλαις εἰσίν. Ἰσογώνιον ἄρα ἐστὶ τὸ ΗΘΚΛΜ πεντάγωνον. Ἐδείχθη δὲ καὶ ἰσόπλευρον, καὶ περιγέγραπται περὶ τὸν ΑΒΓΔΕ κύκλον. Ὅπερ ἔδει ποιῆσαι.

ΠΡΟΤΑΣΙΣ ιγ΄.

Εἰς τὸ δοθὲν πεντάγωνον, ὅ ἐστιν ἰσόπλευρόν τε καὶ ἰσογώνιον, κύκλον ἐγγράψαι.

1) Edd. Oxon. et Basil. habent: καὶ ἐπεὶ ἐδείχθη ἴση ἡ ΒΚ τῇ ΚΓ, καί ἐστι διπλῆ ἡ μὲν ΚΛ τῆς ΚΓ, ἡ δὲ ΘΚ τῆς ΒΚ· καὶ ΘΚ ἄρα τῇ ΚΛ ἐστὶν ἴση: quae verba, quum sint mera repetitio eius, quod modo dictum erat, cum Peyrardo et Cod. a. omisimus.

plus reliqui anguli, ita ut v. c. pro octogono angulus ad ba-

gulis aequales habentia utrumque utrique, et unum latus uni lateri aequale, commune ipsis $Z\Gamma$, et reliqua igitur latera reliquis lateribus aequalia habebunt, et reliquum angulum reliquo angulo (I. 26.); aequalis igitur recta $K\Gamma$ rectae $\Gamma\Lambda$, angulus vero $ZK\Gamma$ angulo $Z\Lambda\Gamma$. Et quoniam aequalis est $K\Gamma$ ipsi $\Gamma\Lambda$, dupla igitur $K\Lambda$ ipsius $K\Gamma$. Ex eadem ratione et ΘK ipsius BK dupla ostendetur. Et est BK ipsi $K\Gamma$ aequalis; et ΘK igitur ipsi $K\Lambda$ est aequalis. Similiter ostendetur et unaquaeque rectarum ΘH, HM, $M\Lambda$ alterutri ipsarum ΘK, $K\Lambda$ aequalis; aequilaterum igitur est pentagonum $H\Theta K\Lambda M$. Dico autem et aequiangulum. Quoniam enim aequalis est angulus $ZK\Gamma$ angulo $Z\Lambda\Gamma$, et ostensus est anguli $ZK\Gamma$ duplus angulus $\Theta K\Lambda$, anguli autem $Z\Lambda\Gamma$ duplus angulus $K\Lambda M$; et angulus $\Theta K\Lambda$ angulo $K\Lambda M$ est aequalis. Similiter et unusquisque angulorum $K\Theta H$, ΘHM, $HM\Lambda$ ostendetur alterutri angulorum $\Theta K\Lambda$, $K\Lambda M$ aequalis; quinque igitur anguli $H\Theta K$, $\Theta K\Lambda$, $K\Lambda M$, ΛMH, $MH\Theta$ aequales inter se sunt. Aequiangulum igitur est pentagonum $H\Theta K\Lambda M$. Ostensum est autem et aequilaterum, et circumscriptum est circa circulum $AB\Gamma\Delta E$. Quod oportebat facere.

PROPOSITIO XIII. (Fig. 304.)

In dato pentagono, aequilatero et aequiangulo, circulum inscribere.

sin (4—1/2) plus vel 7/2 plus anguli ad verticem esse debeat. Cf. Tacquet. Euclid. ed. Whiston. Schol. 1. ad V. 11.; Barrow. Euclid. Schol. ad IV. 11.; Clavius Schol. ad IV. 16.; Boermannus Schol. 3. ad IV. 11. aliique. Potest etiam haec observatio pro polygonis imparem aut parem laterum nu-

Ἔστω τὸ δοθὲν πεντάγωνον, ἰσόπλευρόν τε καὶ ἰσογώνιον, τὸ ΑΒΓΔΕ· δεῖ δὴ εἰς τὸ ΑΒΓΔΕ πεντάγωνον κύκλον ἐγγράψαι.

Τετμήσθω γὰρ ἑκατέρα τῶν ὑπὸ ΒΓΔ, ΓΔΕ γωνιῶν δίχα ὑφ' ἑκατέρας τῶν ΓΖ, ΔΖ εὐθειῶν· καὶ ἀπὸ τοῦ Ζ σημείου, καθ' ὃ συμβάλλουσιν ἀλλήλαις αἱ ΓΖ, ΔΖ εὐθεῖαι, ἐπεζεύχθωσαν αἱ ΖΒ, ΖΑ, ΖΕ εὐθεῖαι. Καὶ ἐπεὶ ἴση ἐστὶν ἡ ΒΓ τῇ ΓΔ, κοινὴ δὲ ἡ ΓΖ, δύο δὴ αἱ ΒΓ, ΓΖ δυσὶ ταῖς ΔΓ, ΓΖ ἴσαι εἰσὶ, καὶ γωνία ἡ ὑπὸ ΒΓΖ γωνίᾳ τῇ ὑπὸ ΔΓΖ ἴση ἐστί· βάσις ἄρα ἡ ΒΖ τῇ βάσει ΔΖ ἐστὶν ἴση, καὶ τὸ ΒΖΓ τρίγωνον τῷ ΔΖΓ τριγώνῳ ἐστὶν ἴσον, καὶ αἱ λοιπαὶ γωνίαι ταῖς λοιπαῖς γωνίαις ἴσαι εἰσὶν, ὑφ' ἃς αἱ ἴσαι πλευραὶ ὑποτείνουσιν· ἴση ἄρα ἡ ὑπὸ ΓΒΖ γωνία τῇ ὑπὸ ΓΔΖ. Καὶ ἐπεὶ διπλῆ ἐστιν ἡ ὑπὸ ΓΔΕ τῆς ὑπὸ ΓΔΖ, ἴση δὲ ἡ μὲν ὑπὸ

merum habentibus una regula comprehendi, nempe, si numerus laterum polygoni describendi sit $=N$, eius descriptio pendebit a descriptione trianguli isoscelis, in quo utervis angulus ad basin sit $\left(\frac{N-1}{2}\right)$ plus anguli ad verticem. Tum vero, ut facile (IV. 10. Cor. 2.) probatur, simul in potestate erit describere triangulum isosceles, cuius angulus ad verticem sit $(N-2)$ plus utriusvis anguli ad basin, et vice versa. Possunt autem etiam polygona, quae parem laterum numerum habent, quando is non est formae 2_n, reduci ad polygona, quae imparem laterum numerum habent; si autem est formae 2^n, ad quadrata.

PROPOSITIO XII.

Obs. 1. Probandum erat ante omnia, quod Austin. monet, rectas *ΘΚ*, *ΚΛ*, *ΛΜ* etc. inter se convenire, quod, ductis rectis *ΒΓ*, *ΓΔ* etc. facile eodem modo probatur, ac in IV. 3. vidimus.

Sit datum pentagonum aequilaterum et aequiangulum $AB\Gamma\Delta E$; oportet in pentagono $AB\Gamma\Delta E$ circulum inscribere.

Secetur uterque angulorum $B\Gamma\Delta$, $\Gamma\Delta E$ bifariam ab utraque rectarum ΓZ, ΔZ (I. 9.); et a puncto Z, in quo conveniunt inter se rectae ΓZ, ΔZ, ducantur rectae ZB, ZA, ZE. Et quoniam $B\Gamma$ aequalis est $\Gamma\Delta$, communis autem ΓZ, duae $B\Gamma$, ΓZ duabus $\Delta\Gamma$, ΓZ aequales sunt, et angulus $B\Gamma Z$ angulo $\Delta\Gamma Z$ aequalis est; basis igitur BZ basi ΔZ est aequalis (I. 4.), et triangulum $BZ\Gamma$ triangulo $\Delta Z\Gamma$ est aequale, et reliqui anguli reliquis angulis aequales sunt, quos aequalia latera subtendunt; aequalis igitur angulus ΓBZ angulo $\Gamma\Delta Z$. Et quoniam duplus est $\Gamma\Delta E$ anguli $\Gamma\Delta Z$, aequalis autem angulus $\Gamma\Delta E$ angulo $AB\Gamma$, angulus vero $\Gamma\Delta Z$ angulo ΓBZ, et angulus ΓBA

Obs. 2. Generaliter pariter demonstratur, si ad puncta circumferentiae, in quae incidunt anguli polygoni regularis circulo inscripti, ducantur rectae circulum contingentes, enasci exinde polygonum regulare eundem habens laterum numerum, eique circulo circumscriptum. Circumscriptio polygoni regularis circa circulum datum itaque pariter pendet a divisione circuli in tot partes aequales, quot polygonum latera habet. Caeterum in hoc et praecedente problemate unum punctorum in circumferentia v. c. A pro lubitu sumi aut datum esse potest.

PROPOSITIO XIII.

Obs. 1. Quamvis hypothetice sumi possit pentagonum regulare vel aequilaterum et aequiangulum super aliqua recta $\Gamma\Delta$ descriptum esse, etiamsi modus illud describendi antea ostensus non fuerit, multi tamen geometrae hac occasione docuerunt, quomodo super data recta describi possit pentagonum

ΓΔΕ τῇ ὑπὸ ΑΒΓ, ἡ δὲ ΓΔΖ τῇ ὑπὸ ΓΒΖ, καὶ ἡ ὑπὸ ΓΒΔ ἄρα τῆς ὑπὸ ΓΒΖ ἐστὶ διπλῆ· ἴση ἄρα ἡ ὑπὸ ΑΒΓ γωνία τῇ ὑπὸ ΖΒΓ· ἡ ἄρα ὑπὸ ΑΒΓ γωνία δίχα τέτμηται ὑπὸ τῆς ΒΖ εὐθείας. Ὁμοίως δὴ δειχθήσεται ὅτι καὶ ἑκατέρα τῶν ὑπὸ ΒΑΕ, ΑΕΔ δίχα τέτμηται ὑπὸ ἑκατέρας τῶν ΖΑ, ΖΕ εὐθειῶν. Ἤχθωσαν δὴ ἀπὸ τοῦ Ζ σημείου ἐπὶ τὰς ΑΒ, ΒΓ, ΓΔ, ΔΕ, ΕΑ εὐθείας κάθετοι αἱ ΖΗ, ΖΘ, ΖΚ, ΖΛ, ΖΜ. Καὶ ἐπεὶ ἴση ἐστὶν ἡ ὑπὸ ΘΓΖ γωνία τῇ ὑπὸ ΚΓΖ, ἔστι δὲ καὶ ὀρθὴ ἡ ὑπὸ ΖΘΓ ὀρθῇ τῇ ὑπὸ ΖΚΓ ἴση, δύο δὴ τρίγωνά ἐστι τὰ ΖΘΓ, ΖΚΓ τὰς δύο γωνίας ταῖς δυσὶ γωνίαις ἴσας ἔχοντα, καὶ μίαν πλευρὰν μιᾷ πλευρᾷ ἴσην, κοινὴν αὐτῶν ΖΓ ὑποτείνουσαν ὑπὸ μίαν τῶν ἴσων γωνιῶν· καὶ τὰς λοιπὰς ἄρα πλευρὰς ταῖς λοιπαῖς πλευραῖς ἴσας ἕξει· ἴση ἄρα ἡ ΖΘ κάθετος τῇ ΖΚ καθέτῳ. Ὁμοίως δὴ δειχθήσεται ὅτι καὶ ἑκάστη τῶν ΖΛ, ΖΜ, ΖΗ ἑκατέρᾳ τῶν ΖΘ, ΖΚ ἴση ἐστίν. αἱ πέντε ἄρα εὐθεῖαι αἱ ΖΗ, ΖΘ, ΖΚ, ΖΛ, ΖΜ ἴσαι ἀλλήλαις εἰσίν. Ὁ ἄρα κέντρῳ τῷ Ζ, διαστήματι δὲ ἑνὶ τῶν ΖΗ, ΖΘ, ΖΚ, ΖΛ, ΖΜ κύκλος γραφόμενος ἥξει καὶ διὰ τῶν λοιπῶν σημείων, καὶ ἐφάψεται τῶν ΑΒ, ΒΓ, ΓΔ, ΔΕ, ΕΑ εὐθειῶν, διὰ τὸ ὀρθὰς εἶναι τὰς πρὸς τοῖς Η, Θ, Κ, Λ, Μ

regulare. Et Clavius quidem ad IV. 11. ita hoc problema solvit. Sit super recta data ΓΔ (Fig. 302.) describendum pentagonum regulare. Fiat triangulum aequicrurum ΖΗΘ tale, ut uterque angulus ad basin duplus sit reliqui (IV. 10.). Deinde circa triangulum ΑΓΔ, quod super basi ΓΔ ope I. 23. triangulo ΖΗΘ aequiangulum construitur, describatur circulus (IV. 5.), huicque inscribatur ex IV. 11. ope eiusdem trianguli ΑΓΔ pentagonum regulare. Eodem fere redit constructio

igitur anguli ΓBZ est duplus; aequalis igitur angulus ABZ angulo $ZB\Gamma$. Ergo angulus $AB\Gamma$ bifariam secatur a recta BZ. Similiter ostendetur et utrumque angulorum BAE, $AE\Delta$ bifariam secari ab utraque rectarum ZA, ZE. Ducantur autem a puncto Z ad AB, $B\Gamma$, $\Gamma\Delta$, ΔE, EA rectae perpendiculares ZH, $Z\Theta$, ZK, $Z\Lambda$, ZM (I. 12.). Et quoniam aequalis est angulus $\Theta\Gamma Z$ angulo $K\Gamma Z$, est autem et rectus $Z\Theta\Gamma$ recto $ZK\Gamma$ aequalis, duo triangula sunt $Z\Theta\Gamma$, $ZK\Gamma$ duos angulos duobus angulis aequales habentia, et unum latus uni lateri aequale, commune scilicet utrique $Z\Gamma$, subtendens unum aequalium angulorum; et reliqua igitur latera reliquis lateribus aequalia habebunt (I. 26.); aequalis igitur perpendicularis $Z\Theta$ perpendiculari ZK. Similiter ostendetur et unamquamque rectarum $Z\Lambda$, ZM, ZH, alterutri rectarum $Z\Theta$, ZK aequalem esse; quinque igitur rectae ZH, $Z\Theta$, ZK, $Z\Lambda$, ZM aequales inter se sunt. Ergo circulus centro Z, intervallo vero una ipsarum ZH, $Z\Theta$, ZK, $Z\Lambda$, ZM descriptus transibit et per reliqua puncta, et continget AB, $B\Gamma$, $\Gamma\Delta$, ΔE, EA rectas; propterea quod recti sunt anguli ad puncta H, Θ, K, Λ, M. Si enim ipsas non contingit, sed secat, eveniet ut recta diametro circuli ad rectos angulos ab

Peletarii, quam habet ille ad IV. 10. Alia Clavii solutio nititur observatione in Cor. ad IV. 10. et in Cor. ad IV. 11. facta. Nempe, quum in triangulo $ZH\Theta$ (Fig. 302.) uterque angulorum ad basin sit ex IV. 10. Cor. $= \frac{4 \text{ Rect.}}{5}$, erit angulus ei deinceps, qui basi producta oritur, $= 2 \text{ Rect.} - \frac{4 \text{ Rect.}}{5}$ (I. 13.) $= \frac{6 \text{ Rect.}}{5}$ i. e. ex Cor. IV, 11. = angulo, quem duo

σημείοις γωνίας. Εἰ γὰρ οὐκ ἐφάψεται αὐτῶν, ἀλλὰ τεμεῖ αὐτὰς, συμβήσεται τὴν τῇ διαμέτρῳ τοῦ κύκλου πρὸς ὀρθὰς ἀπ' ἄκρας ἀγομένην ἐντὸς πίπτειν τοῦ κύκλου, ὅπερ ἄτοπον ἐδείχθη. Οὐκ ἄρα ὁ κέντρῳ τῷ Ζ, διαστήματι δὲ ἑνὶ τῶν ΖΗ, ΖΘ, ΖΚ, ΖΛ, ΖΜ εὐθειῶν γραφόμενος κύκλος τεμεῖ τὰς ΑΒ, ΒΓ, ΓΔ, ΔΕ, ΕΑ εὐθείας. Ἐφάψεται ἄρα αὐτῶν. Γεγράφθω ὡς ὁ ΗΘΚΛΜ.

Εἰς ἄρα τὸ δοθὲν πεντάγωνον, ὅ ἐστιν ἰσόπλευρόν τε καὶ ἰσογώνιον, κύκλος ἐγγέγραπται. Ὅπερ ἔδει ποιῆσαι.

ΠΡΟΤΑΣΙΣ ιδ'.

Περὶ τὸ δοθὲν πεντάγωνον, ὅ ἐστιν ἰσόπλευρόν τε καὶ ἰσογώνιον, κύκλον περιγράψαι.

latera contigua pentagoni regularis comprehendunt. Sufficiet igitur, ad punctum Γ extremum rectae datae ΓΔ angulum applicare, qui aequalis sit ei, qui angulo ΖΗΘ deinceps est, et rectam sub hoc angulo ductam aequalem facere rectae datae ΓΔ, atque ita per omnem describendi pentagoni ambitum rem continuare.

Obs. 2. Simili ratione in polygono regulari quocunque circulus inscribetur.

PROPOSITIO XIV.

Obs. 1. Cor. Quum centrum circuli pentagono regulari circumscribendi in IV. 14. prorsus eodem modo inveniatur, ac centrum circuli eidem pentagono inscribendi in IV. 13. patet, utrumque circulum idem centrum habere.

Obs. 2. Generaliter eodem modo circa datum polygonum regulare quodcunque circulus circumscribetur.

Obs. 3. Hinc etiam (coll. 2. Obs. ad IV. 13.) Cor. in Obs. 1. allatum valet generaliter, nempe circulus polygono

extremitate ducta cadat intra circulum, quod absurdum ostensum est (III. 16.). Circulus igitur centro Z, intervallo vero una ipsarum ZH, $Z\Theta$, ZK, $Z\Lambda$, ZM rectarum descriptus non secabit rectas AB, $B\Gamma$, $\Gamma\Delta$, ΔE, EA; continget igitur ipsas. Describatur ut $H\Theta K\Lambda M$.

In dato igitur pentagono, quod est aequilaterum et aequiangulum, circulus inscriptus est. Quod oportebat facere.

PROPOSITIO XIV. (Fig. 305.)

Circa datum pentagonum, aequilaterum et aequiangulum, circulum circumscribere.

alicui regulari inscriptus idem centrum habebit, quod circulus ei circumscriptus.

Obs. 4. Quodsi e centro circuli polygono alicui regulari inscripto, vel (quod eodem redit Obs. 3.) circumscripto ad singulos polygoni angulos ducantur rectae, divident illae polygonum in tot triangula aequalia, quot polygonum latera habet.

Obs. 5. Haec triangula omnia eandem habent altitudinem, quae si circulus polygono inscriptus sit, aequalis est radio circuli inscripti; si circulus polygono circumscriptus sit, aequalis est perpendiculo e centro in unum laterum polygoni demissum. Radius itaque circuli inscripti aequalis est huic perpendiculo, quod et apothema vocatur.

Obs. 6. Summa omnium istorum triangulorum, i. e. integrum polygonum itaque aequale est (I. 38. Cor. 4.) triangulo, cuius basis aequalis est perimetro polygoni, et cuius altitudo aequalis est altitudini unius ex istis triangulis, i. e. si circulus polygono circumscriptus sit, radio circuli polygono

Ἔστω τὸ δοθὲν πεντάγωνον, ὅ ἐστιν ἰσόπλευρόν τε καὶ ἰσογώνιον, τὸ ΑΒΓΔΕ· δεῖ δὴ περὶ τὸ ΑΒΓΔΕ πεντάγωνον κύκλον περιγράψαι.

Τετμήσθω δὴ ἑκατέρα τῶν ὑπὸ ΒΓΔ, ΓΔΕ γωνιῶν δίχα ὑπὸ ἑκατέρας τῶν ΓΖ, ΖΔ, καὶ ἀπὸ τοῦ Ζ σημείου, καθ' ὃ συμβάλλουσιν αἱ εὐθεῖαι, ἐπὶ τὰ Β, Α, Ε σημεῖα ἐπεζεύχθωσαν εὐθεῖαι αἱ ΖΒ, ΖΑ, ΖΕ. Ὁμοίως δὴ τῷ πρὸ τούτου δειχθήσεται, ὅτι καὶ ἑκάστη τῶν ὑπὸ ΓΒΑ, ΒΑΕ, ΑΕΔ γωνιῶν δίχα τέτμηται ὑπὸ ἑκάστης τῶν ΖΒ, ΑΖ, ΕΖ εὐθειῶν.

inscripti, vel si circulus polygono circumscriptus sit, perpendiculo e centro circuli polygono circumscripti in unum laterum demisso.

Obs. 7. Observatio praecedens valet etiam, si polygonum aliquod non regulare circulo alicui sit *circumscriptum*, quod nempe etiam tum omnia triangula, in quae illud dispesci potest rectis e centro ad singulos angulos polygoni ductis, eandem habent altitudinem nempe radium circuli ipsi inscripti. Tali tamen polygono non semper circulus circumscribi poterit, quod hic obiter notamus.

His observationibus circa polygona regularia addi possunt adhuc sequentia:

Obs. 8. Si quod polygonum regulare (Fig. 306.) v. c. pentagonum circulo inscriptum sit, et bifariam dividantur singuli eius anguli ad centrum, adeoque etiam (III. 26.) singuli arcus, quos subtendunt latera polygoni circulo inscripti, et per puncta, in quibus hi arcus dividuntur, ducantur rectae circulum contingentes, enascetur novum polygonum regulare priori aequilaterum, circulo circumscriptum. Quod simili ratione demonstrabitur ac IV. 12. Et facile patet, singula latera polygoni circumscripti parallela esse singulis lateribus polygoni circulo inscripti. Habet hanc Prop. de pentagono Peletarius ad IV. 12. et generaliter Ambros. Rhodius ad IV. 6.

Obs. 9. Quaevis figura aequilatera circulo inscripta est

Sit datum pentagonum, aequilaterum et aequiangulum $AB\Gamma\Delta E$; oportet circa pentagonum $AB\Gamma\Delta E$ circulum circumscribere.

Secetur uterque angulorum $B\Gamma\Delta$, $\Gamma\Delta E$ bifariam ab utraque rectarum ΓZ, $Z\Delta$ (I. 9.), et a puncto Z, in quo conveniunt rectae, ad puncta B, A, E ducantur rectae ZB, ZA, ZE. Similiter ut in praecedente ostendetur et unumquemque angulorum ΓBA, BAE, $AE\Delta$ bifariam secari ab una rectarum ZB, AZ, EZ. Et quoniam aequalis est angulus $B\Gamma\Delta$

etiam aequiangula. Latera enim eius abscindunt arcus aequales (III. 28.), adeoque anguli a binis quibusvis polygoni lateribus contiguis comprehensi arcubus aequalibus insistunt, adeoque aequales sunt (III. 27.). At non omnis figura aequiangula circulo inscripta necessario quoque aequilatera est, nisi quando numerus laterum ipsius est impar; vel, si par est, quando duo latera proxima aequalia sunt, vel dummodo, duo quaecunque aequalia sint, quorum uno posito primo, alterum occupet locum parem quemcunque, ut quartum, sextum etc. Est haec observatio Clavii. Nempe, si circulo inscripta sit figura aequiangula quaecunque v. c. (Fig. 305.) $AB\Gamma\Delta E$, erit, ob angulum $BAE = AB\Gamma$, etiam arcus $BAE = \Gamma BA$ (III. 26. Cor. 1.), hinc, demto communi AB arcus $AE =$ arc. $B\Gamma$, adeoque recta $AE =$ rectae $B\Gamma$ (III. 29.). Eadem ratione erit recta $B\Gamma = \Delta E$, atque ita deinceps, si figura plura habet latera, erit semper tertium quodque latus ei, a quo tertium est, uno relicto in medio, aequale: hoc est, primum (quodvis autem latus constitui primum potest) aequale erit tertio, tertium quinto, quintum septimo etc., atque in hunc modum omnia latera in locis imparibus posita aequalia inter se erunt. Eadem autem ratione omnia latera locorum parium, ut secundum, quartum, sextum etc. aequalia inter se erunt, quum quartum sit a secundo tertium etc. Et haec quidem in omnibus figuris aequiangulis circulo inscriptis locum habebunt.

Καὶ ἐπεὶ ἴση ἐστὶν ἡ ὑπὸ ΒΓΔ γωνία τῇ ὑπὸ ΓΔΕ, καί ἐστι τῆς μὲν ὑπὸ ΒΓΔ ἡμίσεια ἡ ὑπὸ ΖΓΔ, τῆς δὲ ὑπὸ ΓΔΕ ἡμίσεια ἡ ὑπὸ ΓΔΖ, καὶ ἡ ὑπὸ ΖΓΔ ἄρα τῇ ὑπὸ ΖΔΓ ἐστὶν ἴση· ὥςτε καὶ πλευρὰ ἡ ΖΓ πλευρᾷ τῇ ΖΔ ἐστὶν ἴση. Ὁμοίως δὴ δειχθήσεται ὅτι καὶ ἑκάστη τῶν ΖΒ, ΖΑ, ΖΕ ἑκατέρᾳ τῶν ΖΓ, ΖΔ ἐστὶν ἴση· αἱ πέντε ἄρα εὐθεῖαι αἱ ΖΑ, ΖΒ, ΖΓ, ΖΔ, ΖΕ ἴσαι ἀλλήλαις εἰσίν. Ὁ ἄρα κέντρῳ τῷ Ζ, διαστήματι δὲ ἑνὶ τῶν ΖΑ, ΖΒ, ΖΓ, ΖΔ, ΖΕ κύκλος γραφόμενος ἥξει καὶ διὰ τῶν λοιπῶν σημείων, καὶ ἔσται περιγεγραμμένος. Περιγεγράφθω, καὶ ἔστω ὁ ΑΒΓΔΕ.

Iam vero, si figura inscripta imparem laterum numerum habeat, inde consequetur, ultimum latus aequale esse primo, cui proximum est, quod nempe et ultimum impari loco erit. Idem ultimum autem etiam aequale erit secundo, quod quippe ab ultimo tertium est. Itaque omnia latera inter se aequalia erunt. Si vero figura inscripta parem laterum numerum habeat, nihil concludi poterit, nisi omnia ea latera, quae impari loco sunt, inter se esse aequalia, et pariter omnia ea, quae pari loco sunt, inter se esse aequalia. Quodsi autem unum eorum, quae impari loco sunt, aequale sit uni eorum, quae pari loco sunt, etiam omnia latera inter se erunt aequalia. Caeterum esse posse figuras aequiangulas circulo inscriptas, quae tamen non sint aequilaterae, iam exemplo rectangulorum constat (III. 22. Obs. 5.).

Obs. 10. Simili ratione omnis quidem figura aequiangula circulo circumscripta est etiam aequilatera, at non omnis figura aequilatera circulo circumscripta est etiam necessario aequiangula, nisi quando numerus angulorum ipsius est impar; vel, si par est, quando duo proximi anguli aequales sunt, vel dummodo duo quicunque anguli aequales sint, quorum uno posito primo, alter occupet locum parem

angulo $\Gamma\Delta E$, et est anguli $B\Gamma\Delta$ dimidius angulus $Z\Gamma\Delta$, anguli vero $\Gamma\Delta E$ dimidius $\Gamma\Delta Z$, et $Z\Gamma\Delta$ igitur angulo $Z\Delta\Gamma$ est aequalis; quare (I. 6.) et latus $Z\Gamma$ lateri $Z\Delta$ est aequale. Similiter ostendetur et unamquamque rectarum ZB, ZA, ZE alterutri $Z\Gamma$, $Z\Delta$ esse aequalem; quinque igitur rectae ZA, ZB, $Z\Gamma$, $Z\Delta$, ZE aequales inter se sunt. Circulus igitur centro Z et intervallo una rectarum ZA, ZB, $Z\Gamma$, ZE descriptus transibit et per reliqua puncta, et erit circumscriptus. Circumscribatur, et sit $AB\Gamma\Delta E$.

quemcunque, ut quartum, sextum etc. (Est et haec observatio Clavii contra Campanum, qui in nota ad IV. 15. putaverat, omnem figuram aequilateram circulo circumscriptam esse aequiangulam.). Nempe si (Fig. 304.) circulo, cuius centrum Z circumscripta sit aliqua figura aequiangula $AB\Gamma\Delta E$, ducantur e centro rectae ad angulos figurae ZA, ZB etc., quae omnes hos angulos bisecabunt (III. 17. Obs. 1.), et, quum integri anguli aequales sint, aequales erunt etiam dimidii. Quum igitur in triangulis AZB, $BZ\Gamma$ commune sit latus BZ, angulus autem $BAZ=B\Gamma Z$, et $ABZ=\Gamma BZ$, erit et (I. 26.) $AB=B\Gamma$, atque ita duo quaecunque latera inter se aequalia erunt. Sin autem figura $AB\Gamma\Delta E$ circulo circumscripta sit aequilatera, erit iterum $ABZ=\Gamma BZ$, et quum praeterea in triangulis ABZ, ΓBZ $AB=B\Gamma$ et BZ communis, erit (I. 4.) $B\Gamma Z=BAZ$. At, quum $BAZ=\frac{BAE}{2}$, et $B\Gamma Z=\frac{B\Gamma\Delta}{2}$, erit etiam $BAE=B\Gamma\Delta$, i. e. primus quisque angulus aequalis erit tertio, tertius quinto etc. Eademque ratione omnes anguli parium locorum ut secundus, quartus, sextus etc. aequales erunt. Et haec quidem in omnibus figuris aequilateris circulo circumscriptis. Iam, si numerus angulorum impar sit, erit

Περὶ ἄρα τὸ δοθὲν πεντάγωνον, ὅ ἐστιν ἰσόπλευρόν τε καὶ ἰσογώνιον, κύκλος περιγέγραπται. Ὅπερ ἔδει ποιῆσαι.

ΠΡΟΤΑΣΙΣ ιέ.

Εἰς τὸν δοθέντα κύκλον ἑξάγωνον ἰσόπλευρόν τε καὶ ἰσογώνιον ἐγγράψαι.

Ἔστω ὁ δοθεὶς κύκλος ὁ ΑΒΓΔΕΖ· δεῖ δὴ εἰς τὸν ΑΒΓΔΕΖ κύκλον ἑξάγωνον ἰσόπλευρόν τε καὶ ἰσογώνιον ἐγγράψαι.

Ἤχθω τοῦ ΑΒΓΔΕΖ κύκλου διάμετρος ἡ ΑΔ, καὶ εἰλήφθω τὸ κέντρον τοῦ κύκλου τὸ Η, καὶ κέντρῳ μὲν τῷ Δ, διαστήματι δὲ τῷ ΔΗ κύκλος γεγράφθω ὁ ΕΗΓΘ, καὶ ἐπιζευχθεῖσαι αἱ ΕΗ, ΓΗ διήχθωσαν

ultimus angulus, quippe impari loco positus, aequalis primo, qui ei proximus est: at etiam secundo, quippe qui ab ultimo tertius est: itaque omnes anguli aequales erunt. Sin autem figura circumscripta parem angulorum numerum habeat, nihil concludi poterit, nisi omnes angulos, qui impari loco sunt, aequales inter se esse, et pariter omnes eos, qui pari loco sunt. Quodsi autem unus eorum, qui ad secundam classem pertinent, aequalis sit uni eorum, qui ad primam classem pertinent, omnes anguli aequales erunt. — Esse autem posse figuras aequilateras circulo circumscriptas, quae tamen non sint aequiangulae, iam exemplo rhombi constat (IV. 7. Obs. 5.).

Obs. 11. In figuris quoque non regularibus, quibus circulus circumscribi potest, centrum circuli circumscribendi invenitur, si duo latera continua bisecentur, et in punctis sectionis perpendicula ad ea erigantur, quorum sectio centrum erit, ut in IV. 8. in figuris autem non regularibus, quibus circulus inscribi potest, centrum circuli inscribendi invenitur, si duo anguli proximi bisecentur, ubi pariter rectarum istos

Circa datum igitur pentagonum, aequilaterum et aequiangulum, circulus circumscriptus est. Quod oportebat facere.

PROPOSITIO XV. (Fig. 307.)

In dato circulo hexagonum aequilaterum et aequiangulum inscribere.

Sit datus circulus $AB\Gamma\Delta EZ$; oportet in circulo $AB\Gamma\Delta EZ$ hexagonum aequilaterum et aequiangulum inscribere.

Ducatur circuli $AB\Gamma\Delta EZ$ diameter $A\Delta$, et sumatur centrum circuli H, et centro quidem Δ, intervallo vero ΔH circulus describatur $EH\Gamma\Theta$ (Post. 3.), et iunctae EH, ΓH producantur ad puncta B, Z, et

angulos bisecantium sectio centrum erit, ut in IV. 9. In figuris regularibus utraque methodus eodem redit, unde in IV. 8. problema circulum dato quadrato inscribendi modo priore, in IV. 9. autem problema circulum dato quadrato circumscribendi modo posteriore traditur.

PROPOSITIO XV.

Obs. 1. Ex hac propositione alia consequitur methodus facilior ea, quam in IV. 2. Cor. habuimus circulo dato triangulum aequilaterum inscribendi, ductis nempe rectis $A\Gamma$, ΓE, EA. Et quum $AB\Gamma H$ sit figura aequilatera, patet ex I. 8. eam a recta $A\Gamma$ bifariam dividi, unde consequitur, triangulum circulo inscriptum esse hexagoni regularis eidem circulo inscripti dimidium.

Obs. 2. Quum angulus $ABH = HB\Gamma = \frac{2 \text{ Rect.}}{3}$, erit angulus $AB\Gamma = \frac{4 \text{ Rect.}}{3}$, et angulus $B\Gamma A = \Gamma AB = \frac{\text{Rect.}}{}$

Patet itaque ratio describendi trianguli isoscelis $AB\Gamma$, cuius

ἐπὶ τὰ Β, Ζ σημεῖα, καὶ ἐπεζεύχθωσαν αἱ ΑΒ, ΒΓ, ΓΔ, ΔΕ, ΕΖ, ΖΑ· λέγω ὅτι τὸ ΑΒΓΔΕΖ ἑξάγωνον ἰσόπλευρόν τέ ἐστι καὶ ἰσογώνιον.

Ἐπεὶ γὰρ τὸ Η σημεῖον κέντρον ἐστὶ τοῦ ΑΒΓΔΕΖ κύκλου, ἴση ἐστὶν ἡ ΗΕ τῇ ΗΔ. Πάλιν, ἐπεὶ τὸ Δ σημεῖον κέντρον ἐστὶ τοῦ ΕΗΓΘ κύκλου, ἴση ἐστὶν ἡ ΔΕ τῇ ΔΗ. Ἀλλ' ἡ ΗΕ τῇ ΗΔ ἐδείχθη ἴση, καὶ ἡ ΗΕ ἄρα τῇ ΕΔ ἴση ἐστίν· ἰσόπλευρον ἄρα ἐστὶ τὸ ΕΗΔ τρίγωνον, καὶ αἱ τρεῖς ἄρα αὐτοῦ γωνίαι αἱ ὑπὸ ΕΗΔ, ΗΔΕ, ΔΕΗ ἴσαι ἀλλήλαις εἰσὶν, ἐπειδήπερ τῶν ἰσοσκελῶν τριγώνων αἱ πρὸς τῇ βάσει γωνίαι ἴσαι ἀλλήλαις εἰσίν. Καί εἰσιν αἱ τρεῖς τοῦ τριγώνου γωνίαι δυσὶν ὀρθαῖς ἴσαι· ἡ ἄρα ὑπὸ ΕΗΔ γωνία τρίτον ἐστὶ δύο ὀρθῶν. Ὁμοίως δὴ δειχθήσεται καὶ ἡ ὑπὸ ΔΗΓ τρίτον δύο ὀρθῶν. Καὶ ἐπεὶ ἡ ΓΗ εὐθεῖα ἐπὶ τὴν ΕΒ σταθεῖσα τὰς ἐφεξῆς γωνίας τὰς ὑπὸ ΕΗΓ, ΓΗΒ δυσὶν ὀρθαῖς ἴσας ποιεῖ, καὶ λοιπὴ ἄρα ἡ ὑπὸ ΓΗΒ τρίτον ἐστὶ δύο ὀρθῶν· αἱ ἄρα ὑπὸ ΕΗΔ, ΔΗΒ, ΓΗΒ γωνίαι ἴσαι ἀλλήλαις εἰσίν· ὥστε καὶ αἱ κατὰ κορυφὴν αὐταῖς αἱ ὑπὸ ΒΗΑ, ΑΗΖ, ΖΗΕ ἴσαι εἰσὶ ταῖς ὑπὸ ΕΗΔ, ΔΗΓ, ΓΗΒ· αἱ ἓξ ἄρα γωνίαι αἱ ὑπὸ ΕΗΔ, ΔΗΓ, ΓΗΒ, ΒΗΑ, ΑΗΖ, ΖΗΕ ἴσαι ἀλλήλαις εἰσίν. Αἱ δὲ ἴσαι γωνίαι ἐπὶ ἴσων περιφερειῶν βεβήκασιν· αἱ ἓξ ἄρα περιφέρειαι αἱ ΑΒ, ΒΓ, ΓΔ, ΔΕ, ΕΖ, ΖΑ ἴσαι ἀλλήλαις εἰσίν. Ὑπὸ δὲ τὰς ἴσας περιφερείας ἴσαι εὐθεῖαι ὑποτείνουσιν· αἱ ἓξ ἄρα εὐθεῖαι ἴσαι ἀλλήλαις εἰσίν· ἰσόπλευρον ἄρα ἐστὶ τὸ ΑΒΓΔΕΖ ἑξά-

angulus ad verticem sit quadruplus utriusque anguli ad basin. Et generaliter (Cf. etiam Obs. ad V. 11.) facile patet, si describi possit polygonum regulare, quod laterum numerum =

iungantur AB, $B\Gamma$, $\Gamma\Delta$, ΔE, EZ, $Z A$; dico hexagonum $AB\Gamma\Delta EZ$ aequilaterum esse et aequiangulum.

Quoniam enim punctum H centrum est circuli $AB\Gamma\Delta EZ$, HE aequalis est $H\Delta$. Rursus, quoniam punctum Δ centrum est circuli $EH\Gamma\Theta$, ΔE aequalis est ΔH. Sed HE ipsi $H\Delta$ ostensa est aequalis, HE igitur ipsi $E\Delta$ aequalis est; aequilaterum igitur est triangulum $EH\Delta$, et tres igitur ipsius anguli $EH\Delta$, $H\Delta E$, ΔEH aequales inter se sunt (I. 5.), quia isoscelium triangulorum ad basin anguli aequales inter se sunt. Et sunt tres trianguli anguli duobus rectis aequales (I. 32.); angulus igitur $EH\Delta$ tertia pars est duorum rectorum. Similiter ostendetur et $\Delta H\Gamma$ tertia pars duorum rectorum. Et quoniam recta ΓH super EB insistens angulos deinceps $EH\Gamma$, ΓHB duobus rectis aequales facit (I. 13.), et reliquus igitur ΓHB tertia pars est duorum rectorum; anguli igitur $EH\Delta$, $\Delta H\Gamma$, ΓHB aequales inter se sunt; quare et anguli ad verticem BHA, AHZ, ZHE aequales sunt ipsis $EH\Delta$, $\Delta H\Gamma$, ΓHB (I. 15.); sex igitur anguli $EH\Delta$, $\Delta H\Gamma$, ΓHB, BHA, AHZ, ZHE aequales inter se sunt. Aequales autem anguli aequalibus circumferentiis insistunt (III. 26.); sex igitur circumferentiae AB, $B\Gamma$, $\Gamma\Delta$, ΔE, EZ, ZA aequales inter se sunt. Aequales autem circumferentias aequales rectae subtendunt (III. 29.); sex igitur rectae aequales inter se sunt; aequilaterum igitur est hexagonum $AB\Gamma\Delta EZ$;

N habeat, describi etiam posse triangulum isosceles, cuius angulus ad verticem sit $(N-2)$ plus utriusque anguli ad basin, et vice versa.

γωνον· λέγω δὴ ὅτι καὶ ἰσογώνιον. Ἐπεὶ γὰρ ἴση ἐστὶν ἡ ΖΑ περιφέρεια τῇ ΕΔ περιφερείᾳ, κοινὴ προςκείσθω ἡ ΑΒΓΔ περιφέρεια· ὅλη ἄρα ἡ ΖΑΒΓΔ ὅλη τῇ ΕΔΓΒΑ ἐστὶν ἴση, καὶ βέβηκεν ἐπὶ μὲν τῆς ΖΑΒΓΔ περιφερείας ἡ ὑπὸ ΖΕΔ γωνία, ἐπὶ δὲ τῆς ΕΔΓΒΑ περιφερείας ἡ ὑπὸ ΑΖΕ γωνία· ἴση ἄρα ἡ ὑπὸ ΑΖΕ γωνία τῇ ὑπὸ ΖΕΔ. Ὁμοίως δὴ δειχθήσεται ὅτι καὶ αἱ λοιπαὶ γωνίαι τοῦ ΑΒΓΔΕΖ ἑξαγώνου κατὰ μίαν ἴσαι εἰσὶν ἑκατέρᾳ τῶν ὑπὸ ΑΖΕ, ΖΕΔ γωνιῶν· ἰσογώνιον ἄρα ἐστὶ τὸ ΑΒΓΔΕΖ ἑξάγωνον. Ἐδείχθη δὲ καὶ ἰσόπλευρον, καὶ ἐγγέγραπται εἰς τὸν ΑΒΓΔΕΖ κύκλον.

Εἰς ἄρα τὸν δοθέντα κύκλον ἑξάγωνον ἰσόπλευρόν τε καὶ ἰσογώνιον ἐγγέγραπται. Ὅπερ ἔδει ποιῆσαι.

ΠΟΡΙΣΜΑ.

Ἐκ τούτου φανερὸν ὅτι ἡ τοῦ ἑξαγώνου πλευρὰ ἴση ἐστὶ τῇ ἐκ τοῦ κέντρου τοῦ κύκλου.

Καὶ ἐὰν διὰ τῶν Α, Β, Γ, Δ, Ε, Ζ σημείων ἐφαπτομένας τοῦ κύκλου ἀγάγωμεν, περιγραφήσεται περὶ τὸν κύκλον ἑξάγωνον ἰσόπλευρόν τε καὶ ἰσογώνιον, ἀκολούθως τοῖς ἐπὶ τοῦ πενταγώνου εἰρημένοις. Καὶ ἔτι διὰ τῶν ὁμοίων τοῖς ἐπὶ τοῦ πενταγώνου

Obs. 3. Quum recta *ΑΓ* a recta *ΒΗ* bifariam et ad angulos rectos secetur (I. 34. Cor. 1. et 20.), erit quadratum dimidiae *ΑΓ*, i. e. quarta pars quadrati ex *ΑΓ* (II. 4. Cor. 2.) aequale excessui quadrati ex *ΑΗ* super quadratum ex dimidia *ΒΗ* vel *ΑΗ* (I. 47. Cor. 2.) i. e. (II. 4. Cor. 2.) = tribus quartis quadrati radii. Quadratum ex *ΑΓ*, latere trianguli aequilateri igitur triplum est quadrati radii eius circuli, in quem inscriptum est. Tacquet ad h. l.

dico etiam et aequiangulum. Quoniam enim aequalis est circumferentia $Z\!A$ circumferentiae $E\Delta$, communis addatur $AB\Gamma\Delta$ circumferentia; tota igitur $ZAB\Gamma\Delta$ toti $E\Delta\Gamma BA$ est aequalis, et insistit quidem circumferentiae $ZAB\Gamma\Delta$ angulus $ZE\Delta$, circumferentiae vero $E\Delta\Gamma BA$ angulus AZE. Aequalis igitur angulus AZE angulo $ZE\Delta$. Similiter ostendetur et reliquos angulos hexagoni $AB\Gamma\Delta EZ$ sigillatim aequales esse alterutri angulorum AZE, $ZE\Delta$. Aequiangulum igitur est hexagonum $AB\Gamma\Delta EZ$. Ostensum est autem et aequilaterum, et inscriptum est in circulo $AB\Gamma\Delta EZ$.

In dato igitur circulo hexagonum aequilaterum et aequiangulum inscriptum est. Quod oportebat facere.

COROLLARIUM.

Ex hoc manifestum hexagoni latus aequale esse circuli semidiametro.

Et si per puncta A, B, Γ, Δ, E, Z contingentes circulum ducamus, circumscribetur circa circulum hexagonum aequilaterum et aequiangulum, congruenter eis, quae de pentagono dicta sunt. Et etiam con-

Obs. 4. Circa circulum quemcunque centro H, radio $= \frac{HA}{2}$ descriptum e punctis A, B, Γ, Δ, E, Z describi possunt sex circuli, inter se et primum descripto aequales, quorum quisque tres, nempe eum, qui ex H radio $\frac{HA}{2}$ descriptus est, et duos sibi proximos continget, si nempe radii omnium eorum sumantur aequales $\frac{HA}{2}$ (Obs. 3. ad III. 12.).

εἰρημένοις, εἰς τὸ δοθὲν ἑξάγωνον [1] *κύκλον ἐγγράψομέν τε καὶ περιγράψομεν.*

ΠΡΟΤΑΣΙΣ κϛ'.

Εἰς τὸν δοθέντα κύκλον πεντεκαιδεκάγωνον ἰσόπλευρόν τε καὶ ἰσογώνιον ἐγγράψαι.

Ἔστω ὁ δοθεὶς κύκλος ὁ ΑΒΓΔ· δεῖ δὴ εἰς τὸν ΑΒΓΔ κύκλον πεντεκαιδεκάγωνον ἰσόπλευρόν τε καὶ ἰσογώνιον ἐγγράψαι.

1) Rob. Simson. monet, addendum hic esse *ἰσόπλευρόν τε καὶ ἰσογώνιον*. Recte ille quidem. Attamen haec ex praecedentibus facile suppleri posse sine dubio auctor putabat. Et si omnia ad summum rigorem exigere velis, etiam ad initium Cor. similiter addendum erat *ἰσόπ. καὶ ἰσώγον.* ubi nec ipse Simson. addit.

PROPOSITIO XVI.

Obs. 1. Eodem modo, quo Euclides ostendit, quum arcus *ΑΓ* sit 1/3=5/15 circuli integri, et arcus *ΑΒ*=1/5=3/15 circuli integri, fore arcum *ΒΓ*=2/15, adeoque per III. 30. inveniri posse arcum, qui sit 1/15 integri circuli, generaliter ostendetur, si describi possit in circulo polygonum regulare m laterum, aliudque n laterum, ubi m>n sumitur, et si m—n vel pm—qn per continuas bisectiones ad unitatem reduci possit, vel ut aliter dicamus, si m—n vel pm—qn sit 2r, describi quoque posse in circulo polygonum regulare, quod habeat m.n latera, ubi p et q denotare potest numeros integros quoscunque.

Obs. 2. Ex iis, quae Euclides hoc libro tradidit, consequitur, circulum posse in 3, 6, 12, 24 etc.
— 4, 8, 16, 32...
— 5, 10, 20, 40...
— 15, 30, 60, 120...
partes aequales dividi, et figuras regulares totidem laterum ipsi posse inscribi et circumscribi. Figuras autem regulares,

gruenter eis, quae de pentagono dicta sunt, in dato hexagono circulum inscribemus et circumscribemus.

PROPOSITIO XVI. (Fig. 308.)

In dato circulo quindecagonum aequilaterum et aequiangulum inscribere.

Sit datus circulus $AB\Gamma\Delta$; oportet in circulo $AB\Gamma\Delta$ quindecagonum aequilaterum et aequiangulum inscribere.

quorum laterum numerus in istis seriebus haud contineretur, geometrice in circulo describendi ars hactenus ignorabatur. Gaussius, iam apud Göttingenses Matheseos Professor, in Disquisitionibus Arithmeticis 1801. editis, Sect. VII. de aequation. circuli section. definientibus, primus methodo algebraico-trigonometrica demonstravit, circulum non tantum in $\left(\frac{2}{2^0+1}\right)$ $\left(\frac{3}{2^1+1}\right)$ $\left(\frac{5}{2^2+1}\right)$ verum etiam in $\left(\frac{17}{2^4+1}\right)$ $\left(\frac{257}{2^8+1}\right)$ $\left(\frac{65537}{2^{16}+1}\right)$ etc. generaliter nempe in 2^m+1 partes dividi posse, quoties 2^m+1 sit numerus primus. Ope divisionis in 17. partes aequales, collatis iis, quae in Obs. 1. et in Obs. ad IV. 11. diximus, circulus deinde porro in 2×17, 4×17, 8×17 etc. praeterea in 3×17 vel 51 partes aequales dividetur, quod nempe $6/17-1/3=1/15$

in 5×17 vel 85, quia $1/5-3/17=2/85$

in 15×17 vel 255, quia $1/15-1/17=2/255$

et in eas adhuc partes aequales, quae bisectionibus ex praecedentibus consequuntur. Cf etiam v. Huguenin. mathem Beiträge Königsb. 1803. p. 272. sq. et Rothe. de Divisione Peripheriae circuli in 17. et 13. partes aequales, Erlangae 1804., qui pro quaestione generali, an polygonon aliquod regulare geometrice circulo inscribi possit, hanc adfert regulam generalem: sit M numerus quicunque integer positivus, atque litera m designetur multitudo numerorum integrorum positivorum $<M$ atque

Ἐγγεγράφθω εἰς τὸν ΑΒΓΔ κύκλον τριγώνου μὲν ἰσοπλεύρου τοῦ εἰς αὐτὸν ἐγγραφομένου πλευρὰ ἡ ΑΓ, πενταγώνου δὲ ἰσοπλεύρου ἡ ΑΒ· οἵων ἄρα ἐστὶν ὁ ΑΒΓΔ κύκλος [1]) ἴσων τμημάτων δεκαπέντε, τοιούτων ἡ μὲν ΑΒΓ περιφέρεια τρίτον οὖσα τοῦ κύκλου ἔσται πέντε· ἡ δὲ ΑΒ περιφέρεια, πεμπτὸν οὖσα τοῦ κύκλου, ἔσται τριῶν· λοιπὴ ἄρα ἡ ΒΓ τῶν ἴσων δύο. Τετμήσθω ἡ ΒΓ δίχα κατὰ τὸ Ε, ἑκατέρα ἄρα τῶν ΒΕ, ΕΓ περιφερειῶν πεντεκαιδέκατον ἔσται τοῦ ΑΒΓΔ κύκλου. Ἐὰν ἄρα ἐπιζεύξαντες τὰς ΒΕ, ΕΓ εὐθείας, ἴσας αὐταῖς κατὰ τὸ συνεχὲς εὐθείας ἐναρμόσωμεν εἰς τὸν ΑΒΓΔ κύκλον, ἔσται εἰς αὐτὸν ἐγγεγραμμένον πεντεκαιδεκάγωνον ἰσόπλευρόν τε καὶ ἰσογώνιον. Ὅπερ ἔδει ποιῆσαι.

Ὁμοίως δὲ τοῖς ἐπὶ τοῦ πενταγώνου, ἐὰν διὰ τῶν κατὰ κύκλου διαιρέσεων ἐφαπτομένας τοῦ κύκλου ἀγάγωμεν, περιγραφήσεται περὶ τὸν κύκλον πεντεκαιδεκάγωνον ἰσόπλευρόν τε καὶ ἰσογώνιον. Ἔτι δὲ διὰ τῶν ὁμοίων τοῖς ἐπὶ τοῦ πενταγώνου εἰρημένοις, καὶ

1) Pro ὁ ΑΒΓΔ κύκλος Rob. Simson. mavult legere: ἡ ΑΒΓΔ περιφέρεια. Quum tamen vox κύκλου etiam postea saepius recurrat, κύκλος hic dictum videtur pro integra circumferentia.

erga *M relative* primorum. Polygonon regulare *M* laterum geometrice circulo inscribi poterit, si *M* potentia est numeri 2 exponentis integri positivi. Si vero hoc non valeat, peripheria etiam in *M* partes aequales geometrice dividi nequit. Caeterum geometrica quoque solutio ex formulis, quas habent viri supra laudati, deduci omnino potest, et Pfleiderer. pervenit ad geometricam constructionem satis elegantem et pro rei natura concinnam, cuius etiam demonstrationem exhibuit e mere geometricis principiis petitam. Aliam e formulis

Inscribatur in circulo $AB\Gamma\Delta$ trianguli aequilateri in ipso inscripti latus $A\Gamma$ (IV. 2.), pentagoni vero aequilateri latus AB (IV. 11.); qualium igitur est circulus $AB\Gamma\Delta$ aequalium segmentorum quindecim, talium circumferentia $AB\Gamma$, quae tertia pars est circuli, erit quinque; AB vero circumferentia, quae quinta est circuli, erit trium; reliqua igitur $B\Gamma$ aequalium duarum. Secetur $B\Gamma$ bifariam in E (III. 30.), utraque igitur circumferentiarum BE, $E\Gamma$ quintadecima erit circuli $AB\Gamma\Delta$. Si igitur iungentes rectas BE, $E\Gamma$, aequales ipsis in continuum rectas aptemus in circulo $AB\Gamma\Delta$ (IV. 1.), erit in ipso inscriptum quindecagonum aequilaterum et aequiangulum. Quod oportebat facere.

Congruenter autem eis, quae de pentagono, si per circuli divisiones contingentes circulum ducamus, circumscribetur circa circulum quindecagonum aequilate-

algebraicis a Rothe. exhibitis deductam constructionem exhibet Müller. (Mathem. kritische Bearbeit. des ersten Buchs der Elemente 1821. im Anhang.). Aliam satis concinnam constructionem vide in Pankers ebene Geometrie 1825. p. 187. sq. Illa tamen hoc loco praetereunda nobis sunt, quum demonstratio ex ipsa problematis natura non possit non esse prolixa, et ex parte haud exigua e libris elementorum sequentibus demum petita. Praeterea plures subinde mathematici methodos tradiderunt vel generales, vel ad singulares figuras spectantes, polygona regularia quaecunque, aut certe plura adhuc, quam Euclides docuerat, circulo dato inscribendi etc., haud quidem, ut probe norant, rigorose veras, at tamen magis minus prope ad veritatem accedentes, atque ita comparatas, ut usui pra-

εἰς τὸ δοθὲν πεντεκαιδεκάγωνον, ὅ ἐστιν ἰσόπλευτόν τε καὶ ἰσογώνιον, κύκλον ἐγγράψομέν τε καὶ περιγράψομεν.

ctico, ubi saepe summus rigor attingi nequit, inservire posse videantur. Haec talia autem satis ingeniose nonnunquam excogitata nihil huc pertinent, nec diiudicatio horum tentaminum plerumque ex altioribus ſontibus repetendorum, vel mere mechanicorum, huius loci esse potest. Huc tamen haud referri

---

rum et aequiangulum. Praeterea cougruenter eis, quae de pentagono dicta sunt, et in dato quindecagono circulum inscribemus et circumscribemus.

debent eorum conatus, qui aperte falsa de arcu quocunque in aequales, quotquot libuerit, partes dividendo praecepta dedere, qualia v. c. videre est in Hadaly de Hada Toxometria edita Budae 1820.

ΕΥΚΛΕΙΔΟΥ

ΣΤΟΙΧΕΙΩΝ

ΒΙΒΛΙΟΝ ΠΕΜΠΤΟΝ.

ὍΡΟΙ.

α΄. Μέρος ἐστὶ μέγεθος μεγέθους, τὸ ἔλασσον τοῦ μείζονος, ὅταν καταμετρῇ τὸ μεῖζον.

β΄. Πολλαπλάσιον δὲ τὸ μεῖζον τοῦ ἐλάσσονος, ὅταν καταμετρῆται ὑπὸ τοῦ ἐλάττονος.

Isaac. Monachus in scholiis ad hunc librum refert, asserere nonnullos, huius libri doctrinam ab Eudoxo, Platonis praeceptore, inventam traditamque esse. Caeterum aliqua in eo corrupta ad nos pervenisse, ex sequentibus patebit.

DEFIN. I.

Pars, ut iam Isaacus Monachus, Campanus, Commandinus, Clavius aliique notant, duplici sensu apud Geometras adhibetur. Aut enim designat quamvis magnitudinem minorem altera eiusdem generis. Ita v. c. Euclides I. 9. Def. ait: omne totum sua parte maius est. Aut sensu strictiore, ut hic, sumitur pro ea magnitudine minore, quae aliquoties repetita aliam maiorem eiusdem generis efficit aut *mensurat*, unde eius *mensura* vocatur. Priore sensu v. c. 4. erit pars numeri 6, non vero posteriore sensu: 3 autem utroque sensu pars est numeri 6. Diximus, maiorem magnitudinem, cum qua minor

EUCLIDIS
ELEMENTORUM
LIBER QUINTUS.

DEFINITIONES.

1. **Pars est magnitudo magnitudinis, minor maioris, quando mensurat maiorem.**

2. **Multiplex autem maior minoris, quando mensuratur a minore.**

comparetur, esse debere eiusdem generis ac minorem. Patet enim lineam v. c. non nisi a linea, superficiem a superficie, corpus a corpore, pondus a pondere etc. mensurari posse. Caeterum, quam Euclides vocat hic partem sensu strictiore, alii partem *aliquotam*, aut *submultiplum* maioris vocant, maior contra *multiplum* minoris appellatur, quam exacte aliquoties continet (Def. 2.). Ita 3 erit submultiplum numeri 6, nempe eius pars dimidia, vel subdupla: 2 est numeri 6 pars tertia aut subtripla etc. Pars aliquota igitur aut submultipla prodit, si magnitudo aliqua in quotcunque partes aequales dividatur. Talis pars *aliquota* distinguitur ab *aliquantis*, magnitudinem ipsam non metientibus, sed conflatis ex summa aliquot eius partium aliquotarum. Ita 4 erit pars *aliquanta* numeri 6, nempe erit eius pars tertia bis sumta. Euclidis libro VII. et sqq. partes aliquotas et aliquantas ita distinguit, ut priores simpliciter *partem*, posteriores *partes* appellet.

γ΄. Λόγος ἐστὶ δύο μεγεθῶν ὁμογενῶν ἡ κατὰ πηλικότητα πρὸς ἄλληλα ποιὰ σχέσις [1]).

1) Robert. Simson. persuasus de huius et sequentis octavae definitionis inutilitate, quam et Barrovius fateatur, firmiter se credere ait, eas non Euclidis esse, sed cuiusdam minus periti editoris. Eodem modo iudicat Borellius in Obs. ad axioma VI. L. III. Euclid. restitut.

DEFIN. II.

Addi potest, duas magnitudines A, B duarum C, D *aequemultiplas*, aut *aequemultiplices* vocari, si maior A minorem C toties exacte contineat, quoties B continet D, seu, si minor C toties praecise repetenda est, ut efficiat aequalem maiori A, quoties D repeti debet, ut efficiatur aequalis magnitudini B. Eodem casu magnitudines C, D duarum A, B *partes aequealiquotae* vocantur. Ita v. c. quum sit 15=3.5 et 20=4.5, erunt numeri 15 et 20 numerorum 3 et 4 aequemultiplices, et contra numeri 3 et 4 numerorum 15 et 20 aequealiquotae partes. Aequemultiplices autem partium aequealiquotarum duarum magnitudinum vocantur magnitudinum harum *partes aequealiquantae*. Sic 6 et 8 erunt numerorum 15 et 20 partes aequealiquantae. Partes aequealiquotas duarum magnitudinum Euclides *eandem* illarum *partem*, aequealiquantas autem *easdem partes* appellat. Quodsi eadem magnitudo minor C utramque A et B metitur, tum C *communis mensura* magnitudinum A et B vocatur. Cf. Pfleiderer Expositio ac Dilucidatio libri V. Elem. Euclid. Tub. 1782. p. 11. Peletarius vocem *multiplex* aliter intelligi vult, pariter ac vocem *pars* in Def. 1. Nempe multiplicem vocat maiorem minoris, non tantum; quum a minore ipsa, verum etiam, quum a parte aliqua minoris maior exacte mensuratur. Ita ait, 5 esse multiplicem numeri 2, esse nempe eius duplum sesquialterum: ternarium esse binarii, unitatem esse sui ipsius multiplicem. At vulgo hae voces non hoc sensu dicuntur, nec ab Euclide ita sumtae sunt, et multiplex semper *repetitionem* minoris, aut certe po-

3. **Ratio est duarum magnitudinum homogenearum secundum quantitatem (quantuplicitatem) inter se quaedam habitudo.**

sitionem *integrae* alterius (quo sensu: *simplum* dicitur), non vero positionem partis tantum minoris involvere videtur. Idem de aequemultiplis dicendum.

DEFIN. III.

„*Λόγος*, ratio, sensu generalissimo indicat modum quemcunque ex mutua duarum quantitatum comparatione erutum, magnitudinem unius ex magnitudine alterius determinandi seu inferendi, atque ita necessario ad duas quantitates homogeneas restringitur. Concipi autem possunt infiniti modi diversi, magnitudinem unius duorum quantorum ex magnitudine alterius determinandi. Horum simplicissimi sunt, qui quantitates ipsas immediate, absque ulla earum praevia mutatione invicem comparant, magnitudinemque unius ex altera determinant, indicando: vel quanto una alteram excedat, aut ab ea deficiat; vel - quoties una alteram contineat, aut in eo insit. Posteriorem modum quantitates invicem comparandi, magnitudinemque unius ex magnitudine alterius determinandi accuratissime libro V. discutit, atque in sequentibus libris ad obiecta geometriae applicat Euclides, nulla uspiam iniecta mentione expressa prioris; unde suspicari licet factum esse, ut eiusmodi rationes *geometricae;* altera autem priores, quae excessu unius magnitudinis super alteram, seu defectu unius ab altera occupantur, et quae primarum arithmetices operationum simplicium, additionis ac subtractionis obiectum constituunt, arithmeticae vocari consueverint. Caeterum neutra harum rationum ad arithmeticam vel ad geometriam seorsim pertinent; verum utraque in numeris pariter et extensis locum habet, et ambae iunctim limites fere figunt matheseos, quam vocant elementarem.“ Cf. Pfleiderer. l. c. p. 6. Definitio itaque haec nostra, in qua, ut semper apud Euclidem de *geometrica* tantum ratione sermo est, nihil aliud dicere videtur, quam in hac ra-

δ'. Λόγον ἔχειν πρὸς ἄλληλα μεγέθη λέγεται, ἃ δύναται πολλαπλασιαζόμενα ἀλλήλων ὑπερέχειν.

tione disquiri, quanta sit una magnitudo comparata cum alia eiusdem generis i. e. si aliam eiusdem generis pro mensura prioris sumere velis; vel (Wallisii verbis utimur in Tract. de Algebr. Oper. T. II. p. 86.) qualiter se habeat una ad alteram quoad quantuplicitatem (πηλικότητα) considerata. Putat autem Wallisius, Euclidem dixisse potius πηλικότητα quam ποσότητα, quo facilius etiam quantitates incommensurabiles, nec eae tantum, quarum una multipla est alterius, hac voce comprehenderentur. Atque eo, quo Wallisius vult, sensu vocem πηλικότητα intelligere, suadet etiam ordo Def. 3. Post. 1. et 2. atque expressio Def. 4. 5. 7., ut observat Pfleiderer. in Promtuario Mathem. Lips. Fascic. 7. p. 259. Idem tamen addit ibidem, Fasc. 8. p. 445. vocem πηλικότης videri potius significare *quantitatem*, quo sensu occurrat apud P olem. Magna Syntax. L. I. p. 8. (Basil. 1538.) περὶ τῆς πηλικότητος τῶν ἐν τῷ κύκλῳ εὐθειῶν, et ita vocem interpretatos esse Clavium et Barrovium in Lection. Cantabrig. Observare tamen liceat, chordarum quoque catalogum non absolutam aliquam rectarum circulo inscriptarum quantitatem, sed semper relativam tantum, i. e. comparatam cum aliqua unitate v. c. cum radio circuli continere, ita ut doceat, quot vicibus quaeque earum hanc unitatem aut eius partes contineat, aut *quantupla* illius sit. Denique Barrow. notat l. c. p. 225. verba: πρὸς ἄλληλα significare ἀδιαφορίαν quandam, quoad situm et ordinem terminorum, ita ut utervis prior, alter autem posterior poni possit. Is autem, qui prior positus est, antecedens vulgo, qui posterior, consequens dici solet. Quod rationis genera attinet, antecedens aut maior est consequente, quae *ratio maioris inaequalitatis* vocatur, vel ei aequalis est — quae *ratio aequalitatis*, vel antecedens minor est consequente, — quae *ratio minoris inaequalitatis* appellatur. Praeterea haec genera in varias denuo species dividunt, quas videre est apud Clavium aut Barrovium p. 240., quibus hic immorari nihil attinet. Antecedens autem consequentis non

4. Rationem inter se magnitudines habere dicuntur, quae multiplicatae sese superare possunt.

tantum aliquod multiplum, sed etiam eius pars aliquota aut pars aliquanta esse potest. „Numerus integer vel fractus, hicque vel spurius vel verus, qui indicat, quoties antecedens contineat consequentem, *exponens rationis* vocatur. Praeterea autem occurrunt magnitudines eiusdem generis, e. g. lineae, quarum maior nec ipsa, nec ullum eius multiplum, minoris cuipiam multiplo aequatur. Eiusmodi magnitudines, mensuram quippe communem nullam habentes, *incommensurabiles* vocantur. Ratio igitur istiusmodi duarum magnitudinum assignari numeris nequit, quare etiam *irrationales* vocantur: limites tamen exponentis huius definiri possunt, qui invicem minus differant, quam dato numero fracto quocunque; seu duo assignari possunt multipla immediate contigua magnitudinis unius, quae sint limites multipli cuiuscunque dati magnitudinis alterius; hoc est, quorum unum dato hoc multiplo minus sit, alterum maius." Pfleiderer Expos. ac Dilucid. L. V. p. 7. Atque haec quidem causa fuisse videtur Euclidi, cur in sequentibus nunquam definitionem V. 3., si modo ea genuina sit, in ulla demonstratione adhiberet, sed quartam insuper adderet. „Nihil forte aliud, Barrovii verba sunt p. 230. in definitione 3. tradenda, Euclidi propositum fuit, quam ut methodi plenioris, aut ornatus qualiscunque causa, praeludens scilicet accuratioribus istis eiusdem, maioris et minoris rationis definitionibus mox subiungendis, *generalem quandam* et *ὁλοσχερῆ τοῦ λόγου* ideam discentium insinuaret animis per metaphysicam hanc definitionem, metaphysicam dico, nec enim proprie mathematica est, cum ab ea nihil quicquam dependeat aut deducatur a mathematicis, neo, ut existimo, deduci possit. Cuiusmodi quoque censeri potest posthac tradita definitio analogiae: analogia est rationum similitudo, quae nulli mathematico deserviat usui, nec alio opinor fine proponitur, quam ut per eam generalis quaedam analogiae notio, crassa licet et confusa tyronibus indatur. Definitionibus autem ex-

έ. Ἐν τῷ αὐτῷ λόγῳ μεγέθη λέγεται εἶναι, πρῶτον πρὸς δεύτερον καὶ τρίτον πρὸς τέταρτον, ὅταν τὰ τοῦ πρώτου καὶ τρίτου ἰσάκις πολλαπλάσια, τῶν τοῦ δευτέρου καὶ τετάρτου ἰσάκις πολλαπλασίων, καθ' ὁποιονοῦν πολλαπλασιασμὸν, ἑκατέρον ἑκατέρου ἢ ἅμα ὑπερέχῃ, ἢ ἅμα ἴσα ᾖ, ἢ ἅμα ἐλλείπῃ ληφθέντα κατάλληλα.

ς'. Τὰ δὲ τὸν αὐτὸν ἔχοντα λόγον μεγέθη, ἀνάλογον καλείσθω.

quisitis, mox ab illo subiunctis tota rationum doctrina, tota res mathematica subnititur; ad illas igitur potissimum attendi debet, per illas rationum doctrina perfectius elucescit: haec et consimiles absque notabili matheseos detrimento prorsus omitti possent: sicut in Elem. VII. factum videmus, ubi numerorum analogia definitur et pertractatur, nulla tamen rationis numero competentis exhibita definitione; quamvis illic aeque necessaria fuit et utilis talis definitio, atque hic est, sed neutro loco magna fuit necessitas." Unde et Rob. Simsonem has definitiones pro spuriis habuisse diximus. Et cum Rob. Simson. consentit Pfleiderer. l. c. p. 9., qui observat, Euclidem hac definitione non solum nusquam in sequentibus uti, verum etiam uti ob vagam, quam offerat, notionem non potuisse.

DEFIN. IV.

Sive genuina sit definitio 3., sive spuria, Euclidi certe ob eas, quas diximus, causas non ex omni parte satisfacere poterat. Hinc definitionem 4. vel priori adiunxisse vel solam dedisse censendus est, qua non tam rationis geometricae rationem ipsam explicare, quam characterem distinctivum magnitudinum, quas vocant, homogenearum, et quae terminos rationis alicuius constituere possunt, assignare volebat: ita tamen, ut simul innueret, quid in illis, quatenus ratio earum geometrica spectatur, praecipue sit considerandum. Accuratiorem notionis evolutionem definitionibus identitatis ac diversitatis rationum reservavit. Cf. Pfleiderer. l. c. p. 8. Caete-

5. In eadem ratione magnitudines esse dicuntur, prima ad secundam et tertia ad quartam, quando primae et tertiae aeque multiplices, secundae et quartae aeque multiplices, iuxta quamvis multiplicationem, utraque utramque vel una superant, vel una aequales sunt, vel una deficiunt inter se comparatae.

6. Magnitudines autem eandem rationem habentes proportionales vocentur.

rum Campanus hanc definitionem non habet, eius loco autem aliam haud satis claram, qua quantitates continue proportionales explicare studet. Quo magis confirmare videtur, quod Barrovius monet, qui p. 277. ita habet: „Non diffiteor, elementi quinti definitiones attentius inspectanti, nonnihil in iis exscriptorum culpa videri transpositum ac immutatum."

DEFIN. V.

Male omnino hanc definitionem intellexit Campanus, qui eius sensum ita explicat: proportio primae ad secundam est sicut tertiae ad quartam, cum sumtis aequemultiplicibus ad primam et tertiam, itemque aequemultiplicibus ad secundam et quartam, erit proportio multiplicis primae ad multiplex secundae, sicut multiplex tertiae ad multiplex quartae. Hoc enim, ut Campanus ipse ad definitionem praecedentem observat, esset idem per idem definire, nec illud vitium corrigeretur, si verborum Euclidis, quamvis non aperte idem dicerent, is tamen sensus esset. Falsam hanc Campani interpretationem sequitur etiam Orontius Finaeus. Iure autem id absurdum esse, Clavius ait. Nec melius Euclidis sensum assecutus est Ramus, qui vel eodem modo ac Campanus, rem interpretatur, vel definitionem Euclidis pro falsa haberi posse putat, quoniam v. c. si quatuor numeri sint 4, 3, 5, 4, et sumatur primi et tert i sexuplum 24, 30, secundi et quarti autem nonuplum 27, 36, sit simul $24<27$, et $30<36$, adeoque putare quis possit, esse $4:3=5:4$, ubi prorsus oblivi-

ζ΄. Ὅταν δὲ τῶν ἰσάκις πολλαπλασίων, τὸ μὲν τοῦ πρώτου πολλαπλάσιον ὑπερέχῃ τοῦ τοῦ δευτέρου πολλαπλασίου, τὸ δὲ τοῦ τρίτου πολλαπλάσιον μὴ ὑπερέχῃ τοῦ τοῦ τετάρτου πολλαπλασίου· τό τε τὸ πρῶτον πρὸς τὸ δεύτερον μείζονα λόγον ἔχειν λέγεται, ἤπερ τὸ τρίτον πρὸς τὸ τέταρτον.

η΄. Ἀναλογία δὲ ἐστιν ἡ τῶν λόγων ταυτότης [1]).

θ΄. Ἀναλογία δὲ ἐν τρισὶν ὅροις ἐλαχίστη ἐστίν [2]).

1) Haec definitio in edd. Oxon. et Basil. est octava, atque ita nos restituimus. Praeterea in his edd. loco: ταυτότης legitur: ὁμοιότης. Peyrardus secutum se esse ait Codd. a. et c. i. e. 190. et 1038., et huic definitioni quartum locum assignat. Et apud Campanum etiam est haec definitio 4., pariterque apud Zambertum et Clavium.

2) Ita melius Peyrardus e Cod. a. quam edd. Basil. et Oxon. quae legunt: ἐλαχίστοις. Cf. quae infra ad hanc definitionem monebimus.

citur verborum, quae in Euclidis definitione sunt: καθ᾽ ὁποιονοῦν πολλαπλασιασμόν. Quodsi enim v. c. sumtum fuerit in iisdem numeris primi quidem et tertii sexuplum 24, 30, secundi autem et quarti octuplum 24, 32, erit quidem 24=24, at 30<32, unde patet, quatuor numeros 4, 3, 5, 4 non esse proportionales. Nempe tum saltim erit proportio, si in aequemultiplis *quibuscunque* locum habet, quod in definitione dicitur, ut iam Candalla respondit ad istam obiectionem. Plura, quae ad hanc definitionem, et ad V. 7. Def. pertinent, vide in Excursu ad finem huius libri.

DEFIN. VIII.

Barrovius notat l. c. p. 275. melius forte pro ὁμοιότης aut ταυτότης dici posse ἰσότης. Similitudinem enim verbum esse laxius et magis ambiguum, et identitatem haud optime quadrare rebus actu diversis immediate qua talibus, et sub diversorum ratione comparatis; praeterea rationum habitudines alias, hyperlogiam nimirum et hypologiam non ex dissi-

7. Quando vero aeque multiplicium, primae quidem multiplex superat multiplicem secundae, multiplex vero tertiae non superat multiplicem quartae, tunc prima ad secundam maiorem rationem habere dicitur, quam tertia ad quartam.

8. Proportio autem est rationum identitas.

9. Proportio in tribus ad minimum terminis consistit.

militudine vel diversitate, sed ex inaequalitate denominari maioritatem et minoritatem; denique rationum aequalium denominatores, a quibus rationes habeant, quod ullatenus inter se comparentur, non eosdem, aut similes, sed aequales esse. De latina voce *proportio* idem observat p. 194. sqq. reperiri eam a Cicerone aliquoties usurpatam, quanquam non sensu exacte eodem. Alias enim apud ipsum idem valere videri, quod simplex ratio, nonnunquam vero rationum similitudinem vel analogiam designare, primumque videri illum ipsum eius usum adinvenisse, saltim ad res mathematicas primum applicuisse. Sic in fragmento, quod Timaeus inscribitur, eum dicere „graecorum ἀναλογία (audendum est enim, quoniam haec primum a nobis novantur) comparatio, proportiove dici potest." Eius autem effingendae hinc acceptam videri originem vel occasionem. Cum in corrogandis vectigalibus, vel importandis oneribus publicis, pro facultatum modo, secundum aequas leges taxato, sua cuique pars persolvenda cesserit, quae nempe rata cuiusque portio dicta sit; hinc unumquemque solvere dictum pro portione, vel pro rata sua portione: hinc emersisse vocabulum proportio, dignum visum Ciceroni, quum graecas litteras suo donare Latio studeret, quod λόγον et ἀναλογίαν, obvias Platonem et alios graecos philosophos inspectanti voces, referret et exprimeret. — Caeterum, uti rationes alias dicunt arithmeticas, alias geometricas, ita simili modo proportiones alias vo are solent arithmeticas, eas

ι'. Ὅταν δὲ τρία μεγέθη ἀνάλογον ᾖ, τὸ πρῶτον πρὸς τὸ τρίτον διπλασίονα λόγον ἔχειν λέγεται, ἤπερ πρὸς τὸ δεύτερον.

ια'. Ὅταν δὲ τέσσαρα μεγέθη (συνεχὲς) 1) ἀνάλογον ᾖ, τὸ πρῶτον πρὸς τὸ τέταρτον τριπλασίονα λόγον ἔχειν λέγεται, ἤπερ πρὸς τὸ δεύτερον· καὶ ἀεὶ ἑξῆς ὁμοίως ὡς 2) ἂν ἡ ἀναλογία ὑπάρχῃ.

1) Vocem *συνεχές*, quamvis in nullo codice reperiatur, addidimus, quod monente Rob. Simson. omnino necessaria est, et in XI. 33. ita citatur.

2) Ita Peyrardus e Cod. a. Edd. Basil. et Oxon. contra: *καὶ ἀεὶ ἑξῆς ἑνὶ πλεῖον, ἕως ἄν*, quod nescio an non sit praeferendum. Caeterum definitioni 11. Rob. Simson. subiungit aliam praecedentibus analogam, qua ratio composita explicatur. Aliam quidem rationis compositae definitionem vulgo habent in VI. Def. 5. ubi plura videbimus.

nempe, quibus prima magnitudo secundam eodem excedit, quo tertia quartam; alias geometricas, de quibus solis Euclidi tum in omni opere, tum hic potissimum et in V. 3. Def. sermo est. His postea addiderunt, quod verbo indicasse sufficiat proportiones harmonicas, seu musicas. Dicunt nempe, tres magnitudines A, B, C esse *harmonice continue* proportionales, si *geometrica* ratio primae ad tertiam aequalis sit *geometricae* rationi excessus $\left\{\begin{matrix}\text{secundae super primam}\\ \text{primae super secundam}\end{matrix}\right\}$ ad excessum $\left\{\begin{matrix}\text{tertiae super secundam}\\ \text{secundae super tertiam}\end{matrix}\right\}$ i. e. si sit $A:C=\begin{matrix}(B-A)\\(A-B)\end{matrix}:\begin{matrix}(C-B)\\(B-C)\end{matrix}$ v. c. in numeris 3, 4, 6, quum sit $3:6=4-3:6-4$. Eodem modo quatuor magnitudines A, B, C, D harmonice proportionales esse dicunt, si fuerit $\begin{matrix}(A-B)\\(B-A)\end{matrix}:\begin{matrix}(C-D)\\(D-C)\end{matrix}=A:D$. Rationem huius denominationis vide v. c. in Klügels mathem. Wörterb. ad vocem: Harmon. Proportion.

DEFIN. IX.

Haud satis clare patet, quid verba huius definitionis sibi velint, quae edd. Basil. et Oxon. ita proferunt: *Ἀναλογία ἐν*

10. Si autem tres magnitudines proportionales sint, prima ad tertiam duplicatam rationem habere dicitur, eius quam habet ad secundam.

11. Si quatuor magnitudines (deinceps) proportionales sint, prima ad quartam triplicatam rationem habere dicitur eius quam habet ad secundam; et semper deinceps similiter quamdiu proportio exstiterit.

τρισὶν ὅροις ἐλαχίστοις ἐστίν. Quid enim *termini minimi* sibi velint, incertum videri possit. Candalla quidem explicat ἐλαχίστοις *saltim*, atque eodem modo Peletarius et Gregorii ponunt: *minimum* vel *ad minimum*, quam ipsam interpretationem habent etiam Ambros. Rhodius, Baermannus, Rob. Simson. aliique. Recte illi quidem, quoad sensum, an tamen vox ἐλαχίστοις grammatice id significari possit, valde dubitamus. Hinc praeferendam putavimus lectionem Peyrardi: ἐλαχίστη, quae facilius certe ac illa altera significare posse videtur, proportionem, quum illa minima i. e. minimis terminis expressa sit, vel, ut aliter dicamus, *ad minimum* tres continere termines. Simplicissimum forte fuerit, in graeco quoque ponere: ἐλάχιστα, idque adverbialiter sumere. Quod deinde vocem ὅροις attinet, ea ipsa quoque, ut Candalla monet, improprie hic sumta est. Nempe in omni ratione duo omnino termini, alter antecedens, alter consequens adesse debet, adeoque, quum duae rationes inter se comparantur, ut fit in analogia, *proprie quatuor* omnino termini aderunt, quamvis, ut fit in proportione continua, eadem magnitudo, quae efficit terminum consequentem prioris rationis, efficere simul possit terminum antecedentem posterioris, ubi deinde *improprie* tres saltim terminos dicere possis, quum potius tres magnitudines, quarum secunda bis ponitur, quatuor etiam nunc terminos efficiant. Forte itaque pro ὅροις ponendum fuerit μεγέθεσιν, qua voce Euclides etiam alias, ubi de rationibus sermo est, utitur. Et usus ille vocis ὅροι, quo terminos rationis significat, forte sequioris saltim aevi fuerit. Cf. Pfleiderer. in

ιβ'. Ὁμόλογα μεγέθη λέγεται, τὰ μὲν ἡγούμενα τοῖς ἡγουμένοις, τὰ δὲ ἑπόμενα τοῖς ἑπομένοις.

ιγ'. Ἐναλλὰξ λόγος ἐστὶ λῆψις τοῦ ἡγουμένου πρὸς τὸ ἡγούμενον, καὶ τοῦ ἑπομένου πρὸς τὸ ἑπόμενον.

Schol. ad libr. VI. Elem. Euclid. §. 132. et, qui ab eo citatur, Isaac. Barrov. (Lection. Cantabrig. habitae 1666. p. 197. sq. et p. 214.). Hinc omnis haec definitio Pfleiderero l. c. suspecta est. Quum tamen sequens definitio 10. se ad eam referre videatur, possis fortasse eam, ita, uti diximus, mutatam aut intellectam retinere.

DEFIN. X. XI.

Post has definitiones locum proprium fuisse definitionis rationis compositae Rob. Simson. recte monet. Caeterum Clavius observat, probe distinguendum esse inter rationem duplam et duplicatam, triplam et triplicatam etc. Et Euclides quoque semper dicit λόγος διπλασίων, non, ut de recta aut angulo διπλάσιος aut διπλοῦς. Quodsi igitur fuerint magnitudines A, B, C, D, E etc. continue proportionales i. e. ita, ut A : B=B : C=C : D=D : E etc. ratio A : C duplicata dicitur rationis A : B, quoniam inter A et C duae rationes ponuntur, quae aequales sunt rationi A ad B: eodem modo ratio A : D triplicata dicitur rationis A : B etc. Contra, eodem casu, ratio A : B dicitur subduplicata rationis A : C; eodemque modo ratio A : B subtriplicata dicetur rationis A : D, subquadruplicata rationis A : E etc. Pariter, si fuerit A : B=B : C, sitque M : N =A : C, etiam M : N dicetur aequalis rationi, quae duplicata est rationis A : B, vel brevitatis causa ratio M : N dicetur duplicata rationis A : B, idemque valebit in ratione triplicata, quadruplicata etc. Eodem modo, si sit A : B=B : C et P : Q =A : B, dicetur P : Q ratio, quae eadem est subduplicatae rationis A : C, vel brevius P : Q dicetur subduplicata rationis

12. Homologae magnitudines dicuntur, antecedentes quidem antecedentibus, consequentes vero consequentibus.

13. Alterna (permutata) ratio est sumptio antecedentis ad antecedentem, et consequentis ad consequentem.

A:C., atque ita in reliquis. Ratio duplicata, triplicata etc. species tantum sunt rationis compositae, in quibus nempe singulae rationes, ex quibus aliae componuntur, inter se aequales sunt. Unde ea omnia, quae ex definitione rationis compositae consequuntur (vide infra in Exc. ad libr. VI.) et applicari possunt ad rationem duplicatam, triplicatam etc. etiam de hac valent. Nominatim, ut hoc non demonstrationis caussa, quae in locis citatis infra habetur, sed in antecessum, ut aiunt, dicamus, rationum inter se earundem duplicatae (triplicatae etc.) sunt pariter inter se eaedem (Excurs. in libr. VI. §. 9. et infra Cor. ad V. 22.) et vice versa, rationum inter se earundem subduplicatae, subtriplicatae sunt inter se eaedem (vid in Exc. ad Libr. V. Cor. ad Prop. m.). Et si, quando id fieri potest, numeris exprimantur rationes duplicatae, triplicatae etc. erit (Exc. ad Libr. VI. §. 7.) exponens rationis duplicatae (triplicatae) numerus quadratus (cubus) multiplicatione denominatoris rationis simplicis per se ipsum factus, vel ratio duplicata (triplicata) eadem est rationi quadratorum (cuborum) eorum numerorum, qui rationem simplicem exhibent. Porro, si A:C est ratio duplicata (triplicata) rationis A:B, inverse erit C:A ratio duplicata (triplicata) rationis B:A (Exc. ad Libr. VI. §. 17.) etc. Caeterum apud ipsum Euclidem nulla rationis duplicatae etc. mentio fit ante VI. 19.

DEFIN. XIII.

Quae hic alterna ratio dicitur, melius forsan alterna *proportio* diceretur. Manifesto enim non de duabus saltim quantitatibus, sed de quatuor sermo est. Caeterum patet, ut quan-

ιδ'. Ἀνάπαλιν λόγος ἐστὶ λῆψις τοῦ ἑπομένου ὡς ἡγουμένου πρὸς τὸ ἡγούμενον ὡς ἑπόμενον.

ιε'. Σύνθεσις λόγου ἐστὶ λῆψις τοῦ ἡγουμένου μετὰ τοῦ ἑπομένου ὡς ἑνὸς πρὸς αὐτὸ τὸ ἑπόμενον.

ιϛ'. Διαίρεσις δὲ λόγου ἐστὶ λῆψις τῆς ὑπεροχῆς, ᾗ ὑπερέχει τὸ ἡγούμενον τοῦ ἑπομένου, πρὸς αὐτὸ τὸ ἑπόμενον.

ιζ'. Ἀναστροφὴ λόγου ἐστὶ λῆψις τοῦ ἡγουμένου πρὸς τὴν ὑπεροχὴν, ᾗ ὑπερέχει τὸ ἡγούμενον τοῦ ἑπομένου.

ιη'. Διΐσου λόγος ἐστὶ, πλειόνων ὄντων μεγεθῶν καὶ ἄλλων αὐτοῖς ἴσων τὸ πλῆθος, σὺν δύο λαμβανομένων καὶ ἐν τῷ αὐτῷ λόγῳ, ὅταν ᾖ ὡς ἐν τοῖς πρώτοις μεγέθεσι τὸ πρῶτον πρὸς τὸ ἔσχατον, οὕτως ἐν τοῖς δευτέροις μεγέθεσι τὸ πρῶτον πρὸς τὸ ἔσχατον. Ἢ ἄλλως. Λῆψις τῶν ἄκρων καθ' ὑπεξαίρεσιν τῶν μέσων.

ιθ'. Τεταγμένη ἀναλογία ἐστὶν, ὅταν ᾖ ὡς ἡγούμενον πρὸς ἑπόμενον οὕτως ἡγούμενον πρὸς τὸ ἑπόμενον, ᾖ δὲ καὶ ὡς ἑπόμενον πρὸς ἄλλό τι οὕτως ἑπόμενον πρὸς ἄλλό τι [1]).

κ'. Τεταραγμένη δὲ ἀναλογία ἐστὶν, ὅταν, τριῶν ὄντων μεγεθῶν καὶ ἄλλων αὐτοῖς ἴσων τὸ πλῆθος,

1) Peyrardus refert, hanc definitionem omitti a Codd. a. c. quod, quum perturbata ratio postea tamen occurrat, mera librarii oscitantia, cuius oculus a τεταγμένη in τεταραγμένη aberrabat, factum fuisse videtur.

titates ita alterne comparare possint, omnes quatuor eiusdem generis esse debere.

DEFIN. XVI. et XVII.

Manifestum est, sumi in his definitionibus, consequentem

14. Inversa ratio est sumptio consequentis ut antecedentis, ad antecedentem ut ad consequentem.

15. Compositio rationis est sumptio antecedentis cum consequente tanquam unius ad ipsam consequentem.

16. Divisio autem rationis est sumptio excessus, quo superat antecedens consequentem, ad ipsam consequentem.

17. Conversio rationis est sumptio antecedentis ad excessum, quo antecedens superat consequentem.

18. Ex (aequo) aequalitate ratio est, quando, pluribus existentibus magnitudinibus et aliis ipsis numero aequalibus, et in eadem ratione binis sumptis, est, ut in primis magnitudinibus prima ad ultimam, ita in secundis magnitudinibus prima ad ultimam. Vel aliter. Sumptio extremarum per substractionem mediarum.

19. Ordinata proportio est, quando est ut antecedens ad consequentem ita antecedens ad consequentem; ut autem consequens ad aliam quampiam, ita consequens ad aliam quampiam.

20. Perturbata autem proportio est, quando tribus existentibus magnitudinibus et aliis ipsis numero ae-

minorem esse antecedente. Quodsi contra consequens maior fuerit antecedente, similis erit argumentatio, si sumatur excessus, quo consequens superat antecedentem.

DEFIN. XVIII—XX.

Monente Rob. Simson. Def. 19. et 20. speciem tantum continent eius proportionis, quae Def. 18. explicatur. Unde forte coniicere liceat, in Def. 18. quoque pro λόγος legendum esse ἀναλογία. Erit igitur ex Def. 19. τεταγμένη sive δι᾽ἴσου

γίνεται, ὡς μὲν ἐν τοῖς πρώτοις μεγέθεσιν ἡγούμενον πρὸς ἑπόμενον, οὕτως ἐν τοῖς δευτέροις μεγέθεσιν ἡγούμενον πρὸς ἑπόμενον· ὡς δὲ ἐν τοῖς πρώτοις μεγέθεσιν ἑπόμενον πρὸς ἄλλο τι, οὕτως ἐν τοῖς δευτέροις μεγέθεσιν ἄλλο τι πρὸς ἡγούμενον.

ΠΡΟΤΑΣΙΣ ά.

Ἐὰν ᾖ ὁποσαοῦν μεγέθη ὁποσωνοῦν μεγεθῶν ἴσων τὸ πλῆθος, ἕκαστον ἑκάστου ἰσάκις πολλαπλάσιον, ὁσαπλάσιόν ἐστιν ἓν τῶν μεγεθῶν ἑνὸς, τοσαυταπλάσια ἔσται καὶ τὰ παντὰ τῶν πάντων.

Ἔστω ὁποσαοῦν μεγέθη τὰ ΑΒ, ΓΔ ὁποσωνοῦν μεγεθῶν τῶν Ε, Ζ ἴσων τὸ πλῆθος, ἕκαστον ἑκάστου ἰσάκις πολλαπλάσιον· λέγω ὅτι ὁσαπλάσιόν ἐστι

τεταγμένη ἀναλογία, sive simpliciter διίσου, quando fuerit (provsus ut in Def. 18.) prima ad secundam in primis quantitatibus, ut in secundis prima ad secundam; ut autem in primis, secunda ad tertiam, ita in secundis, secunda ad tertiam, et ita deinceps, et concluditur, ut in Def. 18. dictum est. Vide V. 22. Ex Def. 20. autem διίσου τεταραγμένη, vel simpliciter τεταραγμένη ἀναλογία est, quando in primis magnitudinibus fuerit ut prima ad secundam, ita in secundis penultima ad ultimam; ut autem in primis secunda ad tertiam, ita in secundis antepenultima ad penultimam; et ut in primis tertia ad quartam, ita in secundis quae antepenultimam praecedit ad antepenultimam, et ita deinceps, et *concluditur, ut in Def.* 18. Vide V. 23. Ita fere Rob. Simson. rem explicat.

AXIOMATA.

Sequentia praemittit Rob. Simson. et ex eo Playfair.

1. Eiusdem sive aequalium aequemultiplices inter se aequales sunt.

2. Quarum eadem aeque multiplex est, vel quarum aequales sunt aeque multiplices, et ipsae inter se sunt aequales.

qualibus, fit, ut in primis magnitudinibus antecedens ad consequentem, ita in secundis magnitudinibus antecedens ad consequentem; ut vero in primis magnitudinibus consequens ad aliam quampiam, ita in secundis magnitudinibus alia quaepiam ad antecedentem.

PROPOSITIO I. (Fig. 309.)

Si sint quotcunque magnitudines quotcunque magnitudinum aequalium multitudine, singulae singularum aeque multiplices, quam multiplex est una magnitudinum unius, tam multiplices erunt et omnes omnium.

Sint quotcunque magnitudines AB, $\Gamma\Delta$ quotcunque magnitudinum E, Z aequalium multitudine, singulae singularum aeque multiplices, dico quam multiplex est

3. Multiplex maioris maior est aequemultiplici minoris.

4. Magnitudo, cuius multiplex maior est aequemultiplici alterius, maior est altera illa magnitudine.

Quae sane ita perspicua sunt, ut axiomatum loco haberi possint. Demonstravit ea tamen Pfleiderer. in Promptuario Mathem. Lipsiensi Fascic. 7. 1798. p. 263. sqq. §§. 14—19. et in dissertatione de Dimensione circuli P. II. Tub. 1790. p. 5. not. 4. Cf. Hauber. de rationibus inter se diversis Demonstr. Tub. 1793. §. 2. Aliud autem axioma vel postulatum, quod Campanus, Clavius aliique complures pariter sumere se posse putarunt, quodque ita habet:

„Quam rationem habet magnitudo aliqua ad aliam, eandem habebit quaevis magnitudo proposita ad aliquam aliam; et eandem habebit quaedam alia magnitudo ad quamvis magnitudinem propositam"

merito accuratiores Geometrae respuunt. Vid Exc. ad hunc librum.

PROPOSITIO I.

Symbolice haec propositio ita efferri potest. Si sit A—

τὸ *AB* τοῦ *E*, τοσαυταπλάσια ἔσται καὶ τὰ *AB*, *ΓΔ* τῶν *E*, *Z*.

Ἐπεὶ γὰρ ἰσάκις ἐστὶ πολλαπλάσιον τὸ *AB* τοῦ *E*, καὶ τὸ *ΓΔ* τοῦ *Z*· ὅσα ἄρα ἐστὶν ἐν τῷ *AB* μεγέθη ἴσα τῷ *E*, τοσαῦτα καὶ ἐν τῷ *ΓΔ* ἴσα τῷ *Z*. Διηρήσθω τὸ μὲν *AB* εἰς τὰ τῷ *E* μεγέθη ἴσα τὰ *AH*, *HB*, τὸ δὲ *ΓΔ* εἰς τὰ τῷ *Z* ἴσα τὰ *ΓΘ*, *ΘΔ*· ἔσται δὴ ἴσον τὸ πλῆθος τῶν *AH*, *HB* τῷ πλήθει τῶν *ΓΘ*, *ΘΔ*. Καὶ ἐπεὶ ἴσον ἐστὶ τὸ μὲν *AH* τῷ *E*, τὸ δὲ *ΓΘ* τῷ *Z*· ἴσα ἄρα καὶ τὰ *AH*, *ΓΘ* τοῖς *E*, *Z*. Διὰ τὰ αὐτὰ δὴ ἴσον ἐστὶ τὸ *HB* τῷ *E*, καὶ τὸ *ΘΔ* τῷ *Z*· ἴσα ἄρα καὶ τὰ *HB*, *ΘΔ* τοῖς *E*, *Z*· ὅσα ἄρα ἐστὶν ἐν τῷ *AB* ἴσα τῷ *E*, τοσαῦτα καὶ ἐν τοῖς *AB*, *ΓΔ* ἴσα τοῖς *E*, *Z*· ὁσαπλάσιον ἄρα ἐστὶ τὸ *AB* τοῦ *E*, τοσαυταπλάσια ἔσται καὶ τὰ *AB*, *ΓΔ* τῶν *E*, *Z*. Ἐὰν ἄρα ᾖ ὁποσαοῦν, καὶ τὰ ἑξῆς.

ΠΡΟΤΑΣΙΣ β΄.

Ἐὰν πρῶτον δευτέρου ἰσάκις ᾖ πολλαπλάσιον καὶ τρίτον τετάρτου, ᾖ δὲ καὶ πέμπτον δευτέρου ἰσάκις πολλαπλάσιον καὶ ἕκτον τετάρτου· καὶ συντεθὲν πρῶτον καὶ πέμπτον δευτέρου ἰσάκις ἔσται πολλαπλάσιον καὶ τρίτον καὶ ἕκτον τετάρτου.

r.L; B=r.M; C=r.N etc. r denotante numerum integrum quemcunque, erit et A+B+C etc. =r(L+M+N etc.). Caeterum propositioni huic vulgaris innititur praxis multiplicandum compositum per multiplicatorem simplicem multiplicandi. Nimirum, ut v. g. numerum 7364 per 8 multiplicemus, seu ut octuplum efficiamus numeri 7364: octies sumimus primum 4 unitates, tum 6 denarios, dein 3 centenarios, denique 7

AB ipsius *E*, tam multiplices esse et *AB*, *ΓΔ* ipsarum *E*, *Z*.

Quoniam enim *AB* aeque multiplex est ipsius *E* ac *ΓΔ* ipsius *Z*; quot magnitudines sunt in *AB* aequales ipsi *E*, tot sunt et in *ΓΔ* aequales ipsi *Z*. Dividatur *AB* quidem in magnitudines *AH*, *HB* aequales ipsi *E*, *ΓΔ* vero in partes *ΓΘ*, *ΘΔ* aequales ipsi *Z*; erit igitur multitudo ipsarum *AH*, *HB* aequalis multitudini ipsarum *ΓΘ*, *ΘΔ*. Et quoniam aequalis est *AH* quidem ipsi *E*, *ΓΘ* vero ipsi *Z*; erunt et *AH*, *ΓΘ* aequales ipsis *E*, *Z* (I. Ax. 2.); ex eadem ratione et *HB* aequalis est ipsi *E*, et *ΘΔ* ipsi *Z*; aequales igitur et *HB*, *ΘΔ* ipsis *E*, *Z*; quot igitur sunt in *AB* aequales ipsi *E*, tot sunt et in *AB*, *ΓΔ* aequales ipsis *E*, *Z*; quam multiplex igitur est *AB* ipsius *E*, tam multiplices erunt et *AB*, *ΓΔ* ipsarum *E*, *Z*. Si igitur quotcunque etc.

PROPOSITIO II. (Fig. 310.)

Si prima secundae aeque sit multiplex ac tertia quartae, sit autem et quinta secundae aeque multiplex ac sexta quartae; et simul sumptae prima et quinta secundae aeque erunt multiplices ac tertia et sexta quartae.

millenarios, horumque octuplorum conficimus summam. Cf. Pfleiderer. Expos. et Dilucid. Libri V. Elem. p. 2.

PROPOSITIO II.

Symbolice haec propositio generalius ita effertur. Si sit A=p.L, B=g.L, C=r.L etc. et simul E=p.M, F=g.M, G=r.M etc. p, g, r denotantibus numeros integros quoscun

Πρῶτον γὰρ τὸ ΑΒ δευτέρου τοῦ Γ ἰσάκις ἔστω πολλαπλάσιον καὶ τρίτον τὸ ΔΕ τετάρτου τοῦ Ζ, ἔστω δὲ καὶ πέμπτον τὸ ΒΗ δευτέρου τοῦ Γ ἰσάκις πολλαπλάσιον καὶ ἕκτον τὸ ΕΘ τετάρτου τοῦ Ζ· λέγω ὅτι καὶ συντεθὲν πρῶτον καὶ πέμπτον τὸ ΑΗ δευτέρου τοῦ Γ ἰσάκις ἔσται πολλαπλάσιον καὶ τρίτον καὶ ἕκτον τὸ ΔΘ τετάρτου τοῦ Ζ.

Ἐπεὶ γὰρ ἰσάκις ἐστὶ πολλαπλάσιον τὸ ΑΒ τοῦ Γ καὶ τὸ ΔΕ τοῦ Ζ· ὅσα ἄρα ἐστὶν ἐν τῷ ΑΒ μεγέθη ἴσα τῷ Γ, τοσαῦτα καὶ ἐν τῷ ΔΕ ἴσα τῷ Ζ. Διὰ τὰ αὐτὰ δὴ καὶ ὅσα ἐστὶν ἐν τῷ ΒΗ ἴσα τῷ Γ, τοσαῦτα καὶ ἐν τῷ ΕΘ ἴσα τῷ Ζ· ὅσα ἄρα ἐστὶν ἐν ὅλῳ τῷ ΑΗ ἴσα τῷ Γ, τοσαῦτα καὶ ἐν ὅλῳ τῷ ΔΘ ἴσα τῷ Ζ· ὁσαπλάσιον ἄρα ἐστὶ τὸ ΑΗ τοῦ Γ, τοσαυταπλάσιον ἔσται καὶ τὸ ΔΘ τοῦ Ζ· καὶ συντεθὲν ἄρα πρῶτον καὶ πέμπτον τὸ ΑΗ δευτέρου τοῦ Γ ἰσάκις ἔσται πολλαπλάσιον καὶ τρίτον καὶ ἕκτον τὸ ΔΘ τετάρτου τοῦ Ζ. Ἐὰν ἄρα πρῶτον, καὶ τὰ ἑξῆς.

ΠΡΟΤΑΣΙΣ γ'.

Ἐὰν πρῶτον δευτέρου ἰσάκις ᾖ πολλαπλάσιον καὶ τρίτον τετάρτου, ληφθῇ δὲ ἰσάκις πολλαπλάσια τοῦ πρώτου καὶ τρίτου· καὶ διΐσου τῶν ληφθέντων ἑκά-

que: erunt tam A+B+C etc. =(p+g+r etc.).L, quam E+F+G etc. =(p+g+r etc.).M. Generaliorem hanc enunciationem corollarii loco subiungit Rob. Simson. propositionem ipsam statim ita exprimit Pfleiderer. l. c. p. 3. Huic propositioni innititur praxis numerum per multiplicatorem compositum multiplicandi. Nempe ut ex gr. numerum 5728 per 634 multiplicemus, primum quater sumimus numerum propositum 5728, tum tricies, dein sexcenties, horumque produ-

Prima enim AB secundae Γ aeque sit multiplex ac tertia ΔE quartae Z, sit autem et quinta BH secundae Γ aeque multiplex ac sexta $E\Theta$ quartae Z; dico et simul sumptas primam et quintam AH secundae Γ aeque fore multiplices ac tertiam et sextam $\Delta\Theta$ ipsius Z.

Quoniam enim aeque multiplex est AB ipsius Γ ac ΔE ipsius Z; quot magnitudines sunt in AB aequales ipsi Γ, tot et in ΔE erunt aequales ipsi Z. Ex eadem ratione et quot sunt in BH aequales ipsi Γ, tot et in $E\Theta$ erunt aequales ipsi Z; quot igitur sunt in tota AH aequales ipsi Γ, tot et in tota $\Delta\Theta$ aequales ipsi Z; quam multiplex igitur est AH ipsius Γ, tam multiplex erit et $\Delta\Theta$ ipsius Z; et simul sumptae igitur prima et quinta AH secundae Γ aeque erunt multiplices ac tertia et sexta $\Delta\Theta$ quartae Z. Si igitur prima etc.

PROPOSITIO III. (Fig. 311.)

Si prima secundae aeque sit multiplex ac tertia quartae, sumantur autem aeque multiplices primae et tertiae; et ex aequo sumptarum utraque utriusque ae-

ctorum particularium colligimus summam. Cf. Pfleiderer. l. c. p. 3. 4.

PROPOSITIO III.

Symbolice ita: si sit $A = p.L$, $I = n.A$, et $E = p.M$, $K = n.E$, erit tam $I = (n.p).L$, quam $E = (n.p).M$, n et p designantibus numeros integros quoscunque, et n.p designante productum, quod fit ex numero p toties sumto, quot

τερον ἑκατέρου ἰσάκις ἔσται πολλαπλάσιον, τὸ μὲν τοῦ δευτέρου, τὸ δὲ τοῦ τετάρτου.

Πρῶτον γὰρ τὸ Α δευτέρου τοῦ Β ἰσάκις ἔστω πολλαπλάσιον καὶ τρίτον τὸ Γ τετάρτου τοῦ Δ, καὶ εἰλήφθω τῶν Α, Γ ἰσάκις πολλαπλάσια τὰ ΕΖ, ΗΘ· λέγω ὅτι ἰσάκις ἐστὶ πολλαπλάσιον τὸ ΕΖ τοῦ Β καὶ τὸ ΗΘ τοῦ Δ.

Ἐπεὶ γὰρ ἰσάκις ἐστὶ πολλαπλάσιον τὸ ΕΖ τοῦ Α καὶ τὸ ΗΘ τοῦ Γ· ὅσα ἄρα ἐστὶν ἐν τῷ ΕΖ ἴσα τῷ Α, τοσαῦτα καὶ ἐν τῷ ΗΘ ἴσα τῷ Γ. Διῃρήσθω τὸ μὲν ΕΖ εἰς τὰ τῷ Α μεγέθη ἴσα τὰ ΕΚ, ΚΖ, τὸ δὲ ΗΘ εἰς τὰ τῷ Γ ἴσα τὰ ΗΛ, ΛΘ· ἔσται δὴ ἴσον τὸ πλῆθος τῶν ΕΚ, ΚΖ τῷ πλήθει τῶν ΗΛ, ΛΘ. Καὶ ἐπεὶ ἰσάκις ἐστὶ πολλαπλάσιον τὸ Α τοῦ Β καὶ τὸ Γ τοῦ Δ· ἴσον δὲ τὸ μὲν ΕΚ τῷ Α, τὸ δὲ ΗΛ τῷ Γ· ἰσάκις ἄρα ἐστὶ πολλαπλάσιον τὸ ΕΚ τοῦ Β καὶ τὸ ΗΛ τοῦ Δ. Διὰ τὰ αὐτὰ δὴ ἰσάκις ἐστὶ πολλαπλάσιον τὸ ΚΖ τοῦ Β καὶ τὸ ΛΘ τοῦ Δ. Ἐπεὶ οὖν πρῶτον τὸ ΕΚ δευτέρου τοῦ Β ἰσάκις ἐστὶ πολλαπλάσιον καὶ τρίτον τὸ ΗΛ τετάρτου τοῦ Δ· ἐστὶ δὲ καὶ πέμπτον τὸ ΚΖ δευτέρου τοῦ Β ἰσάκις πολλαπλάσιον καὶ ἕκτον τὸ ΛΘ τετάρτου τοῦ Δ· καὶ συντεθὲν ἄρα πρῶτον καὶ πέμπτον τὸ ΕΖ δευτέρου

alter n continet unitates. Huic propositioni, quod sit nA, seu n(pL)=(n.p).L, innititur praxis multiplicandi numerum integrum per multiplicatorem, qui solis denariis, vel centenariis etc. constat. Nempe, ut v. g. numerum 5728 per 30 vel per 600 multiplicemus, triplo vel sextuplo numeri 5728 unum vel duo zero ad dextram adiungimus, hoc est, triplum numeri 5728 decuplicamus, sextuplum centuplicamus, sicque huius numeri efficimus trigecuplum, sexcentuplum. Pariter

que erit multiplex, altera quidem secundae, altera vero quartae.

Prima enim A secundae B aeque sit multiplex ac tertia Γ quartae Δ, et sumantur ipsarum A, Γ aeque multiplices EZ, $H\Theta$; dico aeque esse multiplicem EZ ipsius B ac $H\Theta$ ipsius Δ.

Quoniam enim aeque est multiplex EZ ipsius A ac $H\Theta$ ipsius Γ; quot magnitudines sunt in EZ aequales ipsi A, tot et in $H\Theta$ erunt aequales ipsi Γ. Dividatur EZ quidem in magnitudines ipsi A aequales EK, KZ, $H\Theta$ vero in magnitudines ipsi Γ aequales $H\Lambda$, $\Lambda\Theta$; erit aequalis multitudo ipsarum EK, KZ multitudini ipsarum $H\Lambda$, $\Lambda\Theta$. Et quoniam A aeque est multiplex ipsius B, ac Γ ipsius Δ; aequalis autem EK quidem ipsi A, $H\Lambda$ vero ipsi Γ; aeque multiplex est EK ipsius B ac $H\Lambda$ ipsius Δ. Ex eadem ratione aeque multiplex est KZ ipsius B ac $\Lambda\Theta$ ipsius Δ. Quoniam igitur prima EK secundae B aeque est multiplex ac tertia $H\Lambda$ quartae Δ, est autem et quinta KZ secundae B aeque multiplex ac sexta $\Lambda\Theta$ quartae Δ; et composita e prima et quinta nempe EZ secundae B aeque multiplex erit ac composita e

duodecuplum e. g. numeri alicuius efficimus, sumto tripli eius quadruplo, vel quadrupli triplo. Cf. Pfleiderer. l. c. p. 4. Generalius idem theorema ita exprimi et simili ratione demonstrari poterit: si sit $A=mB$, $B=nC$, $C=pD$ etc. pariterque $\alpha=m\beta$, $\beta=n\gamma$, $\gamma=p\delta$ etc. erit tam $A=mnp \ldots D$ quam $\alpha=mnp \ldots \delta$.

Obs. Ex hac propositione sequitur etiam alia illi similis, quam Nordmark. (Lacunae in Doctr. proportionum Euclidea

τοῦ *B* ἰσάκις ἐστὶ πολλαπλάσιον καὶ τρίτον καὶ ἕκτον τὸ *HΘ* τετάρτου τοῦ *Δ*. Ἐὰν ἄρα πρῶτον, καὶ τὰ ἑξῆς.

ΠΡΟΤΑΣΙΣ δ'.

Ἐὰν πρῶτον πρὸς δεύτερον τὸν αὐτὸν ἔχῃ λόγον καὶ τρίτον πρὸς τέταρτον· καὶ τὰ ἰσάκις πολλαπλάσια τοῦ τε πρώτου καὶ τρίτου πρὸς τὰ ἰσάκις πολλαπλάσια τοῦ δευτέρου καὶ τετάρτου, καθ᾽ ὁποιονοῦν πολλαπλασιασμὸν, τὸν αὐτὸν ἕξει λόγον ληφθέντα κατάλληλα.

Πρῶτον γὰρ τὸ *A* πρὸς δεύτερον τὸ *B* τὸν αὐτὸν ἐχέτω λόγον καὶ τρίτον τὸ *Γ* πρὸς τέταρτον τὸ *Δ*, καὶ εἰλήφθω τῶν μὲν *A*, *Γ* ἰσάκις πολλαπλάσια τὰ *E*, *Z*, τῶν δὲ *B*, *Δ* ἄλλα ἃ ἔτυχεν ἰσάκις πολλαπλάσια τὰ *H*, *Θ*· λέγω ὅτι ἐστὶν ὡς τὸ *E* πρὸς τὸ *H*, οὕτως τὸ *Z* πρὸς τὸ *Θ*.

Εἰλήφθω γὰρ τῶν μὲν *E*, *Z* ἰσάκις πολλαπλάσια τὰ *K*, *Λ*, τῶν δὲ *H*, *Θ* ἄλλα ἃ ἔτυχεν [1]) ἰσάκις πολλαπλάσια τὰ *M*, *N*.

Καὶ ἐπεὶ ἰσάκις ἐστὶ πολλαπλάσιον τὸ μὲν *E* τοῦ *A*, τὸ δὲ *Z* τοῦ *Γ*, καὶ εἴληπται τῶν *E*, *Z* ἰσάκις πολλαπλάσια τὰ *K*, *Λ*· ἰσάκις ἄρα ἐστὶ πολλαπλάσιον τὸ *K* τοῦ *A* καὶ τὸ *Λ* τοῦ *Γ*. Διὰ τὰ αὐτὰ δὴ ἰσά-

1) Verba ἄλλα ἃ ἔτυχεν non habent edd. Basil. et Oxon. Ea autem necessaria esse iure censuerat Rob. Simson. in nota ad hunc locum. Hanc viri doctissimi coniecturam confirmavit Peyrardus, qui e Cod. a. ea textui inseruit.

animadversae Expletio in Nov. Act. Reg. Societ. Upsal. Vol. VI. Upsalae 1799.) his verbis exhibet et demonstrat: si sint (Fig. 312.) quotcunque magnitudines AL, B, C, et aliae ipsis

tertia et sexta nempe $H\Theta$ quartae Δ (V. 2.). Si igitur prima etc.

PROPOSITIO IV. (Fig. 313.)

Si prima ad secundam eandem habeat rationem quam tertia ad quartam; et aeque multiplices primae et tertiae ad aeque multiplices secundae et quartae, iuxta quamvis multiplicationem, eandem habebunt rationem inter se comparatae.

Prima enim A ad secundam B eandem habeat rationem quam tertia Γ ad quartam Δ, et sumantur ipsarum quidem A, Γ aeque multiplices E, Z, ipsarum vero B, Δ aliae utcunque aeque multiplices H, Θ; dico esse ut E ad H, ita Z ad Θ.

Sumantur enim ipsarum quidem E, Z aeque multiplices K, Λ, ipsarum vero H, Θ aliae utcunque aeque multiplices M, N.

Et quoniam aeque multiplex est E ipsius A, atque Z ipsius Γ, et sumptae sunt ipsarum E, Z aeque multiplices K, Λ; aeque igitur multiplex est K ipsius A ac Λ ipsius Γ (V. 3.). Ex eadem ratione aeque

numero aequales D, E, F, quae binae sumantur in eadem multiplicitate, sit autem perturbata earum multiplicitas, h. e. sit AL ipsius B aeque multiplex, atque E ipsius F; similiter sit B ipsius C totuplex, quotuplex est D ipsius E: erunt ex aequo etiam aequemultiplices, seu quantuplex est AL ipsius C, tantuplex erit D ipsius F. Dem. Ponantur primo tres esse utrimque magnitudines. Sumatur GP ipsius C aequemultiplex,

κις ἐστὶ πολλαπλάσιον τὸ *M* τοῦ *B* καὶ τὸ *N* τοῦ *Δ* Καὶ ἐπεί ἐστιν ὡς τὸ *A* πρὸς τὸ *B* οὕτως τὸ *Γ* πρὸς τὸ *Δ*, καὶ εἴληπται τῶν μὲν *A*, *Γ* ἰσάκις πολλαπλάσια τὰ *K*, *Λ*, τῶν δὲ *B*, *Δ* ἄλλα ἃ ἔτυχεν ἰσάκις πολλαπλάσια τὰ *M*, *N*· εἰ ἄρα ὑπερέχει τὸ *K* τοῦ *M*, ὑπερέχει τὸ *Λ* τοῦ *N*· καὶ εἰ ἴσον, ἴσον· καὶ εἰ ἔλαττον, ἔλαττον. Καί ἐστι τὰ μὲν *K*, *Λ* τῶν *E*, *Z* ἰσάκις πολλαπλάσια, τὰ δὲ *M*, *N* τῶν *H*, *Θ* ἄλλα ἃ ἔτυχεν ἰσάκις πολλαπλάσια· ἔστιν ἄρα ὡς τὸ *E* πρὸς τὸ *H*, οὕτως τὸ *Z* πρὸς τὸ *Θ*. Ἐὰν ἄρα πρῶτον, καὶ τὰ ἑξῆς.

ΠΟΡΙΣΜΑ.

Ἐπεὶ οὖν ἐδείχθη, ὅτι, εἰ ὑπερέχει τὸ *K* τοῦ *M*, ὑπερέχει καὶ τὸ *Λ* τοῦ *N*· καὶ εἰ ἴσον, ἴσον· καὶ εἰ ἔλασσον, ἔλασσον· δηλονότι καὶ εἰ ὑπερέχει τὸ *M* τοῦ *K*, ὑπερέχει καὶ τὸ *N* τοῦ *Λ*· καὶ εἰ ἴσον, ἴσον· καὶ εἰ ἔλασσον, ἔλασσον· καὶ διὰ τοῦτο ἔσται καὶ ὡς τὸ *H* πρὸς τὸ *E*, οὕτως τὸ *Θ* πρὸς τὸ *Z*. Ἐκ δὴ τούτου φανερὸν, ὅτι ἐὰν τέσσαρα μεγέθη ἀνάλογον ᾖ, καὶ ἀνάπαλιν ἀνάλογον ἔσται.

ΠΡΟΤΑΣΙΣ ε.

Ἐὰν μέγεθος μεγέθους ἰσάκις ᾖ πολλαπλάσιον, ὅπερ ἀφαιρεθὲν ἀφαιρεθέντος· καὶ τὸ λοιπὸν τοῦ λοιποῦ ἰσάκις ἔσται πολλαπλάσιον, ὁσαπλάσιόν ἐστι τὸ ὅλον τοῦ ὅλου.

ac est AL ipsius B, vel E ipsius F, sitque GP divisa in partes GM, MN, NP singulas ipsi C aequales; et AL in partes AH, HK, KL aequales ipsi B: eritque multitudo partium GM, MN, NP aequalis multitudini partium AH, HK, KL.

multiplex est *M* ipsius *B* ac *N* ipsius *Δ*. Et quoniam est ut *A* ad *B* ita *Γ* ad *Δ*, et sumptae sunt ipsarum quidem *A*, *Γ* aeque multiplices *K*, *Λ*, ipsarum vero *B*, *Δ* aliae utcunque aeque multiplices *M*, *N*; si *K* superat ipsam *M*, superat et *Λ* ipsam *N*; et si aequalis, aequalis; et si minor, minor erit (V. Def. 5.). Et sunt *K*, *Λ* ipsarum *E*, *Z* aeque multiplices, *M*, *N* vero ipsarum *H*, *Θ* aliae utcunque multiplices; est igitur ut *E* ad *H*, ita *Z* ad *Θ* (V. Def. 5.) Si igitur prima etc.

COROLLARIUM.

Quoniam igitur ostensum est, si superat *K* ipsam *M*, superare et *Λ* ipsam *N*; et si aequalis sit, aequalem; et si minor, minorem esse; manifestum est, et si *M* superat *K*, superare et *N* ipsam *Λ*; et si aequalis sit, aequalem; et si minor, minorem esse; et propterea ut *H* est ad *E*, ita erit *Θ* ad *Z*. Ex hoc manifestum est, si quatuor magnitudines proportionales sint, et inverse proportionales fore.

PROPOSITIO V. (Fig. 314.)

Si magnitudo magnitudinis aeque sit multiplex ac ablata ablatae, et reliqua reliquae aeque multiplex erit ac multiplex est tota totius.

Quum igitur sit AH=HK=KL=B, et GM=MN=NP=C; erunt AH, HK, KL, B ipsarum GM, MN, NP, C aequemultiplices, adeoque tota AL erit totius GP aequemultiplex atque AH est ipsius GM (V. 1.), vel B ipsius C, vel D

Μέγεθος γὰρ τὸ ΑΒ μεγέθους τοῦ ΓΔ ἰσάκις ἔστω πολλαπλάσιον, ὅπερ ἀφαιρεθὲν τὸ ΑΕ ἀφαιρεθέντος τοῦ ΓΖ· λέγω ὅτι καὶ λοιπὸν τὸ ΕΒ λοιποῦ τοῦ ΖΔ ἰσάκις ἔσται πολλαπλάσιον, ὁσαπλάσιόν ἐστιν ὅλον τὸ ΑΒ ὅλου τοῦ ΓΔ.

Ὁσαπλάσιον γάρ ἐστι τὸ ΑΕ τοῦ ΓΖ, τοσαυταπλάσιον γεγονέτω καὶ τὸ ΕΒ τοῦ ΓΗ.

Καὶ ἐπεὶ ἰσάκις ἐστὶ πολλαπλάσιον τὸ ΑΕ τοῦ ΓΖ (καὶ τὸ ΕΒ τοῦ ΗΓ· ἰσάκις ἄρα ἐστὶ πολλαπλάσιον τὸ ΑΕ τοῦ ΓΖ) [1] *καὶ τὸ ΑΒ τοῦ ΗΖ· κεῖται δὲ ἰσάκις πολλαπλάσιον τὸ ΑΕ τοῦ ΓΖ καὶ τὸ ΑΒ τοῦ ΓΔ· ἰσάκις ἄρα ἐστὶ πολλαπλάσιον τὸ ΑΒ ἑκατέρου τῶν ΗΖ, ΓΔ· ἴσον ἄρα τὸ ΗΖ τῷ ΓΔ· κοινὸν ἀφῃρήσθω τὸ ΓΖ· λοιπὸν ἄρα τὸ ΗΓ λοιπῷ τῷ ΔΖ ἴσον ἐστίν. Καὶ ἐπεὶ ἰσάκις ἐστὶ πολλαπλάσιον τὸ ΑΕ τοῦ ΓΖ καὶ τὸ ΕΒ τοῦ ΗΓ, ἴσον δὲ τῷ ΗΓ τὸ ΔΖ· ἰσάκις ἄρα ἐστὶ πολλαπλάσιον τὸ ΑΕ τοῦ ΓΖ καὶ τὸ ΕΒ τοῦ ΖΔ. Ἰσάκις δὲ ὑπόκειται πολλαπλάσιον τὸ ΑΕ τοῦ ΓΖ καὶ τὸ ΑΒ τοῦ ΓΔ· ἰσάκις ἄρα ἐστὶ πολλαπλάσιον τὸ ΕΒ τοῦ ΖΔ καὶ τὸ ΑΒ τοῦ ΓΔ·*

1) Verba, quae uncis inclusimus, desunt in edd. Basil. et Oxon. Peyrardus ea e Cod. a. addidit. Quamvis autem abesse possint, aliquid tamen ad facilius intelligendam demonstrationem facere videntur.

ipsius E. Habentur igitur tres magnitudines AL, GP, C, atque aliae ipsis numero aequales D, E, F, quarum binae sumtae sunt in eadem multiplicitate, idque ordinate, ita nempe, ut AL et D sint ipsarum GP et E aequemultiplices, similiterque GP et E ipsarum C et F: ergo (V. 3.) erit AL ipsius C aequemultiplex ac D ipsius F. Si quatuor pluresve sint utrimque magnitudines, patet demonstrationis continuatio per iam ostensa . Q . E . D. Symbolice ita: si sit A=mB, B=rC, pariterque D=rE, E=mF, erit tam A=mr.C, quam D=mr.F.

Magnitudo enim AB magnitudinis $\Gamma\Delta$ aeque multiplex sit ac ablata AE ablatae ΓZ; dico et reliquam EB reliquae $Z\Delta$ aeque fore multiplicem ac multiplex est tota AB totius $\Gamma\Delta$.

Quam multiplex enim est AE ipsius ΓZ, tam multiplex fiat et EB ipsius ΓH.

Et quoniam aeque multiplex est AE ipsius ΓZ ac (EB ipsius $H\Gamma$; aeque igitur multiplex est AE ipsius ΓZ ac) AB ipsius HZ (V. 1.); ponitur autem aeque multiplex AE ipsius ΓZ ac AB ipsius $\Gamma\Delta$; aeque igitur multiplex est AB utriusque ipsarum HZ, $\Gamma\Delta$; aequalis igitur HZ ipsi $\Gamma\Delta$. Communis auferatur ΓZ; reliqua igitur $H\Gamma$ reliquae ΔZ est aequalis (I. Ax. 3.). Et quoniam aeque multiplex est AE ipsius ΓZ ac EB ipsius $H\Gamma$, ΔZ autem aequalis ipsi $H\Gamma$; aeque igitur multiplex est AE ipsius ΓZ ac EB ipsius $Z\Delta$. Aeque autem ponitur multiplex AE ipsius ΓZ ac AB ipsius $\Gamma\Delta$; aeque igitur multiplex est EB ipsius

PROPOSITIO IV.

Symbolice haec propositio, eiusque demonstratio ita exprimi poterit. Si $A:B=C:D$, erit etiam $pA.qB=pC:qD$; p, q denotantibus numeros integros quoscunque, unitate haud exclusa. Nam ob $A:B=C:D$, erit, quoties $npA>=<rqB$, etiam $npC>=<rqD$ (V. Def. 5.), adeoque ex eadem definitione $pA:qB=pC:qD$. Pfleiderer. l. c. p. 19. De demonstratione huius propositionis ex vulgari proportionalium definitione vide Excursum ad hunc librum.

Corollarium huic propositioni adiectum, ut rite observat Rob. Simson., verum quidem est, at non huc pertinet, nec legitima est, quae ex Prop. V. 4. deducitur, eius demonstratio. Nempe ostensum quidem est, si sit $K>=<M$, esse etiam $\Lambda>=<N$, at non ex eo, quod proportionales sint

καὶ λοιπὸν ἄρα τὸ *EB* λοιποῦ τοῦ *ZΔ* ἰσάκις ἔσται πολλαπλάσιον, ὁσαπλάσιόν ἐστιν ὅλον τὸ *AB* ὅλου τοῦ *ΓΔ*. Ἐὰν ἄρα μέγεθος, καὶ τὰ ἑξῆς.

ΠΡΟΤΑΣΙΣ ϛ′.

Ἐὰν δύο μεγέθη δύο μεγεθῶν ἰσάκις ᾖ πολλαπλάσια, καὶ ἀφαιρεθέντα τινὰ τῶν αὐτῶν ἰσάκις ᾖ πολλαπλάσια· καὶ τὰ λοιπὰ τοῖς αὐτοῖς ἤτοι ἴσα ἐστὶν, ἢ ἰσάκις αὐτῶν πολλαπλάσια.

Δύο γὰρ μεγέθη τὰ *AB*, *ΓΔ* δύο μεγεθῶν τῶν *E*, *Z* ἰσάκις ἔστω πολλαπλάσια, καὶ ἀφαιρεθέντα τὰ *AH*, *ΓΘ* τῶν αὐτῶν τῶν *E*, *Z* ἰσάκις ἔστω πολλαπλάσια· λέγω ὅτι καὶ λοιπὰ τὰ *HB*, *ΘΔ* τοῖς *E*, *Z* ἤτοι ἴσα ἐστὶν, ἢ ἰσάκις αὐτῶν πολλαπλάσια.

E, *H*, *Z*, *Θ*, id enim erat conclusio propositionis, unde ineptum est illud ratiocinium: Quoniam ostensum est etc. Poterat autem legitime, non adhibita propositione V. 4. propositio in hoc corollario contenta deduci, ut Rob. Simson. ostendit. Nos autem hanc reliquasque a Rob. Simson. huic libro insertas vel adiectas propositiones exhibebimus infra in Excursu ad hunc librum, ubi et hanc vide nota B designatam. Aliam autem propositionem meliore iure corollarii nomine subiungit Rob. Simson., quod distinctionis causa

Cor. a,

appellabimus, quodque ita habet: si prima ad secundam eandem habet rationem quam tertia ad quartam, et aeque multiplices primae et tertiae iuxta quamvis multiplicationem ad secundam et quartam eandem rationem habebunt: et similiter prima et tertia ad aeque multiplices quasvis secundae et quartae eandem habebunt rationem. Quod eodem prorsus modo ac ipsa propositio demonstratur, ut facile etiam patet, posita in symbolica propositionis expressione, quam supra dedimus, vel p=1, vel q=1. Hoc corollarium ex V. 22. demonstrat Cla-

ZΔ ac *AB* ipsius *ΓΔ*; et reliqua igitur *EB* reliquae *ZΔ* aeque multiplex erit ac multiplex est tota *AB* totius *ΓΔ*. Si igitur magnitudo etc.

PROPOSITIO VI. (Fig. 316.)

Si duae magnitudines duarum magnitudinum aeque multiplices sint, et ablatae quaedam earumdem sint aeque multiplices; et reliquae iisdem vel aequales sunt, vel earum aeque multiplices.

Duae enim magnitudines *AB*, *ΓΔ* duarum magnitudinum *E*, *Z* aeque sint multiplices, et ablatae *AH*, *ΓΘ* earumdem *E*, *Z* aeque sint multiplices; dico et reliquas *HB*, *ΘΔ* ipsis *E*, *Z* vel aequales esse, vel aeque multiplices earum.

vius, at non satis accurate. Sumit enim propositionem C (in Excursu ad hunc librum afferendam), quam non ante demonstraverat.

PROPOSITIO V.

Iure observat Rob. Simson., constructionem, quae demonstrationi in textu graeco praemittitur, depravatam videri. Nempe, ut iam Peletarius monuerat, id quod sumitur, ut *EB* fiat aequemultiplex ipsius *ΓH*, ac est *AE* ipsius *ΓZ*, eo redit, ut magnitudo *EB* in partes aequales, quotcunque libuerit, dividatur, quod nec de rectis quidem lineis, nedum de aliis magnitudinibus ante VI. 9. docuerat Euclides. Nec ad excusationem rei sufficit, quod Peletarius observat divisionem hanc rectae *EB* demonstrationis caussa tantum sumi, non ad usum aliquem praesentem adhiberi, quippe etiam demonstrationis caussa talia non sumere solet Euclides. Accedit, quod perfacilis est alia demonstratio, quam iam Campani ex arabico facta traductio, caeterum in hac propositione valde vitiosa, innuit, et quam, praeeunte Peletario et Clavio, qui tamen etiam vitiosam illam vulgarem demonstrationem habent,

Ἔστω γὰρ πρότερον τὸ ΗΒ τῷ Ε ἴσον· λέγω ὅτι καὶ τὸ ΘΔ τῷ Ζ ἴσον ἐστίν. Κείσθω γὰρ τῷ Ζ ἴσον τὸ ΓΚ.

Καὶ ἐπεὶ ἰσάκις ἐστὶ πολλαπλάσιον τὸ ΑΗ τοῦ Ε καὶ τὸ ΓΘ τοῦ Ζ, ἴσον δὲ τὸ μὲν ΗΒ τῷ Ε, τὸ δὲ ΚΓ τῷ Ζ· ἰσάκις ἄρα ἐστὶ πολλαπλάσιον τὸ ΑΒ τοῦ Ε καὶ τὸ ΚΘ τοῦ Ζ. Ἰσάκις δὲ ὑπόκειται πολλαπλάσιον τὸ ΑΒ τοῦ Ε, καὶ τὸ ΓΔ τοῦ Ζ· ἰσάκις ἄρα ἐστὶ πολλαπλάσιον τὸ ΚΘ τοῦ Ζ, καὶ τὸ ΓΔ τοῦ Ζ. Ἐπεὶ οὖν ἑκάτερον τῆς ΚΘ, ΓΔ τοῦ Ζ ἰσάκις ἐστὶ πολλαπλάσιον· ἴσον ἄρα ἐστὶ τὸ ΚΘ τῷ ΓΔ. Κοινὸν ἀφῃρήσθω τὸ ΓΘ· λοιπὸν ἄρα τὸ ΚΓ λοιπῷ τῷ ΘΔ ἴσον ἐστίν. Ἀλλὰ τῷ Ζ τὸ ΚΓ ἐστὶν ἴσον· καὶ τὸ ΘΔ ἄρα τῷ Ζ ἴσον ἐστίν. Ὥστε εἰ τὸ ΗΒ τῷ Ε ἴσον ἐστὶ, καὶ τὸ ΘΔ ἴσον ἔσται τῷ Ζ.

Rob. Simson., praemisso propositionis enunciato his verbis exhibet: Quam multiplex est (Fig. 315.) AE ipsius *ΓΖ*, tam multiplex fiat *ΑΗ* ipsius *ΖΔ*. (Hoc vero fieri potest, magnitudine *ΖΔ* sibi ipsi aliquoties addita). Erit igitur (V. 1.) *ΑΕ* aequemultiplex ipsius *ΓΖ*, ac *ΕΗ* ipsius *ΓΔ*: ponitur autem *ΑΕ* aequemultiplex ipsius *ΓΖ*, ac *ΑΒ* ipsius *ΓΔ*: ac propterea *ΕΗ* ipsi *ΑΒ* aequalis est (V. Ax. 1.). Communis auferatur *ΑΕ*, reliqua igitur *ΑΗ* aequalis est reliquae *ΕΒ*. Itaque, quoniam *ΑΕ* aequemultiplex est ipsius *ΓΖ*, atque *ΑΗ* ipsius *ΖΔ*, estque *ΑΗ* aequalis *ΕΒ*; erit *ΑΕ* aequemultiplex ipsius *ΓΖ*, ac *ΕΒ* ipsius *ΖΔ*. Aeque multiplex autem ponitur *ΑΕ* ipsius *ΓΖ*, ac *ΑΒ* ipsius *ΓΔ*; ergo *ΕΒ* ipsius *ΖΔ* aequemultiplex est ac *ΑΒ* ipsius *ΓΔ*. Quare, si etc. Symbolice propositio ita exprimetur: si sint mA, mB quaecunque aequemultipla magnitudinum A, B, quarum $A>B$, erit etiam mA $-$mB idem multiplum magnitudinis $A-B$, nempe erit mA $-$mB $=$ m$.(A-B)$.

Sit enim primum (Fig. 316. a.) HB ipsi E aequalis; dico et $\Theta\Delta$ ipsi Z aequalem esse. Ponatur enim ipsi Z aequalis ΓK.

Et quoniam aeque multiplex est AH ipsius E ac $\Gamma\Theta$ ipsius Z, aequalis autem HB ipsi E, $K\Gamma$ vero ipsi Z; aeque igitur multiplex est AB ipsius E ac $K\Theta$ ipsius Z. Aeque autem multiplex ponitur AB ipsius E ac $\Gamma\Delta$ ipsius Z; aeque igitur multiplex est $K\Theta$ ipsius Z ac $\Gamma\Delta$ ipsius Z. Et quoniam utraque ipsarum $K\Theta$, $\Gamma\Delta$ ipsius Z aeque multiplex est; aequalis igitur est $K\Theta$ ipsi $\Gamma\Delta$. Communis auferatur $\Gamma\Theta$; reliqua igitur $K\Gamma$ reliquae $\Theta\Delta$ aequalis est. Sed $K\Gamma$ ipsi Z est aequalis; et $\Theta\Delta$ igitur ipsi Z aequalis est. Quare si HB ipsi E aequalis est, et $\Theta\Delta$ aequalis erit ipsi Z.

PROPOSITIO VI.

Rob. Simson. observat, casus posterioris demonstrationem omissam esse in textu graeco, quum tamen in versione Campani ex arab. facta utriusque casus demonstratio habeatur. Id autem eo factum arbitratur, quod in mutilata Theonis editione libri quinti huius casus nulla occurrat applicatio. Eundem tamen casum adhiberi perfectiori V. Prop. 18. demonstrationi, cui soli etiam prior casus et V. 5. inserviat. Unde ipse et huius posterioris casus demonstrationem addidit. Ego autem putaverim, omissam esse in textu graeco, qui caeterum figuram posteriori casui inservientem in omnibus editionibus habet, casus posterioris demonstrationem eo tantum, quod sit demonstrationi casus prioris simillima. Si enim casu posteriore, quam multiplex est HB ipsius E, tam multiplex sumatur $K\Gamma$ ipsius Z, reliqua prorsus eodem modo procedunt ac in casu priore, adhibita V. 2. Caeterum utriusque casus communem demonstrationem hanc tradit Clavius. Quum ex hyp. magnitudines AB, $\Gamma\Delta$ ipsarum E, Z sint aequemulti-

Ὁμοίως δὴ δείξομεν ὅτι κἂν πολλαπλάσιον ᾖ τὸ ΗΒ τοῦ Ε, τοσαυταπλάσιον ἔσται καὶ τὸ ΘΔ τοῦ Ζ. Ἐὰν ἄρα δύο μεγέθη, καὶ τὰ ἑξῆς.

ΠΡΟΤΑΣΙΣ ζ.

Τὰ ἴσα πρὸς τὸ αὐτὸ τὸν αὐτὸν ἔχει λόγον, καὶ τὸ αὐτὸ πρὸς τὰ ἴσα.

Ἔστω ἴσα μεγέθη τὰ Α, Β, ἄλλο δέ τι ὃ ἔτυχε μέγεθος τὸ Γ· λέγω ὅτι ἑκάτερον τῶν Α, Β πρὸς τὸ Γ τὸν αὐτὸν ἔχει λόγον, καὶ τὸ Γ πρὸς ἑκάτερον τῶν Α, Β.

Εἰλήφθω γὰρ τῶν μὲν Α, Β ἰσάκις πολλαπλάσια τὰ Δ, Ε, τοῦ δὲ Γ ἄλλο ὃ ἔτυχε πολλαπλάσιον τὸ Ζ.

Ἐπεὶ οὖν ἰσάκις ἐστὶ πολλαπλάσιον τὸ Δ τοῦ Α καὶ τὸ Ε τοῦ Β, ἴσον δὲ τὸ Α τῷ Β· ἴσον ἄρα καὶ τὸ Δ τῷ Ε. Ἄλλο δὲ ὃ ἔτυχε τὸ Ζ τοῦ Γ πολλαπλάσιον· εἰ ἄρα ὑπερέχει τὸ Δ τοῦ Ζ, ὑπερέχει καὶ τὸ Ε τοῦ Ζ· καὶ εἰ ἴσον, ἴσον· καὶ εἰ ἔλαττον, ἔλαττον. Καί ἐστι τὰ μὲν Δ, Ε τῶν Α, Β ἰσάκις πολλαπλάσια, τὸ δὲ Ζ τοῦ Γ ἄλλο ὃ ἔτυχε πολλαπλάσιον· ἔστιν ἄρα ὡς τὸ Α πρὸς τὸ Γ, οὕτως τὸ Β πρὸς τὸ Γ.

Λέγω δὴ ὅτι καὶ τὸ Γ πρὸς ἑκάτερον τῶν Α, Β τὸν αὐτὸν ἔχει λόγον.

plices, erunt in *AB* tot magnitudines aequales ipsi *E*, quot in *ΓΔ* sunt aequales ipsi *Z*. Unde, si ex numero aequali magnitudinum, quae in *AB*, *ΓΔ* continentur, dematur numerus aequalis magnitudinem, quae in *AH*, *ΓΘ* sunt; remanebit in *HB* numerus magnitudinum ipsi *E* aequalium aequalis numero magnitudinum ipsi *Z* aequalium, quae in *ΔΘ* conti-

Similiter (Fig. 316. b.) ostendemus et si multiplex est *HB* ipsius *E*, aeque multiplicem fore et magnitudinem *ΘΔ* ipsius *Z*. Si igitur duae etc.

PROPOSITIO VII. (Fig. 317.)

Aequales magnitudines ad eadem eandem habent rationem, et eadem ad aequales.

Sint aequales magnitudines *A*, *B*, alia autem quaelibet magnitudo *Γ*; dico utramque ipsarum *A*, *B* ad *Γ* habere eandem rationem; et *Γ* ad utramque ipsarum *A*, *B*.

Sumantur enim ipsarum *A*, *B* aeque multiplices *Δ*, *E*, ipsius vero *Γ* alia utcunque multiplex *Z*.

Quoniam igitur aeque multiplex est *Δ* ipsius *A* ac *E* ipsius *B*, aequalis autem *A* ipsi *B*; aequalis igitur et *Δ* ipsi *E*. Alia vero *Z* ipsius *Γ* utcunque multiplex est; si igitur superat *Δ* ipsam *Z*, superat et *E* ipsam *Z*; et si aequalis, aequalis; et si minor, minor. Et sunt quidem *Δ*, *E* ipsarum *A*, *B* aeque multiplices, ipsa vero *Z* ipsius *Γ* alia utcunque multiplex est; est igitur ut *A* ad *Γ*, ita *B* ad *Γ* (V. Def. 5.).

Dico autem et *Γ* ad utramque ipsarum *A*, *B* eandem habere rationem.

nentur i. e. si $HB = E$, erit etiam $\Delta\Theta = Z$: sin autem *HB* sit multiplex ipsius *E*, erit etiam $\Delta\Theta$ aequemultiplex ipsius *Z*. Symbolice propositio haec ita exhibetur: si sit $A = pL$, $B = qL$; et $E = pM$, $F = qM$, p, q denotantibus numeros integros quoscunque, quorum prior p maior altero q: erit tam $A - B = (p-q)L$, quam $E - F = (p-q)M$, speciatim tam $A - B = L$

Τῶν γὰρ αὐτῶν κατασκευασθέντων ὁμοίως δὴ δείξομεν ὅτι ἴσον ἐστὶ τὸ Δ τῷ Ε· ἄλλο δέ τι τὸ Ζ· εἰ ἄρα ὑπερέχει τὸ Ζ τοῦ Δ, ὑπερέχει καὶ τοῦ Ε· καὶ εἰ ἴσον, ἴσον· καὶ εἰ ἔλαττον, ἔλαττον. Καί ἐστι τὸ μὲν Ζ τοῦ Γ πολλαπλάσιον, τὰ δὲ Δ, Ε τῶν Α, Β ἄλλα ἃ ἔτυχεν ἰσάκις πολλαπλάσια· ἔστιν ἄρα ὡς τὸ Γ πρὸς τὸ Α, οὕτως τὸ Γ πρὸς τὸ Β. Τὰ ἴσα ἄρα, καὶ τὰ ἑξῆς [1]).

ΠΡΟΤΑΣΙΣ η.

Τῶν ἀνίσων μεγεθῶν, τὸ μεῖζον πρὸς τὸ αὐτὸ μείζονα λόγον ἔχει ἤπερ τὸ ἔλαττον· καὶ τὸ αὐτὸ πρὸς τὸ ἔλαττον μείζονα λόγον ἔχει ἤπερ πρὸς τὸ μεῖζον.

Ἔστω ἄνισα μεγέθη τὰ ΑΒ, Γ, καὶ ἔστω μεῖζον τὸ ΑΒ, ἄλλο δὲ ὃ ἔτυχε τὸ Δ· λέγω ὅτι τὸ ΑΒ πρὸς τὸ Δ μείζονα λόγον ἔχει ἤπερ τὸ Γ πρὸς τὸ Δ, καὶ τὸ Δ πρὸς τὸ Γ μείζονα λόγον ἔχει ἤπερ πρὸς τὸ ΑΒ.

Ἐπεὶ γὰρ μεῖζόν ἐστι τὸ ΑΒ τοῦ Γ, κείσθω τῷ Γ ἴσον τὸ ΒΕ, τὸ δὴ ἔλασσον τῶν ΑΕ, ΕΒ πολλαπλασιαζόμενον ἔσται ποτὲ τοῦ Δ μεῖζον. Ἔστω πρότερον τὸ ΑΕ ἔλαττον τοῦ ΕΒ, καὶ πεπολλαπλασιάσθω τὸ ΑΕ, καὶ ἔστω αὐτοῦ πολλαπλάσιον τὸ ΖΗ μεῖζον ὂν τοῦ Δ, καὶ ὁσαπλάσιόν ἐστι τὸ ΖΗ τοῦ

1) Codex a. hic addit: *Πόρισμα. Ἐκ δὴ τούτου φανερὸν, ὅτι ἐὰν μεγέθη τινὰ ἀνάλογον ᾖ, καὶ ἀναπάλιν ἀνάλογον ἔσται. Ὅπερ ἔδει δεῖξαι.* At hoc Corollarium, quod idem dicit, quod Rob. Simsonis Prop. B. V. minime ex praecedente propositioni consequitur: indicare tamen hanc lectionem voluimus.

quam E—F=M, si fuerit p—q=1, seu p=q+1. Cf. Pfleiderer. l. c. p. 4. 5. Post hanc propositionem Rob. Simson.

Iisdem enim constructis, similiter ostendemus, aequalem esse Δ ipsi E; alia vero quaedam est Z: si igitur superat Z ipsam Δ, superat Z et ipsam E; et si aequalis, aequalis; et si minor minor. Et est Z quidem ipsius Γ multiplex; ipsae autem Δ, E ipsarum A, B aliae utcunque aeque multiplices; est igitur ut Γ ad A, ita Γ ad B (V. Def. 5.). Aequales igitur etc.

PROPOSITIO VIII. (Fig. 318. a. b.)

Inaequalium magnitudinum, maior ad eandem maiorem rationem habet quam minor; et eadem ad minorem maiorem rationem habet quam ad maiorem.

Sint inaequales magnitudines AB, Γ, et sit maior AB, alia vero utcunque Δ; dico AB ad Δ maiorem rationem habere quam Γ ad Δ, et Δ ad Γ maiorem rationem habere quam ad AB.

Quoniam enim maior est AB ipsa Γ, ponatur ipsi Γ aequalis BE (I. 3.), minor ipsarum AE, EB multiplicata erit aliquando ipsa Δ maior (V. Def. 4.). Sit primum AE minor ipsa EB, et multiplicetur AE, et sit ipsius multiplex ZH maior ipsa Δ, et quam multiplex est ZH ipsius AE, tam multiplex fiat et

addit propositiones A, B, C, D, quas vide in Excursu ad hunc librum.

PROPOSITIO VII.

Cor. Eodem modo ostenditur, aequalia ad aequalia eandem rationem habere.

AE, τοσαυταπλάσιον γεγονέτω καὶ τὸ μὲν $H\Theta$ τοῦ EB, τὸ δὲ K τοῦ Γ· καὶ εἰλήφθω τοῦ Δ διπλάσιον μὲν τὸ Λ, τριπλάσιον δὲ τὸ M, καὶ ἑξῆς ἑνὶ πλεῖον ἕως οὗ τὸ λαμβανόμενον πολλαπλάσιον μὲν γένηται τοῦ Δ, πρώτως δὲ μεῖζον τοῦ K. Εἰλήφθω, καὶ ἔστω τὸ N τετραπλάσιον μὲν τοῦ Δ, πρώτως δὲ μεῖζον τοῦ K.

Ἐπεὶ οὖν τὸ K τοῦ N πρώτως ἐστὶν ἔλαττον, τὸ K ἄρα τοῦ M οὐκ ἔστιν ἔλαττον. Καὶ ἐπεὶ ἰσάκις ἐστὶ πολλαπλάσιον τὸ ZH τοῦ AE καὶ τὸ $H\Theta$ τοῦ EB, ἰσάκις ἄρα ἐστὶ πολλαπλάσιον τὸ ZH τοῦ AE καὶ τὸ $Z\Theta$ τοῦ AB. Ἰσάκις δέ ἐστι πολλαπλάσιον τὸ ZH τοῦ AE καὶ τὸ K τοῦ Γ. Ἰσάκις ἄρα ἐστὶ πολλαπλάσιον τὸ $Z\Theta$ τοῦ AB, καὶ τὸ K τοῦ Γ· τὰ $Z\Theta$, K ἄρα τῶν AB, Γ ἰσάκις ἐστὶ πολλαπλάσια. Πάλιν, ἐπεὶ ἰσάκις ἐστὶ πολλαπλάσιον τὸ $H\Theta$ τοῦ EB καὶ τὸ K τοῦ Γ, ἴσον δὲ τὸ EB τῷ Γ· ἴσον ἄρα καὶ τὸ K τῷ $H\Theta$. Τὸ δὲ K τοῦ M οὐκ ἔστιν ἔλαττον· οὐδ' ἄρα τὸ $H\Theta$ τοῦ M ἔλαττόν ἐστιν. Μεῖζον δὲ τὸ ZH τοῦ Δ· ὅλον ἄρα τὸ $Z\Theta$ συναμφοτέρων τῶν Δ, M μεῖζόν ἐστιν. Ἀλλὰ συναμφότερα τὰ Δ, M τῷ N ἐστὶν ἴσα· (ἐπειδήπερ τὸ M τοῦ Δ τριπλάσιόν ἐστι, συναμφότερα δὲ τὰ Δ, M τοῦ Δ ἐστὶ τετραπλάσια, ἔστι δὲ καὶ τὸ N τοῦ Δ τετραπλάσιον· συναμφότερα ἄρα τὰ M, Δ τῷ N ἴσα ἐστίν. Ἀλλὰ τὸ $Z\Theta$ τῶν Δ, M μεῖζόν ἐστιν [1])· τὸ $Z\Theta$ ἄρα τοῦ N

1) Quae uncis inclusimus e Cod. a. Peyrardus addidit. Poterant tamen egregie abesse, aut certe saltim usque ad vocem τετραπλάσιον illustrationis caussa adiici.

PROPOSITIO VIII.

Rob. Simson. in nota ad hanc propositionem primo ex-

HΘ ipsius *EB*, ipsa vero *K* ipsius *Γ*; et sumatur ipsius *Δ* dupla quidem *Λ*, tripla vero M, et deinceps una maior, quoad sumpta multiplex fiat ipsius *Δ* et primo maior ipsa *K*. Sumatur, et si N quadrupla ipsius *Δ*, et primo maior ipsa K.

Quoniam igitur *K* primo minor est quam *N*, non erit *K* ipsa *M* minor. Et quoniam aeque multiplex est *ZH* ipsius *AE* ac *HΘ* ipsius *EB*, aeque igitur multiplex est *ZH* ipsius *AE* ac *ZΘ* ipsius *AB* (V. 1.). Aeque autem multiplex est *ZH* ipsius *AE* ac *K* ipsius *Γ*; aeque igitur multiplex est *ZΘ* ipsius *AB* ac *K* ipsius *Γ*; ipsae *ZΘ*, *K* igitur ipsarum *AB*, *Γ* aeque multiplices sunt. Rursus, quoniam aeque est multiplex *HΘ* ipsius *EB* ac *K* ipsius *Γ*, *EB* autem aequalis *Γ*; aequalis igitur et *K* ipsi *HΘ*. Sed *K* ipsa M non est minor; non igitur est *HΘ* minor quam *M*. Maior autem *ZH* ipsa *Δ*; tota igitur *ZΘ* utrisque simul *Δ*, *M* maior est. Sed utraeque simul *Δ*, *M* ipsi *N* sunt aequales, (quandoquidem *M* ipsius *Δ* est tripla, utraeque autem simul *Δ*, *M* ipsius *Δ* sunt quadruplae, est vero et *N* ipsius *Δ* quadrupla, utraeque simul igitur *M*, *Δ* ipsi *N* aequales sunt. Sed *ZΘ* ipsis *Δ*, *M* maior est); *ZΘ* igitur ipsam *N* superat. *K* vero ipsam *N* non superat. Et sunt *ZΘ*,

plicat, cur demonstratio in textu graeco obvia non eadem constructione pro utroque casu, quem habet, uti potuerit; iure deinde illud potissimum ineptum esse dicit, quod utroque casu magnitudo *K* demonstrationi inserta sit, quae nulli alii rei inserviat, nisi ut demonstratio prolixior fiat. Denique ad-

ὑπερέχει, τὸ δὲ Κ τοῦ Ν οὐχ ὑπερέχει. Καί ἐστι τὰ μὲν ΖΘ, Κ τῶν ΑΒ, Γ ἰσάκις πολλαπλάσια, τὸ δὲ Ν τοῦ Δ ἄλλο ὃ ἔτυχε πολλαπλάσιον· τὸ ΑΒ ἄρα πρὸς τὸ Δ μείζονα λόγον ἔχει ἤπερ τὸ Γ πρὸς τὸ Δ.

Λέγω δὴ ὅτι καὶ τὸ Δ πρὸς τὸ Γ μείζονα λόγον ἔχει, ἤπερ τὸ Δ πρὸς τὸ ΑΒ.

Τῶν γὰρ αὐτῶν κατασκευασθέντων, ὁμοίως δείξομεν, ὅτι τὸ μὲν Ν τοῦ Κ ὑπερέχει, τὸ δὲ Ν τοῦ ΖΘ οὐχ ὑπερέχει. Καί ἐστι τὸ μὲν Ν τοῦ Δ πολλαπλάσιον, τὰ δὲ ΖΘ, Κ τῶν ΑΒ, Γ ἄλλα ἃ ἔτυχεν ἰσάκις πολλαπλάσια· τὸ Δ ἄρα πρὸς τὸ Γ μείζονα λόγον ἔχει, ἤπερ τὸ Δ πρὸς τὸ ΑΒ.

Ἀλλὰ δὴ τὸ ΑΕ τοῦ ΕΒ μεῖζον ἔστω· τὸ δὴ ἔλαττον τὸ ΕΒ πολλαπλασιαζόμενον ἔσται ποτὲ τοῦ Δ μεῖζον. Πεπολλαπλασιάσθω, καὶ ἔστω τὸ ΗΘ πολλαπλάσιον μὲν τοῦ ΕΒ, μεῖζον δὲ τοῦ Δ· καὶ ὁσαπλάσιόν ἐστι τὸ ΗΘ τοῦ ΕΒ, τοσαυταπλάσιον γεγονέτω καὶ τὸ μὲν ΖΗ τοῦ ΑΕ, τὸ δὲ Κ τοῦ Γ. Ὁμοίως δὴ δείξομεν ὅτι τὰ ΖΘ, Κ τῶν ΑΒ, Γ ἰσάκις ἐστὶ πολλαπλάσια. Καὶ εἰλήφθω ὁμοίως τὸ Ν πολλαπλάσιον μὲν τοῦ Δ, πρώτως δὲ μεῖζον τοῦ ΖΗ· ὥστε πάλιν τὸ ΖΗ τοῦ Μ μὴ ἔλασσον εἶναι, μεῖζον δὲ τὸ ΗΘ τοῦ Δ· ὅλον ἄρα τὸ ΖΘ τῶν Δ, Μ τουτέστι τοῦ Ν ὑπερέχει, τὸ δὲ Κ τοῦ Ν οὐχ ὑπερέχει.

dit, esse etiam tertium casum specialem, cuius mentio non facta sit in demonstratione, nempe si *AE* in primo, aut *EB* in secundo casu maior sit quam *Δ*, in quo sumendae sint quaevis ipsius *AE* et *EB* aequemultiplices, v. c. duplae ipsarum. (Quin deest etiam alius adhuc casus generalis. Casus enim, quos graecus textus habet, sunt 1) si $AE < EB$ 2) si $AE > EB$. At potest etiam esse 3) $AE = EB$.) Ex his omnibus Simson. concludit, Theonem aut alium geometriae non

K ipsarum *AB*, *Γ* aeque multiplices, *N* vero ipsius *Δ* alia utcunque multiplex; *AB* igitur ad *Δ* maiorem rationem habet quam *Γ* ad *Δ* (V. Def. 7.).

Dico autem et *Δ* ad *Γ* maiorem rationem habere, quam *Δ* ad *AB*.

Iisdem enim constructis, similiter ostendemus, *N* superare *K*, ipsam vero *ZΘ* non superare. Et est *N* quidem ipsius *Δ* multiplex, et *ZΘ*, *K* ipsarum *AB*, *Γ* aliae utcunque aeque multiplices; *Δ* igitur ad *Γ* maiorem rationem habet quam *Δ* ad *AB* (V. Def. 7.).

Sed sit *AE* maior ipsa *EB*; minor *EB* multiplicata, erit aliquando ipsa *Δ* maior. Multiplicetur, et sit *HΘ* multiplex ipsius *EB*, maior vero ipsa *Δ*; et quam multiplex est *HΘ* ipsius *EB*, tam multiplex fiat *ZH* ipsius *AE* et *K* ipsius *Γ*. Similiter ostendemus *ZΘ*, *K* ipsarum *AB*, *Γ* aeque multiplices esse. Et sumatur similiter *N* multiplex ipsius *Δ*, primo autem maior ipsa *ZH*; quare rursus *ZH* ipsa *N* non minor erit, maior autem *HΘ* ipsa *Δ*; tota igitur *ZΘ* ipsas *Δ*, *M*, hoc est *N* superat, *K* vero ipsam *N* non superat, quandoquidem *ZH* quae maior est ipsa *HΘ*, hoc est ipsa *K*, non superat *N*. Et

satis peritum propositionem hanc vitiasse. Quamvis autem haec Simsonis reprehensio satis iusta esse videatur, et facile esset, superfluam illam magnitudinem *K* e demonstratione eliminare, noluimus tamen e mera coniectura textum corrigere. Caeterum Rob. Simsonis demonstratio simplicior omnino est, et omnes casus simul complectitur. Ea symbolice expressa ita habet: si A > B, erit A : C > B : C, et C : B > C : A. Nempe, si magnitudinum (A—B), B, ea: quae non maior est altera,

ἐπειδήπερ καὶ τὸ ΖΗ μεῖζον ὂν τοῦ ΗΘ, τουτέστι τὸ Κ, τοῦ Ν οὐχ ὑπερέχει. Καὶ ὡσαύτως κατακολουθοῦντες τοῖς ἐπάνω περαίνομεν τὴν ἀπόδειξιν. Τῶν ἄρα ἀνίσων, καὶ τὰ ἑξῆς.

ΠΡΟΤΑΣΙΣ θ'.

Τὰ πρὸς τὸ αὐτὸ τὸν αὐτὸν ἔχοντα λόγον, ἴσα ἀλλήλοις ἐστί· καὶ πρὸς ἃ τὸ αὐτὸ τὸν αὐτὸν ἔχει λόγον, ἐκεῖνα ἴσα ἀλλήλοις ἐστίν.

Ἐχέτω γὰρ ἑκάτερον τῶν Α, Β πρὸς τὸ Γ τὸν αὐτὸν λόγον· λέγω ὅτι ἴσον ἐστὶ τὸ Α τῷ Β.

Εἰ γὰρ μή, οὐκ ἂν ἑκάτερον τῶν Α, Β πρὸς τὸ Γ τὸν αὐτὸν εἶχε λόγον· ἔχει δέ· ἴσον ἄρα ἐστὶ τὸ Α τῷ Β.

Ἐχέτω δὴ πάλιν τὸ Γ πρὸς ἑκάτερον τῶν Α, Β τὸν αὐτὸν λόγον· λέγω ὅτι ἴσον ἐστὶ τὸ Α τῷ Β.

---

sit $\geqq C$, sumantur $2(A-B)$, et $2B$, vel generaliter $m(A-B)$, mB: sin autem magnitudinum $(A-B)$, B ea, quae non maior est altera, sit $<C$, sive ea sit $(A-B$, sive B; erit aliquando aliquod eius multiplum m maius quam C, nempe vel $m(A-B)>C$, vel $mB>C$. Et quum multiplum m eius, quae non maior est altera, ponamus $>C$, erit idem multiplum alterius tanto magis pariter $>C$, i. e. erit *semper* tam $m(A-B)>C$, quam $mB>C$. Sit deinde omnibus casibus nC illud multiplum magnitudinis C, quod *primo* maius est quam mB, nempe sit $nC>mB$, at $(n-1)C\leqq mB$, vel $mB\geqq(n-1)C$, erit, ob $m(A-B)>C$, $n.(A-B)+mB>nC$ i. e. $mA>nC$. Quum itaque $mA>nC$, at $mB<nC$, erit ex V. Def. 7. $A:C>B:C$, et $C:B>C:A$.

similiter ut in iis, quae ante diximus, absolvemus demonstrationem. Ergo inaequalium etc.

PROPOSITIO IX. (Fig. 319.)

Quae ad eandem eandem habent rationem, aequales inter se sunt; et ad quas eadem eandem habet rationem, illae aequales inter se sunt.

Habeat enim utraque ipsarum *A*, *B* ad *Γ* eandem rationem, dico aequalem esse *A* ipsi *B*.

Si enim non, non utraque ipsarum *A*, *B* ad *Γ* eandem haberet rationem (V. 8.), habet autem; aequalis igitur est *A* ipsi B.

Habeat autem rursus *Γ* ad utramque *A*, *B* eandem rationem; dico aequalem esse *A* ipsi *B*.

PROPOSITIO IX.

Magis explicite hanc propositionem Rob. Simson., et ad eius exemplum Playfair. ita fere demonstrat. 1) Si A : C = B : C, erit A = B. Si enim non fuerit A = B, erit alterutra earum maior altera v. c. A > B. At tum, ut in propositione praecedente, duo numeri m, n possunt inveniri, ita ut mA > nC, at mB < nC. Quum vero ponatur A : C = B : C, erit (V. Def. 5.), quoties mA > nC, etiam mB > nC. Erit itaque simul mB > nC, et mB < nC, quod fieri nequit. Nequit itaque esse A > B, et similiter nec B > A, itaque A = B. Pariter si C : A = C : B, vel simili ratione immediate demonstrabitur, ut Nr. 1. esse A = B, quod Rob. Simson. fecit, vel, ut Playfair. docuit, ope inversionis ex Prop. B (vid. Exc. ad hunc librum) concluderur A : C = B : C, unde res redit ad Nr. 1.

Εἰ γὰρ μὴ, οὐκ ἂν τὸ Γ πρὸς ἑκάτερον τῶν Α, Β τὸν αὐτὸν εἶχε λόγον· ἔχει δέ· ἴσον ἄρα ἐστὶ τὸ Α τῷ Β. Τὰ ἄρα πρὸς τὸ αὐτὸ καὶ τὰ ἑξῆς.

ΠΡΟΤΑΣΙΣ ι.

Τῶν πρὸς τὸ αὐτὸ λόγον ἐχόντων, τὸ τὸν μείζονα λόγον ἔχον, ἐκεῖνο μεῖζόν ἐστιν. Πρὸς ὃ δὲ τὸ αὐτὸ μείζονα λόγον ἔχει, ἐκεῖνο ἔλαττόν ἐστιν.

Ἐχέτω γὰρ τὸ Α πρὸς τὸ Γ μείζονα λόγον, ἤπερ τὸ Β πρὸς τὸ Γ· λέγω ὅτι μεῖζόν ἐστι τὸ Α τοῦ Β.

Εἰ γὰρ μὴ, ἤτοι ἴσον ἐστὶ τὸ Α τῷ Β, ἢ ἔλασσον. Ἴσον μὲν οὖν οὐκ ἔστι τὸ Α τῷ Β, ἑκάτερον γὰρ ἂν τῶν Α, Β πρὸς τὸ Γ τὸν αὐτὸν εἶχε λόγον. Οὐκ ἔχει δὲ, οὐκ ἄρα ἴσον ἐστὶ τὸ Α τῷ Β. Οὐδὲ μὴν ἔλασσόν ἐστι τὸ Α τοῦ Β, τὸ Α γὰρ ἂν πρὸς τὸ Γ τὸν ἐλάσσονα εἶχε λόγον ἤπερ τὸ Β πρὸς τὸ Γ. Οὐκ ἔχει δὲ, οὐκ ἄρα ἔλασσόν ἐστι τὸ Α τοῦ Β. Ἐδείχθη δὲ ὅτι οὐδὲ ἴσον, μεῖζον ἄρα ἐστὶ τὸ Α τοῦ Β.

Ἐχέτω δὴ πάλιν τὸ Γ πρὸς τὸ Β μείζονα λόγον ἤπερ τὸ Γ πρὸς τὸ Α· λέγω ὅτι ἔλασσόν ἐστι τὸ Β τοῦ Α.

Εἰ γὰρ μὴ, ἤτοι ἴσον ἐστὶν, ἢ μεῖζον. Ἴσον μὲν οὖν οὐκ ἔστι τὸ Β τῷ Α, τὸ Γ γὰρ ἂν πρὸς ἑκάτερον τῶν Α, Β τὸν αὐτὸν εἶχε λόγον. Οὐκ ἔχει δὲ, οὐκ ἄρα ἴσον ἐστὶ τὸ Α τῷ Β. Οὐ δὲ μὴν μεῖζόν ἐστι τὸ Β τοῦ Α, τὸ Γ γὰρ ἂν πρὸς τὸ Β ἐλάσσονα

PROPOSITIO X.

Rob. Simson. ad hanc propositionem observat: „Ea, quae huius propositionis demonstratio exhibetur, in editionibus graecis et latinis aliisque, legitima non est. Verba enim:

Si enim non, non Γ ad utramque ipsarum A, B eandem haberet rationem (V. 8.); habet autem; aequalis igitur est A ipsi B. Quae igitur ad eandem etc.

PROPOSITIO X. (Fig. 320.)

Magnitudinum ad eandem rationem habentium, quae maiorem rationem habet, maior est; ad quam autem eadem maiorem rationem habet, minor est.

Habeat enim A ad Γ maiorem rationem, quam B ad Γ; dico maiorem esse A ipsa B.

Si enim non, vel aequalis est A ipsi B, vel minor. Aequalis autem non est A ipsi B, utraque enim ipsarum A, B ad Γ eandem haberet rationem (V. 7.). Non habet vero; non igitur aequalis est A ipsi B. Sed neque minor est A ipsa B, nam A ad Γ minorem haberet rationem quam B ad Γ (V. 8.). Non habet autem, non igitur minor est A ipsa B. Ostensa autem est neque aequalis, maior igitur est A ipsa B.

Habeat autem rursus Γ ad B maiorem rationem quam Γ ad A; dico minorem esse B ipsa A.

Si enim non, vel aequalis est, vel maior. Aequalis quidem non est B ipsi A, nam Γ ad utramque ipsarum A, B eandem haberet rationem (V. 7.). Non habet vero, non igitur aequalis est A ipsi B. Sed neque maior est B ipsa A, nam Γ ad B minorem ra-

maior eadem sive *aequalis*, *minor* de magnitudinibus et rationibus diverso prorsus sensu dicuntur, ut ex Def. 5. et 7. huius libri patet. Ope igitur harum examinemus demonstrationem propositionis decimae, in qua vis ratiocinii haec est: si

λόγον εἶχεν ἤπερ πρὸς τὸ Α. Οὐκ ἔχει δὲ, οὐκ ἄρα μεῖζόν ἐστι τὸ Β τοῦ Α. Ἐδείχθη δὲ ὅτι οὐδὲ ἴσον, ἔλασσον ἄρα ἐστὶ τὸ Β τοῦ Α. Τῶν ἄρα πρὸς τὸ αὐτὸ, καὶ τὰ ἑξῆς.

ΠΡΟΤΑΣΙΣ ιά.

Οἱ τῷ αὐτῷ λόγοι οἱ αὐτοὶ, καὶ ἀλλήλοις εἰσὶν οἱ αὐτοί.

Ἔστωσαν γὰρ ὡς μὲν τὸ Α πρὸς τὸ Β οὕτως τὸ Γ πρὸς τὸ Δ, ὡς δὲ τὸ Γ πρὸς τὸ Δ οὕτως τὸ Ε πρὸς τὸ Ζ· λέγω ὅτι ἐστὶν ὡς τὸ Α πρὸς τὸ Β οὕτως τὸ Ε πρὸς τὸ Ζ.

Εἰλήφθω γὰρ τῶν μὲν Α, Γ, Ε ἰσάκις πολλαπλάσια τὰ Η, Θ, Κ, τῶν Β, Δ, Ζ ἄλλα ἃ ἔτυχεν ἰσάκις πολλαπλάσια τὰ Λ, Μ, Ν.

Καὶ ἐπεί ἐστιν ὡς τὸ Α πρὸς τὸ Β οὕτως τὸ Γ πρὸς τὸ Δ, καὶ εἴληπται τῶν μὲν Α, Γ ἰσάκις πολλαπλάσια τὰ Η, Θ, τῶν δὲ Β, Δ ἄλλα ἃ ἔτυχεν ἰσάκις πολλαπλάσια τὰ Λ, Μ· εἰ ἄρα ὑπερέχει τὸ Η τοῦ Λ, ὑπερέχει καὶ τὸ Θ τοῦ Μ· καὶ εἰ ἴσον, ἴσον· καὶ εἰ ἔλαττον, ἔλαττον. Πάλιν, ἐπεί ἐστιν ὡς τὸ Γ πρὸς τὸ Δ οὕτως τὸ Ε πρὸς τὸ Ζ, καὶ εἴληπται τῶν μὲν Γ, Ε ἰσάκις πολλαπλάσια τὰ Θ, Κ, τῶν δὲ Δ,

fuerit $A=B$, foret $A:\Gamma=B:\Gamma$, unde sumtis ipsarum A, B quibuscunque aequemultiplicibus, et sumta quavis multiplici ipsius Γ, si multiplex ipsius A maior fuerit multiplici ipsius Γ, erit (V. Def. 5.) multiplex ipsius B maior eadem multiplici ipsius Γ. Sed, quoniam ex hypothesi $A:\Gamma>B:\Gamma$, erunt ex V. Def. 7. quaedam ipsarum A, B aequemultiplices, et quaedam multiplex ipsius Γ tales, ut multiplex ipsius A maior sit multiplici ipsius Γ, at multiplex ipsius B non maior sit multiplici ipsius Γ: haec autem propositio directe repugnat

tionem haberet quam ad *A* (V. 8.). Non habet vero, non igitur maior est *B* ipsa *A*. Ostensa autem est neque aequalis, minor igitur est *B* ipsa *A*. Ipsarum igitur ad eandem etc.

PROPOSITIO XI. (Fig. 321.)

Quae eidem eaedem sunt rationes, et inter se sunt eaedem.

Sint enim ut *A* ad *B* ita *Γ* ad *Δ*, ut vero *Γ* ad *Δ*, ita *E* ad *Z*; dico esse ut *A* ad *B* ita *E* ad *Z*.

Sumantur enim ipsarum *A*, *Γ*, *E* aeque multiplices *H*, *Θ*, *K*, ipsarum vero *B*, *Δ*, *Z* aliae utcunque aeque multiplices *Λ*, *M*, *N*.

Et quoniam est ut *A* ad *B* ita *Γ* ad *Δ*, et sumptae sunt ipsarum *A*, *Γ* aeque multiplices *H*, *Θ*, ipsarum vero *B*, *Δ* aliae utcunque aeque multiplices *Λ*, *M*; si *H* superat ipsam *Λ*, superat et *Θ* ipsam *M*; et si aequalis, aequalis, et si minor, minor (V. Def. 5.). Rursus, quoniam est ut *Γ* ad *Δ* ita *E* ad *Z*, et sumptae sunt ipsarum *Γ*, *E* aeque multiplices *Θ*, *K*, ipsarum vero *Δ*, *Z* aliae utcunque aeque multiplices *M*,

praecedenti, quare *A* non est aequalis *B*. Pergit demonstratio „sed neque minor est *A* quam *B*, haberet enim *A* ad *Γ* minorem rationem, quam *B*: atqui non habet minorem, non igitur *A* minor est quam *B*.“ Hic dicitur: haberet *A* ad *Γ* minorem rationem quam *B* ad *Γ*, sive, quod idem est, haberet B ad *Γ* maiorem rationem quam *A* ad *Γ*, hoc est (V. Def. 7.) forent quaedam ipsarum *B*, *A* aequemultiplices, et quaedam ipsius *Γ* multiplex talis, ut multiplex ipsius *B* maior sit multiplici ipsius *Γ*, at multiplex ipsius *A* non maior sit

Ζ ἄλλα ἃ ἔτυχεν ἰσάκις πολλαπλάσια τὰ Μ, Ν· εἰ ἄρα ὑπερέχει τὸ Θ τοῦ Μ, ὑπερέχει καὶ τὸ Κ τοῦ Ν· καὶ εἰ ἴσον, ἴσον· καὶ εἰ ἔλασσον, ἔλασσον. Ἀλλὰ εἰ ὑπερέχει τὸ Θ τοῦ Μ, ὑπερέχει καὶ τὸ Η τοῦ Λ· καὶ εἰ ἴσον, ἴσον· καὶ εἰ ἔλαττον, ἔλαττον· ὥστε καὶ εἰ ὑπερέχει τὸ Η τοῦ Λ, ὑπερέχει καὶ τὸ Κ τοῦ Ν· καὶ εἰ ἴσον, ἴσον· καὶ εἰ ἔλαττον, ἔλαττον. Καί ἐστι τὰ μὲν Η, Κ τῶν Α, Ε ἰσάκις πολλαπλάσια, τὰ δὲ Λ, Ν τῶν Β, Ζ ἄλλα ἃ ἔτυχεν ἰσάκις πολλαπλάσια· ἔστιν ἄρα ὡς τὸ Α πρὸς τὸ Β οὕτως τὸ Ε πρὸς τὸ Ζ. Οἱ ἄρα τῷ αὐτῷ, καὶ τὰ ἑξῆς.

ΠΡΟΤΑΣΙΣ ιβ'.

Ἐὰν ᾖ ὁποσαοῦν μεγέθη ἀνάλογον· ἔσται ὡς ἓν τῶν ἡγουμένων πρὸς ἓν τῶν ἑπομένων, οὕτως ἅπαντα τὰ ἡγούμενα πρὸς ἅπαντα τὰ ἑπόμενα.

Ἔστωσαν ὁποσαοῦν μεγέθη ἀνάλογον, τὰ Α, Β, Γ, Δ, Ε, Ζ, ὡς τὸ Α πρὸς τὸ Β οὕτως τὸ Γ πρὸς τὸ Δ καὶ τὸ Ε πρὸς τὸ Ζ· λέγω ὅτι ἐστὶν ὡς τὸ Α πρὸς τὸ Β οὕτως τὰ Α, Γ, Ε πρὸς τὰ Β, Δ, Ζ.

Εἰλήφθω γὰρ τῶν μὲν Α, Γ, Ε ἰσάκις πολλαπλάσια τὰ Η, Θ, Κ, τῶν δὲ Β, Δ, Ζ ἄλλα ἃ ἔτυχεν ἰσάκις πολλαπλάσια τὰ Λ, Μ, Ν.

multiplici ipsius Γ, et ostendendum fuit, hoc *nunquam* contingere posse, si sit $A:\Gamma > B:\Gamma$; demonstrandum igitur fuit, in hoc casu multiplicem ipsius A *semper* superare multiplicem ipsius Γ, si aequemultiplex ipsius B eandem superet; hoc enim ostenso, manifestum esset, non posse esse $B:\Gamma > A:\Gamma$, h. e. non posse esse $A:\Gamma < B:\Gamma$. Minime autem hoc ostensum est in demonstratione propositionis decimae, sed, si decima demonstrata esset, immediate ex ea deduci posset, verum sine eius ope non facile idem ostendetur, ut demonstrationem ten-

N; si superat Θ ipsam M, superat et K ipsam N; et si aequalis, aequalis; et si minor, minor (V. Def. 5.). Sed si superat Θ ipsam M, superat et H ipsam Λ; et si aequalis, aequalis; et si minor, minor; quare et si superat H ipsam Λ, superat et K ipsam N; et si aequalis, aequalis; et si minor, minor. Et sunt H, K ipsarum A, E aeque multiplices, Λ, N vero ipsarum B, Z aliae utcunque aeque multiplices; est igitur ut A ad B ita E ad Z (V. Def. 5.). Ergo eidem etc.

PROPOSITIO XII. (Fig. 322.)

Si sint quotcunque magnitudines proportionales, erit ut una antecedentium ad unam consequentium, ita omnes antecedentes ad omnes consequentes.

Sint quotcunque magnitudines proportionales A, B, Γ, Δ, E, Z, ut A ad B ita Γ ad Δ, et E ad Z; dico esse ut A ad B ita A, Γ, E ad ipsas B, Δ, Z.

Sumantur enim ipsarum A, Γ, E aeque multiplices H, Θ, K, ipsarum vero B, Δ, Z aliae utcunque aeque multiplices Λ, M, N.

tanti patebit. Quare demonstratio decimae legitima non est. Videtur autem is, qui demonstrationem decimae, quae iam habetur, posuit vice eius, quam Euclides vel Eudoxus dederat, deceptus fuisse transferendo id, quod manifestum est magnitudinibus ad rationes, magnitudinem sc. quamvis non posse simul maiorem et minorem esse alia. Quae eidem aequalia, et inter se sunt aequalia, axioma est maxime evidens, si de magnitudinibus intelligatur, Euclides autem eo non utitur ad ostendendum, rationes, quae eidem rationi sunt eaedem, inter

Καὶ ἐπεί ἐστιν ὡς τὸ Α πρὸς τὸ Β οὕτως τὸ Γ πρὸς τὸ Δ καὶ τὸ Ε πρὸς τὸ Ζ, καὶ εἴληπται τῶν μὲν Α, Γ, Ε ἰσάκις πολλαπλάσια τὰ Η, Θ, Κ, τῶν δὲ Β, Δ, Ζ ἄλλα ἃ ἔτυχεν ἰσάκις πολλαπλάσια τὰ Λ, Μ, Ν· εἰ ἄρα ὑπερέχει τὸ Η τοῦ Λ, ὑπερέχει καὶ τὸ Θ τοῦ Μ, καὶ τὸ Κ τοῦ Ν· καὶ εἰ ἴσον, ἴσον· καὶ εἰ ἔλασσον, ἔλασσον. Ὥςτε καὶ εἰ ὑπερέχει τὸ Η τοῦ Λ, ὑπερέχει καὶ τὰ Η, Θ, Κ τῶν Λ, Μ, Ν· καὶ εἰ ἴσον, ἴσα· καὶ εἰ ἔλασσον, ἐλάσσονα. Καί ἐστι τὸ μὲν Η καὶ τὰ Η, Θ, Κ τοῦ Α καὶ τῶν Α, Γ, Ε ἰσάκις πολλαπλάσια· ἐπειδήπερ ἂν ᾖ ὁποσαοῦν μεγέθη ὁποσωνοῦν μεγεθῶν ἴσων τὸ πλῆθος, ἕκαστον ἑκάστου ἰσάκις πολλαπλάσια, ὁσαπλάσιόν ἐστι ἓν τῶν μεγεθῶν ἑνὸς, τοσαυταπλάσια ἔσται καὶ τὰ πάντα τῶν πάντων. Διὰ τὰ αὐτὰ δὴ καὶ τὸ Λ καὶ τὰ Λ, Μ, Ν τοῦ Β καὶ τῶν Β, Δ, Ζ ἰσάκις ἐστὶ πολλαπλάσια· ἔστιν ἄρα ὡς τὸ Α πρὸς τὸ Β, οὕτως τὰ Α, Γ, Ε πρὸς τὰ Β, Δ, Ζ. Ἐὰν ἄρα ᾖ ὁποσαοῦν, καὶ τὰ ἑξῆς.

ΠΡΟΤΑΣΙΣ ιγ'.

Ἐὰν πρῶτον πρὸς δεύτερον τὸν αὐτὸν ἔχῃ λόγον καὶ τρίτον πρὸς τέταρτον, τρίτον δὲ πρὸς τέταρτον μείζονα λόγον ἔχῃ ἤπερ πέμπτον πρὸς ἕκτον· καὶ πρῶτον πρὸς δεύτερον μείζονα λόγον ἕξει ἤπερ πέμπτον πρὸς ἕκτον.

Πρῶτον μὲν γὰρ τὸ Α πρὸς δεύτερον τὸ Β τὸν αὐτὸν ἐχέτω λόγον καὶ τρίτον τὸ Γ πρὸς τέταρτον τὸ Δ, τρίτον δὲ τὸ Γ πρὸς τέταρτον τὸ Δ μείζονα λό-

se easdem esse, sed hoc explicite demonstrat in V. 11." Hinc Simson. aliam Prop. V. 10. demonstrationem dedit, quam

Et quoniam est A ad B ita Γ ad Δ et E ad Z, et sumptae sunt ipsarum A, Γ, E aeque multiplices H, Θ, K, ipsarum vero B, Δ, Z aliae utcunque aeque multiplices Λ, M, N; si H superat ipsam Λ, superat et Θ ipsam M, et K ipsam N (V. Def. 5.); et si aequalis, aequalis; et si minor, minor. Quare et si superat H ipsam Λ, superant et H, Θ, K ipsas Λ, M, N; et si aequalis, aequales; et si minor, minores. Et est H quidem et H, Θ, K ipsius A et ipsarum A, Γ, E aeque multiplices; quoniam si sint quotcunque magnitudines quotcunque magnitudinum aequalium multitudine, singulae singularum aeque multiplices, quam multiplex est una magnitudinum unius, tam multiplices erunt et omnes omnium. Ex eadem ratione et Λ et Λ, M, N ipsius B et ipsarum B, Δ, Z aeque sunt multiplices; est igitur ut A ad B, ita A, Γ, E ad B, Δ, Z (V. Def. 5.). Si igitur sint quotcunque etc.

PROPOSITIO XIII. (Fig. 323.).

Si prima ad secundam eandem habeat rationem quam tertia ad quartam; tertia autem ad quartam maiorem rationem habeat quam quinta ad sextam; et prima ad secundam maiorem rationem habebit quam quinta ad sextam.

Prima enim A ad secundam B eandem habeat rationem quam tertia Γ ad quertam Δ, tertia vero Γ ad quartam Δ maiorem rationem habeat quam quinta E

eandem esse cum ea, quam Euclides vel Eudoxus dederat, nullus dubitat, quum ex ipsa definitione maioris rationis V.

γον ἐχέτω ἤπερ πέμπτον τὸ Ε πρὸς ἕκτον τὸ Ζ· λέγω ὅτι καὶ πρῶτον τὸ Α πρὸς δεύτερον τὸ Β μείζονα λόγον ἕξει ἤπερ πέμπτον τὸ Ε πρὸς ἕκτον τὸ Ζ·

Ἐπεὶ γὰρ τὸ Γ πρὸς τὸ Δ μείζονα λόγον ἔχει ἤπερ τὸ Ε πρὸς τὸ Ζ· ἔστι τινὰ τῶν μὲν Γ, Ε ἰσάκις πολλαπλάσια, τῶν δὲ Δ, Ζ ἄλλα ἃ ἔτυχεν ἰσάκις πολλαπλάσια, καὶ τὸ μὲν τοῦ Γ πολλαπλάσιον ὑπερέχει τοῦ τοῦ Δ πολλαπλασίου, τὸ δὲ τοῦ Ε πολλαπλάσιον τοῦ τοῦ Ζ πολλαπλασίου οὐχ ὑπερέχει. Εἰλήφθω, καὶ ἔστω τῶν μὲν Γ, Ε ἰσάκις πολλαπλάσια τὰ Η, Θ, τῶν δὲ Δ, Ζ ἄλλα ἃ ἔτυχεν ἰσάκις πολλαπλάσια τὰ Κ, Λ, ὥστε τὸ μὲν Η τοῦ Κ ὑπερέχειν, τὸ δὲ Θ τοῦ Λ μὴ ὑπερέχειν· καὶ ὁσαπλάσιον μέν ἐστι τὸ Η τοῦ Γ, τοσαυταπλάσιον ἔστω καὶ τὸ Μ τοῦ Α· ὁσαπλάσιον δὲ τὸ Κ τοῦ Δ, τοσαυταπλάσιον ἔστω καὶ τὸ Ν τοῦ Β.

Καὶ ἐπεί ἐστιν ὡς τὸ Α πρὸς τὸ Β οὕτως τὸ Γ πρὸς τὸ Δ, καὶ εἴληπται τῶν μὲν Α, Γ ἰσάκις πολπαπλάσια τὰ Μ, Η, τῶν δὲ Β, Δ ἄλλα ἃ ἔτυχεν ἰσάκις πολλαπλάσια τὰ Ν, Κ· εἰ ἄρα ὑπερέχει τὸ Μ τοῦ Ν, ὑπερέχει καὶ τὸ Η τοῦ Κ· καὶ εἰ ἴσον, ἴσον, καὶ εἰ ἔλασσον, ἔλασσον. Ὑπερέχει δὲ τὸ Η τοῦ Κ·

7. breviter et directe ostendatur. Ita autem habet: si $A : \Gamma > B : \Gamma$, est $A > B$ pariterque si $\Gamma : B > \Gamma : A$, erit $B < A$. Sit enim 1) $A : \Gamma > B : \Gamma$: eruntque (V. Def. 7.) quaedam ipsarum A, B aequemultiplices, et ipsius Γ quaedam multiplex, ita ut multiplex quidem ipsius A superet multiplicem ipsius Γ, multiplex vero B non superet eandem. Sumantur, et sint ipsarum A, B aequemultiplices mA, mB; ipsius vero Γ multiplex sit $n\Gamma$, ita ut $mA > n\Gamma$, at $mB \overline{\overline{<}} n\Gamma$. Est igitur $mA > mB$, adeoque $A > B$ (V. Ax. 4.). Sit 2) $\Gamma : B > \Gamma : A$,

ad sextam Z; dico et primam A ad secundam B maiorem rationem habituram esse quam quintam E ad sextam Z.

Quoniam enim Γ ad Δ maiorem rationem habet quam E ad Z, sunt quaedam ipsarum Γ, E multiplices, ipsarum vero Δ, Z aliae utcunque aeque multiplices; ita ut ipsius Γ multiplex ipsius Δ multiplicem superet, ipsius vero E multiplex ipsius Z multiplicem non superet. Sumantur, et sint ipsarum Γ, E aeque multiplices H, Θ; ipsarum vero Δ, Z aliae utcunque aeque multiplices K, Λ; ita ut H quidem ipsam K superet, ipsa vero Θ ipsam Λ non superet; et quam multiplex est H ipsius Γ, tam multiplex sit et M ipsius A; quam vero multiplex K ipsius Δ, tam multiplex sit et N ipsius B.

Et quoniam est ut A ad B ita Γ ad Δ, et sumptae sunt ipsarum A, Γ aeque multiplices M, H, ipsarum vero B, Δ aliae utcunque aeque multiplices N, K; si superat M ipsam N, superat et H ipsam K; et si aequalis, aequalis; et si minor, minor (V. Def. 5.). Superat autem H ipsam K, superat igitur et M ipsam

erit $B < A$. Erunt enim (V. Def. 7.) quaedam $n\Gamma$, mB, mA talia, ut $n\Gamma > mB$, at $n\Gamma \overset{=}{<} mA$, adeoque erit $mB < mA$, et $B < A$ (V. Ax. 4.). Atque iam, demonstrata V. 10., ut porro observat Rob. Simson., facile demonstrabitur ea propositio, quae in vulgari eius demonstratione tacite supponitur. Nempe, si $A : \Gamma > B : \Gamma$, et sumantur utcunque mA, mB, $n\Gamma$, sitque $mB > n\Gamma$, erit etiam $mA > n\Gamma$. Nam ob $A : \Gamma > B : \Gamma$, erit (ex V. 10.) $A > B$, adeoque $mA > mB$, unde, si $mB > n\Gamma$, tanto magis erit $mA > n\Gamma$.

ὑπερέχει ἄρα καὶ τὸ *Μ* τοῦ *Ν*. Τὸ δὲ *Θ* τοῦ *Λ* οὐχ ὑπερέχει· καί ἐστι τὰ μὲν *Μ*, *Θ* τῶν *Α*, *Ε* ἰσάκις πολλαπλάσια, τὰ δὲ *Ν*, *Λ* τῶν *Β*, *Ζ* ἄλλα ἃ ἔτυχεν ἰσάκις πολλαπλάσια· τὸ ἄρα *Α* πρὸς τὸ *Β* μείζονα λόγον ἔχει ἤπερ τὸ *Ε* πρὸς τὸ *Ζ*. Ἐὰν ἄρα πρῶτον, καὶ τὰ ἑξῆς.

ΠΡΟΤΑΣΙΣ ιδ΄.

Ἐὰν πρῶτον πρὸς δεύτερον τὸν αὐτὸν ἔχῃ λόγον καὶ τρίτον πρὸς τέταρτον, τὸ δὲ πρῶτον τοῦ τρίτου μεῖζον ᾖ· καὶ τὸ δεύτερον τοῦ τετάρτου μεῖζον ἔσται· κἂν ἴσον, ἴσον· κἂν ἔλασσον, ἔλασσον.

Πρῶτον γὰρ τὸ *Α* πρὸς δεύτερον τὸ *Β* τὸν αὐτὸν ἐχέτω λόγον καὶ τρίτον τὸ *Γ* πρὸς τέταρτον τὸ *Δ*, μεῖζον δὲ ἔστω τὸ *Α* τοῦ *Γ*· λέγω ὅτι καὶ τὸ *Β* τοῦ *Δ* μεῖζόν ἐστιν.

Ἐπεὶ γὰρ μεῖζόν ἐστι τὸ *Α* τοῦ *Γ*, ἄλλο δὲ ὃ ἔτυχε μέγεθος τὸ *Β*· τὸ *Α* ἄρα πρὸς τὸ *Β* μείζονα λόγον ἔχει ἤπερ τὸ *Γ* πρὸς τὸ *Β*. Ὡς δὲ τὸ *Α* πρὸς τὸ *Β*, οὕτως τὸ *Γ* πρὸς τὸ *Δ*· καὶ τὸ *Γ* ἄρα πρὸς τὸ *Δ* μείζονα λόγον ἔχει ἤπερ τὸ *Γ* πρὸς τὸ *Β*. Πρὸς ὃ δὲ τὸ αὐτὸ μείζονα λόγον ἔχει, ἐκεῖνο ἔλαττόν ἐστιν· ἔλαττον ἄρα τὸ *Δ* τοῦ *Β*· ὥστε μεῖζόν ἐστι τὸ *Β* τοῦ *Δ*.

PROPOSITIO XII.

Patet, hanc propositionem tum saltim locum habere, si magnitudines, de quibus sermo est, omnes sint eiusdem generis.

PROPOSITIO XIII.

Obs. In versione latina, monente Rob. Simson., non posuimus, ut in graeco textu est: „et multiplex *Γ* superat

N. Ipsa vero *Θ* ipsam *Λ* non superat; et sunt *M*, *Θ* ipsarum *Δ*, *E* aeque multiplices, ipsae vero *N*, *Λ* ipsarum *B*, *Z* aliae utcunque aeque multiplices; ergo *A* ad *B* maiorem rationem habet quam *E* ad *Z* (V. Def. 7.). Si igitur prima etc.

PROPOSITIO XIV. (Fig. 324.)

Si prima ad secundam eandem habeat rationem quam tertia ad quartam, prima vero tertia maior sit, et secunda tertia maior erit; et si aequalis, aequalis; et si minor, minor.

Prima enim *A* ad secundam *B* eandem habeat rationem quam tertia *Γ* ad quartam *Δ*, maior autem sit *A* ipsa *Γ*; dico et *B* ipsa *Δ* maiorem esse.

Quoniam enim maior est *A* ipsa *Γ*, alia autem utcunque magnitudo *B*; ergo *A* ad *B* maiorem rationem habet quam *Γ* ad *B* (V. 8.). Ut autem *A* ad *B*, ita *Γ* ad *Δ*; et *Γ* igitur ad *Δ* maiorem rationem habet quam *Γ* ad *B* (V. 13.). Ad quam autem eadem maiorem rationem habet, illa minor est (V. 10.); minor igitur *Δ* ipsa *B*; quare maior est *B* ipsa *Δ*.

multiplicem ipsius *Δ* etc. sed ad rem accommodatius: *ita, ut superet* etc. Caeterum Simson hoc addit

Cor. Et si prima ad secundam maiorem rationem habeat, quam tertia ad quartam; tertia autem ad quartam eandem rationem habeat, quam quinta ad sextam; similiter ostendetur, primam ad secundam maiorem rationem habere quam quintam ad sextam. (Ad hoc corollarium facile illud reducitur, quod Clavius hic habet: si A : B = C : D, et C : D < E : F,

Ὁμοίως δὴ δείξομεν ὅτι κἂν ἴσον ᾖ τὸ A τῷ Γ, ἴσον ἔσται καὶ τὸ B τῷ Δ· κἂν ἔλασσον ᾖ τὸ A τοῦ Γ, ἔλασσον ἔσται, καὶ τὸ B τοῦ Δ. Ἐὰν ἄρα πρῶτον καὶ τὰ ἑξῆς.

ΠΡΟΤΑΣΙΣ ιέ.

Τὰ μέρη τοῖς ὡσαύτως πολλαπλασίοις τὸν αὐτὸν ἔχει λόγον, ληφθέντα κατάλληλα.

Ἔστω γὰρ ἰσάκις πολλαπλάσιον τὸ AB τοῦ Γ καὶ τὸ ΔE τοῦ Z· λέγω ὅτι ἐστὶν ὡς τὸ Γ πρὸς τὸ Z οὕτως τὸ AB πρὸς τὸ ΔE.

Ἐπεὶ γὰρ ἰσάκις ἐστὶ πολλαπλάσιον τὸ AB τοῦ Γ καὶ τὸ ΔE τοῦ Z· ὅσα ἄρα ἐστὶν ἐν τῷ AB μεγέθη ἴσα τῷ Γ, τοσαῦτα καὶ ἐν τῷ ΔE ἴσα τῷ Z. Διῃρήσθω τὸ μὲν AB εἰς τὰ τῷ Γ μεγέθη ἴσα, τὰ AH, $H\Theta$, ΘB, τὸ δὲ ΔE εἰς τὰ τῷ Z ἴσα, τὰ ΔK $K\Lambda$, ΛE· ἔσται δὴ ἴσον τὸ πλῆθος τῶν AH, $H\Theta$, ΘB τῷ πλήθει τῶν ΔK, $K\Lambda$, ΛE. Καὶ ἐπεὶ ἴσα ἐστὶ τὰ AH, $H\Theta$, ΘB ἀλλήλοις, ἔστι δὲ καὶ τὰ ΔK, $K\Lambda$, ΛE ἴσα ἀλλήλοις· ἔστιν ἄρα ὡς τὸ AH πρὸς τὸ ΔK οὕτως τὸ $H\Theta$ πρὸς τὸ $K\Lambda$, καὶ τὸ ΘB πρὸς τὸ ΛE· ἔσται ἄρα καὶ ὡς ἓν τῶν ἡγουμένων πρὸς ἓν τῶν ἑπομένων οὕτως ἅπαντα τὰ ἡγούμενα πρὸς ἅπαντα τὰ ἑπόμενα· ἔστιν ἄρα ὡς τὸ AH πρὸς τὸ ΔK οὕτως τὸ AB πρὸς τὸ ΔE. Ἴσον δὲ τὸ μὲν AH

erit et $A:B<E:F$. Aliud autem, quod Clavius addit, corollarium non huc pertinet. Habetur illud infra in appendice Prop. 6.)

PROPOSITIO XIV.

Casus duos posteriores expressis verbis ita demonstrat Rob. Simson. Si $A:B=\Gamma\Delta$, sitque $A=\Gamma$, erit $A:B=A:\Delta$ (V.

Similiter ostendemus et si aequalis sit A ipsi Γ, aequalem fore et B ipsi Δ; et si minor sit A ipsa Γ, minorem fore et B ipsa Δ. Si igitur prima etc.

PROPOSITIO XV. (Fig. 325.)

Partes inter se comparatae eandem habent rationem quam earum aeque multiplices.

Sit enim aeque multiplex AB ipsius Γ ac ΔE ipsius Z; dico esse ut Γ ad Z ita AB ad ΔE.

Quoniam enim aeque multiplex est AB ipsius Γ ac ΔE ipsius Z; quot in AB sunt magnitudines aequales ipsi Γ, tot sunt et in ΔE aequales ipsi Z. Dividatur AB in magnitudines ipsi Γ aequales AH, $H\Theta$, ΘB, ΔE vero in ΔK, $K\Lambda$, ΛE ipsi Z aequales; erit aequalis multitudo ipsarum AH, $H\Theta$, ΘB multitudini ipsarum ΔK, $K\Lambda$, ΛE. Et quoniam aequales sunt AH, $H\Theta$, ΘB inter se, sunt autem et ΔK, $K\Lambda$, ΛE aequales inter se; est igitur ut AH ad ΔK ita $H\Theta$ ad $K\Lambda$, et ΘB ad ΛE (V. 7.); erit igitur et ut una antecedentium ad unam consequentium, ita omnes antecedentes ad omnes consequentes (V. 12.); est igitur ut AH ad ΔK ita AB ad ΔE. Aequalis

7.), adeoque $B=\Delta$ (V. 9.). Sit porro $A:B=\Gamma:\Delta$, et sit $A<\Gamma$, erit $\Gamma>A$, et, quoniam $\Gamma:\Delta=A:B$, erit $\Delta>B$ per casum primum, qui est in textu graeco.

Cor. Clavius hoc addit corollarium: si $A:B=\Gamma:\Delta$, sitque $B\gtreqless\Delta$, erit et $A\gtreqless\Gamma$. Quod breviter ita demonstrari potest. Si $A:B=\Gamma:\Delta$, erit et inverse (Prop. B. in

τῷ Γ, τὸ δὲ ΔΚ τῷ Ζ· ἔστιν ἄρα ὡς τὸ Γ πρὸς τὸ Ζ οὕτως τὸ ΑΒ πρὸς τὸ ΔΕ. Τὰ ἄρα μέρη, καὶ τὰ ἑξῆς.

ΠΡΟΤΑΣΙΣ ιϛ΄.

Ἐὰν τέσσαρα μεγέθη ἀνάλογον ᾖ, καὶ ἐναλλὰξ ἀνάλογον ἔσται.

Ἔστω τέσσαρα μεγέθη ἀνάλογον, τὰ Α, Β, Γ, Δ, ὡς τὸ Α πρὸς τὸ Β οὕτως τὸ Γ πρὸς τὸ Δ· λέγω ὅτι καὶ ἐναλλὰξ ἀνάλογόν ἐστιν, ὡς τὸ Α πρὸς τὸ Γ οὕτως τὸ Β πρὸς τὸ Δ.

Εἰλήφθω γὰρ τῶν μὲν Α, Β ἰσάκις πολλαπλάσια τὰ Ε, Ζ, τῶν δὲ Γ, Δ ἄλλα ἃ ἔτυχεν ἰσάκις πολλαπλάσια τὰ Η, Θ.

Καὶ ἐπεὶ ἰσάκις ἐστὶ πολλαπλάσιον τὸ Ε τοῦ Α καὶ τὸ Ζ τοῦ Β, τὰ δὲ μέρη τοῖς ὡσαύτως πολλαπλασίοις τὸν αὐτὸν ἔχει λόγον ληφθέντα κατάλληλα· ἔστιν ἄρα ὡς τὸ Α πρὸς τὸ Β οὕτως τὸ Ε πρὸς τὸ Ζ. Ὡς δὲ τὸ Α πρὸς τὸ Β οὕτως τὸ Γ πρὸς τὸ Δ· καὶ ὡς ἄρα τὸ Γ πρὸς τὸ Δ οὕτως τὸ Ε πρὸς τὸ Ζ. Πάλιν, ἐπεὶ τὰ Η, Θ τῶν Γ, Δ ἰσάκις ἐστὶ πολλαπλάσια· ἔστιν ἄρα ὡς τὸ Γ πρὸς τὸ Δ οὕτως τὸ Η πρὸς τὸ Θ. Ὡς δὲ τὸ Γ πρὸς τὸ Δ οὕτως τὸ Ε

Excursu ad hunc librum) $B:A=\Delta:\Gamma$, unde ex V. 14. constat propositum.

PROPOSITIO XV.

Obs. Per partes in hac propositione intelliguntur partes aliquotae (cf. dicta ad V. Def. 2.). Asserit itaque haec propositio, esse $A:B=pA:pB$, vel $\frac{1}{p}A:\frac{1}{p}B=A:B$. Addi autem potest, quod habet Pfleiderer. (Exposit. et Dilucid. libri V.

autem AH ipsi Γ, ΔK vero ipsi Z; est igitur ut Γ ad Z ita AB ad ΔE. Ergo partes etc.

PROPOSITIO XVI. (Fig. 326.)

Si quatuor magnitudines proportionales sint, et alterne proportionales erunt.

Sint quatuor magnitudines proportionales A, B, Γ, Δ, ut A ad B ita Γ ad Δ; dico et alterne proportionales esse, ut A ad Γ ita B ad Δ.

Sumantur enim ipsarum A, B aeque multiplices E, Z, ipsarum vero Γ, Δ aliae utcunque aeque multiplices H, Θ.

Et quoniam aeque multiplex est E ipsius A ac Z ipsius B; partes autem inter se comparatae eandem habent rationem, quam earum aeque multiplices (V. 15.); ergo ut A ad B ita E ad Z. Ut autem A ad B ita Γ ad Δ; ergo ut Γ ad Δ ita E ad Z (V. 11.). Rursus, quoniam H, Θ ipsarum Γ, Δ aeque multiplices sunt; est igitur ut Γ ad Δ ita H ad Θ (V. 15.). Ut autem Γ ad Δ ita E ad Z; ergo ut E ad Z ita H ad Θ (V. 11.). Si autem quatuor magnitudines pro-

§. 45.), etiam partes aequealiquantas eandem rationem habere, quam magnitudines ipsas. Sit nempe $p.R=A$, $p.S=B$, seu $R=\frac{1}{p}A$, $S=\frac{1}{p}B$, erit (ex V. 15.) $R:S=pR:pS$, vel $R:S=A:B$; pariterque (ex V. 15.) $R:S=mR:mS$, seu $R:S=\frac{m}{p}A:\frac{m}{p}B$, unde (V. 11.) $\frac{m}{p}A:\frac{m}{p}B=A:B$.

PROPOSITIO XVI.

Obs. Applicari potest haec propositio tantum, ubi om-

πρὸς τὸ Ζ· καὶ ὡς ἄρα τὸ Ε πρὸς τὸ Ζ οὕτως τὸ Η πρὸς τὸ Θ. Ἐὰν δὲ τέσσαρα μεγέθη ἀνάλογον ᾖ τὸ δὲ πρῶτον τοῦ τρίτου μεῖζον ᾖ, καὶ τὸ δεύτερον τοῦ τετάρτου μεῖζον ἔσται· κἂν ἴσον, ἴσον, κἂν ἔλασσον, ἔλασσον. Εἰ ἄρα ὑπερέχει τὸ Ε τοῦ Η, ὑπερέχει καὶ τὸ Ζ τοῦ Θ· καὶ εἰ ἴσον, ἴσον· καὶ εἰ ἔλαττον, ἔλαττον. Καὶ ἔστι τὰ μὲν Ε, Ζ τῶν Α, Β ἰσάκις πολλαπλάσια, τὰ δὲ Η, Θ τῶν Γ, Δ ἄλλα ἃ ἔτυχεν ἰσάκις πολλαπλάσια· ἔστιν ἄρα ὡς τὸ Α πρὸς τὸ Γ οὕτως τὸ Β πρὸς τὸ Δ. Ἐὰν ἄρα τέσσαρα καὶ τὰ ἑξῆς.

ΠΡΟΤΑΣΙΣ ιζ΄.

Ἐὰν συγκείμενα μεγέθη ἀνάλογον ᾖ, καὶ διαιρεθέντα ἀνάλογον ἔσται.

Ἔστω συγκείμενα μεγέθη ἀνάλογον τὰ ΑΒ, ΒΕ, ΓΔ, ΔΖ, ὡς τὸ ΑΒ πρὸς τὸ ΒΕ οὕτως τὸ ΓΔ πρὸς τὸ ΔΖ· λέγω ὅτι καὶ διαιρεθέντα ἀνάλογον ἔσται, ὡς τὸ ΑΕ πρὸς τὸ ΕΒ οὕτως τὸ ΓΖ πρὸς τὸ ΖΔ.

Εἰλήφθω γὰρ τῶν μὲν ΑΕ, ΕΒ, ΓΖ, ΖΔ ἰσάκις πολλαπλάσια τὰ ΗΘ, ΘΚ, ΛΜ, ΜΝ· τῶν δὲ ΕΒ, ΖΔ ἄλλα ἃ ἔτυχεν ἰσάκις πολλαπλάσια, τὰ ΚΞ, ΝΠ.

Καὶ ἐπεὶ ἰσάκις ἐστὶ πολλαπλάσιον τὸ ΗΘ τοῦ ΑΕ καὶ τὸ ΘΚ τοῦ ΕΒ· ἰσάκις ἄρα ἐστὶ πολλαπλάσιον τὸ ΗΘ τοῦ ΑΕ καὶ τὸ ΗΚ τοῦ ΑΒ. Ἰσάκις δέ ἐστι πολλαπλάσιον τὸ ΗΘ τοῦ ΑΕ καὶ τὸ ΛΜ

nes quatuor magnitudines sunt eiusdem generis. De corollario ei vulgo adiecto vide ad Prop. A. in Excursu ad hunc librum.

PROPOSITIO XVII.

Aliter haec propositio ita efferri potest: si quatuor magnitudines proportionales sint, et prima earum maior est, quam

portionales sint, prima autem maior sit tertia, et secunda maior erit quarta; et si aequalis, aequalis; et si minor, minor (V. 14.). Si igitur superat E ipsam H, superat et Z ipsam Θ; et si aequalis, aequalis; et si minor, minor. Et sunt E, Z ipsarum A, B aeque multiplices, H, Θ vero ipsarum Γ, Δ aliae utcunque aeque multiplices; est igitur ut A ad Γ ita B ad Δ (V. Def. 5.). Si igitur quatuor etc.

PROPOSITIO XVII. (Fig. 327.)

Si compositae magnitudines proportionales sint, et divisae proportionales erunt.

Sint compositae magnitudines proportionales AB, BE, $\Gamma\Delta$, ΔZ, ut AB ad BE ita $\Gamma\Delta$ ad ΔZ; dico et divisas proportionales fore, ut AE ad EB ita ΓZ ad $Z\Delta$.

Sumantur enim ipsarum AE, EB, ΓZ, $Z\Delta$ aeque multiplices $H\Theta$, ΘK, ΛM, MN; ipsarum vero EB, $Z\Delta$ aliae utcunque aeque multiplices $K\Xi$, $N\Pi$.

Et quoniam aeque multiplex est $H\Theta$ ipsius AE ac ΘK ipsius EB; aeque igitur multiplex est $H\Theta$ ipsius AE ac HK ipsius AB (V. 1.). Aeque autem multiplex est $H\Theta$ ipsius AE ac ΛM ipsius ΓZ; aeque

secunda, adeoque etiam (Prop. A. in Excursu ad hunc librum) tertia maior quam quarta: erit etiam excessus primae super secundam ad secundam, ut excessus tertiae super quartam ad quartam. Cf. Pfleiderer. l. c. p. 21.

Cor. 1. Si quatuor magnitudinum A, B, C, D, binae fuerint in eadem ratione, et prima A minor quam secunda

τοῦ ΓΖ· ἰσάκις ἄρα ἐστὶ πολλαπλάσιον τὸ ΗΚ τοῦ ΑΒ καὶ τὸ ΛΜ τοῦ ΓΖ. Πάλιν, ἐπεὶ ἰσάκις ἐστὶ πολλαπλάσιον τὸ ΛΜ τοῦ ΓΖ καὶ τὸ ΜΝ τοῦ ΖΔ· ἰσάκις ἄρα ἐστὶ πολλαπλάσιον τὸ ΛΜ τοῦ ΓΖ καὶ τὸ ΛΝ τοῦ ΓΔ. Ἰσάκις δὲ ἦν πολλαπλάσιον τὸ ΛΜ τοῦ ΓΖ καὶ τὸ ΗΚ τοῦ ΑΒ· ἰσάκις ἄρα ἐστὶ πολλαπλάσιον τὸ ΗΚ τοῦ ΑΒ καὶ τὸ ΛΝ τοῦ ΓΔ· τὰ ΗΚ, ΛΝ ἄρα τῶν ΑΒ, ΓΔ ἰσάκις ἐστὶ πολλαπλάσια. Πάλιν, ἐπεὶ ἰσάκις ἐστὶ πολλαπλάσιον τὸ ΘΚ τοῦ ΕΒ καὶ τὸ ΜΝ τοῦ ΖΔ, ἔστι δὲ καὶ τὸ ΚΞ τοῦ ΕΒ ἰσάκις πολλαπλάσιον καὶ τὸ ΝΠ τοῦ ΖΔ· καὶ συντεθὲν τὸ ΘΞ τοῦ ΕΒ ἰσάκις ἐστὶ πολλαπλάσιον καὶ τὸ ΜΠ τοῦ ΖΔ. Καὶ ἐπεί ἐστιν ὡς τὸ ΑΒ πρὸς τὸ ΒΕ οὕτως τὸ ΓΔ πρὸς τὸ ΔΖ, καὶ εἴληπται τῶν μὲν ΑΒ, ΓΔ ἰσάκις πολλαπλάσια τὰ ΗΚ, ΛΝ, τῶν δὲ ΕΒ, ΖΔ ἄλλα ἃ ἔτυχεν ἰσάκις πολλαπλάσια τὰ ΘΞ, ΜΠ· εἰ ἄρα ὑπερέχει τὸ ΗΚ τοῦ ΘΞ, ὑπερέχει καὶ τὸ ΛΝ τοῦ ΜΠ· καὶ εἰ ἴσον, ἴσον· καὶ εἰ ἔλαττον, ἔλαττον. Ὑπερεχέτω δὴ τὸ ΗΚ τοῦ ΘΞ, καὶ κοινοῦ ἀφαιρεθέντος τοῦ ΘΚ, ὑπερέχει ἄρα καὶ τὸ ΗΘ τοῦ ΚΞ. Ἀλλ' εἰ ὑπερέχει τὸ ΗΚ τοῦ ΘΞ, ὑπερέχει καὶ τὸ ΛΝ τοῦ ΜΠ· ὑπερέχει ἄρα καὶ τὸ ΛΝ τοῦ ΜΠ, καὶ κοινοῦ ἀφαιρεθέντος τοῦ ΜΝ ὑπερέχει καὶ τὸ ΛΜ τοῦ ΝΠ· ὥςτε εἰ ὑπερέχει τὸ ΘΗ τοῦ ΚΞ, ὑπερέχει καὶ τὸ ΛΜ τοῦ ΝΠ. Ὁμοίως δὴ δείξομεν ὅτι κἂν ἴσον ᾖ τὸ ΗΘ τῷ ΚΞ, ἴσον ἔσται καὶ τὸ ΛΜ τῷ ΝΠ· κἂν ἔλαττον, ἔλαττον. Καί ἐστι τὰ

B, adeoque etiam (Prop. A in Excursu) tertia C minor quam quarta D: erit etiam inverse (Prop. B in Excursu) B:A=D:C, ubi iam B>A, et D>C, adeoque B−A:A=D−C:C. Cf. Pfleiderer. l. c. p. 23.

igitur multiplex est HK ipsius AB ac ΛM ipsius ΓZ (V. 11.). Rursus, quoniam aeque multiplex est ΛM ipsius ΓZ ac MN ipsius $Z\Delta$; aeque igitur multiplex est ΛM ipsius ΓZ ac ΛN ipsius $\Gamma\Delta$ (V. 1.). Aeque autem multiplex erat ΛM ipsius ΓZ ac HK ipsius AB; aeque igitur est multiplex HK ipsius AB ac ΛN ipsius $\Gamma\Delta$ (V. 11.); ipsae HK, ΛN igitur ipsarum AB, $\Gamma\Delta$ aeque sunt multiplices. Rursus, quoniam aeque multiplex est ΘK ipsius EB ac MN ipsius $Z\Delta$; est autem et $K\Xi$ ipsius EB aeque multiplex ac $N\Pi$ ipsius $Z\Delta$; et composita $\Theta\Xi$ ipsius EB aeque est multiplex ac $M\Pi$ ipsius $Z\Delta$ (V. 2.). Et quoniam est ut AB ad BE ita $\Gamma\Delta$ ad ΔZ, et sumptae sunt ipsarum AB, $\Gamma\Delta$ aeque multiplices HK, ΛN, ipsarum vero EB, $Z\Delta$ aliae utcunque aeque multiplices $\Theta\Xi$, $M\Pi$; si superat HK ipsam $\Theta\Xi$, superat et ΛN ipsam $M\Pi$; et si aequalis, aequalis; et si minor, minor (V. Def. 5.). Superet autem HK ipsam $\Theta\Xi$, et communi ablata ΘK, superat igitur et $H\Theta$ ipsam $K\Xi$. Sed si superat HK ipsam $\Theta\Xi$, superat et ΛN ipsam $M\Pi$; superat igitur et ΛN ipsam $M\Pi$; et communi MN ablata, superat et ΛM ipsam $N\Pi$; quare si superat $H\Theta$ ipsam $K\Xi$, superat et ΛM ipsam $N\Pi$. Similiter ostendemus et si aequalis sit $H\Theta$ ipsi $K\Xi$, aequalem fore et ΛM ipsi $N\Pi$; et si minor, minorem. Et sunt $H\Theta$, ΛM ipsarum AE, ΓZ aeque multiplices, $K\Xi$, $N\Pi$ vero ipsarum EB, $Z\Delta$ aliae utcunque

Cor. 2. Generatim igitur, si duae magnitudines inaequales A et B eandem mutuo habeant rationem, quam aliae duae inaequales C et D: differentia quoque duarum priorum erit ad earundem minorem, uti differentia duarum posterio-

μὲν ΗΘ, ΛΜ τῶν ΑΕ, ΓΖ ἰσάκις πολλαπλάσια, τὰ δὲ ΚΞ, ΝΠ τῶν ΕΒ, ΖΔ ἄλλα ἃ ἔτυχεν ἰσάκις πολλαπλάσια· ἔστιν ἄρα ὡς τὸ ΑΕ πρὸς τὸ ΕΒ οὕτως τὸ ΓΖ πρὸς τὸ ΖΔ. Ἐὰν ἄρα συγκείμενα, καὶ τὰ ἑξῆς.

ΠΡΟΤΑΣΙΣ ιή.

Ἐὰν διῃρημένα μεγέθη ἀνάλογον ᾖ, καὶ συντεθέντα ἀνάλογον ἔσται.

Ἔστω διῃρημένα μεγέθη ἀνάλογον, τὰ ΑΕ, ΕΒ, ΓΖ, ΖΔ, ὡς τὸ ΑΕ πρὸς τὸ ΕΒ οὕτως τὸ ΓΖ πρὸς τὸ ΖΔ· λέγω ὅτι καὶ συντεθέντα ἀνάλογον ἔσται, ὡς τὸ ΑΒ πρὸς τὸ ΒΕ οὕτως τὸ ΓΔ πρὸς τὸ ΖΔ.

Εἰ γὰρ μή ἐστιν ὡς τὸ ΑΒ πρὸς τὸ ΒΕ οὕτως τὸ ΓΔ πρὸς τὸ ΖΔ· ἔσται ὡς τὸ ΑΒ πρὸς τὸ ΒΕ οὕτως τὸ ΓΔ, ἤτοι πρὸς ἔλασσόν τι τοῦ ΔΖ, ἢ πρὸς μεῖζον.

Ἔστω πρότερον πρὸς ἔλασσον τὸ ΔΗ. Καὶ ἐπεί ἐστιν ὡς τὸ ΑΒ πρὸς τὸ ΒΕ οὕτως τὸ ΓΔ πρὸς τὸ ΔΗ, συγκείμενα μεγέθη ἀνάλογόν ἐστιν· ὥστε καὶ διαιρεθέντα ἀνάλογον ἔσται· ἔστιν ἄρα ὡς τὸ ΑΕ πρὸς τὸ ΕΒ, οὕτως τὸ ΓΗ πρὸς τὸ ΗΔ. Ὑπόκειται δὲ καὶ ὡς τὸ ΑΕ πρὸς τὸ ΕΒ οὕτως τὸ ΓΖ πρὸς τὸ ΖΔ· καὶ ὡς ἄρα τὸ ΓΗ πρὸς τὸ ΗΔ οὕτως τὸ

rum ad ipsam minorem; vel etiam inverse (Prop. B in Excursu), minor duarum priorum erit ad ipsarum differentiam, uti minor duarum posteriorum ad earundem differentiam. Breviter, si A : B = C : D, erit etiam *dividendo*

vel divisim A − B : B = C − D : D, seu B : A − B = D : C − D

vel B − A : A = D − C : C, seu A : B − A = C : D − C.

Cf. Pfleiderer. l. c.

aeque multiplices; est igitur ut AE ad EB ita ΓZ ad $Z\Delta$ (V. Def. 5.). Si igitur compositae etc.

PROPOSITIO XVIII. (Fig. 238.)

Si divisae magnitudines proportionales sint, et compositae proportionales erunt.

Sint divisae magnitudines proportionales AE, EB, ΓZ, $Z\Delta$ ut AE ad EB ita ΓZ ad $Z\Delta$; dico et compositas proportionales fore, ut AB ad BE ita $\Gamma\Delta$ ad $Z\Delta$.

Si enim non est ut AB ad BE ita $\Gamma\Delta$ ad $Z\Delta$; erit ut AB ad BE ita $\Gamma\Delta$, vel ad minorem ipsa ΔZ, vel ad maiorem.

Sit primum ad minorem ΔH. Et quoniam est ut AB ad BE ita $\Gamma\Delta$ ad ΔH, compositae magnitudines proportionales sunt; quare et divisae proportionales erunt (V. 17.); est igitur ut AE ad EB ita ΓH ad $H\Delta$. Ponitur autem et ut AE ad EB ita ΓZ ad $Z\Delta$; ut igitur ΓH ad $H\Delta$ ita ΓZ ad $Z\Delta$ (V. 11.). Maior autem prima ΓH tertia ΓZ; maior igitur et secunda

PROPOSITIO XVIII.

Obs. Ita sane satis breviter demonstraretur V. 18. dummodo *sumere liceat* propositis tribus magnitudinibus, quarum duae saltim sint eiusdem generis, quartam semper existere ipsis proportionalem. Verum enim vero, quamvis Clavius id pro axiomate sumi posse censeret, dudum tamen Saccherius in Euclide ab omni naevo vindicato p. 111. sq. indecorum huic assumto naevum inesse confessus est, cui quidem mederi ille,

ΓΖ πρὸς τὸ ΖΔ. Μεῖζον δὲ τὸ πρῶτον τὸ ΓΗ τοῦ τρίτου τοῦ ΓΖ· μεῖζον ἄρα καὶ τὸ δεύτερον τὸ ΗΔ τοῦ τετάρτου τοῦ ΖΔ. Ἀλλὰ καὶ ἔλαττον, ὅπερ ἐστὶν ἀδύνατον· οὐκ ἄρα ἐστὶν ὡς τὸ ΑΒ πρὸς τὸ ΒΕ οὕτως τὸ ΓΔ πρὸς ἔλασσον τοῦ ΖΔ. Ὁμοίως δὴ δείξομεν, ὅτι οὐδὲ πρὸς μεῖζον· πρὸς αὐτὸ ἄρα. Ἐὰν ἄρα διῃρημένα καὶ τὰ ἑξῆς.

ΠΡΟΤΑΣΙΣ ιϑ'.

Ἐὰν ᾖ ὡς ὅλον πρὸς ὅλον οὕτως ἀφαιρεθὲν πρὸς ἀφαιρεθὲν, καὶ τὸ λοιπὸν πρὸς τὸ λοιπὸν ἔσται ὡς ὅλον πρὸς ὅλον.

Ἔστω γὰρ ὡς ὅλον τὸ ΑΒ πρὸς ὅλον τὸ ΓΔ οὕτως ἀφαιρεθὲν τὸ ΑΕ πρὸς ἀφαιρεθὲν τὸ ΓΖ· λέγω ὅτι καὶ λοιπὸν τὸ ΕΒ πρὸς λοιπὸν τὸ ΖΔ ἔσται ὡς ὅλον τὸ ΑΒ πρὸς ὅλον τὸ ΓΔ.

Ἐπεὶ γάρ ἐστιν ὡς τὸ ΑΒ πρὸς τὸ ΓΔ οὕτως τὸ ΑΕ πρὸς τὸ ΓΖ· καὶ ἐναλλὰξ ὡς τὸ ΒΑ πρὸς τὸ ΑΕ οὕτως τὸ ΔΓ πρὸς τὸ ΓΖ. Καὶ ἐπεὶ συγκείμενα μεγέθη ἀνάλογόν ἐστι, καὶ διαιρεθέντα ἀνάλογον ἔσται· ὡς ἄρα τὸ ΒΕ πρὸς τὸ ΕΑ οὕτως τὸ ΔΖ πρὸς τὸ ΖΓ, καὶ ἐναλλὰξ, ὡς τὸ ΒΕ πρὸς τὸ ΔΖ οὕτως

at ex Rob. Simsonis et Pfleidereri iudicio irrito prorsus conatu tentavit. In eo autem cum Saccherio consentit Rob. Simson., haud legitimam esse, et a genio Euclidis abhorrere, quae vulgo in Elementis habetur, propositionis huius demonstrationem. Nunquam enim Euclidem aliquid in demonstratione propositionis sumere, quod non prius ostenderit, saltim quod existere posse non perspicuum sit; ope enim propositionis incertae conclusionem certam elici non posse. Aliam itaque demonstrationem substituit Simson., quam, quamvis prolixiorem, legitimam et Euclidis genio magis conformem esse inde maxime concludit, quod, pariter ac Prop. 17. de-

$H\Delta$ quarta $Z\Delta$ (V. 14.). Sed, et minor, quod fieri nequit; non igitur est ut AB ad BE ita $\Gamma\Delta$ ad minorem ipsa $Z\Delta$. Similiter utique ostendemus neque ad maiorem; ad ipsam igitur. Si igitur divisae etc.

PROPOSITIO XIX. (Fig. 329.)

Si sit ut tota ad totam ita ablata ad ablatam, et reliqua ad reliquam erit ut tota ad totam.

Sit enim ut tota AB ad totam $\Gamma\Delta$ ita ablata AE ad ablatam ΓZ; dico et reliquam EB ad reliquam $Z\Delta$ fore ut tota AB ad totam $\Gamma\Delta$.

Quoniam enim est ut AB ad $\Gamma\Delta$ ita AE ad ΓZ; et alterne erit ut BA ad AE ita $\Delta\Gamma$ ad ΓZ (V. 16.). Et quoniam compositae magnitudines proportionales sunt, et divisae proportionales erunt (V. 17.); ut igitur BE ad EA ita ΔZ ad $Z\Gamma$; et alterne (V. 16.), ut BE ad ΔZ ita EA ad $Z\Gamma$. Ut autem AE ad

monstratur ope Prop. 1. et 2. huius libri, ita in sua hac demonstratione Propositionis 18. tum Prop. 5. tum uterque casus V. Prop. 6. adhibeantur, quae quidem propositionis conversae sint primae et secundae, neque ulli propositioni huius libri, ut eum nunc habemus, demonstrandae inserviant, quin nulli praeterquam huic 18. inservire possint. Simsonis demonstratio, quam brevitatis caussa symbolice expressam hic sistimus, haec est. Si fuerit $A:B=C:D$, erit etiam *componendo* $A+B:B=C+D:D$. Sumantur enim aeque multipla quaecunque magnitudinum B, D, pariterque magnitudinum $(A+B)$, $(C+D)$, v. c. mB, mD, $m(A+B)$, $m(C+D)$, pariterque aliae quae

τὸ ΕΑ πρὸς το ΖΓ. Ὡς δὲ τὸ ΑΕ πρὸς τὸ ΓΖ οὕτως ὑπόκειται ὅλον τὸ ΑΒ πρὸς ὅλον τὸ ΓΔ· καὶ λοιπὸν ἄρα τὸ ΕΒ πρὸς λοιπὸν ΔΖ ἔσται ὡς ὅλον τὸ ΑΒ πρὸς ὅλον τὸ ΓΔ. Ἐὰν ἄρα ᾖ καὶ τὰ ἑξῆς·

ΠΟΡΙΣΜΑ.

Καὶ ἐπεὶ ἐδείχθη ὡς τὸ ΑΒ πρὸς τὸ ΓΔ οὕτως τὸ ΕΒ πρὸς τὸ ΖΔ· καὶ ἐναλλὰξ ὡς τὸ ΑΒ πρὸς τὸ ΒΕ οὕτως τὸ ΓΔ πρὸς τὸ ΖΔ· συγκείμενα ἄρα μεγέθη ἀνάλογόν ἐστιν. Ἐδείχθη δὲ ὡς τὸ ΑΒ πρὸς τὸ ΑΕ οὕτως τὸ ΔΓ πρὸς τὸ ΓΖ, καί ἐστιν ἀναστρέψαντι. Ἐκ δὴ τούτου φανερὸν, ὅτι ἐὰν συγκείμενα μεγέθη ἀνάλογον ᾖ, καὶ ἀναστρέψαντι ἀνάλογον ἔσται [1]). Ὅπερ ἔδει δεῖξαι.

1) Ita hunc locum habent edd. Oxon. et Basil., cum quibus teste Peyrardo consentit Cod. a. Peyrardus ex ingenio, ut videtur, locum ex Gregorii quoque sententia corruptissimum nec ope veterum exemplarium restituendum ita mutavit: *καὶ ἐπεὶ ὡς τὸ ΑΒ πρὸς τὸ ΓΔ οὕτως τὸ ΑΕ πρὸς τὸ ΓΖ· καὶ ἐναλλὰξ ὡς τὸ ΑΒ πρὸς τὸ ΑΕ οὕτως τὸ ΓΔ πρὸς τὸ ΓΖ· συγκείμενα ἄρα μεγέθη ἀνάλογόν ἐστιν. Ἐδείχθη δὲ ὡς τὸ ΑΒ πρὸς τὸ ΕΒ οὕτως τὸ ΔΓ πρὸς τὸ ΖΔ, καί ἐστιν ἀναστρέψαντι κ. τ. λ.* Quamvis autem fateamur, lectionem receptam vitiosam esse et omnino corollarium hoc non huc pertinere, nec eius demonstrationem, qua ad V. 16. recurritur legitimam esse, quoniam ita contra, ac res est, haec propositio tantum ad quatuor magnitudines eiusdem generis pertinere videretur (Cf. Clavius, Rob. Simson., Pfleiderer. ad hunc locum) noluimus tamen Peyrardi lectiones, nulla msceptorum auctoritate nixas, in textum recipere, praesertim quum vitia vulgaris lectionis hac ratione non tollantur. Caeterum Edit. Basileensis aliud adhuc hic additamentum habet, quod, cum prorsus non huc pertineat, nec omnino ullius momenti sit, cum edd. Oxon. et Paris. omisimus.

cunque aequemultiplices magnitudinum B, D v. c. rB, rD, eritque vel $r > m$, vel $r = m$, vel $r < m$. Sit 1) $r \leqq m$, adeo-

ΓZ ita posita est tota AB ad totam $\Gamma\Delta$; et reliqua igitur EB ad reliquam ΔZ erit ut tota AB ad totam $\Gamma\Delta$ (V. 11.). Si igitur sit etc.

COROLLARIUM.

Et quoniam ostensum est ut AB ad $\Gamma\Delta$ ita EB ad $Z\Delta$; et alterne (V. 16.) ut AB ad BE ita $\Gamma\Delta$ ad $Z\Delta$; compositae igitur magnitudines proportionales sunt. Ostensum autem est, ut AB ad AE ita $\Delta\Gamma$ ad ΓZ, et est per conversionem. Ex hoc manifestum est, si compositae magnitudines proportionales sint, et per conversionem proportionales fore. Quod erat demonstrandum.

que $rB \overset{=}{<} mB$, et $rD \overset{=}{<} mD$. Quum igitur $m(A+B) > mB$ (V. Ax. 3.), erit etiam, vel tanto magis $m(A+B) > rB$, eodemque modo $m(C+D) > rD$, adeoque $A+B : B = C+D : D$ (V. Def. 5.). Sit autem 2) $r > m$, adeoque $rB > mB$, $rD > mD$, et, si ab aequemultiplis magnitudinum $A+B$, $C+D$, nempe a $m(A+B)$, $m(C+D)$ auferantur aequemultipla magnitudinum B, D, nempe mB, mD, relinquentur aequemultipla mA, mC magnitudinum A, B (V. 5.). Si autem a rB auferatur mB, pariterque a rD auferatur mD, relinquentur $(r-m)B$, $(r-m)D$, eritque vel $(r-m)B = B$, et simul $(r-m)D = D$; vel $(r-m)B = nB$, et simul $(r-m)D = nD$ (V. 6.). Sit a) $(r-m)B = B$, et $(r-m)D = D$. Quoniam igitur $A : B = C : D$, erit etiam V. 4. Cor. a. $mA : B = mC : D$ i. e. $mA : (r-m)B = mC : (r-m)D$. Hinc, si $mA >=< (r-m)B$, erit etiam $mC >=< (r-m)D$ (Prop. A. in Excursu ad hunc librum.) Sit autem b) $(r-m)B = nB$, adeoque etiam $(r-m)D = nD$. Quoniam igitur $A : B = C : D$, erit, quoties $mA >=< nB$, etiam $mC >=< nD$ i. e. iunctim iam sumtis casibus a et b, quoties

ΠΡΟΤΑΣΙΣ κ'.

Ἐὰν ᾖ τρία μεγέθη, καὶ ἄλλα αὐτοῖς ἴσα τὸ πλῆθος, σύνδυο λαμβανόμενα ἐν τῷ αὐτῷ λόγῳ, διΐσου δὲ τὸ πρῶτον τοῦ τρίτου μεῖζον ᾖ· καὶ τὸ τέταρτον τοῦ ἕκτου μεῖζον ἔσται· καὶ ἐὰν ἴσον, ἴσον· καὶ ἐὰν ἐλασσον, ἔλασσον.

Ἔστω τρία μεγέθη τὰ Α, Β, Γ, καὶ ἄλλα αὐτοῖς ἴσα τὸ πλῆθος τὰ Δ, Ε, Ζ, σύνδυο λαμβανόμενα ἐν τῷ αὐτῷ λόγῳ, ὡς μὲν τὸ Α πρὸς τὸ Β οὕτως τὸ Δ πρὸς τὸ Ε, ὡς δὲ τὸ Β πρὸς τὸ Γ οὕτως τὸ Ε πρὸς τὸ Ζ, διΐσου δὲ μεῖζον ἔστω τὸ Α τοῦ Γ· λέγω ὅτι καὶ τὸ Δ τοῦ Ζ μεῖζον ἔσται· κἂν ἴσον, ἴσον· κἂν ἔλασσον, ἔλασσον.

Ἐπεὶ γὰρ μεῖζόν ἐστι τὸ Α τοῦ Γ, ἄλλο δέ τι τὸ Β, τὸ δὲ μεῖζον πρὸς τὸ αὐτὸ μείζονα λόγον ἔχει ἤπερ τὸ ἔλαττον· τὸ Α ἄρα πρὸς τὸ Β μείζονα λόγον ἔχει ἤπερ τὸ Γ πρὸς τὸ Β. Ἀλλὰ ὡς μὲν τὸ Α πρὸς τὸ Β οὕτως τὸ Δ πρὸς τὸ Ε, ὡς δὲ τὸ Γ πρὸς τὸ Β ἀνάπαλιν οὕτως τὸ Ζ πρὸς τὸ Ε· καὶ τὸ Δ ἄρα πρὸς τὸ Ε μείζονα λόγον ἔχει ἤπερ τὸ Ζ πρὸς τὸ Ε. Τῶν δὲ πρὸς τὸ αὐτὸ λόγον ἐχόντων, τὸ τὸν μείζονα λόγον ἔχον μεῖζόν ἐστι· μεῖζον ἄρα τὸ Δ τοῦ Ζ. Ὁμοίως δὴ δείξομεν, ὅτι κἂν ἴσον ᾖ τὸ Α τῷ Γ, ἴσον ἔσται καὶ τὸ Δ τῷ Ζ· κἂν ἔλαττον, ἔλαττον. Ἐὰν ἄρα ᾖ καὶ τὰ ἑξῆς.

ΠΡΟΤΑΣΙΣ κά.

Ἐὰν ᾖ τρία μεγέθη, καὶ ἄλλα αὐτοῖς ἴσα τὸ πλῆθος σύνδυο λαμβανόμενα καὶ ἐν τῷ αὐτῷ λόγῳ, ᾖ δὲ

mA>=<(r—m)B, etiam mC>=<(r—m)D, adeoque quoties mA+mB>=<rB, etiam mC+mD>=<rD, vel, quo-

PROPOSITIO XX. (Fig. 330.)

Si sint tres magnitudines, et aliae ipsis aequales multitudine, binae sumptae in eadem ratione, ex aequo autem prima tertia maior sit, et quarta sexta maior erit; et si aequalis, aequalis; et si minor, minor.

Sint tres magnitudines *A*, *B*, *Γ*, et aliae ipsis aequales multitudine *Δ*, *E*, *Z*, binae sumptae in eadem ratione, ut *A* ad *B* ita *Δ* ad *E*, ut vero *B* ad *Γ* ita *E* ad *Z*, ex aequo autem maior sit *A* ipsa *Γ*; dico et *Δ* ipsa *Z* maiorem fore; et si aequalis, aequalem; et si minor, minorem.

Quoniam enim maior est *A* ipsa *Γ*, alia autem quaedam *B*, maior vero ad eandem maiorem rationem habet quam minor (V. 8.); habebit *A* ad *B* maiorem rationem quam *Γ* ad *B*. Sed ut *A* ad *B* ita *Δ* ad *E*, ut vero *Γ* ad *B* per inversionem ita *Z* ad *E* et *Δ* igitur ad *E* maiorem habet rationem quam *Z* ad *E* (V. 13.). Ad eandem autem rationem habentium, maiorem rationem habens maior est (V. 10.); maior igitur est *Δ* ipsa *Z*. Similiter ostendemus, et si *A* aequalis sit ipsi *Γ*, aequalem fore et *Δ* ipsi *Z*; et si minor, minorem. Si igitur sint etc.

PROPOSITIO XXI. (Fig. 331.)

Si sint tres magnitudines, et aliae ipsis aequales multitudine, binae sumptae et in eadem ratione, sit

ties m(A+B) >=< rB, erit etiam m(C+D) >=< rD, adeoque etiam casu 2. erit A+B : B=D+D : D. Eodem modo de-

τεταραγμένη αὐτῶν ἡ ἀναλογία, διΐσου δὲ τὸ πρῶτον τοῦ τρίτου μεῖζον ᾖ· καὶ τὸ τέταρτον τοῦ ἕκτου μεῖζον ἔσται· κἂν ἴσον, ἴσον, κἂν ἔλασσον, ἔλασσον.

Ἔστω τρία μεγέθη τὰ Α, Β, Γ, καὶ ἄλλα αὐτοῖς ἴσα τὸ πλῆθος τὰ Δ, Ε, Ζ σύνδυο λαμβανόμενα καὶ ἐν τῷ αὐτῷ λόγῳ, ἔστω δὲ τεταραγμένη αὐτῶν ἡ ἀναλογία, ὡς μὲν τὸ Α πρὸς τὸ Β οὕτως τὸ Ε πρὸς τὸ Ζ, ὡς δὲ τὸ Β πρὸς τὸ Γ οὕτως τὸ Δ πρὸς τὸ Ε, διΐσου δὲ τὸ Α τοῦ Γ μεῖζον ἔστω· λέγω ὅτι καὶ τὸ Δ τοῦ Ζ μεῖζον ἔσται· κἂν ἴσον, ἴσον· κἂν ἔλαττον, ἔλαττον.

Ἐπεὶ γὰρ μεῖζόν ἐστι τὸ Α τοῦ Γ, ἄλλο δέ τι τὸ Β· τὸ Α ἄρα πρὸς τὸ Β μείζονα λόγον ἔχει ἤπερ τὸ Γ πρὸς τὸ Β. Ἀλλ' ὡς μὲν τὸ Α πρὸς τὸ Β οὕτως τὸ Ε πρὸς τὸ Ζ, ὡς δὲ τὸ Γ πρὸς τὸ Β ἀνάπαλιν οὕτως τὸ Ε πρὸς τὸ Δ· καὶ τὸ Ε ἄρα πρὸς τὸ Ζ μείζονα λόγον ἔχει, ἤπερ τὸ Ε πρὸς τὸ Δ. Πρὸς ὃ δὲ τὸ αὐτὸ μείζονα λόγον ἔχει, ἐκεῖνο ἔλασσόν ἐστιν· ἔλασσον ἄρα ἐστὶ τὸ Ζ τοῦ Δ· μεῖζόν ἐστι ἄρα τὸ Δ τοῦ Ζ. Ὁμοίως δὴ δείξομεν ὅτι κἂν ἴσον ᾖ τὸ Α τῷ Γ, ἴσον ἔσται καὶ τὸ Δ τῷ Ζ [1]· κἂν ἔλασσον, ἔλασσον. Ἐὰν ἄρα ᾖ τρία καὶ τὰ ἑξῆς.

ΠΡΟΤΑΣΙΣ κβ'.

Ἐὰν ᾖ ὁποσαοῦν μεγέθη, καὶ ἄλλα αὐτοῖς ἴσα τὸ πλῆθος σύνδυο λαμβανόμενα ἐν τῷ αὐτῷ λόγῳ· καὶ διΐσου ἐν τῷ αὐτῷ λόγῳ ἔσται.

1) Rectius ita e Cod. a. legit Peyrardus, quum in edd. Oxon. et Basil. habeatur: ὁμοίως δὴ δείξομεν, ὅτι κἂν ἴσον, ἴσον· δηλονότι κἂν ἴσον ᾖ τὸ Α τῷ Γ, ἴσον ἔσται καὶ τὸ Δ τῷ Ζ.

monstratur, esse etiam A+B : A = C+D : C, unde V. Prop. 18. generalius ita enunciari potest: si quatuor magnitudines

autem perturbata earum proportio, ex aequo autem prima tertia maior sit, et quarta sexta maior erit; et si aequalis, aequalis; et si minor, minor.

Sint tres magnitudines *A*, *B*, *Γ*, et aliae ipsis aequales multitudine *Δ*, *E*, *Z*, binae sumptae et in eadem ratione, sit autem perturbata earum proportio, ut *A* ad *B* ita *E* ad *Z*, ut vero *B* ad *Γ* ita *Δ* ad *E*, ex aequo autem *A* ipsa *Γ* maior sit; dico et *Δ* ipsa *Z* maiorem fore; et si aequalis, aequalem; et si minor, minorem.

Quoniam enim maior est *A* ipsa *Γ*, alia vero quaedam *B*; *A* ad *B* maiorem rationem habet quam *Γ* ad *B* (V. 8.). Sed ut *A* ad *B* ita *E* ad *Z*, ut vero *Γ* ad *B* per inversionem ita *E* ad *Δ* (Prop. B.); quare et *E* ad *Z* maiorem rationem habet quam *E* ad *Δ* (V. 13.). Ad quam autem eadem maiorem rationem habet, illa minor est (V. 10.); minor igitur est *Z* ipsa *Δ*; maior est igitur *Δ* ipsa *Z*. Similiter ostendemus et si aequalis sit *A* ipsi *Γ*, aequalem fore et *Δ* ipsi *Z*; et si minor, minorem. Si igitur tres etc.

PROPOSITIO XXII. (Fig. 332.)

Si sint quotcunque magnitudines, et aliae ipsis aequales multitudine, binae sumptae in eadem ratione; et ex aequo in eadem ratione erunt.

fuerint proportionales, summa quoque duarum priorum erit ad alterutram earum, uti summa duarum posteriorum erit ad eam harum, quae priori in proportionis assumtae ordine respondet. Cf. Pfleiderer. l. c. p. 26.

Ἔστω ὁποσαοῦν μεγέθη τὰ Α, Β, Γ, καὶ ἄλλα αὐτοῖς ἴσα τὸ πλῆθος τὰ Δ, Ε, Ζ, σύνδυο λαμβανόμενα ἐν τῷ αὐτῷ λόγῳ, ὡς μὲν τὸ Α πρὸς τὸ Β οὕτως τὸ Δ πρὸς τὸ Ε, ὡς δὲ τὸ Β πρὸς τὸ Γ οὕτως τὸ Ε πρὸς τὸ Ζ· λέγω ὅτι καὶ διΐσου ἐν τῷ αὐτῷ λόγῳ ἔσται, ὡς τὸ Α πρὸς τὸ Γ οὕτως τὸ Δ πρὸς τὸ Ζ.

Εἰλήφθω γὰρ τῶν μὲν Α, Δ ἰσάκις πολλαπλάσια τὰ Η, Θ, τῶν δὲ Β, Ε ἄλλα ἃ ἔτυχεν ἰσάκις πολλαπλάσια τὰ Κ, Λ, καὶ ἔτι τῶν Γ, Ζ ἄλλα ἃ ἔτυχεν ἰσάκις πολλαπλάσια τὰ Μ, Ν.

Καὶ ἐπεί ἐστιν ὡς τὸ Α πρὸς τὸ Β οὕτως τὸ Δ πρὸς τὸ Ε, καὶ εἴληπται τῶν μὲν Α, Δ ἰσάκις πολλαπλάσια τὰ Η, Θ, τῶν δὲ Β, Ε ἄλλα ἃ ἔτυχεν ἰσάκις πολλαπλάσια τὰ Κ, Λ· ἔστιν ἄρα ὡς τὸ Η πρὸς τὸ Κ οὕτως τὸ Θ πρὸς τὸ Λ. Διὰ τὰ αὐτὰ δὴ καὶ ὡς τὸ Κ πρὸς τὸ Μ οὕτως τὸ Λ πρὸς τὸ Ν. Ἐπεὶ οὖν τρία μεγέθη ἐστὶ τὰ Η, Κ, Μ, καὶ ἄλλα αὐτοῖς ἴσα τὸ πλῆθος Θ, Λ, Ν σύνδυο λαμβανόμενα καὶ ἐν τῷ αὐτῷ λόγῳ· διΐσου ἄρα εἰ ὑπερέχει τὸ Η τοῦ Μ, ὑπερέχει καὶ τὸ Θ τοῦ Ν· καὶ εἰ ἴσον,

PROPOSITIO XIX.

Symbolice ita: si A:B=A—C:B—D, erit etiam A:B =C:D, ubi patet, eiusdem generis esse magnitudines A, B, C, D. Addit hic Rob. Simson. sequens Cor. a. Si fuerit, ut tota ad totam, ita ablata ad ablatam: erit et reliqua ad reliquam ut ablata ad ablatam, hoc enim in ipsa demonstratione ostensum est. Illud autem Corollarium, quod vulgo huic propositioni adiungitur, quodque, ne quid textui deesse videretur, et nos in textu posuimus, non huc pertinere, iam in variantibus lectionibus diximus. Legitime autem illud demonstratum est infra in Excursu ad hunc librum Prop. E.

Sint quotcunque magnitudines A; B, Γ, et aliae ipsis aequales multitudine Δ, E, Z, binae sumptae in eadem ratione, ut A ad B ita Δ ad E, ut B vero ad Γ ita E ad Z; dico et ex aequo in eadem ratione fore, ut A ad Γ ita Δ ad Z.

Sumantur enim ipsarum A, Δ aeque multiplices H, Θ, ipsarum vero B, E aliae utcunque aeque multiplices K, Λ, et insuper ipsarum Γ, Z aliae utcunque aeque multiplices M, N.

Et quoniam est ut A ad B ita Δ ad E, et sumptae sunt ipsarum A, Δ aeque multiplices H, Θ, ipsarum vero B, E aliae utcunque aeque multiplices K, Λ; est igitur ut H ad K ita Θ ad Λ (V. 4.). Ex eadem ratione et ut K ad M ita Λ ad N. Et quoniam tres magnitudines sunt H, K, M, et aliae ipsis aequales multitudine Θ, Λ, N binae sumptae in eadem ratione; ex aequo igitur si superat H ipsam M, superat et Θ ipsam N; et si aequalis, aequalis; et si minor, minor (V. 20.). Et sunt H, Θ ipsarum A,

PROPOSITIO XX.

Propositionis huius demonstrationem magis explicitam dedit Rob. Simson., quae ita habet: si sit $A:B=D:E$, et $B:C=E:F$, sit autem $A>=<C$, erit ex aequo $D>=<F$. Sit enim 1) $A>C$, eritque $A:B>C:B$ (V. 8.), adeoque, ob $A:B=D:E$, erit etiam $D:E>C:B$ (V. 13.). At $F:E=C:B$ (Prop. B.), adeoque etiam $D:E>F:E$ (V. 13.), unde $D>F$ (V. 10.). Sit 2) $A=C$, erit et $D=F$. Nam ob $A=C$, erit $A:B=C:B$ (V. 7.). Est autem $A:B=D:E$, et $C:B=F:E$ (Prop. B.), unde $D:E=F:E$ (V. 11.), adeoque $D=F$ (V. 9.). Sit 3) $A<C$, erit et $D<F$. Nam ob $A<C$,

ἴσον, καὶ εἰ ἔλαττον, ἔλαττον. Καί ἐστι τὰ μὲν Η, Θ τῶν Α, Δ ἰσάκις πολλαπλάσια, τὰ δὲ Μ, Ν τῶν Γ, Ζ ἄλλα ἃ ἔτυχεν ἰσάκις πολλαπλάσια· ἔστιν ἄρα ὡς τὸ Α πρὸς Δ οὕτως τὸ Δ πρὸς τὸ Ζ. Ἐὰν ἄρα ᾖ ὁποσαοῦν, καὶ τὰ ἑξῆς.

ΠΡΟΤΑΣΙΣ κγ΄.

Ἐὰν ᾖ τρία μεγέθη, καὶ ἄλλα αὐτοῖς ἴσα τὸ πλῆθος, σύνδυο λαμβανόμενα ἐν τῷ αὐτῷ λόγῳ, ᾖ δὲ τεταραγμένη αὐτῶν ἡ ἀναλογία· καὶ διΐσου ἐν τῷ αὐτῷ λόγῳ ἔσται.

Ἔστω τρία μεγέθη τὰ Α, Β, Γ, καὶ ἄλλα αὐτοῖς ἴσα τὸ πλῆθος, σύνδυο λαμβανόμενα ἐν τῷ αὐτῷ λόγῳ τὰ Δ, Ε, Ζ, ἔστω δὲ τεταραγμένη αὐτῶν ἡ ἀναλογία, ὡς μὲν τὸ Α πρὸς τὸ Β οὕτως τὸ Ε πρὸς τὸ Ζ, ὡς δὲ τὸ Β πρὸς τὸ Γ οὕτως τὸ Δ πρὸς τὸ Ε· λέγω ὅτι ἐστὶν ὡς τὸ Α πρὸς τὸ Γ οὕτως τὸ Δ πρὸς τὸ Ζ.

Εἰλήφθω τῶν μὲν Α, Β, Δ ἰσάκις πολλαπλάσια τὰ Η, Θ, Κ, τῶν δὲ Γ, Ε, Ζ ἄλλα ἃ ἔτυχεν ἰσάκις πολλαπλάσια τὰ Λ, Μ, Ν.

Καὶ ἐπεὶ ἰσάκις ἐστὶ πολλαπλάσια τὰ Η, Θ τῶν Α, Β, τὰ δὲ μέρη τοῖς ὡσαύτως πολλαπλασίοις τὸν αὐτὸν ἔχει λόγον· ἔστιν ἄρα ὡς τὸ Α πρὸς τὸ Β οὕτως τὸ Η πρὸς τὸ Θ. Διὰ τὰ αὐτὰ δὴ καὶ ὡς τὸ Ε πρὸς τὸ Ζ οὕτως τὸ Μ πρὸς τὸ Ν· καί ἐστιν ὡς τὸ Α πρὸς τὸ Β οὕτως τὸ Ε πρὸς τὸ Ζ· καὶ ὡς ἄρα

erit $C > A$. Iam vero (Prop. B.) est $C : B = F : E$, et $B : = E : D$, unde, ob $C > A$, erit $F > D$ (Cas. 1.) vel $D < F$. Eadem fere ratione rem Clavius demonstrat, nisi quod casum

Δ aeque multiplices, et M, N ipsarum Γ, Z aliae utcunque aeque multiplices; est igitur ut A ad Γ ita Δ ad Z (V. Def. 5.). Si igitur quotcunque etc.

PROPOSITIO XXIII. (Fig. 333.)

Si sint tres magnitudines, et aliae ipsis aequales multitudine, binae sumptae in eadem ratione, sit autem perturbata earum proportio; et ex aequo in eadem ratione erunt.

Sint tres magnitudines A, B, Γ, et aliae ipsis aequales multitudine, binae sumptae in eadem ratione Δ, E, Z, sit autem perturbata earum proportio, ut A ad B ita E ad Z, et ut B ad Γ ita Δ ad E; dico esse ut A ad Γ ita Δ ad Z.

Sumantur ipsarum A, B, Δ aeque multiplices H, Θ, K, ipsarum vero Γ, E, Z aliae utcunque aeque multiplices Λ, M, N.

Et quoniam aeque multiplices sunt H, Θ ipsarum A, B, partes vero eandem habent rationem quam earum aeque multiplices (V. 15.); erit ut A ad B ita H ad Θ. Ex eadem ratione ut E ad Z ita M ad N; et est ut A ad B ita E ad Z; itaque ut H ad Θ ita M ad N (V. 11.). Et quoniam est ut B ad Γ ita Δ

tertium non ad primum reducit, sed pariter immediate adstruit.

τὸ Η πρὸς τὸ Θ οὕτως τὸ Μ πρὸς τὸ Ν. Καὶ ἐπεί ἐστιν ὡς τὸ Β πρὸς τὸ Γ οὕτως τὸ Δ πρὸς τὸ Ε, καὶ [1] εἴληπται τῶν μὲν Β, Δ ἰσάκις πολλαπλάσια τὰ Θ, Κ, τῶν δὲ Γ, Ε ἄλλα, ἃ ἔτυχεν ἰσάκις πολλαπλάσια τὰ Λ, Μ· ἔστιν ἄρα ὡς τὸ Θ πρὸς τὸ Λ, οὕτως τὸ Κ πρὸς τὸ Μ. Ἐδείχθη δὲ καὶ ὡς τὸ Η πρὸς τὸ Θ, οὕτως τὸ Μ πρὸς τὸ Ν· ἐπεὶ οὖν τρία μεγέθη ἐστὶ, τὰ Η, Θ, Λ, καὶ ἄλλα αὐτοῖς ἴσα τὸ πλῆθος, τὰ Κ, Μ, Ν, σύνδυο λαμβανόμενα ἐν τῷ αὐτῷ λόγῳ, καί ἐστιν αὐτῶν τεταραγμένη ἡ ἀναλογία· δι' ἴσου ἄρα εἰ ὑπερέχει τὸ Η τοῦ Λ, ὑπερέχει καὶ τὸ Κ τοῦ Ν· καὶ εἰ ἴσον, ἴσον· καὶ εἰ ἔλαττον, ἔλαττον. Καί ἐστι τὰ μὲν Η, Κ τῶν Α, Δ ἰσάκις πολλαπλάσια, τὰ δὲ Λ, Ν τῶν Γ, Ζ ἄλλα, ἃ ἔτυχεν, ἰσάκις πολλαπλάσια [2]· ἔστιν ἄρα ὡς τὸ Α πρὸς τὸ Γ οὕτως τὸ Δ πρὸς τὸ Ζ. Ἐὰν ἄρα ᾖ τρία, καὶ τὰ ἑξῆς.

1) Loco eorum, quae hic habentur, Peyrardus e Codd. a, c. d. longe prolixius et manifesto erronee demonstrat esse, ut Θ ad Λ, ita K ad M. Nempe ex eo, quod $B:\Gamma=\Delta:E$ concludit, esse alterne $B:\Delta=\Gamma:E$ (V. 16.). At $B:\Delta=\Theta:K$ (V. 15.), adeoque $\Gamma:E=\Theta:K$ (V. 11); et $\Lambda:M=\Gamma:E$ (V. 15.), adeoque $\Theta:K=\Lambda:M$ (V. 11.) et iterum alterne $\Theta:\Lambda=K:M$. Ita vero propositio locum tantum habere videretur, si magnitudines A, B, Γ, et reliquae Δ, E, Z fuerint omnes eiusdem generis, quod longe secus est. Restituimus itaque locum, ut est in ed. Oxoniensi. Ed. Basileensis in loco, de quo disputamus, cum Oxoniensi consentit. Postea autem absurde eadem addit, quae vix e Peyrardo attulimus

2) *Ἄλλα, ἃ ἔτυχεν, ἰσάκις πολλαπλάσια.* Haec verba, quae monente Rob. Simson. omnino necessaria sunt, etiam sine Codd. auctoritate addidimus.

PROPOSITIO XXI.

Huius quoque propositionis demonstrationem magis explicitam dedere Clavius et Rob. Simson., similem prorsus ei,

ad E, et sumptae sunt ipsarum B, Δ aequemultiplices Θ, K, ipsarum Γ, E autem aliae utcunque aeque multiplices Λ, M; erit, ut Θ ad Λ, ita K ad M (V. 4.). Ostensum autem est, et, ut H ad Θ, ita esse M ad N; quoniam igitur tres magnitudines sunt H, Θ, Λ, et aliae ipsis aequales multitudine K, M, N, binae sumptae in eadem ratione, et est earum perturbata proportio; ex aequo (V. 21.) si H superat Λ, superat et K ipsam N; et si aequalis, aequalis; et si minor, minor. Et sunt H, K ipsarum A, Δ aeque multiplices, Λ, N vero ipsarum Γ, Z; alia utcuuque aeque multiplicia; est igitur ut A ad Γ ita Δ ad Z (V. Def. 5.). Si igitur sint tres etc.

quam in propositione praecedente vidimus, unde facile illa derivabitur.

PROPOSITIO XXII.

Expressis quidem verbis in textu graeco haec propositio demonstrata tantum est eo casu, quo sunt tres magnitudines, et aliae ipsis numero aequales. Eandem autem valere generaliter, ut in enunciato propositionis asseritur, eadem ratione demonstrari potest, ut monuerunt Campanus, Clavius, Rob. Simson. aliique. Nempe si sint quatuor magnitudines A, B, C, D, aliaeque ipsis numero aequales E, F, G, H, sitque $A:B=E:F$, $B:C=F:G$, $C:D=G:H$, erit $A:D=E:H$. Quum enim pro tribus magnitudinibus iam demonstratum sit, esse $A:C=E:G$, et iam denuo sit $C:D=G:H$, res pariter redit ad tres magnitudines A, C, D, et totidem alias E, G, H. Atque ita semper, si res demonstrata fuerit pro m magnitudinibus, inde demonstrabitur pro $(m+1)$ magnitudinibus, adeoque demonstratio est generalis.

ΠΡΟΤΑΣΙΣ κδ'.

Ἐὰν πρῶτον πρὸς δεύτερον τὸν αὐτὸν ἔχῃ λόγον καὶ τρίτον πρὸς τέταρτον, ἔχῃ δὲ καὶ πέμπτον πρὸς δεύτερον τὸν αὐτὸν λόγον καὶ ἕκτον πρὸς τέταρτον· καὶ συντεθὲν πρῶτον καὶ πέμπτον πρὸς δεύτερον τὸν αὐτὸν ἕξει λόγον καὶ τρίτον καὶ ἕκτον πρὸς τέταρτον.

Πρῶτον γὰρ τὸ ΑΒ πρὸς δεύτερον τὸ Γ τὸν αὐτὸν ἐχέτω λόγον καὶ τρίτον τὸ ΔΕ πρὸς τέταρτον τὸ Ζ· ἐχέτω δὲ καὶ πέμπτον τὸ ΒΗ πρὸς δεύτερον τὸ Γ τὸν αὐτὸν λόγον καὶ ἕκτον τὸ ΕΘ πρὸς τέταρτον τὸ Ζ· λέγω ὅτι καὶ συντεθὲν πρῶτον καὶ πέμπτον τὸ ΑΗ πρὸς δεύτερον τὸ Γ τὸν αὐτὸν ἕξει λόγον καὶ τρίτον καὶ ἕκτον τὸ ΔΘ πρὸς τέταρτον τὸ Ζ.

Ἐπεὶ γάρ ἐστιν ὡς τὸ ΒΗ πρὸς τὸ Γ οὕτως τὸ ΕΘ πρὸς τὸ Ζ· ἀνάπαλιν ἄρα ὡς τὸ Γ πρὸς τὸ ΒΗ οὕτως τὸ Ζ πρὸς τὸ ΕΘ. Ἐπεὶ οὖν ἐστιν ὡς τὸ ΑΒ πρὸς τὸ Γ οὕτως τὸ ΔΕ πρὸς τὸ Ζ, ὡς δὲ τὸ Γ πρὸς τὸ ΒΗ οὕτως τὸ Ζ πρὸς τὸ ΕΘ· διΐσου ἄρα ἐστὶν ὡς τὸ ΑΒ πρὸς τὸ ΒΗ οὕτως τὸ ΔΕ πρὸς τὸ ΕΘ. Καὶ ἐπεὶ διῃρημένα μεγέθη ἀνάλογόν ἐστι, καὶ συντεθέντα ἀνάλογον ἔσται· ἔστιν ἄρα ὡς τὸ ΑΗ πρὸς

Cor. Sponte inde fluit, rationum aequalium duplicatas, triplicatas etc. etiam aequales esse (Baermann.). Nempe, si $A:B=B:C$, et $P:Q=Q:R$, sitque $A:B=P:Q$, erit et (V. 11.) $B:C=Q:R$, unde $A:C=P:R$, et similiter de triplicata ratione etc. res demonstrabitur. (Conversam huius vide in Excursu ad Prop. m.)

PROPOSITIO XXIII.

Hanc quoque propositionem valere de quotcunque magnitudinibus, quamvis in textu graeco non tam generaliter enun-

PROPOSITIO XXIV. (Fig. 334.)

Si prima ad secundam eandem habeat rationem quam tertia ad quartam; habeat autem et quinta ad secundam eandem rationem quam sexta ad quartam; et simul sumptae prima et quinta ad secundam eandem rationem habebunt quam tertia et sexta ad quartam.

Prima enim AB ad secundam Γ eandem habeat rationem quam tertia ΔE ad quartam Z; habeat vero et quinta BH ad secundam Γ eandem rationem quam sexta $E\Theta$ ad quartam Z; dico et simul sumptas primam et quintam AH ad secundum Γ eandem habituras esse rationem quam tertia et sexta $\Delta\Theta$ ad quartam Z.

Quoniam enim est ut BH ad Γ ita $E\Theta$ ad Z; per inversionem erit (Prop. B.) ut Γ ad BH ita Z ad $E\Theta$. Et quoniam est ut AB ad Γ ita ΔE ad Z, ut autem Γ ad BH ita Z ad $E\Theta$; ex aequo igitur est ut AB ad BH ita ΔE ad $E\Theta$ (V. 22.). Et quoniam divisae magnitudines proportionales sunt, et compositae proportionales erunt (V. 18.); ut igitur AH ad BH ita $\Delta\Theta$ ad ΘE. Est autem et ut BH ad Γ ita

ciata sit, similique ac praecedentem ratione demonstrari, monuerunt Campanus, Clavius, Rob. Simson. aliique.

PROPOSITIO XXIV.

Huic propositioni Rob. Simson. sequentia addit corollaria:

Cor. 1. Manente hypothesi propositionis, erit excessus primae et quintae ad secundam, ut excessus tertiae et sextae ad quartam. Demonstratio eadem est cum demonstratione propositionis, dummodo vice componendo utamur dividendo.

τὸ ΒΗ οὕτως τὸ ΔΘ πρὸς τὸ ΘΕ. Ἔστι δὲ καὶ ὡς τὸ ΒΗ πρὸς τὸ Γ οὕτως τὸ ΕΘ πρὸς τὸ Ζ· διΐσου ἄρα ἐστὶν ὡς τὸ ΑΗ πρὸς τὸ Γ οὕτως τὸ ΔΘ πρὸς τὸ Ζ. Ἐὰν ἄρα πρῶτον, καὶ τὰ ἑξῆς.

ΠΡΟΤΑΣΙΣ κέ.

Ἐὰν τέσσαρα μεγέθη ἀνάλογον ᾖ, τὸ μέγιστον καὶ τὸ ἐλάχιστον δύο τῶν λοιπῶν μείζονά ἐστιν.

Ἔστω τέσσαρα μεγέθη ἀνάλογον, τὰ ΑΒ, ΓΔ, Ε, Ζ, ὡς τὸ ΑΒ πρὸς τὸ ΓΔ οὕτως τὸ Ε πρὸς τὸ Ζ, ἔστω δὲ μέγιστον μὲν αὐτῶν τὸ ΑΒ, ἐλάχιστον δὲ τὸ Ζ· λέγω ὅτι τὰ ΑΒ, Ζ τῶν ΓΔ, Ε μείζονά ἐστιν.

Κείσθω γὰρ τῷ μὲν Ε ἴσον τὸ ΑΗ, τῷ δὲ Ζ ἴσον τὸ ΓΘ.

Ἐπεὶ οὖν ἐστιν ὡς τὸ ΑΒ πρὸς τὸ ΓΔ οὕτως τὸ Ε πρὸς τὸ Ζ, ἴσον δὲ τῷ μὲν Ε τὸ ΑΗ, τῷ δὲ Ζ τὸ ΓΘ· ἔστιν ἄρα ὡς τὸ ΑΒ πρὸς τὸ ΓΔ οὕτως τὸ ΑΗ πρὸς τὸ ΓΘ. Καὶ ἐπεί ἐστιν ὡς ὅλον τὸ ΑΒ πρὸς ὅλον τὸ ΓΔ οὕτως ἀφαιρεθὲν τὸ ΑΗ πρὸς ἀφαιρεθὲν τὸ ΓΘ· καὶ λοιπὸν ἄρα τὸ ΗΒ πρὸς λοιπὸν τὸ ΘΔ ἔσται ὡς ὅλον τὸ ΑΒ πρὸς ὅλον τὸ ΓΔ. Μεῖζον δὲ τὸ ΑΒ τοῦ ΓΔ· μεῖζον ἄρα καὶ τὸ ΗΒ τοῦ ΘΔ. Καὶ ἐπεὶ ἴσον ἐστὶ τὸ μὲν ΑΗ τῷ Ε, τὸ δὲ ΓΘ τῷ Ζ· τὰ ἄρα ΑΗ, Ζ ἴσα ἐστὶ τοῖς ΓΘ, Ε. Καὶ ἐπεί, ἐὰν ἀνίσοις ἴσα προστεθῇ, τὰ ὅλα ἄνισα

Cor. 2. Ipsa autem propositio vera est de quotcunque magnitudinibus, quarum priores ad communem secundam easdem habent rationes, quas habent reliquae ad communem quartam, singulae sc. priorum ad secundam, eandem, quam singulae reliquarum ad quartam; ut patet. (Nempe, si A:M=F:N, B:M=G:N, C:M=H:N, D:M=I:N etc. erit

$E\Theta$ ad Z; ex aequo igitur est (V. 22.) ut AH ad Γ ita $\Delta\Theta$ ad Z. Si igitur prima etc.

PROPOSITIO XXV. (Fig. 335.)

Si quatuor magnitudines proportionales sint, maxima et minima duabus reliquis maiores sunt.

Sint quatuor magnitudines proportionales AB, $\Gamma\Delta$, E, Z, ut AB ad $\Gamma\Delta$ ita E ad Z; sit autem maxima quidem ipsarum AB, minima vero Z; dico AB, Z ipsis $\Gamma\Delta$, E maiores esse.

Ponatur enim ipsi E aequalis AH ipsi vero Z aequalis $\Gamma\Theta$.

Quoniam igitur est ut AB ad $\Gamma\Delta$ ita E ad Z, aequalis autem E ipsi AH, Z vero ipsi $\Gamma\Theta$; est igitur ut AB ad $\Gamma\Delta$ ita AH ad $\Gamma\Theta$. Et quoniam est ut tota AB ad totam $\Gamma\Delta$ ita ablata AH ad ablatam $\Gamma\Theta$; et reliqua HB ad reliquam $\Theta\Delta$ erit ut tota AB ad totam $\Gamma\Delta$ (V. 19.). Maior autem AB ipsa $\Gamma\Delta$; maior igitur et HB ipsa $\Theta\Delta$ (Prop. A.). Et quoniam aequalis est AH ipsi E, $\Gamma\Theta$ vero ipsi Z; erunt AH, Z aequales ipsis $\Gamma\Theta$, E. Et quoniam si inaequalibus aequalia addantur, tota inaequalia sunt (I. Ax. 4.); cum igitur HB, $\Theta\Delta$ inaequalia sint, sitque maior

etiam $A+B+C+D$ etc. $: M = F+G+H+I$ etc. $; N$, vel etiam excessus quarundam priorum super reliquas priores ad secundam, ut similis excessus reliquarum ad quartam v. c. $A+B+C-D : M = F+G+H-I : N$, vel $A+B-C-D : M = F+G-H-I : N$ etc.)

ἐστίν· ἐὰν ἄρα τῶν ΗΒ, ΘΔ ἀνίσων ὄντων, καὶ μείζονος τοῦ ΗΒ, τῷ μὲν ΗΒ προστεθῇ τὰ ΑΗ, Ζ, τῷ δὲ ΘΔ προστεθῇ τὰ ΓΘ, Ε, συνάγεται τὰ ΑΒ, Ζ μείζονα τῶν ΓΔ, Ε. Ἐὰν ἄρα τέσσαρα, καὶ τὰ ἑξῆς.

PROPOSITIO XXV.

Observante Rob. Simsone, si sumitur, primam quatuor magnitudinum proportionalium maximam esse omnium, sponte inde fluit ope Prop. A. et V. 14. quartam esse omnium mi-

HB, cui addantur AH, Z, ipsi vero $\Theta\Delta$ addantur $\Gamma\Theta$, E, fient AB, Z maiores ipsis $\Gamma\Delta$, E. Si igitur quatuor etc.

nimam. Caeterum sub finem huius libri Rob. Simson. quatuor adhuc addit propositiones F, G, H, K, quas nos exhibemus in Excursu ad librum VI. §§. 9. 10. 15.

ΕΥΚΛΕΙΔΟΥ

ΣΤΟΙΧΕΙΩΝ

ΒΙΒΛΙΟΝ ΕΚΤΟΝ.

ΟΡΟΙ.

α΄. Ὅμοια σχήματα εὐθύγραμμά ἐστιν, ὅσα τάς τε γωνίας ἴσας ἔχει κατὰ μίαν, καὶ τὰς περὶ τὰς ἴσας γωνίας πλευρὰς ἀνάλογον.

β΄. Ἀντιπεπονθότα δὲ σχήματά ἐστιν, ὅταν ἑκατέρῳ τῶν σχημάτων ἡγούμενοί τε καὶ ἑπόμενοι λόγων [1]) ὦσιν.

1) Editio Basil. et cum ea plures Elementorum editiones, quae textum graecum definitionem et enunciatorum propositionum habent, nominatim Orontii Fineii, Ioach. Camerarii, Scheubelii, Peletarii, Dasypodii habent *λόγοι*. Eadem lectio est etiam in excerptis *ἐκ τῶν τοῦ Ἥρωνος περὶ τῶν τῆς γεωμετρίας ὀνομάτων* a Dasypodio editis Argent. 1570. Ed. Oxon. legit *ὅροι*, quam vocem etiam Petr. Ramus ponendam putaverat. Conferantur tamen, quae ad V. Defin. 9. de seriore usu vocis *ὅροι* dicta sunt. Candalla iam suspicatus erat, legendum esse *λόγων*, quam lectionem Peyrardus e Cod. a. eruit, et in ed. Paris. posuit. Quod ex Candallae sententia ita interpretandum erit, utramque figuram binarum rationum antecedens et consequens comprehendere; scilicet antecedens primae et consequens secundae ad priorem, consequens vero primae et antecedens secundae rationis ad posteriorem figuram pertinere debent. Pfleiderer. Schol. in L. VI. Elem. §. 127—132. Forte legenda fuerit utraque vox: *λόγων ὅροι*, aut potius: *ἡγούμενά τε καὶ ἑπόμενα λόγων.*

EUCLIDIS
ELEMENTORUM
LIBER SEXTUS.

DEFINITIONES.

1. Similes figurae rectilineae sunt, quae et singulos angulos singulis aequales habent, et circa aequales angulos latera proportionalia.

2. Reciprocae autem figurae sunt, quando in utraque figurarum antecedentes et consequentes rationum sunt.

DEFIN. I.

Austin. contra hanc definitionem monet, non statim patere, an simul consistere possit in duabus figuris rectilineis mutua aequalitas angulorum, et proportionalitas laterum circa aequales angulos. Atque ita haec definitio ponenda aut saltim explicanda foret demum post VI. 4. At, quum in figuris regularibus, quas liber quartus describere docet, mutua illa aequalitas angulorum, et proportionalitas laterum locum habeat, si figurae istae eundem numerum laterum habeant; exemplum certe eiusmodi figurarum prostat, nec quisquam generaliter asserere poterit, esse ista ἀσύστατα. Et, quod Pfleiderer observat, (Schol. ad Libr. VI. Elem. Euclid. Tub. 1800. sqq. §. 297. Ista nempe scholia non integra, sed saltim ad §. 238.

γ΄. Ἄκρον καὶ μέσον λόγον εὐθεῖα τετμῆσθαι λέγεται, ὅταν ᾖ ὡς ἡ ὅλη πρὸς τὸ μεῖζον τμῆμα οὕτως τὸ μεῖζον πρὸς τὸ ἔλασσον.

δ΄ Ὕψος ἐστὶ πάντος σχήματος ἡ ἀπὸ τῆς κορυφῆς ἐπὶ τὴν βάσιν κάθετος ἀγομένη.

lucem publicam viderunt, integra tamen in scriniis suis elaborata habuit beatus auctor et benevole mecum communicavit, unde, ipso permittente, nonnulla in nostrum usum convertimus) Euclidea rectilineorum similium definitio ipsam communem similitudinis notionem (quae lineamentorum similem situm ac proportionalitatem requirit) ad illa adplicatam et accurate determinatam sistit. Et Euclides, eodem monente, denominationem similium triangulis in VI. 8. demum applicat, postquam in VI. 4—7. aequalitatem angulorum ac proportionalitatem laterum circa angulos aequales non solum generaliter coexistere posse, sed sub quibus conditionibus reapse coexistant, ostenderat: tum rectilinea universim, quae iuxta suam definitionem similia dici possint, in VI. 18. describere docet, antequam ad proprietates eorum discutiendas progrediatur. Cf. Phil. mathem. Abhandl. von Kästner und Klügel. Halle 1807. p. 16. sqq. Ipse Austin. contra similia triangula ea esse dicit, in quibus anguli unius aequales sunt respective angulis alterius. Similes autem rectilineas figuras plurium quam trium laterum eas esse dicit, quae dividi possint in aequalem numerum triangulorum similium, similiter positorum. Circa has Austini definitiones Pfleiderer. l. c. observat, definitionem triangulorum similium communem figurarum similium notionem non exhaurire, et demum adiecta propositione VI. 4. eam exhauriri. Caeterorum vero rectilineorum definitionem Austinianam, cum et multifariam ea possint in triangula dividi, et, quid similis triangulorum situs involvat, ab auctore non declaretur, vagam et ambiguam esse. Praeter necessitatem igitur, nec sine incommodo, uni definitioni duas substitui.

DEFIN. II.

Rob. Simson. observat, definitionem 2. non videri Eucli-

3. Secundum extremam et mediam rationem recta secta esse dicitur, quando est ut tota ad maius segmentum ita maius ad minus.

2. Altitúdo est omnis figurae a vertice ad basin perpendicularis ducta.

dis esse, sed cuiusdam imperiti, quum nulla figurarum reciprocarum mentio fiat ab Euclide, nec a quoquam alio geometra, et definitio praeterea obscure enunciata sit. Ipse autem Simson. clarius eam ita exhibuit: „reciprocae figurae, triangula sc. et parallelogramma sunt, quando circa duos angulos latera ita sunt proportionalia, ut latus primae sit ad latus secundae, ut reliquum secundae latus ad latus reliquum primae." In adiectis deinde notis aliam generaliorem vice eius posuit, nempe „duae magnitudines dicuntur reciproce proportionales duobus aliis, quando altera priorum est ad alteram posteriorum, ut reliqua posteriorum ad reliquam priorum." Simsonis iudicium de Def. 2. confirmat Pfleiderer. Schol. ad Libr. VI. Elem. §. 132., dum observat, Prop. VI. 14., VI. 15., XI. 34. etc. non dicere, *ἀντιπεπονθότα* parallelogramma, triangula etc. sed: *ὧν ἀντιπεπόνθασιν αἱ πλευραὶ κ. τ. λ.*, quarum formularum sensus praeterea in singularum propositionum enunciatione VI. 14., VI. 15. etc. diserte indicetur. Caeterum Pfleiderer. monet, Rob. Simsonis definitionem, per se ad quatuor homogeneas magnitudines restrictam, ad solas libri VI. propositiones quadrare.

DEFIN. IV.

Pfleiderer. in Schol. §. 1. observat, hanc definitionem non genuinam esse videri, cum in parallelogramma, parallelepipeda, prismata, cylindros, quorum altitudines in elementis commemorentur, non quadret. Praeterea eam deesse in versione Campani, nec Proclum ad I. 38. eius rationem habere. Nempe altitudo in figura rectilinea non absolute dicitur, sed semper refertur ad aliquod figurae latus, quod pro basi sumitur, et significat maximum perpendiculum, quod a puncto

έ. (Λόγος ἐκ λόγων συγκεῖσθαι λέγεται, ὅταν αἱ τῶν λόγων πηλικότητες ἐφ' ἑαυτὰς πολλαπλασιασθεῖσαι ποιῶσί τινα [1]).

ΠΡΟΤΑΣΙΣ ά.

Τὰ τρίγωνα καὶ τὰ παραλληλόγραμμα, τὰ ὑπὸ τὸ αὐτὸ ὕψος ὄντα, πρὸς ἄλληλά ἐστιν ὡς αἱ βάσεις.

Ἔστω τρίγωνα μὲν τὰ ΑΒΓ, ΑΓΔ, παραλληλόγραμμα δὲ τὰ ΕΓ, ΓΖ, ὑπὸ τὸ αὐτὸ ὕψος ὄντα, τὴν ἀπὸ τοῦ Α ἐπὶ τὴν ΒΔ κάθετον ἀγομένην· λέγω ὅτι ἐστὶν ὡς ἡ ΒΓ βάσις πρὸς τὴν ΓΔ βάσιν οὕτως τὸ ΑΒΓ τρίγωνον πρὸς τὸ ΑΓΔ τρίγωνον, καὶ τὸ ΕΓ παραλληλόγραμμον πρὸς τὸ ΓΖ παραλληλόγραμμον.

Ἐκβεβλήσθω γὰρ ἡ ΒΔ ἐφ' ἑκάτερα τὰ μέρη, ἐπὶ τὰ Θ, Λ σημεῖα, καὶ κείσθωσαν τῇ μὲν ΒΓ βάσει ἴσαι ὁσαιδηποτοῦν αἱ ΒΗ, ΗΘ, τῇ δὲ ΓΔ βάσει ἴσαι ὁσαιδηποτοῦν αἱ ΔΚ, ΚΛ, καὶ ἐπεζεύχθωσαν αἱ ΑΗ, ΑΘ, ΑΚ, ΑΛ.

Καὶ ἐπεὶ ἴσαι εἰσὶν αἱ ΓΒ, ΒΗ, ΗΘ ἀλλήλαις, ἴσα ἐστὶ, καὶ τὰ ΑΘΗ, ΑΗΒ, ΑΒΓ τρίγωνα ἀλλή-

1) Hanc definitionem quintam, quae apud Peyrardum deest, at ipso teste in omnibus codicibus (quanquam in Cod. a. tantum in margine) reperitur (nisi quod pro τινὰ legunt τινάς) ex ed. Oxon. huc reposuimus, non quod ipsam genuinam esse putaremus, sed quo melius ea, quae viri docti de VI. 5. Def. disputant, intelligi possint. Campanus hanc definitionem non habet. Ed. Basil. pro τινά, quod Oxon. habet, legit τινάς. Vide caeterum Excurs. ad finem huius libri.

aliquo figurae in hoc latus demitti potest. Iam vero vel unum aliquod figurae punctum ab hac basi magis distat, quam reliqua figurae puncta quaecunque, et tum perpendiculum ab hoc puncto in basin demissum altitudo figurae, quatenus ad hanc basin refertur, vocatur: vel plura figurae puncta unam ean-

(5. Ratio ex rationibus componi dicitur, quando rationum quantitates inter se multiplicatae illius faciunt quantitatem.)

PROPOSITIO I. (Fig. 373.)

Triangula et parallelogramma, quae eandem altitudinem habent, inter se sunt ut bases.

Sint triangula $AB\Gamma$, $A\Gamma\Delta$, parallelogramma vero $E\Gamma$, ΓZ, quae eandem altitudinem habent, nempe perpendicularem ab A ad $B\Delta$ ductam; dico, esse ut basis $B\Gamma$ ad $\Gamma\Delta$ basin ita triangulum $AB\Gamma$ ad triangulum $A\Gamma\Delta$, et parallelogrammum $E\Gamma$ ad parallelogrammum ΓZ.

Producatur enim $B\Delta$ ex utraque parte ad puncta Θ, Λ, et ponantur basi $B\Gamma$ aequales quotcunque BH, $H\Theta$, basi vero $\Gamma\Delta$ aequales quotcunque ΔK, $K\Lambda$, et iungantur AH, $A\Theta$, AK, $A\Lambda$.

Et quoniam aequales sunt ΓB, BH, $H\Theta$ inter se, aequalia sunt et $A\Theta H$, AHB, $AB\Gamma$ triangula inter

demque inter se a basi distantiam habent, adeoque I. 34. Cor. 4. in recta basi parallela sita sunt, ea ipsa distantia a basi autem maior est quovis perpendiculo ex alio quocunque figurae puncto in hanc basin demisso, tum iterum communis illa punctorum a basi distantia vel perpendiculum maius quovis alio a reliquis figurae punctis non in recta ista basi parallela sitis demisso altitudo figurae ad hanc basin relata vocatur. Itaque in triangulo quidem perpendiculum a vertice in oppositam basin demissum, in parallelogrammo autem perpendiculum e puncto quocunque rectae basi parallelae in basin demissum erit altitudo figurae, quatenus ea ad hanc basin refertur. Quum igitur duae figurae inter easdem parallelas constitutae sint,

λοις· ὁσαπλασίων ἄρα ἐστὶν ἡ ΘΓ βάσις τῆς ΒΓ βάσεως, τοσαυταπλάσιόν ἐστι καὶ τὸ ΑΘΓ τρίγωνον τοῦ ΑΒΓ τριγώνου. Διὰ τὰ αὐτὰ δὴ ὁσαπλασίων ἐστὶν ἡ ΓΛ βάσις τῆς ΓΔ βάσεως, τοσαυταπλάσιόν ἐστι καὶ τὸ ΑΛΓ τρίγωνον τοῦ ΑΓΔ τριγώνου· καὶ εἰ ἴση ἐστὶν ἡ ΘΓ βάσις τῇ ΓΛ βάσει, ἴσον ἐστὶ καὶ τὸ ΑΘΓ τρίγωνον τῷ ΑΛΓ τριγώνῳ· καὶ εἰ ὑπερέχει ἡ ΘΓ βάσις τῆς ΓΛ βάσεως, ὑπερέχει καὶ τὸ ΑΘΓ τρίγωνον τοῦ ΑΛΓ τριγώνου· καὶ εἰ ἔλασσων, ἔλασσον. Τεσσάρων δὴ ὄντων μεγεθῶν, δύο μὲν βάσεων τῶν ΒΓ, ΓΔ, δύο δὲ τριγώνων τῶν ΑΒΓ, ΑΓΔ, εἴληπται ἰσάκις πολλαπλάσια τῆς μὲν ΒΓ βάσεως καὶ τοῦ ΑΒΓ τριγώνου, ἥτε ΘΓ βάσις καὶ τὸ ΑΘΓ τρίγωνον· τῆς δὲ ΓΔ βάσεως καὶ τοῦ ΑΓΔ τριγώνου ἄλλα ἃ ἔτυχεν ἰσάκις πολλαπλάσια ἥτε ΓΛ βάσις καὶ τὸ ΑΛΓ τρίγωνον· καὶ δέδεικται ὅτι εἰ ὑπερέχει ἡ ΘΓ βάσις τῆς ΓΛ βάσεως, ὑπερέχει καὶ τὸ ΑΘΓ τρίγωνον τοῦ ΑΛΓ τριγώνου· καὶ εἰ ἴση, ἴσον· καὶ εἰ ἔλαττων, ἔλαττον· ἔστιν ἄρα ὡς ἡ ΒΓ βάσις πρὸς τὴν ΓΔ βάσιν οὕτως τὸ ΑΒΓ τρίγωνον πρὸς τὸ ΑΓΔ τρίγωνον.

Καὶ ἐπεὶ τοῦ μὲν ΑΒΓ τριγώνου διπλάσιόν ἐστι τὸ ΕΓ παραλλαλόγραμμον, τοῦ δὲ ΑΓΔ τριγώνου διπλάσιόν ἐστι τὸ ΖΓ παραλληλόγραμμον, τὰ δὲ

eandem altitudinem habent, et vice versa Cor. 3. et I. 34. Cor. 4.

DEFIN. V.

De hac definitione vide Excursum sub finem huius libri.

PROPOSITIO I.

Obs. 1. Demonstratio partis prioris supponit corollarium ex I. 38. deductum simile corollario 2. ex Prop. 36. deducto,

se (I. 38.), quam multiplex igitur est basis $\Theta\Gamma$ ipsius $B\Gamma$ basis, tam multiplex est et triangulum $A\Theta\Gamma$ ipsius $AB\Gamma$ trianguli. Ex eadem ratione quam multiplex est basis $\Gamma\Lambda$ ipsius $\Gamma\Delta$ basis, tam multiplex est et triangulum $A\Lambda\Gamma$ ipsius $A\Gamma\Delta$ trianguli; et (I. 38.) si aequalis est basis $\Theta\Gamma$ ipsi basi $\Gamma\Lambda$, aequale est et triangulum $A\Theta\Gamma$ ipsi triangulo $A\Lambda\Gamma$; et si superat basis $\Theta\Gamma$ ipsam basin $\Gamma\Lambda$, superat et triangulum $A\Theta\Gamma$ ipsum triangulum $A\Lambda\Gamma$; et si minor, minus. Quatuor igitur existentibus magnitudinibus, duabus quidem basibus $B\Gamma$, $\Gamma\Delta$, duobus vero triangulis $AB\Gamma$, $A\Gamma\Delta$, sumpta sunt aeque multiplicia basis $B\Gamma$ et trianguli $AB\Gamma$, ipsa basis $\Theta\Gamma$ et triangulum $A\Theta\Gamma$; basis vero $\Gamma\Delta$ et trianguli $A\Gamma\Delta$ alia utcunque aeque multiplicia, basis $\Gamma\Lambda$ et triangulum $A\Lambda\Gamma$. Et ostensum est si superat basis $\Theta\Gamma$ ipsam $\Gamma\Lambda$ basin, superare et triangulum $A\Theta\Gamma$ ipsum triangulum $A\Lambda\Gamma$; et si aequalis, aequale, et si minor, minus; est igitur (V. Def. 5.) ut basis $B\Gamma$ ad basin $\Gamma\Delta$ ita triangulum $AB\Gamma$ ad triangulum $A\Gamma\Delta$.

Et quoniam trianguli $AB\Gamma$ duplum est parallelogrammum $E\Gamma$ (I. 41.), ipsius vero trianguli $A\Gamma\Delta$ duplum est parallelogrammum $Z\Gamma$, partes autem eandem

quod pariter locum habere diximus ad I. 38., nempe triangula in iisdem parallelis constituta, sed super basibus inaequalibus, inaequalia esse, maius nempe illud, cuius basis maior sit. Cf. Pfleiderer. l. c. §. 4.

Obs. 2. Quamvis autem enunciatum propositionis et expositio supponat triangula et parallelogramma invicem contigua, super basibus in directum iacentibus constituta, et quidem in adiecto schemate ad oppositas partes lateris communis

μέρη τοῖς ὡσαύτως πολλαπλασίοις τὸν αὐτὸν ἔχει λόγον· ἔστιν ἄρα ὡς τὸ ΑΒΓ τρίγωνον πρὸς τὸ ΑΓΔ τρίγωνον οὕτως τὸ ΕΓ παραλληλόγραμμον πρὸς τὸ ΖΓ παραλληλόγραμμον. Ἐπεὶ οὖν ἐδείχθη, ὡς ἡ μὲν ΒΓ βάσις πρὸς τὴν ΓΔ οὕτως τὸ ΑΒΓ τρίγωνον πρὸς τὸ ΑΓΔ τρίγωνον, ὡς δὲ τὸ ΑΒΓ τρίγωνον πρὸς τὸ ΑΓΔ τρίγωνον οὕτως τὸ ΕΓ παραλληλόγραμμον πρὸς τὸ ΖΓ παραλληλόγραμμον· καὶ ὡς ἄρα ἡ ΒΓ βάσις πρὸς τὴν ΓΔ βάσιν οὕτως τὸ ΕΓ παραλληλόγραμμον πρὸς τὸ ΖΓ παραλληλόγραμμον. Τὰ ἄρα τρίγωνα, καὶ τὰ ἑξῆς.

ΠΡΟΤΑΣΙΣ β'.

Ἐὰν τριγώνου παρὰ μίαν τῶν πλευρῶν ἄχθῃ τις εὐθεῖα [1]), ἀνάλογον τεμεῖ τὰς τοῦ τριγώνου πλευράς· καὶ ἐὰν αἱ τοῦ τριγώνου πλευραὶ ἀνάλογον τμηθῶσιν, ἡ ἐπὶ τὰς τομὰς ἐπιζευγμένη εὐθεῖα παρὰ τὴν λοιπὴν ἔσται τοῦ τριγώνου πλευράν.

1) Edd. Basil. et Oxon. hic et sub finem propositionis addunt παράλληλος, quam vocem, quum in παρὰ iam contineatur, ex fide Cod. a. cum Peyrardo omisimus.

delineata, demonstratio tamen aeque pertinet ad triangula et parallelogramma aequalium altitudinum: quibus ita dispositis, ut bases illorum sint in eadem recta linea, et figurae ipsae ad easdem huius rectae partes recta per vertices triangulorum ducta ei, in qua bases sunt, fit parallela (I. 28. I. 33.); parallelogrammorum vero latera basibus opposita in eandem incidunt rectam, ei, in qua bases sunt, parallelam (I. 28. I. 33.). Quare triangula etiam et parallelogramma aequealta sunt uti bases. (Pfleiderer. l. c. §§. 5—8. Rob. Simson. Cor. ad VI. 1. Cf. demonstratio et figura Clavii, et expositio Procli ad I. 38., qui ita habet: τὸ αὐτὸ ὕψος οὐδὲν διαφέρει ἢ ἐν ταῖς αὐταῖς εἶναι παραλλήλοις. Πάντα γὰρ τὰ ἐν ταῖς αὐταῖς ὄντα

habent rationem quam earum aeque multiplices (V. 15.); est igitur ut triangulum $AB\Gamma$ ad triangulum $A\Gamma\Delta$ ita parallelogrammum $E\Gamma$ ad parallelogrammum $Z\Gamma$. Quoniam igitur ostensum est, ut basis $B\Gamma$ ad basin $\Gamma\Delta$ ita triangulum $AB\Gamma$ ad triangulum $A\Gamma\Delta$; ut autem triangulum $AB\Gamma$ ad triangulum $A\Gamma\Delta$ ita parallelogrammum $E\Gamma$ ad parallelogrammum $Z\Gamma$; igitur (V. 11.) basis $B\Gamma$ ad basin $\Gamma\Delta$ ita parallelogrammum $E\Gamma$ ad parallelogrammum $Z\Gamma$. Ergo triangula etc.

PROPOSITIO II. (Fig. 338.)

Si uni laterum trianguli parallela ducatur quaedam recta, illa proportionaliter secabit trianguli latera; et si trianguli latera proportionaliter secta fuerint, recta sectiones coniungens reliquo trianguli lateri parallela erit.

παραλλήλοις ὑπὸ τὸ αὐτό ἐστιν ὕψος, καὶ ἀναπάλιν. Ὕψος γάρ ἐστιν ἡ ἀπὸ τῆς ἑτέρας παραλλήλου κάθετος ἐπὶ τὴν λοιπήν.

Obs. 3. Propositiones I. 35—38. theoremate VI. 1. quidem comprehenduntur, sed, cum huius demonstratio illis nitatur, non simul cum hoc una stabiliri demonstratione dici possunt, quamvis Proclus l. c. contrarium asserat. Pfleiderer. l. c. §. 10.

Obs. 4. Parallelogramma et triangula rectangula, quae unum latus circa angulum rectum commune, vel aequale habent, esse ut altera ipsorum latera circa angulum rectum, asserto generali VI. 1. et Obs. 2. continetur. Hinc parallelogramma et triangula, primum rectangula, tum (I. 35. I. 37.) quaelibet super eadem vel aequalibus basibus constituta, sunt uti altitudines. Quod ipsum Clavius simili modo infert, Commandinus prolixius, nec legitime deducit. Pfleiderer. l. c. §§. 11. 12.

Τριγώνου γὰρ τοῦ ΑΒΓ παράλληλος μιᾷ τῶν πλευρῶν τῇ ΒΓ ἤχθω ἡ ΔΕ· λέγω ὅτι ἐστὶν ὡς ἡ ΒΔ πρὸς τὴν ΔΑ οὕτως ἡ ΓΕ πρὸς τὴν ΕΑ.

Ἐπεζεύχθωσαν γὰρ αἱ ΒΕ, ΓΔ.

Ἴσον δή ἐστι τὸ ΒΔΕ τρίγωνον τῷ ΓΔΕ τριγώνῳ, ἐπὶ γὰρ τῆς αὐτῆς βάσεώς ἐστι τῆς ΔΕ καὶ ἐν ταῖς αὐταῖς παραλλήλοις ταῖς ΔΕ, ΒΓ. Ἄλλο δέ τι τὸ ΑΔΕ τρίγωνον· τὰ δὲ ἴσα πρὸς τὸ αὐτὸ τὸν αὐτὸν ἔχει λόγον· ἔστιν ἄρα ὡς τὸ ΒΔΕ τρίγωνον πρὸς τὸ ΑΔΕ τρίγωνον οὕτως τὸ ΓΔΕ τρίγωνον πρὸς τὸ ΑΔΕ τρίγωνον. Ἀλλ᾽ ὡς μὲν τὸ ΒΔΕ τρίγωνον πρὸς τὸ ΑΔΕ οὕτως ἡ ΒΔ πρὸς τὴν ΔΑ· ὑπὸ γὰρ

Obs. 5. Ea, quae Obs. 4. ad initium dicta sunt, complectuntur Lemmata Elem. libro X. vulgo inserta, nempe ante X. 23. X. 32. Lemm. 2. ante X. 34. et Lemm. 3. ante X. 34. Pfleiderer l. c. §. 13.

Obs. 6. Per deductionem ad impossibile similem ei, quae demonstrandis I. 39. I. 40. adhibetur, facile demonstrantur VI Prop. 1. et Obs. 2. et Obs. 4. conversae: nempe triangula et parallelogramma, quae sunt inter se, ut bases, aequales habere altitudines, vel eandem; et quae sunt inter se, ut altitudines, aequales habere bases, si unam et eandem non habeant. Cf. Pfleiderer. l. c. §. 14. Clavius, aliique.

PROPOSITIO II.

Obs. 1. In Prop. 2. sumitur, rectam, quae basi trianguli parallela ducitur, necessario convenire cum reliquis trianguli lateribus ipsis aut productis, quod quidem necessario fieri patet ex I. 29. Cor. 3. Cf. Pfleiderer. l. c. §. 15.

Obs. 2. Ex VI. Prop. 2. quod nempe sit $BΔ:ΔA=ΓE:EA$, sequitur etiam, esse inverse $ΔA:BΔ=EA:ΓE$ (Prop. B in Excursu ad Libr. V. Elem.) et componendo (V. 18.) $AB:\binom{AΔ}{BΔ}=AΓ:\binom{AE}{EΓ}$, et alterne (VI. 16.) $BΔ:ΓE=ΔA:EA$,

Trianguli enim $AB\Gamma$ uni laterum $B\Gamma$ parallela ducatur ΔE; dico esse ut $B\Delta$ ad ΔA ita ΓE ad EA.

Iungantur enim BE, $\Gamma\Delta$.

Aequale igitur est triangulum $B\Delta E$ triangulo $\Gamma\Delta E$ (I. 37.), in eadem enim basi sunt ΔE et intra easdem parallelas ΔE, $B\Gamma$. Aliud autem quoddam triangulum est $A\Delta E$; aequalia vero ad idem eandem habent rationem (V. 7.); est igitur ut triangulum $B\Delta E$ ad triangulum $A\Delta E$, ita triangulum $\Gamma\Delta E$ ad triangulum $A\Delta E$. Sed ut triangulum $B\Delta E$ ad $A\Delta E$ ita $B\Delta$ ad ΔA; nam cum sub eadem altitudine sint, nempe sub

et $AB:A\Gamma = A\Delta:AE = B\Delta:E\Gamma$. Cf. Pfleiderer. l. c. §§. 16. 17. 22.

Obs. 3. Pariter earum propositionum omnium, quae Obs. 2. continentur, conversae eodem modo locum habent, ac in parte altera VI. Prop. 2. Conversa partis prioris demonstratur. Nempe ex suppositionibus $AB:\binom{A\Delta}{\Delta B} = A\Gamma:\binom{AE}{E\Gamma}$ dividendo (V. 17.), pariterque ex suppositione $B\Delta:\Gamma E = \Delta A:EA$ alterne (V. 16.) consequitur, esse $B\Delta:\Delta A = \Gamma E:EA$, unde ex parte altera V. Prop. 2. consequitur, omnibus his casibus esse rectam ΔE parallelam basi. Cf. Pfleiderer. l. c. §§. 20. 21. 22.

Obs. 4. Quae in VI. Prop. 2. similiterque ea, quae in Obs. 2. et 3. continentur, pariter locum habent, si recta ΔE ita ducatur (Fig. 339. 340.), ut non ipsis trianguli $AB\Gamma$ lateribus, sed saltim iis vel ultra verticem A, vel ultra basin $B\Gamma$ productis occurrat, quod facile eodem modo probatur. Cf. Pfleiderer. l. c. §§. 23. 24. Unde et Rob. Simson. et Playfair. rem ita enunciant: si uni laterum trianguli parallela quaedam recta linea ducta fuerit, proportionaliter secabit reliqua trianguli latera, vel latera producta: et, si latera trianguli, vel latera producta proportionaliter secta fuerint, quae sectiones

τὸ αὐτὸ ὕψος ὄντα, τὴν ἀπὸ τοῦ Ε ἐπὶ τὴν ΑΒ κάθετον ἀγομένην, πρὸς ἄλληλά εἰσιν ὡς αἱ βάσεις. Διὰ τὰ αὐτὰ δὴ ὡς τὸ ΓΔΕ τρίγωνον πρὸς τὸ ΑΔΕ οὕτως ἡ ΓΕ πρὸς τὴν ΕΑ· καὶ ὡς ἄρα ἡ ΒΔ πρὸς τὴν ΔΑ οὕτως ἡ ΓΕ πρὸς τὴν ΕΑ.

Ἀλλὰ δὴ αἱ τοῦ ΑΒΓ τριγώνου πλευραὶ αἱ ΑΒ, ΑΓ ἀνάλογον τετμήσθωσαν κατὰ τὰ Δ, Ε σημεῖα, ὡς ἡ ΒΔ πρὸς τὴν ΔΑ οὕτως ἡ ΓΕ πρὸς τὴν ΕΑ, καὶ ἐπεζεύχθω ἡ ΔΕ· λέγω ὅτι παράλληλός ἐστιν ἡ ΔΕ τῇ ΒΓ.

Τῶν γὰρ αὐτῶν κατασκευασθέντων, ἐπεί ἐστιν ὡς ἡ ΒΔ πρὸς τὴν ΔΑ οὕτως ἡ ΓΕ πρὸς τὴν ΕΑ, ἀλλ' ὡς μὲν ἡ ΒΔ πρὸς τὴν ΔΑ οὕτως τὸ ΒΔΕ τρίγωνον πρὸς τὸ ΑΔΕ τρίγωνον, ὡς δὲ ΓΕ πρὸς τὴν ΕΑ οὕτως τὸ ΓΔΕ τρίγωνον πρὸς τὸ ΑΔΕ τρίγωνον· καὶ ὡς ἄρα τὸ ΒΔΕ τρίγωνον πρὸς τὸ ΑΔΕ τρίγωνον οὕτως τὸ ΓΔΕ τρίγωνον πρὸς τὸ ΑΔΕ τρίγωνον. Ἑκάτερον ἄρα τῶν ΒΔΕ, ΓΔΕ τριγώνων πρὸς τὸ ΑΔΕ τρίγωνον τὸν αὐτὸν ἔχει λόγον. Ἴσον ἄρα ἐστὶ τὸ ΒΔΕ τρίγωνον τῷ ΓΔΕ τριγώνῳ· καὶ

coniungit recta linea reliquo trianguli lateri parallela erit. Omnia, etiam ea, quae in observationibus 2—4 dicta sunt, sic etiam licet complecti: quae ab cruribus eiusdem anguli, vel duorum angulorum ad verticem oppositorum per duas rectas parallelas tam verticem inter et alteram earum, quam ipsas inter patallelas abscinduntur segmenta, sic proportionalia sunt, ut, quam rationem mutuo habent duo segmenta unius cruris, eandem invicem habeant duo segmenta homologa, seu similiter sita cruris alterius; et ut singula unius cruris segmenta ad segmenta homologa cruris alterius sint in eadem ratione. Vicissim parallelae sunt rectae, quae ab cruribus eiusdem anguli, vel duorum angulorum ad verticem oppositorum, seg-

perpendiculari ab E ad AB ducta, inter se sunt ut bases (VI. 1.). Ex eadem ratione ut triangulum $\Gamma\Delta E$ ad $A\Delta E$ ita ΓE ad EA; ut igitur $B\Delta$ ad ΔA ita ΓE ad EA (V. 11.).

Sed trianguli $AB\Gamma$ latera AB, $A\Gamma$ proportionaliter secta sint in punctis Δ, E, ut $B\Delta$ ad ΔA ita ΓE ad EA, et iungantur ΔE; dico parallelam esse ΔE ipsi $B\Gamma$.

Iisdem enim constructis, quoniam est ut $B\Delta$ ad ΔA ita ΓE ad EA, sed ut $B\Delta$ ad ΔA ita triangulum $B\Delta E$ ad triangulum $A\Delta E$, ut ΓE vero ad EA ita triangulum $\Gamma\Delta E$ ad triangulum $A\Delta E$ (VI. 1.); erit (V. 11.) ut triangulum $B\Delta E$ ad triangulum $A\Delta E$ ita triangulum $\Gamma\Delta E$ ad triangulum $A\Delta E$. Utrumque igitur triangulorum $B\Delta E$, $\Gamma\Delta E$ ad triangulum $A\Delta E$ eandem habet rationem. Aequale igitur est (V. 9.) triangulum $B\Delta E$ triangulo $\Gamma\Delta E$; et sunt super eadem basi ΔE. Aequalia autem triangula super eadem basi

menta alterutro ordine indicato proportionalia abscindunt. Cf. Pfleiderer. l. c. §. 25. Denique observari potest, similes proportiones locum habere, si non duae tantum, sed plures rectae parallelae a cruribus anguli, vel duorum angulorum ad verticem oppositorum segmenta abscindant, et vice versa. Cf. Tacquet. VI. 2. Cor. 1.

Obs. 5. Pariter duas rectas non contiguas, duabus interceptas parallelis, pariter ab tertia his parallela proportionaliter secari, et vicissim, facile probatur, et ad segmenta etiam pluribus, quam tribus rectis inter se parallelis abscissa extendi potest. Cf. Pfleiderer. l. c. §§. 29. 30. 31. et, quae ibi citantur, demonstrationes Euclidis in VI. 10. et XI. 17. adhibitae.

εἰσὶν ἐπὶ τῆς αὐτῆς βάσεως τῆς ΔΕ. Τὰ δὲ ἴσα τρίγωνα ἐπὶ τῆς αὐτῆς βάσεως ὄντα, καὶ ἐν ταῖς αὐταῖς παραλλήλοις ἐστίν. Παράλληλος ἄρα ἐστὶν ἡ ΔΕ τῇ ΒΓ. Ἐὰν ἄρα τριγώνου, καὶ τὰ ἑξῆς.

ΠΡΟΤΑΣΙΣ γ'.

Ἐὰν τριγώνου γωνία δίχα τμηθῇ, ἡ δὲ τέμνουσα τὴν γωνίαν εὐθεῖα τέμνῃ καὶ τὴν βάσιν, τὰ τῆς βάσεως τμήματα τὸν αὐτὸν ἕξει λόγον ταῖς λοιπαῖς τοῦ τριγώνου πλευραῖς· καὶ ἐὰν τὰ τῆς βάσεως τμήματα τὸν αὐτὸν ἔχῃ λόγον ταῖς λοιπαῖς τοῦ τριγώνου πλευραῖς, ἡ ἀπὸ τῆς κορυφῆς ἐπὶ τὴν τομὴν ἐπιζευγνυμένη εὐθεῖα δίχα τέμνει τὴν τοῦ τριγώνου γωνίαν.

PROPOSITIO III.

Propositio haec valet de triangulis aequicruris pariter ac non aequicruris. Et de aequicruris quidem pars prior propositionis iam ex I. 4. pars posterior ex I. 8. patet. Cf. I. 26. Cor. 1. 2 Quod triangula non aequicrura attinet, illud ante omnia facile ostendetur, rectam, quae angulum ad verticem bifariam secat, basin ad angulos obliquos (in aequicruris anguli fiunt recti) et in partes inaequales secare, sic, ut minus segmentum adiaceat cruri minori, atque is angulus acutus sit, qui cruri minori opponitur. Nempe, si (Fig. 342.) $A\Gamma > AB$, et $A\varDelta$ angulum $BA\Gamma$ bifariam dividit, ob angulum $B > \Gamma$ (I. 18.), sunt anguli $B + \varDelta AB > \Gamma + \varDelta A\Gamma$, ideoque (I. 32.) $A\varDelta\Gamma > A\varDelta B$. Et, ab $A\Gamma$ abscissa $AE = AB$, et iuncta recta $\varDelta E$, sunt (I. 4.) $\varDelta E = \varDelta B$, et ang. $AE\varDelta = AB\varDelta$. Quare, producta AB versus Z, est ang. $\varDelta BZ = \varDelta E\Gamma$ (I. 13.). At $\varDelta BZ > \Gamma$ (I. 16.), ergo $\varDelta E\Gamma > \Gamma$, ideoque $\varDelta\Gamma > \varDelta E$ (I. 19.) i. e. $\varDelta\Gamma > \varDelta B$. Pfleiderer. l. c. §§. 32. 33.

Obs. 2. Quae igitur trianguli non aequicruri basin $B\Gamma$ bifariam secat ex vertice trianguli A ducta recta AH in huius segmentum $\varDelta\Gamma$ incidit, proinde in inaequales dividit angulum ad verticem $BA\Gamma$, sic, ut maior sit angulus BAH, qui mi-

constituta et intra easdem parallelas sunt (I. 39.). Parallela igitur est ΔE ipsi $B\Gamma$. Si igitur trianguli etc.

PROPOSITIO. III. (Fig. 341.).

Si trianguli angulus bifariam secetur, secans autem angulum recta secet et basin; segmenta basis eandem habebunt rationem quam reliqua trianguli latera; et si segmenta basis eandem habeant rationem quam reliqua trianguli latera, recta a vertice ad sectionem ducta bifariam secat trianguli angulum.

novi cruri AB adiacet: eademque AH obliqua est basi, ob angulum $AH\Gamma >$ obtuso $A\Delta\Gamma$, et $AHB <$ acuto $A\Delta B$ (I. 16.), quae posterior pars etiam ex I. 25. consequitur. Cf. Pfleiderer. l. c. §§. 34. 35.

Obs. 3. In demonstratione VI. Prop. 3., quae complet ea, quae Obs. 1. 2. dicta sunt, ostendendum est ante omnia, rectam ΓE (Fig. 341.) convenire cum producta BE, quod facile ope I. 29. Cor. 3. fiet, vel simili modo, quo in demonstratione VI. 4. res ad I. Ax. 11. vel I. Post. 5. reducitur. Poterat autem constructio etiam ita absolvi, ut a producta BA abscinderetur segmentum $AE = A\Gamma$, ubi tum facile ex parte posteriore VI. Prop. 2. ostenderetur, iunctam ΓE parallelam esse rectae ΔE. Et forte haec ipsa applicatio partis posterioris VI. 2. indicaverit, hanc constructionem, et, quae inde fluit, demonstrationem genuinam potius esse, quam quae nunc in elementis exstant, quae, nisi suppleantur, quae initio huius observationis diximus, quodammodo manca videri possit. Cf. Pfleiderer. l. c. §§. 37—40.

Obs. 4. Rectae AZ, BH, ΓE (Fig. 343.) bifariam secantes angulos cuiuslibet trianguli, et ad latera usque opposita productae, ita se mutuo in puncto sectionis communi Δ

Ἔστω τρίγωνον τὸ ΑΒΓ, καὶ τετμήσθω ἡ ὑπὸ ΒΑΓ γωνία δίχα ὑπὸ τῆς ΑΔ εὐθείας· λέγω ὅτι ἐστὶν ὡς ἡ ΒΔ πρὸς τὴν ΔΓ οὕτως ἡ ΒΑ πρὸς τὴν ΑΓ.

Ἤχθω γὰρ διὰ τοῦ Γ τῇ ΔΑ παράλληλος ἡ ΓΕ, καὶ διαχθεῖσα ἡ ΒΑ συμπιπτέτω αὐτῇ κατὰ τὸ Ε.

Καὶ ἐπεὶ εἰς παραλλήλους τὰς ΑΔ, ΕΓ εὐθεῖα ἐνέπεσεν ἡ ΑΓ, ἡ ἄρα ὑπὸ ΑΓΕ γωνία ἴση ἐστὶ τῇ ὑπὸ ΓΑΔ. Ἀλλ' ἡ ὑπὸ ΓΑΔ τῇ ὑπὸ ΒΑΔ ὑπόκειται ἴση· καὶ ἡ ὑπὸ ΒΑΔ ἄρα τῇ ὑπὸ ΑΓΕ ἐστὶν ἴση. Πάλιν, ἐπεὶ εἰς παραλλήλους τὰς ΑΔ, ΕΓ εὐθεῖα ἐνέπεσεν ἡ ΒΑΕ, ἡ ἐκτὸς γωνία ἡ ὑπὸ ΒΑΔ ἴση ἐστὶ τῇ ἐντὸς τῇ ὑπὸ ΑΕΓ. Ἐδείχθη δὲ καὶ ἡ

(Obs. 2. ad IV. 4. Cf. Pfleiderer. §§. 41. 42.) dividunt, ut cuiuslibet segmentum adiacens angulo trianguli sit ad eius segmentum adiacens lateri opposito trianguli, ut summa laterum trianguli comprehendentium illum angulum est ad latus hoc ei oppositum; tota autem recta sit ad segmentum ipsius adiacens $\binom{\text{angulo}}{\text{lateri}}$ trianguli, uti perimeter trianguli est ad $\binom{\text{summam laterum circa hunc angulum}}{\text{hoc latus.}}$. Nempe ex VI. 3.

$$\text{erit } A\Delta : \Delta Z = \begin{pmatrix} AB : BZ, \text{ ob ang. } AB\Delta = ZB\Delta \\ A\Gamma : \Gamma Z, \text{ ob ang. } A\Gamma\Delta = Z\Gamma\Delta \end{pmatrix}$$
$$= AB + A\Gamma : B\Gamma \text{ (V. 12.)}$$

$$\text{et hinc } AZ : \binom{A\Delta}{\Delta Z} = AB + A\Gamma + B\Gamma : \binom{AB + A\Gamma}{B\Gamma} \text{ (V. 18.).}$$

Eodemque modo ostenditur, esse

$$BH : B\Delta : \Delta H = AB + B\Gamma + A\Gamma : AB + B\Gamma : A\Gamma$$
$$\Gamma E : \Gamma\Delta : \Delta E = A\Gamma + B\Gamma + AB : A\Gamma + B\Gamma : AB.$$

Nominatim itaque in triangulo aequilatero sunt

$$\left.\begin{matrix} AZ : A\Delta : \Delta Z \\ BH : B\Delta : \Delta H \\ \Gamma E : \Gamma\Delta : \Delta E \end{matrix}\right\} = 3 : 2 : 1.$$

Pfleiderer. l. c. §§. 43. 44.

Sit triangulum $AB\Gamma$, et secetur angulus $BA\Gamma$ bifariam ab ipsa $A\varDelta$ recta; dico esse ut $B\varDelta$ ad $\varDelta\Gamma$ ita BA ad $A\Gamma$.

Ducatur enim per Γ ipsi $\varDelta A$ parallela ΓE (I. 31.), et producta BA conveniat cum ipsa in E.

Et quoniam in parallelas $A\varDelta$, $E\Gamma$ recta incidit $A\Gamma$; ergo angulus $A\Gamma E$ aequalis est angulo $\Gamma A\varDelta$ (I. 29.). Sed $\Gamma A\varDelta$ ipsi $BA\varDelta$ ponitur aequalis; ergo et $BA\varDelta$ ipsi $A\Gamma E$ est aequalis. Rursus, quoniam in parallelas $A\varDelta$, $E\Gamma$ recta incidit BAE, angulus exterior $BA\varDelta$ aequalis est interiori $AE\Gamma$ (I. 29.). Ostensus autem est et $A\Gamma E$ ipsi $BA\varDelta$ aequalis; ergo angulus $A\Gamma E$

Obs. 5. Vicissim, si recta AZ trianguli perimetro terminata, et aliquem eius angulum bifariam dividens ita secatur in puncto $\varDelta$, ut sit $A\varDelta : \varDelta Z = AB + A\Gamma : B\Gamma$; caeterae etiam rectae per punctum huius sectionis $\varDelta$ ex verticibus angulorum trianguli ductae bifariam hos angulos divident. Non enim bifariam dividant angulos B, Γ rectae $B\varDelta$, $\Gamma\varDelta$, sed $B\Theta$, $\Gamma\Theta$ (Obs. 2. ad IV. 4.): itaque foret (Obs. 4.) $A\Theta : \Theta Z = BA + A\Gamma : B\Gamma$ (Obs. 4.): ideoque $A\Theta : \Theta Z = A\varDelta : \varDelta Z$ (V. 11.), $AZ : \Theta Z = AZ : \varDelta Z$ (I. 18.) et $\Theta Z = \varDelta Z$ (V. 9.) contra I. Ax. 9. Simili modo enunciantur, et vel immediate similiter demonstrantur, vel ad proxime praecedentem casum ope V. 17. reducuntur conversae reliquarum partium Obs. 4. Pfleiderer. l. c. §§. 45. 46.

Obs. 6. Quodsi iam recta ducatur, quae bifariam dividat angulum exteriorem ad verticem trianguli, recta ita ducta 1) in triangulo aequicruro $AB\Gamma$ (Fig. 344.) parallela erit basi $B\Gamma$. Nam, quum ex supp. angulus $ZA\Theta = \Theta AB = \frac{ZAB}{2} = \frac{B+\Gamma}{2}$ (I. 32.) $= B = \Gamma$ (I. 5.), adeoque ΘA parallela rectae $B\Gamma$ (I. 27.). Et conversa quoque, nempe, si ΘA parallela sit rectae $B\Gamma$, fore angulum ZAB ad ΘA bisectum, ope I. 29. et I. 5. facile ostendetur. 2) In triangulo autem non aequicruro

ὑπὸ ΑΓΕ τῇ ὑπὸ ΒΑΔ ἴση, καὶ ἡ ὑπὸ ΑΓΕ ἄρα γωνία τῇ ὑπὸ ΑΕΓ ἐστὶν ἴση· ὥςτε καὶ πλευρὰ ἡ ΑΕ πλευρᾷ τῇ ΑΓ ἐστὶν ἴση. Καὶ ἐπεὶ τριγώνου τοῦ ΒΓΕ παρὰ μίαν τῶν πλευρῶν τὴν ΕΓ ἦκται ἡ ΑΔ· ἀνάλογον ἄρα ἐστὶν ὡς ἡ ΒΔ πρὸς τὴν ΔΓ οὕτως ἡ ΒΑ πρὸς τὴν ΑΕ. Ἴση δὲ ἡ ΑΕ τῇ ΑΓ· ὡς ἄρα ἡ ΒΔ πρὸς τὴν ΔΓ οὕτως ἡ ΒΑ πρὸς τὴν ΑΓ.

Ἀλλὰ δὴ ἔστω ὡς ἡ ΒΔ πρὸς τὴν ΔΓ οὕτως ἡ ΒΑ πρὸς τὴν ΑΓ, καὶ ἐπεζεύχθω ἡ ΑΔ· λέγω ὅτι δίχα τέτμηται ἡ ὑπὸ ΒΑΓ γωνία ὑπὸ τῆς ΑΔ εὐθείας.

Τῶν γὰρ αὐτῶν κατασκευασθέντων, ἐπεί ἐστιν ὡς ἡ ΒΔ πρὸς τὴν ΔΓ οὕτως ἡ ΒΑ πρὸς τὴν ΑΓ, ἀλλὰ καὶ ὡς ἡ ΒΔ πρὸς τὴν ΔΓ οὕτως ἐστὶν ἡ ΒΑ πρὸς τὴν ΑΕ· τριγώνου γὰρ τοῦ ΒΓΕ παρὰ μίαν τῶν πλευρῶν τὴν ΕΓ ἦκται ἡ ΑΔ· καὶ ὡς ἄρα ἡ ΒΑ

(Fig. 345.), si angulus exterior ZAB bisecetur recta $A\Theta$, haec ipsa recta cum basi $B\Gamma$ producta ad eam partem, ad quam est crus minus AB, concurret in puncto aliquo H. Nam, quum angulus $ZAB = \Gamma + AB\Gamma$ (I. 32.), at $AB\Gamma > \Gamma$ (I. 18.) erit $ZAB < 2AB\Gamma$, adeoque $\Theta AB = \frac{ZAB}{2} < AB\Gamma$, et $\Theta AB + ABH < AB\Gamma + ABH < 2$ rect. (I. 13.) unde ΘA, BH ex hac parte concurrent (I. Post. 5.). Pfleiderer. §§. 47. 48.

Obs. 7. Recta $A\Theta$, quae angulum externum ZAB trianguli non aequicruri bisecat, cum basi ad partem cruris minoris productam concurret (Obs. 6.) et ita quidem, ut segmenta in ipsa inter punctum hoc concursus et terminos basis abscissa BH, ΓH eandem habeant rationem, quam trianguli crura BA, ΓA quibus adiacent. Abscindatur enim ab $A\Gamma$ recta $AE = AB$, et iungatur BE, eritque angulus $ZAB = ABE + AEB$ (I. 32.)

ipsi $AE\Gamma$ est aequalis; quare et latus AE lateri $A\Gamma$ est aequale (I. 6.). Et quoniam uni laterum trianguli $B\Gamma E$ nempe $E\Gamma$ parallela ducta est $A\Delta$; erit (VI. 2.) ut $B\Delta$ ad $\Delta\Gamma$ ita BA ad AE. Aequalis autem est AE ipsi $A\Gamma$; ut igitur $B\Delta$ ad $\Delta\Gamma$ ita BA ad $A\Gamma$.

Sed sit ut $B\Delta$ ad $\Delta\Gamma$ ita BA ad $A\Gamma$; et iungatur $A\Delta$; dico bifariam sectum esse angulum $BA\Gamma$ ab $A\Delta$ recta.

Iisdem enim constructis, quoniam est ut $B\Delta$ ad $\Delta\Gamma$ ita BA ad $A\Gamma$, sed et ut $B\Delta$ ad $\Delta\Gamma$ ita est BA ad AE (VI. 2.); trianguli enim $B\Gamma E$ uni lateri $E\Gamma$ parallela ducta est $A\Delta$; erit igitur BA ad $A\Gamma$ ita BA ad AE; aequalis igitur $A\Gamma$ ipsi AE (V. 9.); quare

$=2ABE$ (I. 5.), adeoque $\Theta AB = \left(\frac{ZAB}{2} =\right) ABE$, et AH parallela rectae BE (I. 27.), adeoque $BH:\Gamma H = AE:A\Gamma$ (Obs. 2. ad VI. 2.) $=AB:A\Gamma$ (V. 11.). Vicissim, si $BH:\Gamma H = AB:A\Gamma$, iuncta AH angulum ZAB bisecabit. Rursus enim, facta $AE=AB$, iunctaque BE, erit $BH:\Gamma H = AE:A\Gamma$ (V. 11.), adeoque rectae AH, BE parallelae (VI. 2. Obs. 3.), proinde angulus $\Theta AB = ABE$ (I. 29.), et $ZA\Theta = AEB$ (I. 29.), adeoque, ob $ABE = AEB$ (I. 5.), etiam $\Theta AB = ZA\Theta = \frac{ZAB}{2}$. Cf. Pfleiderer. l. c. §. 48.

Obs. 8. Poterat autem iuberi, ut recta BE rectae $A\Theta$ parallela agatur, et demonstratio eodem modo absolvi ac in textu elementorum VI. 3., atque hac ratione rem efficiunt Rob. Simson. in Prop. A. post VI. 3. inserta, quae idem enunciat, quod praecedens Obs. 7., ac Playfair. Et Simson. qui

πρὸς τὴν $A\Gamma$ οὕτως ἡ BA πρὸς τὴν AE· ἴση ἄρα ἡ $A\Gamma$ τῇ AE, ὥστε καὶ γωνία ἡ ὑπὸ $AE\Gamma$ γωνίᾳ τῇ ὑπὸ $A\Gamma E$ ἐστὶν ἴση. Ἀλλ' ἡ μὲν ὑπὸ $AE\Gamma$ τῇ ἐκτὸς τῇ ὑπὸ $BA\Delta$ ἴση, ἡ δὲ καὶ ἡ ὑπὸ $A\Gamma E$ τῇ ἐναλλὰξ τῇ ὑπὸ $\Gamma A\Delta$ ἐστὶν ἴση· καὶ ἡ ὑπὸ $BA\Delta$ ἄρα τῇ ὑπὸ $\Gamma A\Delta$ ἐστὶν ἴση. Ἡ ἄρα ὑπὸ $BA\Gamma$ γωνία δίχα τέτμηται ὑπὸ τῆς $A\Delta$ εὐθείας. Ἐὰν ἄρα τριγώνου καὶ τὰ ἑξῆς.

ΠΡΟΤΑΣΙΣ δ'.

Τῶν ἰσογωνίων τριγώνων ἀνάλογόν εἰσιν αἱ πλευραὶ αἱ περὶ τὰς ἴσας γωνίας, καὶ ὁμόλογοι αἱ ὑπὸ τὰς ἴσας γωνίας ὑποτείνουσαι πλευραί.

dem monet: „casus secundus, qui habetur in Prop. A, pariter utilis ac primus, tertiae propositioni additus est, videlicet is, quo angulus trianguli exterior bifariam secatur recta linea. Demonstratio eius simillima est demonstrationi primi casus, et ob hanc forsam causam tum ea, tum enunciatio casus, omissa est ab imperito quodam editore. Pappus certe hac tanquam propositione elementari (simul cum ipsa VI. 3.) utitur in VII. Prop. 39. Collect. Mathem.“ Utramque etiam propositionem, nempe VI. 3. et alteram ei similem Obs. 7. allatam uno enunciato complecti licet, quod et Playfair. notat. Cf. Pfleiderer. l. c. §§. 49. 50.

Obs. 9. Quodsi simul angulus trianguli non aequicruri $BA\Gamma$ (Fig. 346.) recta $A\Delta$, et anguli externi BAZ recta $B\Theta$ bisecetur, angulus $\Delta A\Theta$, quem rectae $A\Delta$, $A\Theta$ efficiunt, rectus erit. Nam, quum $BAZ+BA\Gamma=2$ Rect. (I. 13. erit $\Theta A\Delta=\left(\frac{BAZ}{2}+\frac{BA\Gamma}{2}=\right)$ Recto. Quodsi super eadem basi $B\Gamma$ aliud triangulum $\alpha B\Gamma$ constitutum sit, cuius crura eandem inter se rationem habent, quam crura trianguli $AB\Gamma$, ita, ut sit $\alpha B:\alpha\Gamma=AB:A\Gamma$, et bisecetur etiam huius trianguli angulus ad verticem $B\alpha\Gamma$, et qui ei deinceps est, $\zeta\alpha B$, rectae hos angulos bisecan-

et angulus $AE\Gamma$ angulo $A\Gamma E$ est aequalis (I. 5.) Sed $AE\Gamma$ exteriori $BA\Delta$ aequalis (I. 29.); $A\Gamma E$ verò alterno $\Gamma A\Delta$ est aequalis; angulus $BA\Delta$ igitur angulo $\Gamma A\Delta$ est aequalis. Itaque angulus $BA\Gamma$ bifariam sectus est ab $A\Delta$ recta. Si igitur trianguli etc.

PROPOSITIO IV. (Fig. 347.)

Aequiangulorum triangulorum proportionalia sunt latera circa aequales angulos; et homologa, quae aequales angulos subtendunt, latera.

tes ad eadem puncta Δ, H baseos ipsius et productae vergent, ad quae rectae $A\Delta$, AH, quae angulos $BA\Gamma$, $ZA\Delta$ bifariam secant. Si enim fieri potest, recta v. c., quae angulum $B\alpha\Gamma$ bifariam secat, secet basin in puncto K, quod a Δ diversum sit, eritque ex VI. 3. $BK:\Gamma K = B\alpha:\Gamma\alpha = BA:\Gamma A$ (supp.) $= B\Delta:\Gamma\Delta$ (VI. 3.), adeoque erit $B\Gamma:\Gamma K = B\Gamma:\Gamma\Delta$ (V. 18.), et $\Gamma K = \Gamma\Delta$ (V. 9.), quod est absurdum. Et eodem modo res de recta, quae angulum $\zeta\alpha E$ bifariam secat, probatur.

Obs. 10. Quum rectae $H\alpha$, $\Delta\alpha$ pariter inter se rectum angulum efficiant, idemque obtineat in omnibus triangulis non aequicruris super eadem basi $B\Gamma$ constitutis, quorum crura eandem inter se rationem habent, vertices omnium eiusmodi triangulorum erunt in semicirculo super $H\Delta$ descripto, sive iste semicirculus erit locus geometricus verticum omnium triangulorum, quorum basis est $B\Gamma$, et quorum crura eandem inter se rationem habent, quam habet AB ad $A\Gamma$ (III. 31. Cor. 2.). Cf. Apollon. Loc. Plan. II. Loc. 2. De triangulis aequicruris vide I. 26. Cor. 6.

Obs. 11. Quum sit (Obs. 7.) $BH:\Gamma H = AB:A\Gamma$ vel $BH:\Gamma H = \binom{B\Delta}{H\Delta - BH} : \binom{\Gamma\Delta}{\Gamma H - H\Delta}$ rectae HB, $H\Delta$, $H\Gamma$

Ἔστω ἰσογώνια τρίγωνα τὰ $ΑΒΓ$, $ΔΓΕ$ ἴσην ἔχοντα τὴν μὲν ὑπὸ $ΒΑΓ$ γωνίαν τῇ ὑπὸ $ΓΔΕ$, τὴν δὲ ὑπὸ $ΑΓΒ$ τῇ ὑπὸ $ΔΕΓ$, καὶ ἔτι τὴν ὑπὸ $ΑΒΓ$ τῇ ὑπὸ $ΔΓΕ$· λέγω ὅτι τῶν $ΑΒΓ$, $ΔΓΕ$ τριγώνων ἀνάλογόν εἰσιν αἱ πλευραὶ αἱ περὶ τὰς ἴσας γωνίας, καὶ ὁμόλογοι αἱ ὑπὸ τὰς ἴσας γωνίας ὑποτείνουσαι πλευραί.

Κείσθω γὰρ ἐπ' εὐθείας ἡ $ΒΓ$ τῇ $ΓΕ$. Καὶ ἐπεὶ αἱ ὑπὸ $ΑΒΓ$, $ΑΓΒ$ γωνίαι δύο ὀρθῶν ἐλάσσονές εἰσιν, ἴση δὲ ἡ ὑπὸ $ΑΓΒ$ τῇ ὑπὸ $ΔΕΓ$, αἱ ἄρα ὑπὸ $ΑΒΓ$, $ΔΕΓ$ δύο ὀρθῶν ἐλάσσονές εἰσιν· αἱ $ΒΑ$, $ΕΔ$ ἄρα ἐκβαλλόμεναι συμπεσοῦνται. Ἐκβεβλήσθωσαν, καὶ συμπιπτέτωσαν κατὰ τὸ $Ζ$.

erunt harmonice continue proportionales. Cf. dicta ad Libr. V. Defin. 8. Et conversa quoque facile demonstrabitur, nempe, si sit $HB:H\Gamma = B\Delta:\Gamma\Delta$, fore etiam $AB:A\Gamma = B\Delta:\Gamma\Delta = HB:H\Gamma$, et rectam $A\Delta$ angulum $BA\Gamma$ pariterque rectam AH angulum ZAH bisecare.

PROPOSITIO IV.

Obs. 1. Triangula, qualia in hac propositione occurrunt, vel (I. 32. Cor. 3.) quorum duo saltim anguli unius duobus alterius, singuli singulis aequales sunt, iuxta VI. Def 1. similia dicuntur. Propositiones quae IV. 2. et IV. 3. docent circulo dato inscribere et circumscribere triangulum simile dato. Cf. Pfleiderer. l. c. §§. 54. 59. Quum autem in triangulis in hac propositione occurrentibus latera, quae angulos aequales subtendunt, homologa dicuntur, id ex V. Def. 12. dicere vult, esse $AB:B\Gamma = \Delta\Gamma:\Gamma E$, et $B\Gamma:A\Gamma = \Gamma E:\Delta E$, et $AB:A\Gamma = \Delta\Gamma:\Delta E$, unde et alterne sequitur, $AB:\Delta\Gamma = B\Gamma:\Gamma E = A\Gamma:\Delta E$, vel, quam rationem habeant duo duorum triangulorum aequiangulorum latera, aequalibus angulis op-

Sint aequiangula triangula $AB\Gamma$, $\Delta\Gamma E$, aequalem habentia angulum $BA\Gamma$ angulo $\Gamma\Delta E$, angulum vero $A\Gamma B$ angulo $\Delta E\Gamma$, et praeterea angulum $AB\Gamma$ angulo $\Delta\Gamma E$; dico triangulorum $AB\Gamma$, $\Delta\Gamma E$ proportionalia esse latera circa aequales angulos; et homologa, quae aequales angulos subtendunt, latera.

Ponatur enim $B\Gamma$ in directum ipsi ΓE Et quoniam anguli $AB\Gamma$, $A\Gamma B$ duobus rectis minores sunt (I. 17.), aequalis autem $A\Gamma B$ ipsi $\Delta E\Gamma$, anguli igitur $AB\Gamma$, $\Delta E\Gamma$ duobus rectis minores sunt; rectae igitur BA, $E\Delta$ productae convenient (I. Post. 5.). Producantur, et conveniant in Z.

posita, eandem habere bina illorum reliqua latera aequalibus angulis opposita, et (V. 12.) perimetros utriusque trianguli Cf. Pfleiderer. l. c. §§. 51. 52.

Obs. 2. Recta, quae in triangulo parallela ducitur uni eius lateri, abscindit (I. 29.) triangulum simile toti (Pfleiderer. l. c. §. 60. Clavius VI. Cor. 4. alii.). Recta haec se habet ad latus trianguli, cui est parallela, uti segmentum alterutrius reliquorum trianguli laterum ipsam inter et verticem anguli oppositi comprehensum est ad hoc latus (Pfleiderer. l. c. §. 61.). Eadem per rectas ex vertice trianguli opposito ductas in eadem ratione secatur, ac basis trianguli, seu latus eius, cui est parallela (Pfleiderer. l. c. §. 62. Clavius in Schol. ad IV. 4. Theor. 2.). Quod idem valet, si recta trianguli lateri parallela secat eius reliqua latera producta (Pfleiderer. l. c §. 63. sq.). Denique, si trianguli alicuius lateri plures rectae parallelae ducuntur, quae cum reliquis lateribus trianguli conveniunt, erunt hae omnes inter se, ut homologa crura triangulorum a parallelis his abscissorum.

Obs. 3. Praemissa IV. 4. Prop., quae non pendet a VI. 3. facile etiam VI. 3. et quae ei adiecta fuit similis propositio VI. 3

Καὶ ἐπεὶ ἴση ἐστὶν ἡ ὑπὸ ΔΓΕ γωνία τῇ ὑπὸ ΑΒΓ, παράλληλος ἄρα ἐστὶν ἡ ΒΖ τῇ ΓΔ. Πάλιν, ἐπεὶ ἴση ἐστὶν ἡ ὑπὸ ΑΓΒ τῇ ὑπὸ ΔΕΓ, παράλληλός ἐστιν ἡ ΑΓ τῇ ΖΕ· παραλληλόγραμμον ἄρα ἐστὶ τὸ ΖΑΓΔ· ἴση ἄρα ἡ μὲν ΖΑ τῇ ΔΓ, ἡ δὲ ΑΓ τῇ ΖΔ. Καὶ ἐπεὶ τριγώνου τοῦ ΖΒΕ παρὰ μίαν τῶν πλευρῶν τὴν ΖΕ ἦκται ἡ ΑΓ, ἔστιν ἄρα ὡς ἡ ΒΑ πρὸς τὴν ΑΖ οὕτως ἡ ΒΓ πρὸς τὴν ΓΕ. Ἴση δὲ ἡ ΑΖ τῇ ΓΔ· ὡς ἄρα ἡ ΒΑ πρὸς τὴν ΓΔ οὕτως ἡ ΒΓ πρὸς τὴν ΓΕ, καὶ ἐναλλὰξ ὡς ἡ ΑΒ πρὸς τὴν ΒΓ οὕτως ἡ ΔΓ πρὸς τὴν ΓΕ. Πάλιν, ἐπεὶ παράλληλός ἐστιν ἡ ΓΔ τῇ ΒΖ, ἔστιν ἄρα ὡς ἡ ΒΓ πρὸς τὴν ΓΕ οὕτως ἡ ΖΔ πρὸς τὴν ΔΕ. Ἴση δὲ ἡ ΖΔ τῇ ΑΓ· ὡς ἄρα ἡ ΒΓ πρὸς τὴν ΓΕ οὕτως ἡ ΑΓ πρὸς τὴν ΕΔ, ἐναλλὰξ ἄρα ὡς ἡ ΒΓ πρὸς τὴν ΓΑ οὕτως ἡ

Obs. 7. ita probari potest. Si recta ΑΔ (Fig. 348.) bifariam dividat angulum ΒΑΓ trianguli non aequicruri ΑΒΓ, erit ΑΒ : ΑΓ = ΒΔ : ΓΔ. Demittantur enim ex Β, Γ in ΑΔ perpendicula ΒΛ, ΓΟ, eruntque triangula ΒΛΔ, ΓΟΔ aequiangula, pariterque triangula ΒΑΛ, ΓΟΑ, unde erit ΒΑ : ΑΓ = ΒΛ : ΓΟ = ΒΔ : ΓΔ (VI. 4.). Ita rem demonstrat Thom. Simpson. (Elem. of Geom. IV. 18.). Et similiter res de recta, quae angulum externum bifariam secat, demonstratur.

Obs. 4. Si (Fig. 349.) latera ΒΓ, ΑΓ trianguli ΑΒΓ bifariam secantur per rectas ΑΔ, ΒΕ ex verticibus angulorum oppositorum Α, Β ductas; recta quoque ΓΖ ex tertii anguli Γ vertice ducta per punctum sectionis Θ duarum ΑΔ, ΒΕ bifariam secat tertium trianguli latus ΑΒ. Quippe ob ΒΔ = ΔΓ, ΕΑ = ΕΓ, utrumque triangulum ΑΒΔ, ΒΑΕ dimidium est trianguli ΒΑΓ (I. 38. vel VI. 1.): igitur triang. ΑΒΔ = triang. ΒΑΕ, demtoque communi triang. ΑΒΘ, erit triang. ΒΔΘ = triang. ΑΘΕ, pariterque 2 triang. ΒΔΘ = 2 triang. ΑΘΕ, h. e. ob ΒΔ = ΔΓ, et ΑΕ = ΕΓ, triang. ΓΒΘ = triang. ΓΘΑ (I. 38. vel. VI. 1.).

Et quoniam aequalis est angulus $\Delta\Gamma E$ angulo $AB\Gamma$, parallela igitur est BZ ipsi $\Gamma\Delta$ (I. 28.). Rursus, quoniam aequalis est $A\Gamma B$ ipsi $\Delta E\Gamma$, parallela est $A\Gamma$ ipsi ZE; parallelogrammum igitur est $ZA\Gamma\Delta$; aequalis igitur ZA ipsi $\Delta\Gamma$ (I. 34.), $A\Gamma$ vero ipsi $Z\Delta$. Et quoniam uni laterum trianguli ZBE nempe ZE ducta est parallela $A\Gamma$, est ut BA ad AZ ita $B\Gamma$ ad ΓE. (VI. 2.). Aequalis autem AZ ipsi $\Gamma\Delta$; ut igitur BA ad $\Gamma\Delta$ ita $B\Gamma$ ad ΓE (V. 7.), et alterne (V. 16.) ut AB ad $B\Gamma$ ita $\Delta\Gamma$ ad ΓE. Rursus, quoniam parallela est $\Gamma\Delta$ ipsi BZ, est igitur ut $B\Gamma$ ad ΓE ita $Z\Delta$ ad ΔE (VI. 2.). Aequalis autem $Z\Delta$ ipsi $A\Gamma$; ut igitur $B\Gamma$ ad ΓE ita $A\Gamma$ ad $E\Delta$ (V. 7.), alterne igitur (V. 16.) ut $B\Gamma$ ad ΓA ita ΓE ad $E\Delta$. Et quoniam ostensum est, ut AB quidem ad

Atqui tam triang. $\Gamma B\Theta$: triang. ΓBZ quam triang. $\Gamma\Theta A$: triang. ΓAZ $= \Gamma\Theta : \Gamma Z$ (VI. 1.). Ergo (V. 11.) triang. $\Gamma B\Theta$: triang. $\Gamma BZ =$ triang. $\Gamma\Theta A$: triang. ΓAZ, et hinc (V. 14.) triang. $\Gamma BZ =$ triang. ΓAZ, ac (I. 38. conv.). $BZ = AZ$. Cf. Pfleiderer. l. c. §. 66.

Obs. 5. Tres rectae, quae ex singulorum trianguli cuiuscunque $AB\Gamma$ angulorum verticibus A, B, Γ (Fig. 350.) ducuntur ad puncta Δ, E, Z laterum oppositorum, ubi haec bifariam dividuntur, in eodem intra triangulum puncto se secant. Duas enim $A\Delta$, BE, quae se in puncto Θ secant, traiiciat, si fieri potest, tertia ΓZ in punctis K, H. Per puncta Γ, Θ agatur recta $\Gamma\Theta A$. Cum haec bifariam secet latus AB in puncto A, ubi ei occurrit (Obs. 4.), atque hoc non coincidere possit cum puncto Z (I. Post. 6.): foret AB bifariam secta in duobus punctis Z, A, quod fieri nequit (I. 9. I. 7. Ax.). Cf. Pfleiderer. l. c. §. 67.

Obs. 6. Eaedem tres rectae (Fig. 349.) ita se in puncto communi Θ secant, ut segmentum cuiuslibet adiacens lateri trianguli, eiusdemque segmentum adiacens vertici anguli op-

ΓΕ πρὸς τὴν ΕΔ. Καὶ ἐπεὶ ἐδείχθη ὡς μὲν ἡ ΑΒ πρὸς τὴν ΒΓ οὕτως ἡ ΔΓ πρὸς τὴν ΓΕ, ὡς δὲ ἡ ΒΓ πρὸς τὴν ΓΑ οὕτως ἡ ΓΕ πρὸς τὴν ΕΔ· καὶ διΐσου ἄρα ὡς ἡ ΒΑ πρὸς τὴν ΑΓ οὕτως ἡ ΓΔ πρὸς τὴν ΔΕ. Τῶν ἄρα ἰσογωνίων καὶ τὰ ἑξῆς.

ΠΡΟΤΑΣΙΣ ε.

Ἐὰν δύο τρίγωνα τὰς πλευρὰς ἀνάλογον ἔχῃ, ἰσογώνια ἔσται τὰ τρίγωνα· καὶ ἴσας ἕξει τὰς γωνίας, ὑφ᾽ ἃς αἱ ὁμόλογοι πλευραὶ ὑποτείνουσιν.

Ἔστω δύο τρίγωνα τὰ ΑΒΓ, ΔΕΖ τὰς πλευρὰς ἀνάλογον ἔχοντα, ὡς μὲν τὴν ΑΒ πρὸς τὴν ΒΓ οὕτως τὴν ΔΕ πρὸς τὴν ΕΖ, ὡς δὲ τὴν ΒΓ πρὸς τὴν ΓΑ οὕτως τὴν ΕΖ πρὸς τὴν ΖΔ, καὶ ἔτι ὡς τὴν ΒΑ πρὸς τὴν ΑΓ οὕτως τὴν ΕΔ πρὸς τὴν ΔΖ· λέγω ὅτι ἰσογώνιόν ἐστι τὸ ΑΒΓ τρίγωνον τῷ ΔΕΖ τριγώνῳ,

positi, ac tota recta sint uti 1:2:3; triangulum vero in sex triangula aequalia dividunt; ad punctum autem sectionis communis usque tantum ductae triangulum dividunt in tria aequalia. Neinpe 1) ob $B\Delta:\Delta\Gamma = AE:E\Gamma = BZ:AZ$ (supp. et V. 5. Def.), sunt ΔE et AB, ΔZ et $A\Gamma$ parallelae (VI. 2.). Quare (I. 15. et I. 29.) triangula $\Delta\Theta E$ et $A\Theta B$, $\Delta\Theta Z$ et $A\Theta\Gamma$ sunt aequiangula, adeoque $\Delta\Theta:\Theta A =$

$$\left(\begin{matrix}\Theta E:\Theta B = \Delta E:AB \text{ (VI. 4.)} = \Delta\Gamma:B\Gamma \\ \Theta Z:\Theta\Gamma = \Delta Z:A\Gamma \qquad\qquad = B\Delta:B\Gamma\end{matrix}\right) \text{ (VI. 4. 2. Obs.)} =$$

1:2 et $\Delta\Theta:\Theta A:\Delta A = \Theta E:\Theta B:BE = \Theta Z:\Theta\Gamma:Z\Gamma = 1:2:3$ (V. 18.). 2) $\triangle\Theta B\Delta = \triangle A\Theta E$ (Obs. 4. Dem.) $= \Theta\Delta\Gamma = \Theta E\Gamma$ (I. 38.) et triang. $\left(\begin{matrix}\Theta ZB:\Theta\Gamma B \\ \Theta ZA:\Theta\Gamma A\end{matrix}\right) = \Theta Z:\Theta\Gamma$ (VI. 1.) $= 1:2$ (nr. 1.)

$$\text{itaque } \begin{matrix}2\Theta ZB = \Theta\Gamma B = 2\Theta\Delta B \\ 2\Theta ZA = \Theta\Gamma A = 2\Theta AE\end{matrix} \text{ et pariter } \begin{matrix}\Theta ZB = \Theta\Delta B \\ \Theta ZA = \Theta AE\end{matrix}$$

3) $\triangle\Theta B\Gamma = \Theta A\Gamma$ (Obs. 4. Dem.) et $\triangle\Theta AB = \left(\begin{matrix}2\Theta ZB \\ 2\Theta ZA\end{matrix}\right)$ (I. 38) $= \left(\begin{matrix}\Theta\Gamma B \\ \Theta\Gamma A\end{matrix}\right)$ (nr. 2.). Cf. Pfleiderer. l. c. §. 68.

$B\Gamma$ ita $\Delta\Gamma$ ad ΓE; ut vero $B\Gamma$ ad $\Gamma\Delta$ ita ΓE ad $E\Delta$; et ex aequo igitur (V. 22.) ut $B\Delta$ ad $\Delta\Gamma$ ita $\Gamma\Delta$ ad ΔE. Aequiangulorum igitur etc.

PROPOSITIO V. (Fig. 351.)

Si duo triangula latera proportionalia habeant, aequiangula erunt triangula; et aequales habebunt angulos, quos homologa latera subtendunt.

Sint duo triangula $AB\Gamma$, ΔEZ latera proportionalia habentia, sitque ut AB quidem ad $B\Gamma$ ita ΔE ad EZ, ut $B\Gamma$ vero ad ΓA ita EZ ad $Z\Delta$; et adhuc ut BA ad $A\Gamma$ ita $E\Delta$ ad ΔZ; dico aequiangulum esse triangulum $AB\Gamma$ triangulo ΔEZ, et aequales habere angulos, quos homologa latera subten-

Obs. 7. Cum in triangulis aequilateris rectae bifariam dividentes angulos bifariam quoque secent latera opposita, et vicissim (I. 4. I. 8.); liquet identitas conclusionum (Obs. 4. ad VI. 3. et VI. 4. Obs. 6.) ad ipsa applicatarum. Eademque per rectas $A\Delta$, BE, ΓZ in sex, per rectas $A\Theta$, $B\Theta$, $\Gamma\Theta$ in tria triangula similia et aequalia dividuntur. Cf. Pfleiderer. l. c. §. 69.

Obs. 8. Vicissim, si recta $A\Delta$ ab vertice aliquo trianguli ad punctum bisectionis lateris oppositi Δ ducta ita secatur in Θ, ut segmentum ipsius $A\Theta$ adiacens vertici trianguli duplum sit alterius segmenti $\Delta\Theta$ adiacentis lateri opposito trianguli; ceterae etiam rectae per punctum Θ huius sectionis ex verticibus trianguli ductae bifariam latera iis opposita secant. Ductis nempe rectis $B\Theta E$, ΔE, erunt triangula $\begin{matrix} BA\Theta = 2B\Delta\Theta \\ EA\Theta = 2E\Delta\Theta \end{matrix}$ (VI. 1.) igitur $\triangle BAE = 2B\Delta E$. Sed ob $B\Gamma = 2B\Delta$ (supp.) etiam $\triangle B\Gamma E = 2\triangle B\Delta E$ (VI. 1.). Quare $\triangle BAE = \triangle B\Gamma E$,

καὶ ἴσας ἕξουσι τὰς γωνίας, ὑφ' ἃς ὁμόλογοι πλευραὶ ὑποτείνουσι, τὴν μὲν ὑπὸ ΑΒΓ τῇ ὑπὸ ΔΕΖ, τὴν δὲ ὑπὸ ΒΓΑ τῇ ὑπὸ ΕΖΔ, καὶ ἔτι τὴν ὑπὸ ΒΑΓ τῇ ὑπὸ ΕΔΖ.

Συνεστάτω γὰρ πρὸς τῇ ΕΖ εὐθείᾳ, καὶ τοῖς πρὸς αὐτῇ σημείοις τοῖς Ε, Ζ, τῇ μὲν ὑπὸ ΑΒΓ γωνίᾳ ἴση ἡ ὑπὸ ΖΕΗ, τῇ δὲ ὑπὸ ΒΓΑ ἴση ἡ ὑπὸ ΕΖΗ· λοιπὴ ἄρα ἡ ὑπὸ ΒΑΓ λοιπῇ τῇ ὑπὸ ΕΗΖ ἐστὶν ἴση.

Ἰσογώνιον ἄρα ἐστὶ τὸ ΑΒΓ τρίγωνον τῷ ΕΗΖ τριγώνῳ· τῶν ἄρα ΑΒΓ, ΕΗΖ τριγώνων ἀνάλογόν εἰσιν αἱ πλευραὶ αἱ περὶ τὰς ἴσας γωνίας, καὶ ὁμόλογοι αἱ ὑπὸ τὰς ἴσας γωνίας πλευραὶ ὑποτείνουσαι· ἔστιν ἄρα ὡς ἡ ΑΒ πρὸς τὴν ΒΓ οὕτως ἡ ΗΕ πρὸς τὴν ΕΖ. Ἀλλ' ὡς ἡ ΑΒ πρὸς τὴν ΒΓ οὕτως ὑπόκειται ἡ ΔΕ πρὸς τὴν ΕΖ· ὡς ἄρα ἡ ΔΕ πρὸς τὴν ΕΖ οὕτως ἡ ΗΕ πρὸς τὴν ΕΖ· ἑκάτερα ἄρα τῶν ΔΕ, ΗΕ πρὸς τὴν ΕΖ τὸν αὐτὸν ἔχει λόγον· ἴση ἄρα ἐστὶν ἡ ΔΕ τῇ ΗΕ. Διὰ τὰ αὐτὰ δὴ καὶ ἡ ΔΖ

et hinc (I. 38. conv.) $AE=\Gamma E$. Similiterque ostenditur, vel nunc ex Obs. 4. infertur, ducta $\Gamma\Theta Z$ recta fieri etiam $AZ=BZ$. Cf. Pfleiderer. l. c. §. 70.

Obs. 9. Pariter, si tres rectae ΘA, ΘB, $\Theta\Gamma$ ab puncto Θ intra triangulum ad vertices angulorum eius ductae triangulum in tria aequalia dividunt; rectae hae ad latera usque trianguli opposita continuatae bifariam ea dividunt. Est enim (VI. 1.) $\triangle A\Theta B : \triangle \Theta\Delta B = A\Theta : \Theta\Delta = A\Theta\Gamma : \Delta\Theta\Gamma$. Quare, ob $\triangle A\Theta B = \triangle A\Theta\Gamma$ (supp.), etiam $\triangle \Theta\Delta B = \Delta\Theta\Gamma$ (V. 14.) et hinc (I. 38. conv.) $B\Delta = \Gamma\Delta$. Et similiter in reliquis. Cf. Pfleiderer. l. c. §. 71.

PROP. V. VI.

Obs. 1. Propositiones hae conversae sunt praecedentis quartae, atque uti haec propositioni I. 26. ita illae propositio-

dunt, angulum quidem $AB\Gamma$ angulo ΔEZ, angulum vero $B\Gamma A$ angulo $EZ\Delta$; et insuper angulum $BA\Gamma$ angulo $E\Delta Z$.

Constituatur enim (I. 23.) ad rectam EZ, et ad puncta in ea E, Z, angulo quidem $AB\Gamma$ aequalis ZEH, angulo vero $B\Gamma A$ aequalis angulus EZH; reliquus (I. 32.) igitur $BA\Gamma$ reliquo EHZ est aequalis.

Aequiangulum igitur est triangulum $AB\Gamma$ triangulo EHZ; triangulorum igitur $AB\Gamma$, EHZ proportionalia sunt latera (VI. 4.), circum aequales angulos, et homologa latera aequales angulos subtendunt; est igitur ut AB ad $B\Gamma$ ita HE ad EZ. Sed ut AB ad $B\Gamma$ ita ponitur ΔE ad EZ; ut igitur ΔE ad EZ ita HE ad EZ (V. 11.); utraque igitur ipsarum ΔE, HE ad EZ eandem habet rationem; aequalis igitur est ΔE ipsi HE (V. 9.). Ex eadem ratione et ΔZ ipsi HZ aequalis est. Et quoniam aequalis est ΔE

nibus I. 8. I. 4. respondent, ad quas earum demonstrationes reducuntur, et sub quarum conditionibus triangula similia et aequalia sunt. Cf. Pfleiderer. l. c. §. 72.

Obs. 2. Sub quintae conditionibus similia esse triangula propositio haec aeque immediate ac quarta efficit: positis autem sextae conditionibus, mediante quarta demum proportionalitas reliquorum circa angulos aequales laterum, ad triangulorum similitudinem per VI. 1. Def. requisita, colligitur. Cf. Pfleiderer. l. c. §. 73.

Obs. 3. Ope sextae demonstrantur conversae nonnullarum propositionum, quae Obs. 2. ad VI. 4. comprehenduntur, nempe quod, sumtis (Fig. 338. 339.) in eadem recta tribus punctis A, B, Δ, et per duo eorum B, Δ ductis duabus parallelis $B\Gamma$, ΔE ad easdem (vel oppositas) rectae illius partes,

τῇ ΗΖ ἐστὶν ἴση. Ἐπεὶ οὖν ἴση ἐστὶν ἡ ΔΕ τῇ ΕΗ, κοινὴ δὲ ἡ ΕΖ, δύο δὴ αἱ ΔΕ, ΕΖ δυσὶ ταῖς ΗΕ, ΕΖ ἴσαι εἰσὶ, καὶ βάσις ἡ ΖΔ βάσει τῇ ΖΗ ἐστὶν ἴση· γωνία ἄρα ἡ ὑπὸ ΔΕΖ γωνίᾳ τῇ ὑπὸ ΗΕΖ ἐστὶν ἴση. Καὶ τὸ ΔΕΖ τρίγωνον τῷ ΗΕΖ τριγώνῳ ἴσον, καὶ αἱ λοιπαὶ γωνίαι ταῖς λοιπαῖς γωνίαις ἴσαι, ὑφ' ἃς αἱ ἴσαι πλευραὶ ὑποτείνουσιν· ἴση ἄρα ἐστὶ καὶ ἡ μὲν ὑπὸ ΔΖΕ γωνία τῇ ὑπὸ ΗΖΕ, ἡ δὲ ὑπὸ ΕΔΖ τῇ ὑπὸ ΕΗΖ. Καὶ ἐπεὶ ἡ μὲν ὑπὸ ΖΕΔ τῇ ὑπὸ ΖΕΗ ἐστὶν ἴση, ἀλλ' ἡ ὑπὸ ΗΕΖ τῇ ὑπὸ ΑΒΓ ἐστὶν ἴση· καὶ ἡ ὑπὸ ΑΒΓ ἄρα γωνία τῇ ὑπὸ ΔΕΖ ἐστὶν ἴση. Διὰ τὰ αὐτὰ δὴ καὶ ἡ ὑπὸ ΑΒΓ τῇ ὑπὸ ΔΖΕ ἐστὶν ἴση, καὶ ἔτι ἡ πρὸς τῷ Α τῇ πρὸς τῷ Δ· ἰσογώνιον ἄρα ἐστὶ τὸ ΑΒΓ τρίγωνον τῷ ΔΕΖ τριγώνῳ. Ἐὰν ἄρα δύο καὶ τὰ ἑξῆς.

ΠΡΟΤΑΣΙΣ ϛ'.

Ἐὰν δύο τρίγωνα μίαν γωνίαν μιᾷ γωνίᾳ ἴσην ἔχῃ, περὶ δὲ τὰς ἴσας γωνίας τὰς πλευρὰς ἀνάλογον·

prouti puncta B, Δ in ea iacent ad easdem (vel oppositas) partes puncti A, sic, ut sit $B\Gamma : \Delta E = AB : A\Delta$, puncta A, Γ, E pariter iaceant in directum. Iunctis enim $A\Gamma$, AE rectis, ob angulum $AB\Gamma = A\Delta E$ (I. 29.) et $B\Gamma : \Delta E = AB : A\Delta$ (supp.) est angulus $BA\Gamma = \Delta AE$ (VI. 6.), ideoque priori casu rectarum $A\Gamma$, AE una in alteram incidit (Conv. I. 8. Ax.); posteriori eaedem rectae in directum sibi invicem sunt (Conv. I. 15.). Clavius posterius eodem modo, prius indirecte demonstrat. Cf. Pfleiderer. l. c. §. 76.

Obs. 4. Sint (Fig. 353.) AB, $\Gamma\Delta$ parallelae, et O, Π rectae quaecunque inaequales. Utrimque a punctis E, Z in parallelis ubicunque sumtis, abscindantur in priore $ZH = Z\eta = O$, in posteriore $E\Theta = E\vartheta = \Pi$, ita ut puncta H, Θ sint ex una rectae EZ parte, η, ϑ ex altera: tres rectae EZ, ΘH, $\vartheta\eta$ in

ipsi EH, communis autem EZ; duae ΔE, EZ duabus HE, EZ aequales sunt, et basis $Z\Delta$ basi ZH est aequalis; angulus igitur ΔEZ angulo HEZ est aequalis (I. 8.). Et triangulum ΔEZ triangulo HEZ aequale, et reliqui anguli reliquis angulis aequales, quos aequalia latera subtendunt; aequalis igitur est et angulus quidem ΔZE ipsi HZE, angulus vero $E\Delta Z$ ipsi EHZ. Et quoniam angulus quidem $ZE\Delta$ ipsi ZEH est aequalis, sed HEZ ipsi $AB\Gamma$ est aequalis, et $AB\Gamma$ igitur angulus ipsi ΔEZ est aequalis (I. Ax. 1.). Ex eadem ratione angulus $AB\Gamma$ ipsi ΔZE est aequalis, et insuper angulus ad A ipsi ad Δ; aequiangulum igitur est triangulum $AB\Gamma$ triangulo ΔEZ. Si igitur duo etc.

PROPOSITIO VI. (Fig. 352.)

Si duo triangula unum angulum uni angulo aequalem habeant, circa aequales autem angulos latera pro-

eodem extra parallelas puncto K concurrent: et, si duo segmenta ZN, EM ad easdem rectae EZ partes ab parallelis AB, $\Gamma\Delta$ abscissae sunt, ita ut sit $ZN:EM=O:\Pi$, recta quoque NM, altera eorum extrema N, M iungens per punctum K transibit. Quippe rectis EZ, ΘH se in puncto K secantibus (parallelae enim esse nequeunt, quodsi enim parallelae essent, foret $ZH=E\Theta$ (I. 34.) i. e. $O=\Pi$ contra supposit.) est (Obs. 2. ad VI. 4.) $ZH:E\Theta=KZ:KE$. Sed ob $Z\eta=ZH$, $E\vartheta=E\Theta$, est (V. 7. Cor.) $Z\eta:E\vartheta=ZH:E\Theta$, ac (hyp. et V. 7. V. 11.) est $ZN:EM=O:\Pi=ZH:E\Theta$, ideoque (V. 11.) tam $Z\eta:E\vartheta=KZ:KE$, quam $ZN:EM=KZ:KE$, et hinc (Obs. 3.) tam puncta η, ϑ, K, quam puncta N, M, K iacent in directum. Iisdem porro, quae supra, sumtis et factis (nisi quod rectae O, Π nunc etiam possunt esse aequales): tres rectae EZ, $H\vartheta$,

ἰσογώνια ἔσται τὰ τρίγωνα, καὶ ἴσας ἕξει τὰς γωνίας, ὑφ' ἃς αἱ ὁμόλογοι πλευραὶ ὑποτείνουσιν.

Ἔστω δύο τρίγωνα τὰ ΑΒΓ, ΔΕΖ, μίαν γωνίαν τὴν ὑπὸ ΒΑΓ μιᾷ γωνίᾳ τῇ ὑπὸ ΕΔΖ ἴσην ἔχοντα, περὶ δὲ τὰς ἴσας γωνίας τὰς πλευρὰς ἀνάλογον, ὡς τὴν ΒΑ πρὸς τὴν ΑΓ οὕτως τὴν ΕΔ πρὸς τὴν ΔΖ· λέγω ὅτι ἰσογώνιόν ἐστι τὸ ΑΒΓ τρίγωνον τῷ ΔΕΖ τριγώνῳ, καὶ ἴσην ἕξει τὴν μὲν ὑπὸ ΑΒΓ γωνίαν τῇ ὑπὸ ΔΕΖ, τὴν δὲ ὑπὸ ΑΓΒ τῇ ὑπὸ ΔΖΕ.

Συνεστάτω γὰρ πρὸς μὲν τῇ ΔΖ εὐθείᾳ, καὶ τοῖς πρὸς αὐτῇ σημείοις τοῖς Δ, Ζ, ὁποτέρᾳ μὲν τῶν ὑπὸ ΒΑΓ, ΕΔΖ ἴση ἡ ὑπὸ ΖΔΗ, τῇ δὲ ὑπὸ ΑΓΒ ἴση ἡ ὑπὸ ΔΖΗ.

Λοιπὴ ἄρα ἡ πρὸς τῷ Β γωνία λοιπῇ τῇ πρὸς τῷ Η ἴση ἐστίν· ἰσογώνιον ἄρα ἐστὶ τὸ ΑΒΓ τρίγωνον τῷ ΔΗΖ τριγώνῳ· ἀνάλογον ἄρα ἐστὶν ὡς ἡ ΒΑ πρὸς τὴν ΑΓ οὕτως ἡ ΗΔ πρὸς τὴν ΔΖ. Ὑπόκειται δὲ καὶ ὡς ἡ ΒΑ πρὸς τὴν ΑΓ οὕτως ἡ ΕΔ πρὸς τὴν ΔΖ· καὶ ὡς ἄρα ἡ ΕΔ πρὸς τὴν ΔΖ οὕτως ἡ ΗΔ πρὸς τὴν ΔΖ· ἴση ἄρα ἡ ΕΔ τῇ ΔΗ, καὶ κοινὴ ἡ ΔΖ· δύο δὴ αἱ ΕΔ, ΔΖ δυσὶ ταῖς ΗΔ, ΔΖ ἴσαι

ηθ se in eodem intra parallelas puncto ϰ secabunt, et, si segmenta Ζν, Εμ ad alternas rectae ΕΖ partes ab parallelis ΑΒ, ΓΔ abscissa sunt, ut Ο ad Π, recta etiam νμ altera eorum extrema iungens per punctum ϰ transibit, quod eodem modo demonstratur. Cf. Pfleiderer. l. c. §§. 77. 78.

Obs. 5. Quae in Obs. 4. vidimus, inserviunt solvendo problemati, quod in Loc. 1. et 2. Libri I. Apollonii de Sectione rationis habetur. Praeterea inde patet, in quadrilateris, quorum duo latera sunt parallela, rectam, quae haec latera bifariam dividit, et diagonales figurae in eodem intra quadrilaterum puncto se secare; et si altera duo latera parallela non

portionalia; aequiangula erunt triangula, et aequales habebunt angulos, quos homologa latera subtendunt.

Sint duo triangula $AB\Gamma$, ΔEZ, unum angulum $BA\Gamma$ uni angulo $E\Delta Z$ aequalem habentia, circa aequales autem angulos latera proportionalia, ut BA ad $A\Gamma$ ita $E\Delta$ ad ΔZ; dico aequiangulum esse triangulum $AB\Gamma$ triangulo ΔEZ, et aequalem habiturum esse angulum $AB\Gamma$ quidem angulo ΔEZ, angulum vero $A\Gamma B$ ipsi ΔZE.

Constituatur enim (I. 23.) ad rectam ΔZ, et ad puncta in ipsa Δ, Z, alterutri angulorum $BA\Gamma$, $E\Delta Z$ aequalis angulus $Z\Delta H$, angulo vero $A\Gamma B$ aequalis ipse ΔZH.

Reliquus igitur angulus ad B reliquo ad H aequalis est (I. 32.); aequiangulum igitur est triangulum $AB\Gamma$ triangulo ΔHZ; proportionaliter igitur est (VI. 4.) ut BA ad $A\Gamma$ ita $H\Delta$ ad ΔZ. Ponitur autem et ut BA ad $A\Gamma$ ita $E\Delta$ ad ΔZ; ut igitur (V. 11.) $E\Delta$ ad ΔZ ita $H\Delta$ ad ΔZ; aequalis igitur (V. 9.) $E\Delta$ ipsi ΔH, et communis ΔZ; duae igitur $E\Delta$, ΔZ duabus $H\Delta$, ΔZ aequales sunt, et angulus $E\Delta Z$ angulo $H\Delta Z$

sint, haec, atque rectam bifariam latera parallela dividentem in eodem extra figuram puncto concurrere; in parallelogrammis igitur diagonales, et rectas bina latera opposita bifariam dividentes eodem in puncto se secare: quod ita fieri alio modo ostenditur in demonstratione XI. 39. Cf. Pfleiderer. l. c. §§. 79—82.

Obs. 6. Perpendicula e tribus angulis trianguli alicuius in latera opposita demissa in eodem puncto se intersecant. Sit (Fig. 354.) $AB\Gamma$ triangulum, in quo duo perpendicula ex oppositis angulis in latera $A\Gamma$, AB demissa se intersecent in puncto Z, iungatur AZ, et producatur, si opus est, usquedum

εἰσί, καὶ γωνία ἡ ὑπὸ *ΕΔΖ* γωνίᾳ τῇ ὑπὸ *ΗΔΖ* ἴση· βάσις ἄρα ἡ *ΕΖ* βάσει τῇ *ΖΗ* ἐστὶν ἴση, καὶ τὸ *ΔΕΖ* τρίγωνον τῷ *ΔΗΖ* τριγώνῳ ἴσον ἐστὶ, καὶ αἱ λοιπαὶ γωνίαι ταῖς λοιπαῖς γωνίαις ἴσαι ἔσονται ἑκατέρα ἑκατέρᾳ [1]) ὑφ' ἃς αἱ ἴσαι πλευραὶ ὑποτείνουσιν· ἴση ἄρα ἐστὶν ἡ μὲν ὑπὸ *ΔΖΗ* τῇ ὑπὸ *ΔΖΕ*, ἡ δὲ ὑπὸ *ΔΗΖ* τῇ ὑπὸ *ΔΕΖ*. Ἀλλ' ἡ ὑπὸ *ΔΖΗ* τῇ ὑπὸ *ΑΓΒ* ἐστὶν ἴση, καὶ ἡ ὑπὸ *ΑΓΒ* ἄρα τῇ ὑπὸ *ΔΖΕ* ἐστὶν ἴση. Ὑπόκειται δὲ καὶ ἡ ὑπὸ *ΒΑΓ* τῇ ὑπὸ *ΕΔΖ* ἴση, καὶ λοιπὴ ἄρα ἡ πρὸς τῷ *Β* λοιπῇ τῇ πρὸς τῷ *Ε* ἴση ἐστίν· ἰσογώνιον ἄρα ἐστὶ τὸ *ΑΒΓ* τρίγωνον τῷ *ΔΕΖ* τριγώνῳ. Ἐὰν ἄρα δύο τρίγωνα καὶ τὰ ἑξῆς.

ΠΡΟΤΑΣΙΣ ζ.

Ἐὰν δύο τρίγωνα μίαν γωνίαν μιᾷ γωνίᾳ ἴσην ἔχῃ, περὶ δὲ τὰς ἄλλας γωνίας τὰς πλευρὰς ἀνάλογον, τῶν δὲ λοιπῶν ἑκατέραν ἅμα ἤτοι ἐλάσσονα, ἢ μὴ ἐλάσσονα ὀρθῆς· ἰσογώνια ἔσται τὰ τρίγωνα, καὶ ἴσας ἕξει τὰς γωνίας, περὶ ἃς ἀνάλογόν εἰσιν αἱ πλευραί.

1) Verba ἑκατέρα ἑκατέρᾳ, quae Peyrardus consentiente Cod. a. omittit, ex edd. Oxon. et Basil. restituimus, quum alias etiam Euclidi solemne sit, verba propositionum antecedentium exacte citare, et in I. 4. haec verba expressa sint.

rectae *ΒΓ* occurrat in *Θ*, erit *ΑΘ* perpendicularis ad *ΒΓ*. Iungatur enim *ΑΕ*, et circa triangulum *ΑΕΖ* describatur circulus (IV. 5.), eritque, ob angulum rectum *ΑΕΖ*, *ΑΖ* diameter circuli (Obs. 1. ad III. 31.). Eodem modo ostendetur, *ΑΖ* esse diametrum circuli circa triangulum *ΑΖΔ* circumscripti: itaque puncta *Α*, *Ε*, *Ζ*, *Δ* in circumferentia eiusdem circuli posita erunt. At ob angulum *ΕΖΒ*=*ΔΖΓ* (I. 15.) et angulum *ΒΕΖ* =*ΓΔΖ* (uterque enim rectus est), triangula *ΒΕΖ*, *ΓΔΖ* sunt aequiangula, adeoque *ΒΖ*:*ΕΖ*=*ΓΖ*:*ΔΖ* (VI. 4.), aut alterne

aequalis; basis igitur (I. 4.) EZ basi ZH est aequalis, et triangulum ΔEZ triangulo ΔHZ aequale est, et reliqui anguli reliquis angulis aequales erunt, alter alteri, quos aequalia latera subtendunt; aequalis igitur est ΔZH quidem ipsi ΔZE, angulus vero ΔHZ ipsi ΔEZ. Sed ipse ΔZH ipsi $A\Gamma B$ est aequalis (constr.), et $A\Gamma B$ igitur ipsi ΔZE est aequalis. Ponitur autem et $BA\Gamma$ ipsi $E\Delta Z$ aequalis; et reliquus igitur ad B reliquo ad E aequalis (I. 32.); aequiangulum igitur est triangulum $AB\Gamma$ triangulo ΔEZ. Si igitur duo triangula etc.

PROPOSITIO VII. (Fig. 335.)

Si duo triangula unum angulum uni angulo aequalem habeant, circa alios autem angulos latera proportionalia, reliquorum vero utrumque simul vel minorem, vel non minorem recto; aequiangula erunt triangula, et aequales habebunt angulos, circa quos proportionalia sun latera.

$BZ:\Gamma Z = EZ:\Delta Z$ (V. 16.). Quoniam igitur latera circa angulos aequales $BZ\Gamma$, $EZ\Delta$ sunt proportionalia, triangula $BZ\Gamma$, ΔZE sunt aequiangula (VI. 6.), adeoque angulus $Z\Gamma B = E\Delta Z$. At $E\Delta Z = EAZ$ (III. 21.): itaque $EAZ = Z\Gamma B = Z\Gamma\Theta$. Praeterea autem et $EZA = \Theta Z\Gamma$ (I. 15.): itaque etiam $AEZ = Z\Theta\Gamma$ (I. 32.), adeoque, quum AEZ rectus sit, rectus erit etiam $Z\Theta\Gamma$, vel $A\Theta$ perpendicularis erit ad $B\Gamma$ (Playfair. VI. Prop. II.). — Paullo brevius ita demonstratur, esse angulum $Z\Gamma B = E\Delta Z$. Quum $BE\Gamma$ sit rectus aeque ac $B\Delta\Gamma$, ex Cor. 2. ad III. 21. semicirculus super diametro $B\Gamma$ descriptus per E et Δ transibit, unde erit $Z\Gamma B = E\Delta Z$ (III. 21.). Vid. Klügels Wörterb. 1. Th. p. 925. et, qui ibi p. 926. laudatur, Eulerus in Nov. Commentar. Petrop. Tom. XI. a. 1765. — Addi po-

Ἔστω δύο τρίγωνα τὰ ΑΒΓ, ΔΕΖ, μίαν γωνίαν μιᾷ γωνίᾳ ἴσην ἔχοντα, τὴν ὑπὸ ΒΑΓ τῇ ὑπὸ ΕΔΖ, περὶ δὲ ἄλλας γωνίας τὰς ὑπὸ ΑΒΓ, ΔΕΖ, τὰς πλευρὰς ἀνάλογον, ὡς τὴν ΑΒ πρὸς τὴν ΒΓ οὕτως τὴν ΔΕ πρὸς τὴν ΕΖ, τῶν δὲ λοιπῶν τῶν πρὸς τοῖς Γ, Ζ πρότερον ἑκατέραν ἅμα ἐλάσσονα ὀρθῆς· λέγω ὅτι ἰσογώνιόν ἐστι τὸ ΑΒΓ τρίγωνον τῷ ΔΕΖ τριγώνῳ, καὶ ἴση ἔσται ἡ ὑπὸ ΑΒΓ γωνία τῇ ὑπὸ ΔΕΖ. καὶ λοιπὴ δηλονότι ἡ πρὸς τῷ Γ λοιπῇ τῇ πρὸς τῷ Ζ ἴση.

Εἰ γὰρ ἄνισός ἐστιν ἡ ὑπὸ ΑΒΓ γωνία τῇ ὑπὸ ΔΕΖ, μία αὐτῶν μείζων ἐστίν. Ἔστω μείζων ἡ ὑπὸ ΑΒΓ· καὶ συνεστάτω πρὸς τῇ ΑΒ εὐθείᾳ, καὶ τῷ πρὸς αὐτῇ σημείῳ τῷ Β, τῇ ὑπὸ ΔΕΖ γωνίᾳ ἴση ἡ ὑπὸ ΑΒΗ.

Καὶ ἐπεὶ ἴση ἐστὶν ἡ μὲν Α γωνία τῇ Δ, ἡ δὲ ὑπὸ ΑΒΗ γωνία τῇ ὑπὸ ΔΕΖ, λοιπὴ ἄρα ἡ ὑπὸ ΑΗΒ λοιπῇ τῇ ὑπὸ ΔΖΕ ἐστὶν ἴση· ἰσογώνιον ἄρα ἐστὶ τὸ ΑΒΗ τρίγωνον τῷ ΔΕΖ τριγώνῳ· ἔστιν ἄρα ὡς ἡ ΑΒ πρὸς τὴν ΒΗ οὕτως ἡ ΔΕ πρὸς τὴν ΕΖ. Ὡς δὲ ἡ ΔΕ πρὸς τὴν ΕΖ οὕτως ὑπόκειται ἡ ΑΒ πρὸς τὴν ΒΓ· καὶ ὡς ἄρα ἡ ΑΒ πρὸς τὴν ΒΓ· οὕτως ἡ ΑΒ πρὸς τὴν

terat: et vice versa, si ΑΘ perpendicularis est ad ΒΓ, transire debet per Ζ. Si enim non transeat, alia recta per Α et Ζ ducta ex demonstratione pariter erit ad ΒΓ perpendicularis, quod fieri nequit (I. 17. Cor. 4.).

PROPOSITIO VII.

Obs. 1. Rob. Simson. duobus hac propositione enumeratis casibus tertium addit „omissum, et in demonstrationibus non raro occurrentem" quo reliquorum angulorum alter sit rectus. Demonstratio autem huius casus eadem fere est, quae

Sint duo triangula $AB\Gamma$, ΔEZ, unum angulum uni angulo aequalem habentia, angulum nempe $BA\Gamma$ angulo $E\Delta Z$, circa alios autem angulos $AB\Gamma$, ΔEZ, latera proportionalia, ut AB ad $B\Gamma$ ita ΔE ad EZ, reliquorum vero ad Γ, Z primo utrumque simul minorem recto; dico aequiangulum esse triangulum $AB\Gamma$ triangulo ΔEZ, et aequalem fore angulum $AB\Gamma$ angulo ΔEZ, et reliquum nempe angulum ad Γ reliquo ad Z aequalem.

Si enim inaequalis est angulus $AB\Gamma$ angulo ΔEZ, unus ipsorum maior est. Sit maior $AB\Gamma$; et constituatur (I. 23.) ad rectam AB et ad punctum in ea B, angulo ΔEZ aequalis angulus ABH.

Et quoniam aequalis est angulus quidem A angulo Δ, angulus vero ABH ipsi ΔEZ, reliquus igitur AHB reliquo ΔZE est aequalis (I. 32.); aequiangulum igitur est triangulum ABH triangulo ΔEZ; est igitur (VI. 4.) ut AB ad BH ita ΔE ad EZ. Ut autem ΔE ad EZ ita ponitur AB ad $B\Gamma$; ut igitur AB ad $B\Gamma$ ita AB ad BH (V. 11.), recta igitur AB ad utramque ipsarum $B\Gamma$, BH eandem habet rationem; aequalis

casus secundi, nec omnino necesse videtur, tertium hunc casum nominatim afferre, quum expressio „non minor recto" eum etiam casum, quo angulus rectus est, comprehendat.

Obs. 2. Patet, hanc propositionem respondere ei, quam ad I. 26. Obs. 2. ut casum quintum, quo duo triangula aequalia esse possunt, notavimus. Et hoc triangulorum aequalium casu praemisso potest nostra haec propositio eodem modo, quo praecedentes duae demonstrari. Cf. Pfleiderer. l. c. P. II. §. 86.

ΒΗ, ἡ ΑΒ ἄρα πρὸς ἑκατέραν τῶν ΒΓ, ΒΗ τὸν αὐτὸν ἔχει λόγον· ἴση ἄρα ἐστὶν ἡ ΒΓ τῇ ΒΗ· ὥςτε καὶ γωνία ἡ πρὸς τῷ Γ γωνίᾳ τῇ ὑπὸ ΒΗΓ ἐστὶν ἴση. Ἐλάττων δὲ ὀρθῆς ὑπόκειται ἡ πρὸς τῷ Γ· ἐλάττων ἄρα ἐστὶν ὀρθῆς ἡ ὑπὸ ΒΗΓ, ὥςτε ἡ ἐφεξῆς αὐτῇ γωνία ἡ ὑπὸ ΑΗΒ μείζων ἐστὶν ὀρθῆς. Καὶ ἐδείχθη ἴση οὖσα τῇ πρὸς τῷ Ζ, καὶ ἡ πρὸς τῷ Ζ ἄρα μείζων ἐστὶν ὀρθῆς. Ὑπόκειται δὲ ἐλάσσων ὀρθῆς, ὅπερ ἄτοπον· οὐκ ἄρα ἄνισός ἐστιν ἡ ὑπὸ ΑΒΓ γωνία τῇ ὑπὸ ΔΕΖ, ἴση ἄρα. Ἔστι δὲ καὶ ἡ πρὸς τῷ Α ἴση τῇ πρὸς τῷ Δ, καὶ λοιπὴ ἄρα ἡ πρὸς τῷ Γ λοιπῇ τῇ πρὸς τῷ Ζ ἴση ἐστίν· ἰσογώνιον ἄρα ἐστὶ τὸ ΑΒΓ τρίγωνον τῷ ΔΕΖ τριγώνῳ.

Ἀλλὰ δὴ πάλιν ὑποκείσθω ἑκατέρα τῶν πρὸς τοῖς Γ, Ζ μὴ ἐλάσσων ὀρθῆς· λέγω πάλιν ὅτι καὶ οὕτως ἰσογώνιόν ἐστι τὸ ΑΒΓ τρίγωνον τῷ ΔΕΖ τριγώνῳ.

Τῶν γὰρ αὐτῶν κατασκευασθέντων, ὁμοίως δείξομεν, ὅτι ἴση ἐστὶν ἡ ΒΓ τῇ ΒΗ· ὥςτε καὶ γωνία ἡ πρὸς τῷ Γ τῇ ὑπὸ ΒΗΓ ἴση ἐστίν. Οὐκ ἐλάττων δὲ ὀρθῆς ἡ πρὸς τῷ Γ, οὐκ ἐλάττων ἄρα ὀρθῆς οὐδὲ ἡ ὑπὸ ΒΗΓ. Τριγώνου δὴ τοῦ ΒΗΓ αἱ δύο γωνίαι δύο ὀρθῶν οὐκ εἰσὶν ἐλάττονες, ὅπερ ἐστὶν ἀδύνατον· οὐκ ἄρα πάλιν ἄνισός ἐστιν ἡ ὑπὸ ΑΒΓ γωνία τῇ ὑπὸ ΔΕΖ, ἴση ἄρα. Ἔστι δὲ καὶ ἡ πρὸς τῷ Α τῇ πρὸς τῷ Δ ἴση, λοιπὴ ἄρα ἡ πρὸς τῷ Γ λοιπῇ τῇ πρὸς τῷ Ζ ἴση ἐστίν· ἰσογώνιον ἄρα ἐστὶ τὸ ΑΒΓ τρίγωνον τῷ ΔΕΖ τριγώνῳ. Ἐὰν ἄρα δύο τρίγωνα καὶ τὰ ἑξῆς.

Obs. 3. Triangula sub conditionibus VI. 7. similia esse, uti ex VI. 6. (vid. ad VI. 6. Obs. 2.) infertur. Cf. Pfleiderer. l. c. §. 81.

igitur est $B\Gamma$ ipsi BH (V. 9.); quare et angulus ad Γ angulo $BH\Gamma$ est aequalis (I. 5.). Minor autem recto ponitur angulus ad Γ; minor igitur est recto angulus $BH\Gamma$, quare (I. 13.) qui ei deinceps est angulus AHB maior est recto. Et ostensus est aequalis esse angulo ad Z, et ipse angulus ad Z igitur maior est recto. Ponitur autem minor recto, quod est absurdum; non igitur inaequalis est angulus $AB\Gamma$ angulo ΔEZ, aequalis igitur. Est autem et angulus ad A aequalis angulo ad Δ, et reliquus igitur (I. 32.) ad Γ reliquo ad Z aequalis est; aequiangulum igitur est triangulum $AB\Gamma$ triangulo ΔEZ.

Sed et rursus ponatur uterque angulorum ad Γ, Z non minor recto; dico rursus et sic aequiangulum esse triangulum $AB\Gamma$ triangulo ΔEZ.

Iisdem enim constructis, similiter ostendemus aequalem esse $B\Gamma$ ipsi BH; quare et angulus ad Γ ipsi $BH\Gamma$ aequalis est. Non minor autem recto est angulus ad Γ; non est igitur minor recto $BH\Gamma$. Trianguli igitur $BH\Gamma$ duo anguli duobus rectis non sunt minores, quod fieri nequit (I. 17.); rursus igitur non inaequalis est angulus $AB\Gamma$ angulo ΔEZ; aequalis igitur. Est autem et angulus ad A angulo ad Δ aequalis, reliquus igitur (I. 32.) ad Γ reliquo ad Z aequalis est; aequiangulum igitur est triangulum $AB\Gamma$ ipsi triangulo ΔEZ. Si igitur duo triangula etc.

Obs. 4. Notari etiam potest, casum primum, quo nempe angulorum ad Γ, Z uterque minor est recto, semper existere, si latera AB, ΔE adiacentia angulis (supp.) aequalibus A, Δ

ΠΡΟΤΑΣΙΣ η.

Ἐὰν ἐν ὀρθογωνίῳ τριγώνῳ ἀπὸ τῆς ὀρθῆς γωνίας ἐπὶ τὴν βάσιν κάθετος ἀχθῇ· τὰ πρὸς τῇ καθέτῳ τρίγωνα ὅμοιά ἐστι τῷ δὲ ὅλῳ καὶ ἀλλήλοις.

Ἔστω τρίγωνον ὀρθογώνιον τὸ ΑΒΓ, ὀρθὴν ἔχον τὴν ὑπὸ ΒΑΓ γωνίαν, καὶ ἤχθω ἀπὸ τοῦ Α ἐπὶ τὴν ΒΓ κάθετος ἡ ΑΔ· λέγω ὅτι ὅμοιόν ἐστιν ἑκάτερον τῶν ΑΒΔ, ΑΔΓ τριγώνων ὅλῳ τῷ ΑΒΓ καὶ ἔτι ἀλλήλοις.

Ἐπεὶ γὰρ ἴση ἐστὶν ἡ ὑπὸ ΒΑΓ γωνία τῇ ὑπὸ ΑΔΒ, ὀρθὴ γὰρ ἑκατέρα, καὶ κοινὴ τῶν δύο τριγώνων τοῦ τε ΑΒΓ καὶ τοῦ ΑΒΔ ἡ πρὸς τῷ Β· λοιπὴ ἄρα ἡ ὑπὸ ΑΓΒ λοιπῇ τῇ ὑπὸ ΒΑΔ ἐστὶν ἴση· ἰσογώνιον ἄρα ἐστὶ τὸ ΑΒΓ τρίγωνον τῷ ΑΒΔ τριγώνῳ. Ἔστιν ἄρα ὡς ἡ ΒΓ ὑποτείνουσα τὴν ὀρθὴν τοῦ ΑΒΓ τριγώνου πρὸς τὴν ΒΑ ὑποτείνουσαν τὴν ὀρθὴν τοῦ ΑΒΔ τριγώνου, οὕτως αὐτὴ ἡ ΑΒ ὑποτείνουσα τὴν πρὸς τῷ Γ γωνίαν τοῦ ΑΒΓ τριγώνου πρὸς τὴν ΒΔ ὑποτείνουσαν τὴν ἴσην τῇ πρὸς τῷ Γ, τὴν ὑπὸ ΒΑΔ τοῦ ΑΒΔ τριγώνου· καὶ ἔτι ἡ ΑΓ πρὸς τὴν ΑΔ ὑποτείνουσαν τὴν πρὸς τῷ Β γωνίαν, κοινὴν τῶν δύο τριγώνων· τὸ ΑΒΓ ἄρα τρίγωνον τῷ ΑΒΔ τριγώνῳ ἰσογώνιόν τέ ἐστι, καὶ τὰς περὶ τὰς ἴσας γωνίας πλευρὰς ἀνάλογον ἔχει· ὅμοιον ἄρα ἐστὶ τὸ ΑΒΓ τρίγω-

minora sint alteris ΒΓ, ΕΖ (I. 18. et I. 17. Cor. 3. Cf. Pfleiderer. l. c. §. 88.

Obs. 5. Necessitas tertiae conditionis propositioni VI. 7. adiunctae simili fere ratione evincitur, ac in Obs. 2. ad I. 26. vidimus, duo triangula, in quibus duo latera cum angulo uni eorum opposito utrimque aequalia sint, non semper aequalia esse, et nova ad hanc aequalitatem determinatione opus esse. Cf. Pfleiderer. l. c. §§. 89. 90.

PROPOSITIO VIII. (Fig. 356.)

Si in triangulo rectangulo ab angulo recto ad basin perpendicularis ducatur; quae ad perpendicularem sunt triangula similia et toti et inter se.

Sit triangulum rectangulum $AB\Gamma$, rectum habens angulum $BA\Gamma$, et ducatur ab A ad $B\Gamma$ perpendicularis $A\Delta$; dico simile esse utrumque triangulorum $AB\Delta$, $A\Delta\Gamma$ toti $AB\Gamma$ et inter se.

Quoniam enim aequalis est angulus $BA\Gamma$ angulo $A\Delta B$, rectus enim uterque, et communis duobus triangulis $AB\Gamma$ et $AB\Delta$ angulus ad B; reliquus igitur $A\Gamma B$ reliquo $BA\Delta$ est aequalis (I. 32.); aequiangulum igitur est triangulum $AB\Gamma$ triangulo $AB\Delta$. Est igitur (VI. 4.) ut $B\Gamma$ subtendens angulum rectum trianguli $AB\Gamma$ ad BA subtendentem angulum rectum trianguli $AB\Delta$, ita eadem AB subtendens angulum ad Γ trianguli $AB\Gamma$ ad $B\Delta$ subtendentem angulum aequalem angulo ad Γ, nempe $BA\Delta$ ipsius trianguli $AB\Delta$; et etiam $A\Gamma$ ad $A\Delta$ subtendentem angulum ad B, communem duobus triangulis; triangulum igitur $AB\Gamma$ triangulo $AB\Delta$ aequiangulum est, et latera circa aequales angulos proportionalia habet; simile igitur est triangulum $AB\Gamma$ triangulo $AB\Delta$. Similiter osten-

PROPOSITIO VIII.

Obs. 1. Robert. Simson. monet: „manifestum est, aliquem mutasse demonstrationem, quam Euclides huius propositionis dederat. Etenim auctor eius postquam demonstraverat triangula esse inter se aequiangula, particulatim ostendit, latera eorum circa aequales angulos proportionalia esse, quasi hoc non factum fuisset in propositione quarta huius libri. Haec autem superflua non inveniuntur in versione (Campani)

νον τῷ ΑΒΔ τριγώνῳ. Ὁμοίως δὴ δείξομεν, ὅτι καὶ τῷ ΑΔΓ τριγώνῳ ὅμοιόν ἐστι τὸ ΑΒΓ τρίγωνον· ἑκάτερον ἄρα τῶν ΑΒΔ, ΑΔΓ τριγώνων ὅμοιόν ἐστι ὅλῳ τῷ ΑΒΓ τριγώνῳ.

Λέγω δὴ, ὅτι καὶ ἀλλήλοις ἐστὶν ὅμοια τὰ ΑΒΔ, ΑΔΓ τρίγωνα.

Ἐπεὶ γὰρ ὀρθὴ ἡ ὑπὸ ΒΔΑ ὀρθῇ τῇ ὑπὸ ΑΔΓ ἐστὶν ἴση, ἀλλὰ μὴν καὶ ἡ ὑπὸ ΒΑΔ τῇ πρὸς τῷ Γ ἐδείχθη ἴση, καὶ λοιπὴ ἄρα ἡ πρὸς τῷ Β λοιπῇ τῇ ὑπὸ ΔΑΓ ἐστὶν ἴση· ἰσογώνιον ἄρα ἐστὶ τὸ ΑΒΔ τρίγωνον τῷ ΑΔΓ τριγώνῳ. Ἔστιν ἄρα ὡς ἡ ΒΔ τοῦ ΑΒΔ τριγώνου, ὑποτείνουσα τὴν ὑπὸ ΒΑΔ, πρὸς τὴν ΔΑ τοῦ ΑΔΓ τριγώνου, ὑποτείνουσαν τὴν πρὸς τῷ Γ γωνίαν, ἴσην τῇ ὑπὸ ΒΑΔ, οὕτως αὐτὴ ἡ ΑΔ τοῦ ΑΒΔ τριγώνου, ὑποτείνουσα τὴν πρὸς τῷ Β γωνίαν, πρὸς τὴν ΔΓ ὑποτείνουσαν τὴν ὑπὸ ΔΑΓ τοῦ ΑΔΓ τριγώνου, ἴσην τῇ πρὸς τῷ Β· καὶ ἔτι ἡ ΒΑ ὑποτείνουσα τὴν ὀρθὴν τὴν ὑπὸ ΑΔΒ, πρὸς τὴν ΑΓ ὑποτείνουσαν τὴν ὀρθὴν τὴν ὑπὸ ΑΔΓ· ὅμοιον ἄρα ἐστὶ τὸ ΑΒΔ τρίγωνον τῷ ΑΔΓ τριγώνῳ. Ἐὰν ἄρα ἐν ὀρθογωνίῳ, καὶ τὰ ἑξῆς.

ΠΟΡΙΣΜΑ.

Ἐκ δὴ τούτου φανερὸν, ὅτι ἐὰν ἐν ὀρθογωνίῳ τριγώνῳ ἀπὸ τῆς ὀρθῆς γωνίας ἐπὶ τὴν βάσιν κάθετος

ex lingua arabica et nunc (a Simsone) omissa sunt." Ostensa nempe angulorum aequalitate, infert Rob. Simson.: „aequiangula igitur sunt triangula, quare latera circa aequales angulos proportionalia habent (VI. 4.); et propterea inter se similia sunt" (VI. 1. Def.). Et eadem fere est demonstratio Campani.

demus et triangulo $A\Delta\Gamma$ simile esse triangulum $AB\Gamma$; utramque igitur triangulorum $AB\Delta$, $A\Delta\Gamma$ simile est toti triangulo $AB\Gamma$.

Dico etiam et inter se esse similia triangula $AB\Delta$, $A\Delta\Gamma$.

Quoniam enim rectus $B\Delta A$ recto $A\Delta\Gamma$ est aequalis, sed et $BA\Delta$ angulo ad Γ ostensus est aequalis, et reliquus igitur (I. 32.) ad B reliquo $\Delta A\Gamma$ est aequalis; aequiangulum igitur est triangulum $AB\Delta$ triangulo $A\Delta\Gamma$. Est igitur (VI. 4.) ut $B\Delta$ trianguli $AB\Delta$, subtendens angulum $BA\Delta$, ad ΔA trianguli $A\Delta\Gamma$ subtendentem angulum ad Γ, aequalem ipsi $BA\Delta$, ita eadem $A\Delta$ ipsius trianguli $AB\Delta$, subtendens angulum ad B, ad $\Delta\Gamma$ subtendentem angulum $\Delta A\Gamma$ trianguli $A\Delta\Gamma$, aequalem angulo ad B, et etiam BA subtendens rectum $A\Delta B$, ad $A\Gamma$ subtendentem rectum $A\Delta\Gamma$; simile igitur est triangulum $AB\Delta$ triangulo $A\Delta\Gamma$. Si igitur in rectangulo, etc.

COROLLARIUM.

Ex hoc evidens est, si in triangulo rectangulo ab angulo recto ad basin perpendicularis ducta fuerit,

Obs. 2. Austin. p. 68. corollarium etiam propositioni adiunctum reprobat. Pfleiderer. l. c. §. 93. circa hanc rem observat: „priore huius corollarii parte, ipsis eius verbis pro more relatis, demonstrationes nituntur VI. 13. partis tertiae Lemm. 1. ante X. 34. ac Lemm. post XIII. 13. Contra eiusdem pars altera in demonstrationibus partis primae Lemm. 1. ante X. 34.; partis tertiae XIII. 13.; Lemm. post eam; partis

ἀχθῇ, ἡ ἀχθεῖσα τῶν τῆς βάσεως τμημάτων μέση ἀνάλογόν ἐστιν· καὶ ἔτι τῆς βάσεως καὶ ἑνὸς ὁποτερουοῦν τῶν τμημάτων ἡ πρὸς τῷ τμήματι πλευρὰ μέση ἀνάλογόν ἐστιν.

ΠΡΟΤΑΣΙΣ θ'.

Τῆς δοθείσης εὐθείας τὸ προσταχθὲν μέρος ἀφελεῖν.

Ἔστω ἡ δοθεῖσα εὐθεῖα ἡ ΑΒ· δεῖ δὴ τῆς ΑΒ τὸ προσταχθὲν μέρος ἀφελεῖν.

Ἐπιτετάχθω δὴ τὸ τρίτον· καὶ διήχθω τις εὐθεῖα ἀπὸ τοῦ Α ἡ ΑΓ, γωνίαν περιέχουσα μετὰ τῆς ΑΒ τυχοῦσαν· καὶ εἰλήφθω τυχὸν σημεῖον ἐπὶ τῆς ΑΓ τὸ Δ, καὶ κείσθωσαν τῇ ΑΔ ἴσαι αἱ ΔΕ, ΕΓ· καὶ ἐπεζεύχθω ἡ ΒΓ, καὶ διὰ τοῦ Δ παράλληλος αὐτῇ ἤχθω ἡ ΔΖ.

ultimae XIII. 18. ac III. 6. Collect. mathem. Pappi, a Propositionibus VI. 8. et VI. 4. deducta traditur: serius itaque, usus illius frequentis caussa, tum locis citatis, tum alibi, ut in demonstrationibus XIII. 14. XIII. 15. XIII. 16. addita (forsan restituta) est censenda." Addit deinde Pfleiderer., praeter duas proportiones corollario hoc enunciatas notari mereri adhuc sequentes: 1) latus, quod trianguli rectanguli angulum rectum subtendit, est ad alterutrum eius latus circa angulum rectum, uti reliquum ipsius latus circa angulum rectum est ad perpendiculum ex vertice anguli recti in hypotenusam demissum, et alterne (IV. 4.). 2) Unum trianguli rectanguli latus circa angulum rectum est ad alterum; uti, quod priori adiacet, segmentum hypotenusae, perpendiculo in eam ex vertice anguli recti demisso abscissum, est ad ipsum hoc perpendiculum; vel uti hoc perpendiculum est ad segmentum hypotenusae adiacens lateri posteriori (IV. 4.).

ductam inter basis segmenta mediam proportionalem esse; et etiam inter basin et utrumlibet segmentorum, huic segmento adiacens latus, medium proportionale esse.

PROPOSITIO IX. (Fig. 357.)

Ab data recta imperatam partem auferre.

Sit data recta AB; oportet ab ipsa AB imperatam partem auferre.

Imperetur pars tertia; et ducatur quaedam recta $A\Gamma$ ab A, quemlibet angulum continens cum ipsa AB; et sumatur quodlibet punctum Δ in $A\Gamma$, et ponantur ipsi $A\Delta$ aequales ΔE, $E\Gamma$ (I. 3.); et iungatur $B\Gamma$, et per Δ parallela huic ducatur ΔZ (I. 31.).

Obs. 3. Cum anguli in semicirculo sint recti (III. 31.), perpendicularis ab quocunque peripheriae circuli puncto ad aliquam eius diametrum ducta est media proportionalis inter segmenta diametri huius ab perpendiculo illo facta; et quaelibet circuli chorda per centrum non transiens media proportionalis est inter diametri per alterutrum eius extremum ductae segmentum ipsi adiacens, quod perpendiculum ab altero chordae extremo in diametrum hanc demissum ab ea abscindit, ipsamque diametrum (VI. 8. Cor.). Cf. Pfleiderer. l. c. §. 94.

PROPOSITIO IX.

Obs. 1. Rob. Simson. monet „demonstratio huius facta est in casu particulari, in quo scilicet pars tertia abscindenda est a data recta" (contra tenorem, ut Pfleiderer. addit, tam propositionis, quam expositionis, et absque ulla mentione applicationis solutionis exhibitae particularis ad caeteros casus),

Ἐπεὶ οὖν τριγώνου τοῦ ΑΒΓ παρὰ μίαν τῶν πλευρῶν τὴν ΒΓ ἦκται ἡ ΖΔ· ἀνάλογον ἄρα ἐστὶν ὡς ἡ ΓΔ πρὸς τὴν ΔΑ οὕτως ἡ ΒΖ πρὸς τὴν ΖΑ. Διπλῆ δὲ ἡ ΓΔ τῆς ΔΑ· διπλῆ ἄρα καὶ ἡ ΒΖ τῆς ΖΑ· τριπλῆ ἄρα ἡ ΒΑ τῆς ΑΖ.

Τῆς ἄρα δοθείσης εὐθείας τῆς ΑΒ τὸ ἐπιταχθὲν τρίτον μέρος ἀφήρηται τὸ ΑΖ. Ὅπερ ἔδει ποιῆσαι.

ΠΡΟΤΑΣΙΣ ι.

Τὴν δοθεῖσαν εὐθεῖαν ἄτμητον τῇ δοθείσῃ εὐθείᾳ τετμημένῃ ὁμοίως τεμεῖν.

Ἔστω ἡ μὲν δοθεῖσα εὐθεῖα ἄτμητος ἡ ΑΒ, ἡ δὲ τετμημένη ἡ ΑΓ (δεῖ δὴ τὴν ΑΒ ἄτμητον τῇ ΑΓ τετμημένῃ ὁμοίως τεμεῖν. Ἔστω τετμημένη ἡ ΑΓ [1]), κατὰ τὰ Δ, Ε σημεῖα, καὶ κείσθωσαν ὥςτε γωνίαν τυχοῦσαν περιέχειν, καὶ ἐπεζεύχθω ἡ ΓΒ, καὶ διὰ τῶν Δ, Ε τῇ ΒΓ παράλληλοι ἤχθωσαν αἱ ΔΖ, ΕΗ, διὰ δὲ τοῦ Δ τῇ ΑΒ παράλληλος ἤχθω ἡ ΔΘΚ.

1) Quae uncis inclusa sunt, desunt in ed. Parisiensi et Codd. a. c. d. Quum tamen in expositione apud Euclidem, ea quae in problemate fieri iubentur, expresse repeti soleant, genuina illa omnino esse videntur, et librarii tantum incuria in Mss. omissa. Itaque illa restituimus ex edd. Oxon. et Basil.

„quare minime videtur Euclidis esse. Praeterea in quatuor magnitudinibus proportionalibus concludit auctor, tertiam aequemultiplicem esse quartae, atque prima est secundae; quod quidem in libro V. ut eum nunc habemus, nullibi ostensum est. (Vid. Prop. D. in Exc. ad L. V.). Sed hoc, ut alia, assumit editor ex confusanea apud vulgus recepta proportionalium notione.“ Generalem deinde Simson. addit demonstrationem, dum nempe iubet rectam ΑΓ tam multiplicem

Itaque quoniam uni lateri $B\Gamma$ trianguli $AB\Gamma$ parallela ducta est recta $Z\Delta$; erit (VI. 2.) ut $\Gamma\Delta$ ad ΔA ita BZ ad ZA. Dupla autem $\Gamma\Delta$ ipsius ΔA; dupla igitur et BZ ipsius ZA; tripla igitur BA ipsius AZ.

Ab ipsa igitur data recta AB imperata tertia pars ablata est AZ. Quod oportebat facere.

PROPOSITIO X. (Fig. 358.)

Datam rectam insectam similiter secare, ut data recta secta est.

Sit data quidem recta insecta AB, secta vero $A\Gamma$: oportet insectam rectam AB similiter secare, ut $A\Gamma$ secta est. Sit $A\Gamma$ secta in punctis Δ, E, et ponantur ita ut angulum quemlibet contineant, et iungatur ΓB, et (I. 31.) per Δ, E ipsi $B\Gamma$ parallelae ducantur ΔZ, EH, per Δ autem ipsi AB parallela ducatur $\Delta\Theta K$.

sumi rectae $A\Delta$ pro lubitu sumtae, quam multiplex esse debet AB partis abscindendae, et reliquis peractis, ut in textu graeco, concludit, esse (VI. 2.) $\Gamma\Delta : \Delta A = BZ : AZ$, et (V. 18.) componendo $A\Gamma : A\Delta = AB : AZ$, unde (V. Prop. D.) AB tam multiplex erit rectae AZ, quam multiplex sumta fuit $A\Gamma$ rectae $A\Delta$ adeoque AZ eadem pars erit rectae AB, quae pars est $A\Delta$ rectae $A\Gamma$ i. e. AZ erit pars a recta AB abscindenda. Eadem demonstratio, notante Pfleiderer. l. c. §. 98. ita etiam absque subsidio Prop. D. absolvi potest, ut a Baermanno in scholio adiuncto factum est. Ob parallelas $B\Gamma$, $Z\Delta$ est $A\Gamma : A\Delta = AB : AZ$ (VII. 2. Obs. 2.) vel alterne (V. 16.) $A\Gamma : AB = A\Delta : AZ = n . A\Delta : n . AZ$ (V. 11. V. 15.) denotante n numerum integrum, iuxta quem data AB multiplex esse debet partis abscindendae. Quare cum sit $A\Gamma = n \times A\Delta$ (constr.); pariter est $AB = n \times AZ$ (V. 14.).

Παραλληλόγραμμον ἄρα ἐστὶν ἑκάτερον τῶν ΖΘ, ΘΒ· ἴση ἄρα ἡ μὲν ΔΘ τῇ ΖΗ, ἡ δὲ ΘΚ τῇ ΗΒ. Καὶ ἐπεὶ τριγώνου τοῦ ΔΚΓ παρὰ μίαν τῶν πλευρῶν τὴν ΚΓ εὐθεῖα ἦκται ἡ ΘΕ· ἀνάλογον ἄρα ἐστὶν ὡς ἡ ΓΕ πρὸς τὴν ΕΔ οὕτως ἡ ΚΘ πρὸς τὴν ΘΔ. Ἴση δὲ ἡ μὲν ΚΘ τῇ ΒΗ, ἡ δὲ ΘΔ τῇ ΗΖ· ἔστιν ἄρα ὡς ἡ ΓΕ πρὸς τὴν ΕΔ οὕτως ἡ ΒΗ πρὸς τὴν ΗΖ. Πάλιν, ἐπεὶ τριγώνου τοῦ ΑΗΕ παρὰ μίαν τῶν πλευρῶν τὴν ΕΗ ἦκται ἡ ΖΔ· ἀνάλογον ἄρα ἐστὶν ὡς ἡ ΕΔ πρὸς τὴν ΔΑ οὕτως ἡ ΗΖ πρὸς τὴν ΖΑ. Ἐδείχθη δὲ καὶ ὡς ἡ ΓΕ πρὸς τὴν ΕΔ οὕτως ἡ ΒΗ πρὸς τὴν ΗΖ· ἔστιν ἄρα ὡς μὲν ἡ ΓΕ πρὸς τὴν ΕΔ οὕτως ἡ ΒΗ πρὸς τὴν ΗΖ, ὡς δὲ ἡ ΕΔ πρὸς τὴν ΔΑ οὕτως ἡ ΗΖ πρὸς τὴν ΖΑ.

Ἡ ἄρα δοθεῖσα εὐθεῖα ἄτμητος ἡ ΑΒ τῇ δοθείσῃ εὐθείᾳ τετμημένῃ τῇ ΑΓ ὁμοίως τέτμηται. Ὅπερ ἔδει ποιῆσαι.

ΠΡΟΤΑΣΙΣ ια΄.

Δύο δοθεισῶν εὐθειῶν, τρίτην ἀνάλογον προσευρεῖν.

Obs. 2. Eadem ratione ab data recta *AB* abscindetur segmentum, quod ad totam habeat rationem datam rectae minoris *M* ad maiorem *M+N*; vel quod ad segmentum residuum habeat rationem datae rectae *M* ad datam *N*; seu data recta *AB* secabitur in data ratione, rectae nimirum datae *M* ad datam *N*, abscissa nempe *AΔ=M*, *ΔΓ=N*, reliquisque ut in VI. 9. peractis (Vid. Pappi ad Libros de Sect. rationis Lemm. I. Collect. Mathem. Halley p. XVIII. XLV. Clavius, Tacquet, alii) Pfleiderer. l. c. §. 99. Similique ratione datae rectae *AB* alia ab puncto inde *A* in directum adiicietur, quae ad ipsam habeat datam rationem, datae nimirum rectae *M* ad datam *N*;

Parallelogrammum igitur est utrumque ipsorum $Z\Theta$, ΘB; aequalis igitur (I. 34.) $\Delta\Theta$ ipsi ZH, ΘK vero ipsi HB. Et quoniam uni lateri trianguli $\Delta K\Gamma$ ipsi nempe $K\Gamma$ parallela ducta est recta ΘE; est (VI. 2.) ut ΓE ad $E\Delta$ ita $K\Theta$ ad $\Theta\Delta$. Aequalis autem est $K\Theta$ quidem ipsi BH, $\Theta\Delta$ vero ipsi HZ; est igitur ut ΓE ad $E\Delta$ ita BH ad HZ. Rursus, quoniam uni laterum trianguli AHE ipsi nempe EH parallela ducta est $Z\Delta$; est (VI. 2.) ut $E\Delta$ ad ΔA ita HZ ad ZA. Demonstratum autem est et ut ΓE ad $E\Delta$ ita BH ad HZ; est igitur ut ΓE quidem ad $E\Delta$ ita BH ad HZ; ut vero $E\Delta$ ad ΔA ita HZ ad ZA.

Data igitur recta insecta AB datae rectae sectae $A\Gamma$ similiter secta est. Quod oportebat facere.

PROPOSITIO XI. (Fig. 359.)

Duabus datis rectis, tertiam proportionalem invenire.

vel etiam ita, ut composita ex data AB, eique ab extremo inde A versus oppositas partes adiecta habeat ad datam (vel ad adiectam) rationem datae maioris M ad datam minorem N (Pfleiderer l. c. §§. 100. 101.). Caeterum apud Campanum propositio nostra 9. est VI. 11.

PROPOSITIO X.

Obs. 1. Demonstratio huius propositionis (quae apud Campanum est VI. 12.) expeditior redditur, praemissa propositione in Obs. 5. ad VI. 2. contenta. Cf. Pfleiderer l. c. §. 102.

"Εστωσαν αἱ δοθεῖσαι δύο εὐθεῖαι αἱ [1]) ΑΒ, ΑΓ, καὶ κείσθωσαν γωνίαν περιέχουσαι τυχοῦσαν· δεῖ δὴ τῶν ΑΒ, ΑΓ τρίτην ἀνάλογον προςευρεῖν.

Ἐκβεβλήσθωσαν γὰρ αἱ ΑΒ, ΑΓ ἐπὶ τὰ Δ, Ε σημεῖα, καὶ κείσθω τῇ ΑΓ ἴση ἡ ΒΔ, καὶ ἐπεζεύχθω ἡ ΒΓ, καὶ διὰ τοῦ Δ παράλληλος αὐτῇ ἤχθω ἡ ΔΕ.

Ἐπεὶ οὖν τριγώνου τοῦ ΑΔΕ, παρὰ μίαν τῶν πλευρῶν τὴν ΔΕ ἦκται ἡ ΒΓ, ἀνάλογόν ἐστιν ὡς ἡ ΑΒ πρὸς τὴν ΒΔ οὕτως ἡ ΑΓ πρὸς τὴν ΓΕ. Ἴση δὲ ἡ ΒΔ τῇ ΑΓ, ἔστιν ἄρα ὡς ἡ ΑΒ πρὸς τὴν ΑΓ οὕτως ἡ ΑΓ πρὸς τὴν ΓΕ.

Δύο ἄρα δοθεισῶν εὐθειῶν τῶν ΑΒ, ΑΓ, τρίτη ἀνάλογον αὐταῖς προςεύρεται ἡ ΓΕ. Ὅπερ ἔδει ποιῆσαι.

ΠΡΟΤΑΣΙΣ ιβ'.

Τριῶν δοθεισῶν εὐθειῶν, τετάρτην ἀνάλογον προςευρεῖν.

Ἔστωσαν αἱ δοθεῖσαι τρεῖς εὐθεῖαι αἱ Α, Β, Γ· δεῖ δὴ τῶν Α, Β, Γ τετάρτην ἀνάλογον προςευρεῖν.

Ἐκκείσθωσαν δύο εὐθεῖαι, αἱ ΔΕ, ΔΖ, γωνίαν περιέχουσαι τυχοῦσαν τὴν ὑπὸ ΕΔΖ· καὶ κείσθω τῇ μὲν Α ἴση ἡ ΔΗ, τῇ δὲ Β ἴση ἡ ΗΕ, καὶ ἔτι τῇ Γ ἴση ἡ ΔΘ· καὶ ἐπιζευχθείσης τῆς ΗΘ, παράλληλος αὐτῇ ἤχθω διὰ τοῦ Ε ἡ ΕΖ.

1) Verba: δύο εὐθεῖαι, quae Peyrardus, codicem a secutus, omittit, ex edd. Basil. et Oxon. restituimus ex more Euclidi in enunciatione solemni.

Obs. 2. Si aequalia fuerint unius trianguli lateris *ΑΓ* segmenta, alterius etiam lateris *ΑΒ* segmenta, rectis tertio lateri *ΒΓ* parallelis facta erunt aequalia (V. Prop. A.). Recta itaque data *ΑΒ* in partes quotcunque aequales secabitur simili

Sint datae duae rectae AB, $A\Gamma$, et ponantur ita ut angulum quemlibet contineant; oportet ipsis AB, $A\Gamma$ tertiam proportionalem invenire.

Producantur AB, $A\Gamma$ ad puncta Δ, E, et ponatur ipsi $A\Gamma$ aequalis $B\Delta$, et iungatur $B\Gamma$, et per Δ parallela huic ducatur ΔE (I. 31.).

Quoniam igitur uni laterum trianguli $A\Delta E$, nempe ipsi ΔE parallela ducta est $B\Gamma$, est (VI. 2.) ut AB ad $B\Delta$ ita $A\Gamma$ ad ΓE. Aequalis autem $B\Delta$ ipsi $A\Gamma$, est igitur ut AB ad $A\Gamma$ ita $A\Gamma$ ad ΓE.

Duabus igitur datis rectis AB, $A\Gamma$, tertia proportionalis inventa est ΓE. Quod oportebat facere.

PROPOSITIO XII. (Fig. 360.)

Tribus datis rectis, quartam proportionalem invenire.

Sint datae tres rectae A, B, Γ; oportet ipsis A, B, Γ quartam proportionalem invenire.

Exponantur duae rectae ΔE, ΔZ, angulum continentes quemlibet $E\Delta Z$; et ponatur ipsi quidem A aequalis ΔH, ipsi vero B aequalis HE, et insuper ipsi Γ aequalis $\Delta\Theta$; et iuncta $H\Theta$, parallela illi ducatur per E ipsa EZ (I. 31.).

modo, quo propositum VI. 9. fiebat (Pfleiderer l. c. §§. 103. 104. Clavius, Tacquet., alii). Cf. I. 34. Cor. 23.

Obs. 3. Hac propositione nituntur solutiones variorum problematum, figuras rectilineas datas vario modo in partes quotcunque aequales, seu etiam ita secandi, ut partes datas invicem habeant rationes. Talia problemata habentur in Eu-

Ἐπεὶ οὖν τριγώνου τοῦ ΔΕΖ παρὰ μίαν τῶν πλευρῶν τὴν ΕΖ ἦκται ἡ ΗΘ, ἔστιν ἄρα ὡς ΔΗ πρὸς τὴν ΗΕ, οὕτως ἡ ΔΘ πρὸς τὴν ΘΖ. Ἴση δὲ ἡ μὲν ΔΗ τῇ Α, ἡ δὲ ΗΕ τῇ Β, ἡ δὲ ΔΘ τῇ Γ· ἔστιν ἄρα ὡς ἡ Α πρὸς τὴν Β οὕτως ἡ Γ πρὸς τὴν ΘΖ.

Τριῶν ἄρα δοθεισῶν εὐθειῶν τῶν Α, Β, Γ τετάρτη ἀνάλογον προςεύρεται ἡ ΘΖ. Ὅπερ ἔδει ποιῆσαι.

ΠΡΟΤΑΣΙΣ ιγ΄.

Δύο δοθεισῶν εὐθειῶν, μέσην ἀνάλογον προςευρεῖν.

Ἔστωσαν αἱ δοθεῖσαι δύο εὐθεῖαι, αἱ ΑΒ, ΒΓ· δεῖ δὴ τῶν ΑΒ, ΒΓ μέσην ἀνάλογον προςευρεῖν.

Κείσθωσαν ἐπ' εὐθείας, καὶ γεγράφθω ἐπὶ τῆς ΑΓ ἡμικύκλιον τὸ ΑΔΓ, καὶ ἤχθω ἀπὸ τοῦ Β σημείου τῇ ΑΓ εὐθείᾳ πρὸς ὀρθὰς ἡ ΒΔ, καὶ ἐπεζεύχθωσαν αἱ ΑΔ, ΔΓ.

clidis, ut quidam arbitrantur, vel, ut alii volunt, in Machometi Bagdedini de Divisionibus libro; apud Wilke neue und erleichterte Methode den Inhalt geradlinichter Flächen zu finden; in I. T. Mayers practisch. Geom. T. III.; apud Pfleiderer. l. c. §§. 108—118.

PROPOSITIO XI.

Obs. Tertiae proportionali duabus rectis datis inveniendae inservit quoque VI. 8. Cor. Sumta nempe (Fig. 356.) recta *ΒΔ* aequali primae rectarum datarum, et ducta ad eam per *Δ* perpendiculari *ΔΑ* aequali secundae, iungatur *ΒΑ*. Ducta deinde in *Α* ad *ΒΑ* perpendiculari *ΑΓ*, quae productae *ΒΔ* occurret in *Γ*; erit *ΒΔ*:*ΔΑ*=*ΔΑ*:*ΔΓ* (VI. 8. Cor.). (Clavius ad hanc Prop. Pfleiderer. l. c. §. 125.). Aliter idem fiet per

Et quoniam uni laterum trianguli ΔEZ, nempe ipsi EZ parallela ducta est $H\Theta$, est igitur ut ΔH ad HE ita $\Delta\Theta$ ad ΘZ (VI. 2.). Aequalis autem ΔH quidem ipsi A, HE vero ipsi B, $\Delta\Theta$ autem ipsi Γ; est igitur ut A ad B ita Γ ad ΘZ.

Tribus igitur datis rectis A, B, Γ, quarta proportionalis inventa est ΘZ. Quod oportebat facere.

PROPOSITIO XIII, (Fig. 361.)

Duabus datis rectis, mediam proportionalem invenire.

Sint datae duae rectae AB, $B\Gamma$; oportet ipsis AB, $B\Gamma$ mediam proportionalem invenire.

Ponantur in directum, et describatur super $A\Gamma$ semicirculus $A\Delta\Gamma$, et ducatur a B puncto ipsi $A\Gamma$ rectae ad rectos $B\Delta$ (I. 11.), et iungantur $A\Delta$, $\Delta\Gamma$.

partem alteram eiusdem VI. 8. Cor. Nempe, si prima recta data maior est, quam secunda, fiat $B\Gamma$ aequalis primae, et, descripto super eam circulo, ex altero eius extremo B aptetur BA aequalis secundae, et ex altero huius extremo A demittatur in $B\Gamma$ perpendicularis $A\Delta$, eritque $B\Gamma : BA = BA : B\Delta$ (VI. 8. Cor.). Sin autem prima recta data minor est, quam secunda: super illa v. c. $B\Delta$ tanquam catheto triangulum constituatur rectangulum $A\Delta B$, cuius hypotenusa AB aequalis sit secundae (ut in II. 14. III. 17.). Tum ad hanc BA in puncto eius extremo ductum perpendiculum $A\Gamma$ productae $B\Delta$ occurret in Γ (I. Post. 5.), eritque $B\Delta : AB = AB : B\Gamma$ (VI. 8. Cor.) Pfleiderer l. c. §. 124. Pappus Collect. Mathem. III. 7. et III. 8. (Nostra Prop. 11. apud Campanum est VI. 10.) Caeterum, si ratio duarum magnitudinum expressa sit per datas rectas,

Καὶ ἐπεὶ ἐν ἡμικυκλίῳ γωνία ἐστὶν ἡ ὑπὸ ΑΔΓ, ὀρθή ἐστιν. Καὶ ἐπεὶ ἐν ὀρθογωνίῳ τριγώνῳ τῷ ΑΔΓ ἀπὸ τῆς ὀρθῆς γωνίας ἐπὶ τὴν βάσιν κάθετος ἦκται ἡ ΔΒ· ἡ ΔΒ ἄρα τῶν τῆς βάσεως τμημάτων τῶν ΑΒ, ΒΓ μέση ἀνάλογόν ἐστιν.

Δύο ἄρα δοθεισῶν εὐθειῶν τῶν ΑΒ, ΒΓ, μέση ἀνάλογον προςεύρεται ἡ ΒΔ. Ὅπερ ἔδει ποιῆσαι.

ΠΡΟΤΑΣΙΣ ιδ'.

Τῶν ἴσων τε καὶ ἰσογωνίων 1) παραλληλογράμμων ἀντιπεπόνθασιν αἱ πλευραὶ, αἱ περὶ τὰς ἴσας γωνίας· καὶ ὧν ἰσογωνίων παραλληλογράμμων, ἀντιπεπόνθασιν αἱ πλευραὶ αἱ περὶ τὰς ἴσας γωνίας, ἴσα ἐστὶν ἐκεῖνα.

Ἔστω ἴσα τε καὶ ἰσογώνια παραλληλόγραμμα τὰ ΑΒ, ΒΓ, ἴσας ἔχοντα τὰς πρὸς τῷ Β γωνίας, καὶ κείσθωσαν ἐπ' εὐθείας αἱ ΔΒ, ΒΕ, ἐπ' εὐθείας ἄρα εἰσὶ καὶ αἱ ΖΒ, ΒΗ· λέγω ὅτι τῶν ΑΒ, ΒΓ ἀντιπεπόνθασιν αἱ πλευραὶ, αἱ περὶ τὰς ἴσας γωνίας, τουτέστιν ὅτι ἐστὶν ὡς ἡ ΔΒ πρὸς τὴν ΒΕ οὕτως ἡ ΗΒ πρὸς τὴν ΒΖ.

1) Loco *ἰσογωνίων*, quae vox omnino sufficit, hic et in sequentibus edd. Basil. et Oxon. habent: *μίαν μιᾷ ἴσην ἐχόντων γωνίαν*. Utraque lectio ex I. 29. I. 34. eodem redit. Caeterum etiam infra in demonstratione VI. 16., ubi nostra haec propositio adhibetur, vox *ἰσογωνίων* ponitur.

docet haec propositio modum inveniendi rationem duplicatam rationis datae.

PROPOSITIO XII.

Obs. Facile patet, e tribus rectis datis, quibus quarta proportionalis invenienda est, secundam, quae in figura textus graeci primae *ΔΗ* in directum adiecta est, posse etiam ex *H*

Et quoniam in semicirculo angulus est $A\Delta\Gamma$, rectus est (III. 31.). Et quoniam in rectangulo triangulo $A\Delta\Gamma$ a recto angulo ad basin perpendicularis ducta est ΔB; ipsa ΔB inter basis segmenta AB, $B\Gamma$ media proportionalis est (VI. 8. Cor.).

Duabus igitur datis rectis AB, $B\Gamma$, media proportionalis inventa est $B\Delta$. Quod oportebat facere.

PROPOSITIO XIV. (Fig. 362.)

Parallelogrammorum aequalium et aequiangulorum reciproca sunt latera, quae circa aequales angulos sunt; et quorum aequiangulorum parallelogrammorum reciproca sunt latera circa aequales angulos, illa sunt aequalia.

Sint aequalia et aequiangula parallelogramma AB, $B\Gamma$, aequales habentia angulos ad B, et ponantur in directum ΔB, BE, in directum igitur sunt (I. 14.) et ZB, BH: dico ipsorum AB, $B\Gamma$ reciproca esse latera circa aequales angulos, hoc est, esse ut ΔB ad BE ita HB ad BZ.

versus $H\Delta$, vel etiam (coll. Obs. 2. ad VI. 2.) e vertice Δ ex eadem parte, ad quam est recta ΔH, vel in crure ΔH anguli $H\Delta E$ ad partes oppositas ultra Δ producto sumi, et tum reliqua in cruribus anguli assumti, vel ad verticem ei oppositi simili ratione ac in textu graeco peragi. Praeterea etiam secunda et tertia alterne inter se permutari possunt, ita ut iam non, ut ante prima et secunda in uno anguli assumti crure, tertia et quarta in altero, verum prima et tertia in uno, secunda et quarta in altero sint. Pfleiderer l. c. §. 119. 120. Si quis vero disideret, ut prima et quarta in uno, secunda et tertia in altero crure anguli sint, hoc quoque fieri poterit, si

Συμπεπληρώσθω γὰρ τὸ ΖΕ παραλληλόγραμμον. Ἐπεὶ οὖν ἴσον ἐστὶ τὸ ΑΒ παραλληλόγραμμον τῷ ΒΓ παραλληλογράμμῳ, ἄλλο δέ τι τὸ ΖΕ· ἔστιν ἄρα ὡς τὸ ΑΒ πρὸς τὸ ΖΕ οὕτως τὸ ΒΓ πρὸς τὸ ΖΕ. Ἀλλ' ὡς μὲν τὸ ΑΒ πρὸς τὸ ΖΕ οὕτως ἡ ΔΒ πρὸς τὴν ΒΕ, ὡς δὲ τὸ ΒΓ πρὸς τὸ ΖΕ οὕτως ἡ ΗΒ πρὸς τὴν ΒΖ· καὶ ὡς ἄρα ἡ ΔΒ πρὸς τὴν ΒΕ οὕτως ἡ ΗΒ πρὸς τὴν ΒΖ. Τῶν ΑΒ, ΒΓ ἄρα παραλληλογράμμων ἀντιπεπόνθασιν αἱ πλευραὶ, αἱ περὶ τὰς ἴσας γωνίας.

Ἀλλὰ δὴ ἀντιπεπονθέτωσαν αἱ πλευραὶ αἱ περὶ τὰς ἴσας γωνίας, καὶ ἔστω ὡς ἡ ΔΒ πρὸς τὴν ΒΕ οὕτως ἡ ΗΒ πρὸς τὴν ΒΖ· λέγω ὅτι ἴσον ἐστὶ τὸ ΑΒ παραλληλόγραμμον τῷ ΒΓ παραλληλογράμμῳ.

Ἐπεὶ γάρ ἐστιν ὡς ἡ ΔΒ πρὸς τὴν ΒΕ οὕτως ἡ ΗΒ πρὸς τὴν ΒΖ, ἀλλ' ὡς μὲν ἡ ΔΒ πρὸς τὴν ΒΕ οὕτως τὸ ΑΒ παραλληλόγραμμον πρὸς τὸ ΖΕ παραλληλόγραμμον, ὡς δὲ ἡ ΗΒ πρὸς τὴν ΒΖ οὕτως τὸ ΒΓ παραλληλόγραμμον πρὸς τὸ ΖΕ παραλληλόγραμμον· καὶ ὡς ἄρα τὸ ΑΒ πρὸς τὸ ΖΕ οὕτως τὸ ΒΓ πρὸς τὸ ΖΕ· ἴσον ἄρα ἐστὶ τὸ ΑΒ παραλληλόγραμμον τῷ ΒΓ παραλληλογράμμῳ. Τῶν ἄρα ἴσων, καὶ τὰ ἑξῆς.

ΠΡΟΤΑΣΙΣ ιε.

Τῶν ἴσων καὶ μίαν μιᾷ ἴσην ἐχόντων γωνίαν τριγώνων ἀντιπεπόνθασιν αἱ πλευραὶ, αἱ περὶ τὰς ἴσας

ex vertice anguli propositi prima in uno crure, secunda in altero sumatur, et altera harum rectarum puncta extrema recta aliqua iungantur, deinde in eodem crure, in quo sumta est secunda, a vertice abscindatur tertia, atque ab altero eius ex-

Compleatur enim parallelogrammum ZE.

Et quoniam aequale est parallelogrammum ΔB parallelogrammo $B\Gamma$; est autem aliud quoddam ZE; est igitur (V. 7.) ut ΔB ad ZE ita $B\Gamma$ ad ZE. Sed (VI. 1.) ut ΔB quidem ad ZE ita ΔB ad BE, ut vero $B\Gamma$ ad ZE ita HB ad BZ; erit igitur (V. 11.) ΔB ad BE ita HB ad BZ. Parallelogrammorum igitur ΔB, $B\Gamma$ reciproca sunt latera, quae circa aequales angulos sunt.

Sint autem reciproca latera circa aequales angulos, et sit ut ΔB ad BE ita HB ad BZ; dico aequale esse parallelogrammum ΔB parallelogrammo $B\Gamma$.

Quoniam enim est ut ΔB ad BE ita HB ad BZ, sed ut ΔB quidem ad BE ita (VI. 1.) parallelogrammum ΔB ad parallelogrammum ZE, ut HB vero ad BZ ita parallelogrammum $B\Gamma$ ad parallelogrammum ZE; erit igitur (V. 11.) ΔB ad ZE ita $B\Gamma$ ad ZE; aequale igitur est (V. 9.) parallelogrammum ΔB parallelogrammo $B\Gamma$. Ergo aequalium etc.

PROPOSITIO XV. (Fig. 363.)

Aequalium et unum angulum uni aequalem habentium triangulorum reciproca sunt latera, quae circa

tremo ducatur ad illud crus, in quo prima sumta fuit, recta, quae sit, ut vocant, antiparallela ei, quae primae et secundae extrema iungit i. e. ita ducatur, ut cum crure uno eundem angulum efficiat, quem illa, cui antiparallela esse debet, cum

γωνίας· καὶ ὧν, μίαν μιᾷ ἴσην ἐχόντων γωνίαν τριγώνων, ἀντιπεπόνθασιν αἱ πλευραὶ, αἱ περὶ τὰς ἴσας γωνίας, ἴσα ἐστὶν ἐκεῖνα.

Ἔστω ἴσα τρίγωνα τὰ ΑΒΓ, ΑΔΕ, μίαν μιᾷ ἴσην ἔχοντα γωνίαν τὴν ὑπὸ ΒΑΓ τῇ ὑπὸ ΔΑΕ· λέγω ὅτι τῶν ΑΒΓ, ΑΔΕ τριγώνων ἀντιπεπόνθασιν αἱ πλευραὶ, αἱ περὶ τὰς ἴσας γωνίας, τουτέστιν ὅτι ἐστὶν ὡς ἡ ΓΑ πρὸς τὴν ΑΔ οὕτως ἡ ΕΑ πρὸς τὴν ΑΒ.

Κείσθω γὰρ ὥστε ἐπ᾽ εὐθείας εἶναι τὴν ΓΑ τῇ ΑΔ· ἐπ᾽ εὐθείας ἄρα ἐστὶ καὶ ἡ ΕΑ τῇ ΑΒ. Καὶ ἐπεζεύχθω ἡ ΒΔ.

Ἐπεὶ οὖν ἴσον ἐστὶ τὸ ΑΒΓ τρίγωνον τῷ ΑΔΕ τριγώνῳ, ἄλλο δὲ τὸ ΑΒΔ· ἔστιν ἄρα ὡς τὸ ΓΑΒ τρίγωνον πρὸς τὸ ΒΑΔ τρίγωνον οὕτως τὸ ΑΔΕ τρίγωνον πρὸς τὸ ΒΑΔ τρίγωνον. Ἀλλ᾽ ὡς μὲν τὸ ΓΑΒ πρὸς τὸ ΒΑΔ οὕτως ἡ ΓΑ πρὸς τὴν ΑΔ, ὡς δὲ τὸ ΕΑΔ πρὸς τὸ ΒΑΔ οὕτως ἡ ΕΑ πρὸς τὴν ΑΒ· καὶ ως ἄρα ἡ ΓΑ πρὸς τὴν ΑΔ οὕτως ἡ ΕΑ πρὸς τὴν ΑΒ· τῶν ΑΒΓ, ΑΔΕ ἄρα τριγώνων ἀντιπεπόνθασιν αἱ πλευραὶ, αἱ περὶ τὰς ἴσας γωνίας.

altera, et vice versa. Hic quoque situs secundae et tertiae inter se permutari possunt. Cf. Pfleiderer l. c. §. 121. Apud Campanum Prop. nostra VI. 12. non separatim numeratur, sed praecedenti VI. 11. (apud Campanum VI. 10.) tantum subiungitur.

PROPOSITIO XIII.

Obs. Pars posterior Obs. 3. ad VI. 8. etiam adhuc huius problematis solutionem exhibet, facile inveniendam. Pfleiderer l. c. §. 126. Caeterum VI. 13. Prop. est apud Campanum VI. 9. Docet illa aliis verbis „si ratio duarum magni-

aequales angulos sunt; et quorum triangulorum unum angulum uni aequalem habentium reciproca sunt latera circa aequales angulos, illa sunt aequalia.

Sint aequalia triangula $AB\Gamma$, $A\Delta E$, unum angulum uni aequalem habentia, scilicet angulum $BA\Gamma$ angulo ΔAE; dico triangulorum $AB\Gamma$, $A\Delta E$ reciproca esse latera, quae circa aequales angulos sunt, hoc est, esse ut ΓA ad $A\Delta$ ita EA ad AB.

Ponantur enim ita ut in directum sit ΓA ipsi $A\Delta$; in directum igitur est (I. 14.) et EA ipsi AB. Et iungatur $B\Delta$.

Et quoniam aequale est triangulum $AB\Gamma$ triangulo $A\Delta E$, est autem aliud triangulum $AB\Delta$; est igitur (V. 7.) ut triangulum ΓAB ad triangulum $BA\Delta$ ita triangulum $A\Delta E$ ad triangulum $BA\Delta$. Sed ut ΓAB quidem ad $BA\Delta$ ita (VI. 1.) ΓA ad $A\Delta$, ut $EA\Delta$ vero ad $BA\Delta$ ita EA ad AB: erit igitur (V. 11.) ΓA ad $A\Delta$ ita EA ad AB; triangulorum igitur $AB\Gamma$, $A\Delta E$ reciproca sunt latera, quae circa aequales angulos sunt.

tudinum expressa sit per datas rectas invenire rationem subduplicatam rationis datae.

PROPOSITIO XIV.

Obs. 1. Exemplum huiusmodi parallalogrammorum praebent, quae in I. 43. vocantur parallelogrammorum circa diagonalem complementa. Cf. Pfleiderer l. c. §. 134.

Obs. 2. Demonstratio, qua ex aequalitate angulorum ad B ope I. 14. infertur, si ΔB, BE sint in derectum, fore et ZB, BH in directum, praeter morem praeceps videtur, et rectius deduci posse videtur ex ea conversa I. 15. Prop. quam

Ἀλλὰ δὴ ἀντιπεπονθέτωσαν αἱ πλευραὶ τῶν ΑΒΓ, ΑΔΕ τριγώνων, καὶ ἔστω ὡς ἡ ΓΑ πρὸς τὴν ΑΔ οὕτως ἡ ΕΑ πρὸς τὴν ΑΒ· λέγω ὅτι ἴσον ἐστὶ τὸ ΑΒΓ τρίγωνον τῷ ΑΔΕ τριγώνῳ.

Ἐπιζευχθείσης γὰρ πάλιν τῆς ΒΔ, ἐπεί ἐστιν ὡς ἡ ΓΑ πρὸς τὴν ΑΔ οὕτως ἡ ΕΑ πρὸς τὴν ΑΒ, ἀλλ' ὡς μὲν ἡ ΓΑ πρὸς τὴν ΑΔ οὕτως τὸ ΑΒΓ τρίγωνον πρὸς τὸ ΒΑΔ τρίγωνον, ὡς δὲ ἡ ΕΑ πρὸς τὴν ΑΒ οὕτως τὸ ΕΑΔ τρίγωνον πρὸς τὸ ΒΑΔ τρίγωνον· ὡς ἄρα τὸ ΑΒΓ τρίγωνον πρὸς τὸ ΒΑΔ οὕτως τὸ ΕΑΔ τρίγωνον πρὸς τὸ ΒΑΔ· ἑκάτερον ἄρα τῶν ΑΒΓ, ΑΔΕ πρὸς τὸ ΒΑΔ· τὸν αὐτὸν ἔχει λόγον. ἴσον ἄρα ἐστὶ τὸ ΑΒΓ τρίγωνον τῷ ΕΑΔ τριγώνῳ. Τῶν ἄρα ἴσων, καὶ τὰ ἑξῆς.

ΠΡΟΤΑΣΙΣ ιϛ΄.

Ἐὰν τέσσαρες εὐθεῖαι ἀνάλογον ὦσι, τὸ ὑπὸ τῶν ἄκρων περιεχόμενον ὀρθογώνιον ἴσον ἐστὶ τῷ ὑπὸ τῶν μέσων περιεχομένῳ ὀρθογωνίῳ· κἂν τὸ ὑπὸ τῶν

iam Proclus desideravit, et nos ex eo supra attulimus. Cf. Pfleiderer l. c. §. 136.

PROPOSITIO XV.

Obs. 1. Propositiones 14. et 15. uno enunciato, pariter ac duas propositionis VI. 1. partes comprehendere, atque etiam ope I. 34. unam ex altera inferre licet. Coniunctae autem, quam seiunctae cur facilius intelligerentur, quod Austin. vult, haud apparet. Cf. Pfleiderer l. c. §§. 139. 140.

Obs. 2. Propositiones 14. 15. parallelogrammi vel trianguli dati transformationem in aliud dati lateris, circa eundem vel aequalem angulum reducunt ad problemma VI. 12. Iuxta eas scilicet quarta proportionalis lateri dato, et duobus parallelogrammi, triangulive dati circa angulum designatum lateribus,

Sint autem reciproca latera triangulorum $AB\Gamma$, $A\Delta E$, et sit ut ΓA ad $A\Delta$ ita EA ad AB; dico aequale esse triangulum $AB\Gamma$ triangulo $A\Delta E$.

Iuncta enim rursus $B\Delta$, quoniam est ut ΓA ad $A\Delta$ ita EA ad AB, sed ut ΓA quidem ad $A\Delta$ ita (VI. 1.) triangulum $AB\Gamma$ ad triangulum $BA\Delta$, ut EA vero ad AB ita triangulum $EA\Delta$ ad triangulum $BA\Delta$: erit igitur (V. 11.), ut triangulum $AB\Gamma$ ad $BA\Delta$ ita triangulum $EA\Delta$ ad $BA\Delta$; utrumque igitur ipsorum $AB\Gamma$, $A\Delta E$ ad $BA\Delta$ eandem habet rationem; aequale igitur est (V. 9.) triangulum $AB\Gamma$ triangulo $EA\Delta$. Aequalium igitur etc.

PROPOSITIO XVI. (Fig. 364.)

Si quatuor rectae proportionales sint, rectangulum sub extremis contentum aequale est rectangulo sub mediis contento; et si rectangulum sub extremis conten-

exhibet alterum circa hunc angulum latus parallelogrammi trianguli construendi. Nominatim ope Prop. 14. in compendium redigitur solutio problematis I. 44. Cf. Pfleiderer l. c. §§. 141. 142.

Obs. 3. Facile etiam Prop. 15. extendi potest ad triangula, quorum unus angulus unius, et unus angulus alterius simul sumti sunt duobus rectis aequales. Cf. infra ad VI. 23. Obs. 9.

PROP. XVI. XVII.

Obs. 1. Prop. 16. ut Corollarium 14. et Prop. 17. ut Cor. 16. sisti, vel etiam utraque immediate demonstrari potest iisdem modis, quibus 14. Ambae etiam sic enunciari possunt: parallelogrammorum rectangulorum aequalium bases sunt altitudinibus reciproce proportionales; ac vicissim aequalia sunt

ἄκρων περιεχόμενον ὀρθογώνιον ἴσον ᾖ τῷ ὑπὸ τῶν μέσων περιεχομένῳ ὀρθογωνίῳ, αἱ τέσσαρες εὐθεῖαι ἀνάλογον ἔσονται.

Ἔστωσαν αἱ τέσσαρες εὐθεῖαι ἀνάλογον αἱ *ΑΒ*, *ΓΔ*, *Ε*, *Ζ*· ὡς ἡ *ΑΒ* πρὸς τὴν *ΓΔ* οὕτως ἡ *Ε* πρὸς τὴν *Ζ*· λέγω ὅτι τὸ ὑπὸ τῶν *ΑΒ*, *Ζ* περιεχόμενον ὀρθογώνιον ἴσον ἐστὶ τῷ ὑπὸ τῶν *ΓΔ*, περιεχομένῳ ὀρθογωνίῳ.

Ἤχθωσαν γὰρ ἀπὸ τῆς *Α*, *Γ* σημείων ταῖς *ΑΒ*, *ΓΔ* εὐθείαις πρὸς ὀρθὰς αἱ *ΑΗ*, *ΓΘ*, καὶ κείσθω τῇ μὲν *Ζ* ἴση ἡ *ΑΗ*, τῇ δὲ *Ε* ἴση ἡ *ΓΘ*, καὶ συμπεπληρώσθωσαν τὰ *ΒΗ*, *ΔΘ* παραλληλόγραμμα.

Καὶ ἐπεί ἐστιν ὡς ἡ *ΑΒ* πρὸς τὴν *ΓΔ* οὕτως ἡ *Ε* πρὸς τὴν *Ζ*, ἴση δὲ ἡ μὲν *Ε* τῇ *ΓΘ*, ἡ δὲ *Ζ* τῇ *ΑΗ*· ἔστιν ἄρα ὡς ἡ *ΑΒ* πρὸς τὴν *ΓΔ* οὕτως ἡ *ΓΘ* πρὸς τὴν *ΑΗ*· τῶν *ΒΗ*, *ΔΘ* ἄρα παραλληλογράμμων

parallelagramma rectangula, quorum bases sunt altitudinibus reciproce proportionales Cf. Pfleiderer l. c. §. 143.

Obs. 2. Cum quodvis parallelogrammum obliquangulum aequale sit rectangulo aeque alto super eadem basi (I. 35.): generatim etiam (V. 7. V. 11.) duo quaecunque parallelogramma aequalia habent bases altitudinibus reciproce proportionales, ac vicissim. Unde ope I. 41. V. 15. idem de triangulis aequalibus deducitur (ibid. §§. 144. 145.).

Obs. 3. Quodsi priores 16. et 17. partes ad corollaria 8. in Elementis ac in Obss. 2. 3. ad VI. 8. subiuncta applicantur; hae emergunt propositiones. Perpendiculo ab vertice anguli recti trianguli rectanguli in hypotenusam demisso, 1) quadratum huius perpendiculi aequatur rectangulo sub segmentis hypotenusae ab ipso factis. 2) Cuiuslibet catheti quadratum aequale est rectangulo sub hypotenusa, et sub eius segmento, quod catheto huic adiacet. 3) Rectangulum sub lateribus circa angulum rectum aequale est rectangulo sub hypotenusa et per-

tum aequale est rectangulo sub extremis contento, quatuor rectae proportionales erunt.

Sint quatuor rectae proportionales AB, $\Gamma\Delta$, E, Z, ut AB ad $\Gamma\Delta$ ita E ad Z; dico rectangulum sub AB, Z contentum aequale esse rectangulo sub $\Gamma\Delta$, E contento.

Ducantur enim ab ipsis A, Γ punctis ipsis AB, $\Gamma\Delta$ rectis ad rectos angulos AH, $\Gamma\Theta$, et ponatur ipsi quidem Z aequalis AH, ipsi vero E aequalis $\Gamma\Theta$, et compleantur parallelogramma BH, $\Delta\Theta$.

Et quoniam est ut AB ad $\Gamma\Delta$ ita E ad Z, aequalis autem E quidem ipsi $\Gamma\Theta$, ipsa vero Z ipsi AH; est igitur (V. 7.) ut AB ad $\Gamma\Delta$ ita $\Gamma\Theta$ ad AH; parallelogrammorum igitur BH, $\Delta\Theta$ reciproca sunt la-

pendiculo. 4) Rectangulum sub alterutro latere circa angulum rectum et sub perpendiculo aequatur rectangulo sub altero latere circa angulum rectum et sub segmento hypotenusae, quod priori adiacet catheto. In circulo 5) quadratum perpendiculi ab quocunque peripheriae puncto ad aliquam eius diametrum ducti aequatur rectangulo sub segmentis diametri ab perpendiculo factis. 6) Cuiuslibet chordae per centrum non transeuntis quadratum aequale est rectangulo sub diametro per unum chordae extremum ducta, et sub diametri huius segmento chordae contiguo, quod ab illa abscindit perpendiculum in illam ex altero chordae extremo demissum. Unde porro consequitur: perpendiculo in hypotenusam trianguli rectanguli (diametrum circuli) demisso ex vertice anguli recti (puncto quocunque peripheriae), et in circulo ductis ab hoc puncto rectis ad extrema diametri; 7) hypotenusam (diametrum) esse ad alterutrum ipsius segmentum, uti quadratum hypotenusae (diametri) ad quadratum catheti (chordae) huic segmento ad-

ἀντιπεπόνθασιν αἱ πλευραὶ, αἱ περὶ τὰς ἴσας γωνίας. Ὧν δὲ ἰσογωνίων παραλληλογράμμων ἀντιπεπόνθασιν αἱ πλευραὶ, αἱ περὶ τὰς ἴσας γωνίας, ἴσα ἐστὶν ἐκεῖνα· ἴσον ἄρα ἐστὶ τὸ ΒΗ παραλληλόγραμμον τῷ ΔΘ παραλληλογράμμῳ. Καὶ ἔστι τὸ μὲν ΒΗ τὸ ὑπο τῶν ΑΒ, Ζ, ἴση γὰρ ἡ ΑΗ τῇ Ζ· τὸ δὲ ΔΘ τὸ ὑπὸ τῶν ΓΔ, Ε, ἴση γὰρ ἡ ΓΘ τῇ Ε· τὸ ἄρα ὑπὸ τῶν ΑΒ, Ζ περιεχόμενον ὀρθογώνιον ἴσον ἐστὶ τῷ ὑπὸ τῶν ΓΔ, Ε περιεχομένῳ ὀρθογωνίῳ.

Ἀλλὰ δὴ τὸ ὑπὸ ΑΒ, Ζ περιεχόμενον ὀρθογώνιον ἴσον ἔστω τῷ ὑπὸ τῶν ΓΔ, Ε περιεχομένῳ ὀρθογωνίῳ· λέγω ὅτι αἱ τέσσαρες εὐθεῖαι ἀνάλογον ἔσονται, ὡς ἡ ΑΒ πρὸς τὴν ΓΔ οὕτως ἡ Ε πρὸς τὴν Ζ.

Τῶν γὰρ αὐτῶν κατασκευασθέντων, ἐπεὶ τὸ ὑπὸ τῶν ΑΒ, Ζ ἴσον ἐστὶ τῷ ὑπὸ τῶν ΓΔ, Γ, καί ἐστὶ τὸ μὲν ὑπὸ τῶν ΑΒ, Ζ τὸ ΒΗ, ἴση γὰρ ἐστὶν ἡ ΑΗ τῇ Ζ· τὸ δὲ ὑπὸ τῶν ΓΔ, Ε τὸ ΔΘ, ἴση γὰρ

iacentis; vel ut huius catheti (chordae) quadratum ad quadratum istius segmenti; vel ut quadratum catheti (chordae) adiacentis alteri segmento ad quadratum perpendiculi. Nempe (Fig. 356.)

$$B\Gamma : \Gamma\Delta = B\Gamma q : B\Gamma \times \Gamma\Delta \text{ (Obs. 4. ad VI. 1.) } = B\Gamma q : \Gamma\Delta q$$
$$= B\Gamma \times \Gamma\Delta : \Gamma\Delta q \qquad = \Delta\Gamma q : \Gamma\Delta q$$
$$= \Gamma B \times B\Delta : \Gamma\Delta \times \Delta B \qquad = AB q : A\Delta q$$

nr. 2. 6.

8) Ipsa autem hypotenusae (diametri) segmenta esse, uti quadrata cathetorum (chordarum) adiacentium $B\Delta : \Delta\Gamma = \Gamma B \times B\Delta : \Gamma B \times \Delta\Gamma$ (Obs. 4. ad VI. 1.) $= AB q : A\Gamma q$ (nr. 2. 6.).

9) Eodemque, quo nr. 8. modo ostenditur, ex eodem peripheriae puncto ductis diametro et duabus pluribusve chordis, perpendiculisque ab alteris harum terminis in diametrum demissis; quadrata chordarum esse ut segmenta ipsis adiacentia

tera, quae circa aequales angulos sunt. Quorum autem aequiangulorum parallelogrammorum reciproca sunt latera circa aequales angulos, illa sunt aequalia (VI. 14.); aequale igitur est parallelogrammum BH parallelogrammo $\Delta\Theta$. Et est BH quidem sub AB, Z contentum, aequalis enim AH ipsi Z; parallelogrammum vero $\Delta\Theta$ sub $\Gamma\Delta$, E continetur, aequalis enim $\Gamma\Theta$ ipsi E; rectangulum igitur sub AB, Z contentum aequale est rectangulo sub $\Gamma\Delta$, E contento.

Sit autem rectangulum sub AB, Z contentum aequale rectangulo sub $\Gamma\Delta$, E contento; dico quatuor rectas proportionales fore, ut AB ad $\Gamma\Delta$ ita E ad Z.

Iisdem enim constructis, quoniam rectangulum sub AB, Z aequale est rectangulo sub $\Gamma\Delta$, E contento, et est rectangulum quidem sub AB, Z ipsum BH, aequalis enim AH ipsi Z; rectangulum vero sub $\Gamma\Delta$,

diametri. Cf. Pfleiderer l. c. §. 147. (Caeterum quatuor primas in hac observatione occurrentes propositiones iam vidimus in corollariis ad I. 41. et I. 43.).

Obs. 4. Propositionum obs. praecedente expositarum tres primae, usus in demonstrandis X. 34. X. 35. X. 36. gratia traduntur in Lemm. 1. ante X. 34. et ope VI. 17. VI. 16. stabiliuntur mediantibus analogiis una ab VI. 8. Cor. parte priori petita, caeteris ex ipsis propositionibus VI. 8. VI. 4. deductis (vid. Obs. 2. ad VI. 8.); tertia insuper demonstratur, rectangulis sub BA et $A\Gamma$, $B\Gamma$ et $A\Delta$ descriptis, colligendo ex I. 34. utrumque duplum esse trianguli $AB\Gamma$. Primae et secundae demonstratio eadem, quae in Lemm. 1. ante X. 34. repetitur in Lemm. post XIII. 13. ad efficiendam praecedentis septimae (Obs. 3.) partem tertiam. Eiusdem septimae pars prima in demonstrationibus XIII. 14. XIII. 15. XIII. 16. tan-

ἡ ΓΘ τῇ Ε· τὸ ἄρα ΒΗ ἴσον ἐστὶ τῷ ΔΘ· καὶ ἔστιν ἰσογώνια. Τῶν δὲ ἴσων καὶ ἰσογωνίων παραλληλογράμμων ἀντιπεπόνθασιν αἱ πλευραὶ, αἱ περὶ τὰς ἴσας γωνίας· ἔστιν ἄρα ὡς ἡ ΑΒ πρὸς τὴν ΓΔ οὕτως ἡ ΓΘ πρὸς τὴν ΑΗ· ἴση δὲ ἡ μὲν ΓΘ τῇ Ε, ἡ δὲ ΑΗ τῇ Ζ. ἔστιν ἄρα ὡς ἡ ΒΑ πρὸς τὴν ΓΔ· οὕτως ἡ Ε πρὸς τὴν Ζ. Ἐὰν ἄρα τέσσαρες, καὶ τὰ ἑξῆς.

ΠΡΟΤΑΣΙΣ ιζ.

Ἐὰν τρεῖς εὐθεῖαι ἀνάλογον ὦσι, τὸ ὑπὸ τῶν ἄκρων περιεχόμενον ὀρθογώνιον ἴσον ἐστὶ τῷ ἀπὸ τῆς μέσης τετραγώνῳ· κἂν τὸ ὑπὸ τῶν ἄκρων περιεχόμενον ὀρθογώνιον ἴσον ᾖ τῷ ἀπὸ τῆς μέσης τετραγώνῳ, αἱ τρεῖς εὐθεῖαι ἀνάλογον ἔσονται.

Ἔστωσαν τρεῖς εὐθεῖαι ἀνάλογον αἱ Α, Β, Γ, ὡς ἡ Α πρὸς τὴν Β οὕτως ἡ Β πρὸς τὴν Γ· λέγω ὅτι τὸ ὑπὸ τῶν Α, Γ περιεχόμενον ὀρθογώνιον ἴσον ἐστὶ τῷ ἀπὸ τῆς μέσης τῆς Β τετραγώνῳ.

Κείσθω τῇ Β ἴση ἡ Δ.

quam nota simpliciter sumitur: pariterque bis in demonstratione XIII. 18. semel autem, bisve, cum adiuncta ratione, *ἰσογώνιον γάρ ἐστι τὸ ΑΒΓ τρίγωνον τῷ ΓΑΔ τριγώνῳ*: in demonstrationibus XIII. 13. autem, pariter ac secunda pars in XIII. 18. ex proportione ΒΓ:ΓΑ=ΑΓ:ΓΔ, vel ΓΔ:ΑΓ=ΑΓ:ΒΓ rursus utrobique ab VI. 8. VI. 4. deducta infertur per VI. 20. Cor. 2. Quae omnia, iuncta iis, quae Obs. 2. ad VI. 8. notata fuere, nimis, quam ut auctori Elementorum tribui possint, ab methodo abludunt alias ipsi solenni, praemissas demonstrationum subsequentium suis locis ad perpetuum deinceps usum stabiliendi; nominatim etiam theorematum generaliorum ad speciales casus applicationes frequenter deinceps

E ipsum $\Delta\Theta$, aequalis enim $\Gamma\Theta$ ipsi E; erit parallelogrammum BH aequale parallelogrammo $\Delta\Theta$ et sunt aequiangula. Aequalium autem et aequiangulorum parallelogrammorum reciproca sunt latera (VI. 14.), circa aequales angulos; est igitur ut AB ad $\Gamma\Delta$ ita $\Gamma\Theta$ ad AH. Aequalis autem $\Gamma\Theta$ quidem ipsi E, ipsa vero AH ipsi Z; est igitur ut AB ad $\Gamma\Delta$ ita E ad Z. Si igitur quatuor etc.

PROPOSITIO XVII. (Fig. 365.)

Si tres rectae proportionales sint, rectangulum sub extremis contentum aequale est quadrato ex media; et si rectangulum sub extremis contentum aequale sit quadrato ex media, tres rectae proportionales erunt.

Sint tres rectae proportionales A, B, Γ, ut A ad B ita B ad Γ; dico rectangulum sub A, Γ contentum aequale esse quadrato ex B.

Ponatur ipsi B aequalis Δ.

adhibendas, quamvis obvias et faciles, seorsim enunciandi, ut immediate essent ad usus occurrentes paratae. Cf. Obs. 2. ad II. 3. Unde, quum incuriae et oscitantiae auctoris ista tribuere haud liceat, probabile fit, ut hodienum, ita et olim communibus, tironum praecipue etiam usibus parata fuisse elementorum exemplaria variis modis respectibusque, compandii ac facilitatis gratia, forsan et arctioris systematis praetextu (vid. Proclus in libr. II. p. 21.) truncata, sicque plura, praesertim, quae solis X. ac XIII. in praecedentibus libris inservirent, his excidisse t ac multifariam, nec apte semper et uniformiter, illorum textui assutis lemmatibus (Cf. Obs. 5. ad

Καὶ ἐπεί ἐστιν ὡς ἡ Α πρὸς τὴν Β οὕτως ἡ Β πρὸς τὴν Γ, ἴση δὲ ἡ Β τῇ Δ· ἔστιν ἄρα ὡς ἡ Α πρὸς τὴν Β οὕτως ἡ Δ πρὸς τὴν Γ. Ἐὰν δὲ τέσσαρες εὐθεῖαι ἀνάλογον ὦσι, τὸ ὑπὸ τῶν ἄκρων περιεχόμενον ὀρθογώνιον ἴσον ἐστὶ τῷ ὑπὸ τῶν μέσων περιεχομένῳ ὀρθογωνίῳ· τὸ ἄρα ὑπὸ τῶν Α, Γ ἴσον ἐστὶ τῷ ὑπὸ τῶν Β, Δ. Ἀλλὰ τὸ ὑπὸ τῶν Β, Δ τὸ ἀπὸ τῆς Β ἐστὶν, ἴση γὰρ ἡ Β τῇ Δ· τὸ ἄρα ὑπὸ τῶν Α, Γ περιεχόμενον ὀρθογώνιον ἴσον ἐστὶ τῷ ἀπὸ τῆς Β τετραγώνῳ.

VI. 1.), insertisque auctariis ansam dedisse. Cf. Pfleiderer §. 148.

Obs. 5. Ope Prop. VI. 17. demonstrari posse I. 47. diximus in Excursu ad I. 47. Cf. Pfleiderer §. 149.

Obs. 6. Eadem Prop. VI. 17. explicat identitatem constructionis problematum II. 14. et VI. 13., quae aequipollere docet. Cf. Pfleiderer §. 150.

Obs. 7. Uti casus particularis Prop. III. 35. quem sistunt assertum Obs. 3. nr. 5. ac solutio problematis II. 14. (vid. Obs. 3. ad II. 14. sub finem) in libro II. et III. ope II. 5. I. 47. demonstratur, heic per III. 31. VI. 8. VI. 17. adstruitur, ita universim Prop. III. 35. ex III. 21. VI. 4. VI. 16. potest inferri. Ostenditur nempe, duas rectas intra circulum se secantes se mutuo secare in partes reciproce proportionales; unde caetera ex VI. 16. fluunt. Cf. Pfleiderer. §. 151.

Obs. 7. Similiter Prop. III. 36. ipsiusque conversam III. 37. ex III. 32. eiusque conversa, et VI. 4. VI. 6. VI. 17. nectere licet. Ostendetur nempe, duabus rectis in circulum incidentibus, quarum una circulum contingat, altera secet, contingentem mediam proportionalem esse inter secantem, eiusque partem exteriorem, et contingentis quadratum aequari rectangulo sub tota secante, ipsiusque parte exteriori, et vice versa. Cf. Pfleiderer. §. 152.

Et quoniam est ut A ad B ita B ad Γ, aequalis autem B ipsi Δ; est igitur ut A ad B ita Δ ad Γ. Si autem quatuor rectae proportionales sint, rectangulum sub extremis contentum aequale est (VI. 16.) rectangulo sub mediis contento; rectangulum igitur sub A, Γ aequale est rectangulo sub B, Δ. Sed rectangulum sub B, Δ est quadratum ex B, aequalis enim B ipsi Δ; rectangulum igitur sub A, Γ contentum aequale est quadrato ex B.

Obs. 8. Quodsi (Fig. 365) ΔB circulum contingat in B, $\Delta\Gamma$ secet in A et Γ, triangula ΔAB, $\Delta B\Gamma$, ob angulum Δ utrique communem, et $\Delta AB = \Delta B\Gamma$ (III. 32.) aequiangula erunt (I. 32.), adeoque

$$\left.\begin{aligned} A\Delta : \Delta B = AB : B\Gamma \text{ (VI. 4.) } &= AB\text{q} : AB \times B\Gamma \\ \Delta B : \Delta\Gamma = AB : B\Gamma \quad &= AB \times B\Gamma : B\Gamma\text{q} \end{aligned}\right\} \text{(Obs. 4. ad VI. 1.}$$

itaque $A\Delta : \Delta\Gamma = AB\text{q} : B\Gamma\text{q}$ (V. 22.) h. e. ab puncto extra circulum ductis recta eum contingente, et altera ipsum secante, ductisque in circulo rectis iungentibus punctum contactus prioris et puncta sectionum alterius; tota secans recta est ad partem ipsius exteriorem, uti quadratum rectae ab puncto contactus ad extremum secantis totius ductae, ad quadratum rectae iungentis punctum contactus, atque alterum sectionis punctum. Vicissim, si $A\Delta : \Delta\Gamma = AB\text{q} : B\Gamma$, cum ducta rectae AB parallela ΓE, etiam sit $A\Delta : \Delta\Gamma = AB : \Gamma E = AB\text{q} : AB \times \Gamma E$ (Obs. 2. ad VI. 4. et Obs. 2. ad VI. 1.), ideoque (V. 11.) $AB\text{q} : B\Gamma\text{q} = AB\text{q} : AB \times \Gamma E$ et (V. 9.) $B\Gamma\text{q} = AB \times \Gamma E$, et (VI. 17.) $AB : B\Gamma = B\Gamma : \Gamma E$, ac sit angulus $AB\Gamma = B\Gamma E$ (I. 29), est angulus $A = \Delta B\Gamma$ (VI. 6.) et hinc ΔB circulum in B contingit (Obs. 2. ad III. 32.). Cf. Pfleiderer §. 153.

Obs. 9. Proposita Obs. 7. 8. sic etiam enunciantur: circa triangulum non aequicrurum descripto circulo, et per verticem trianguli ducta recta circulum tangente; haec basi productae sic occurrit, ut rectangulum sub rectis puncto huic occursus

Ἀλλὰ δὴ τὸ ὑπὸ τῶν *Α*, *Γ* ἴσον ἔστω τῷ ἀπὸ τῆς *Β*· λέγω ὅτι ἐστὶν ὡς ἡ *Α* πρὸς τὴν *Β* οὕτως ἡ *Β* πρὸς τὴν *Γ*.

Τῶν γὰρ αὐτῶν κατασκευασθέντων, ἐπεὶ τὸ ὑπὸ τῶν *Α*, *Γ* ἴσον ἐστὶ τῷ ἀπὸ τῆς *Β*, ἀλλὰ τὸ ἀπὸ τῆς *Β* τὸ ὑπὸ τῶν *Β*, *Δ* ἐστὶν, ἴση γὰρ ἡ *Β* τῇ *Δ*· τὸ ἄρα ὑπὸ τῶν *Α*, *Γ* ἴσον ἐστὶ τῷ ὑπὸ *Β*, *Δ*. Ἐὰν

extremisque basis interiacentibus aequale sit quadrato rectae ab eodem occursus puncto ad verticem trianguli ductae; rectae vero inter punctum illud occursus ac terminos basis in ipsa abscissae eandem habeant rationem, quam crurum trianguli, quibus adiacent, quadrata. Nempe, si triangulo $A\Gamma B$, cuius crus $AB > B\Gamma$, circulus circumscribitur, et hunc in B contingens agitur recta $B\Delta$: ob angulum $\Delta B\Gamma = A$ (III. 32.) $< \Delta\Gamma B$ (I. 18.), ideoque angulos $\Delta B\Gamma + \Delta\Gamma B < A\Gamma B + \Delta\Gamma B$ h. e. (I. 13.) < 2 rectis: ad partes angulorum $\Delta B\Gamma$, $\Delta\Gamma B$ concurrunt rectae $A\Gamma$, $B\Delta$ (I. Post. 5.). Ac tum rectang. $A\Delta \times \Delta\Gamma = \Delta B$q (Obs. 7.) et $A\Delta : \Delta\Gamma = ABq : B\Gamma$q (Obs. 8.). Vicissim 1) si trianguli non aequicruri $A\Gamma B$ basis $A\Gamma$ ad partes cruris minoris $B\Gamma$ sic producitur, ut rectangulum sub adiecta $\Gamma\Delta$ et sub composita ΔA ex basi $A\Gamma$ et adiecta $\Gamma\Delta$ aequale sit quadrato rectae ΔB ab termino Δ continuationis basis ad trianguli verticem B ductae: recta haec circulum triangulo circumscriptum in B contingit (Obs. 8. nr. 2.) et segmenta basis $A\Delta$, $\Delta\Gamma$ terminis ipsius A, Γ, ac puncto Δ intercepta, sunt uti quadrata crurum trianguli AB, $B\Gamma$, ipsis adiacentium (Obs. 8. nr. 1.). Atque 2) si trianguli non aequicruri $A\Gamma B$ basis $A\Gamma$ ad partes cruris minoris sic in Δ usque producitur, ut segmenta eius $A\Delta$, $\Delta\Gamma$, puncto hoc Δ, terminisque basis A, Γ intercepta, sint, ut crurum trianguli AB, $B\Gamma$ ipsis adiacentium quadrata; recta ab puncto Δ ad verticem B trianguli ducta circulum triangulo circumscriptum in B contingit (Obs. 9. nr. 2.) et rectae ΔB quadratum aequale est rectangulo sub segmentis $A\Delta$, $\Delta\Gamma$ basis puncto Δ ac terminis eius A, Γ

Sed rectangulum sub A, Γ aequale sit quadrato ex B; dico esse ut A ad B ita B ad Γ.

Iisdem enim constructis, quoniam rectangulum sub A, Γ aequale est quadrato ex B, sed quadratum ex B est rectangulum sub B, Δ, aequalis enim B ipsi Δ; erit igitur rectangulum sub A, Γ aequale rectan-

interceptis (Obs. 8. nr. 1.). Posterior conversa est Lemma 2. Libri II. Locorum planorum Apollonii. Cf. Pfleiderer. §. 154.

Obs. 10. Pariter immediate per III. 21. vel III. 22. et VI. 4. VI. 16. demonstratur, quod a Clavio et Baermanno III. Prop. 36. subiungitur corollarium (vid. supra III. 36. Cor. 1.), nempe si a puncto extra circulum ducantur duae rectae eum secantes, rectangula sub totis secantibus, et partibus earum exterioribus aequalia esse, sive, quod eodem redit, totas secantes esse partibus suis exterioribus reciproce proportionales. Cf. Pfleiderer. §. 155.

Obs. 11. Ex VI. 16. porro consequitur, cuiuslibet trianguli $AB\Delta$ (Fig. 366.) angulo quocunque Δ bifariam secto per rectam $\Delta\Gamma$, rectangulum sub eius lateribus $A\Delta$, ΔB angulum Δ comprehendentibus aequale esse rectangulo sub segmentis $A\Gamma$, ΓB tertii lateris, ab recta $\Delta\Gamma$ factis, una cum huius rectae $\Delta\Gamma$ quadrato (quae est Rob. Simson. Libr. VI. Prop. B.). Circumscribatur enim triangulo $AB\Delta$ circulus (IV. 5.), cui recta $\Delta\Gamma$ producta rursus occurrat in E, et iungatur alterutra recta AE, BE. Posteriore ducta, est angulus $A=E$ (III. 21.). Quare, cum etiam sit angulus $A\Delta\Gamma=B\Delta E$ (hyp.) est $A\Delta:\Delta\Gamma=E\Delta:\Delta B$ (VI. 4.) et hinc rectang. $A\Delta\times\Delta B=E\Delta\times\Delta\Gamma$ (VI. 16.) $=\Delta\Gamma\times\Gamma E+\Delta\Gamma$q (II. 3.) $=A\Gamma\times\Gamma B+\Delta\Gamma$q (III. 35.). Cf. Pfleiderer. §. 157.

Obs. 12. Porro rectangulum sub duobus quibuscunque lateribus cuiuslibet trianguli aequale est rectangulo sub diametro circuli triangulo circumscripti et sub perpendiculo ex vertice anguli, quem latera ista comprehendunt, in latus ter-

δὲ τὸ ὑπὸ τῶν ἄκρων ἴσον ᾖ τῷ ὑπὸ τῶν μέσων, αἱ τέσσαρες εὐθεῖαι ἀνάλογόν εἰσιν· ἔστιν ἄρα ὡς ἡ Α πρὸς τὴν Β οὕτως ἡ Δ πρὸς τὴν Γ. Ἴση δὲ ἡ Β τῇ Δ· ὡς ἄρα ἡ Α πρὸς τὴν Β οὕτως ἡ Β πρὸς τὴν Γ. Ἐὰν ἄρα τρεῖς, καὶ τὰ ἑξῆς.

ΠΡΟΤΑΣΙΣ ιη'.

Ἀπὸ τῆς δοθείσης εὐθείας τῷ δοθέντι εὐθυγράμμῳ ὅμοιόν τε καὶ ὁμοίως κείμενον εὐθύγραμμον ἀναγράψαι.

tium demisso. 1) Si ipsum alterutrum latus *ΑΒ* (Fig. 367.) tertio *ΒΓ* est perpendiculare: alterum *ΑΓ* diameter est circuli triangulo circumscripti (III. 31. Conv. vid. Obs. ad III. 31. vel III. 33. nr. 2.) et propositio ad hanc identicam redit: rectang. $ΒΑ \times ΑΓ = ΓΑ \times ΑΒ$. 2) Si uterque ad basin seu tertium latus *ΒΓ* (Fig. 368.) angulus est acutus, quicunque sit angulus *ΒΑΓ* duobus lateribus *ΒΑ*, *ΑΓ* comprehensus; vel si alteruter ad basin angulus *ΑΒΓ* (Fig. 369.) est obtusus, per verticem *Α* ducta diametro *ΑΖΕ*, et iuncta *ΒΕ* recta, perpendiculoque *ΑΔ* in basin *ΒΓ* demisso; ob angulos *ΑΒΕ*, *ΑΔΓ* rectos (III. 31. et Constr.) atque $Ε = Γ$ (III. 21.) in triangulis *ΑΒΕ*, *ΑΔΓ* est $ΒΑ : ΑΕ = ΔΑ : ΑΓ$ (VI. 4.), proinde rectangul. $ΒΑ \times ΑΓ = ΕΑ \times ΑΔ$ (VI. 16.). (Rob. Simson. Prop. C. Libr. VI. Pfleiderer. §. 158.). Hinc rectang. $ΒΓ \times ΑΔ : ΒΑ \times ΑΓ = ΒΓ \times ΑΔ : ΕΑ \times ΑΔ$ (V. 7.) $= ΒΓ : ΕΑ$ (Obs. 4. ad VI. 1.), ubi rectang. $ΒΓ \times ΑΔ$ duplum est areae trianguli (I. 41.). Quare duplum areae cuiusvis trianguli est ad rectangulum sub duobus ipsius lateribus, uti tertium latus ad diametrum circuli triangulo circumscripti. Cf. Pfleiderer. §. 159.

Obs. 13. Rectangulum contentum diagonalibus *ΑΓ*, *ΒΔ* (Fig. 370.) figurae quadrilaterae circulo inscriptae aequale est duobus rectangulis $ΑΒ \times ΔΓ + ΒΓ \times ΑΔ$ contentis oppositis eius lateribus. Fiat enim angulus *ΑΒΕ* aequalis angulo *ΔΒΓ*, et

gulo sub B, Δ. Si autem rectangulum sub extremis aequale est rectangulo sub mediis contento, quatuor rectae proportionales sunt (VI. 16.); est igitur ut A ad B ita Δ ad Γ. Aequalis autem B ipsi Δ; ut igitur A ad B ita B ad Γ. Si igitur tres etc.

PROPOSITIO XVIII. (Fig. 374.)

A data recta linea dato rectilineo simile et similiter positum rectilineum describere.

utrique addatur, vel ab utroque subtrahatur, angulus communis $EB\Delta$, eritque angulus $AB\Delta$ aequalis angulo $EB\Gamma$. Et, quum praeterea sit angulus $A\Delta B = B\Gamma E$ (III. 21.), quippe in eodem cum illo segmento positus, erit triangulum $AB\Delta$ aequiangulum triangulo $EB\Gamma$, adeoque (VI. 4.) $B\Gamma : \Gamma E = B\Delta : \Delta A$, ideoque rectangulum $B\Gamma \times A\Delta = \Gamma E \times B\Delta$. Porro, quum angulus ABE aequalis sit angulo $\Delta B\Gamma$, et angulus BAE aequalis angulo $B\Delta\Gamma$ (III. 21.), erit triangulum ABE aequiangulum triangulo $\Delta B\Gamma$, adeoque (VI 4.) $BA : AE = B\Delta : \Delta\Gamma$, ideoque rectangulum $BA \times \Delta\Gamma = AE \times B\Delta$. At ostensum fuit, esse rectangulum $B\Gamma \times A\Delta = \Gamma E \times B\Delta$. Erunt itaque rectangula $BA \times \Delta\Gamma + B\Gamma \times A\Delta = A\Gamma \times B\Delta$. Haec propositio est theorema Ptolemaei in μεγάλῃ σύνταξις L. 1. c. 9. et apud ipsum fundamenti loco inservit tabulis eius trigonometricis. Habetur illud etiam apud Rob. Simson. Prop. D., VI. in ed. Angl., apud Plaifayr., Kraft. Instit. Geom. Sublim. §. 91. aliosque. Ad eandem propositionem referri potest sequens theorema, quod est apud Plaifayr. Prop. E., VI. Si segmentum aliquod circuli $AB\Gamma$ (Fig. 371.) bisectum sit in Γ, et e punctis extremis A, B segmenti, pariterque e puncto bisectionis Γ inflexae sint ad punctum aliquod Δ reliquae circumferentiae rectae $A\Delta$, $B\Delta$, $\Gamma\Delta$: summa rectarum $A\Delta + B\Delta$ a punctis extremis basis inflexarum ad $\Gamma\Delta$ rectam a puncto bisectionis inflexam eandem rationem habebit, quam AB basis

Ἔστω ἡ μὲν δοθεῖσα εὐθεῖαι ἡ ΑΒ, τὸ δὲ δοθὲν εὐθύγραμμον τὸ ΓΕ· δεῖ δὴ ἀπὸ τῆς ΑΒ εὐθείας τῷ ΓΕ εὐθυγράμμῳ ὅμοιόν τε καὶ ὁμοίως κείμενον εὐθύγραμμον ἀναγράψαι.

Ἐπεζεύχθω ἡ ΔΖ, καὶ συνεστατω πρὸς τῇ ΑΒ εὐθείᾳ καὶ τοῖς πρὸς αὐτῇ σημείοις τοῖς Α, Β τῇ μὲν πρὸς τῷ Γ γωνίᾳ ἴση ἡ ὑπὸ ΗΑΒ, τῇ δὲ ὑπὸ ΓΔΖ ἴση ἡ ὑπὸ ΑΒΗ· λοιπὴ ἄρα ἡ ὑπὸ ΓΖΔ λοιπῇ τῇ ὑπὸ ΑΗΒ ἐστὶν ἴση· ἰσογώνιον ἄρα ἐστὶ τὸ ΖΓΔ τρίγωνον τῷ ΗΑΒ τριγώνῳ· ἀνάλογον ἄρα ἐστὶν ὡς ἡ ΖΔ πρὸς τὴν ΗΒ οὕτως ἡ ΖΓ πρὸς τὴν ΗΑ καὶ

segmenti ad $\Delta\Gamma$ basin segmenti dimidii. Quum enim sit $AB\Gamma\Delta$ quadrilaterum circulo inscriptum, erit ex praeced. $A\Delta \times B\Gamma + \Delta B \times A\Gamma = AB \times \Delta\Gamma$ i. e. ob $B\Gamma = A\Gamma$ (III. 29.) $(A\Delta + \Delta B) \times A\Gamma = AB \times \Delta\Gamma$ (II. 1)., adeoque $A\Delta + B\Delta : \Gamma\Delta = AB : A\Gamma$ (VI. 14.). (Playfair Prop. E. VI. Cf. 94. vel ut est apud Rob. Sims. Dat. 97.).

Obs. 14. Conversas praecedentium, praeter iam Obs. 7. sqq. expositas notamus adhuc sequentes. Si quadratum perpendiculi $A\Delta$ (Fig. 356.), quod in trianguli $AB\Gamma$ latus $B\Gamma$ angulis ipsius acutis interiacens ex vertice opposito A demittitur, aequale est rectangulo sub segmentis $B\Delta$, $\Delta\Gamma$ lateris $B\Gamma$ ab perpendiculo $A\Delta$ factis, seu (VI. 17.) si perpendiculum $A\Delta$ medium proportionale est inter segmenta $B\Delta$, $\Delta\Gamma$ lateris $B\Gamma$: trianguli ad verticem A angulus est rectus. Quippe ob $B\Delta : \Delta A = \Delta A : \Delta\Gamma$, et angulos ad Δ rectos, est angulus $BA\Delta = \Gamma$ (VI. 6.); angulus igitur $BA\Gamma = \Gamma + \Gamma A\Delta =$ recto (I. 32. Cor. 5.). Cf. Pfleiderer. §. 160. Pappus Collect. Mathem. l. VII. Prop. 203. propositioni huic adiungit: si quadratum perpendiculi $A\Delta$ (Fig. 372.) minus fuerit rectangulo sub segmentis $B\Delta$, $\Delta\Gamma$ lateris $B\Gamma$, angulus $BA\Gamma$ erit obtusus, si maius (Fig. 373.) acutus. Semicirculo enim super diametro $B\Gamma$ descripto, qui perpendiculum $A\Delta$ in puncto E secet, ac rectis

Sit data quidem recta AB, datum autem rectilineum ΓE; oportet a recta linea AB rectilineo ΓE simile et similiter positum rectilineum describere.

Iungatur ΔZ, et constituatur (I. 23.) ad rectam AB et ad puncta in ea A, B angulo quidem ad Γ aequalis angulus HAB, angulo vero $\Gamma\Delta Z$ aequalis angulus ABH; reliquus igitur $\Gamma Z\Delta$ reliquo AHB est aequalis (I. 32.); aequiangulum igitur est triangulum $Z\Gamma\Delta$ triangulo HAB; est igitur (VI. 4.) ut $Z\Delta$ ad HB ita $Z\Gamma$ ad HA et $\Gamma\Delta$ ad AB. Rursus, con-

BE, ΓE iunctis ob $E\Delta$q$=$ rectangulo $B\Delta \times \Delta\Gamma$ (Obs. 3. nr. 5.) priori casu erit $A\Delta < E\Delta$, et hinc angulus $BA\Gamma > BE\Gamma$ (I. 21.); posteriori $A\Delta > E\Delta$, atque angulus $BA\Gamma < BE\Gamma$ (I. 21.). Rectus autem est angulus $BE\Gamma$ (III. 31.). Cf. Pfleiderer. §. 161. Propositorum in hac observatione casus specialis, quo segmenta $B\Delta$, $\Delta\Gamma$ aequalia sunt, comprehenditur etiam iis, quae nr. 2. in Excursu ad I. Prop. 47. etc. ad finem libri II. diximus. Cf. Pfleiderer. §. 162. Et, quum ostensum sit, rectum esse angulum $BA\Gamma$ (Fig. 356.), quem ab extremis B, Γ rectae $B\Gamma$ ad extremum A perpendiculi $A\Delta$ ductae BA, ΓA comprehendunt, si rectang. $B\Delta \times \Delta\Gamma = A\Delta$q, seu si $B\Delta : \Delta A = \Delta A : \Delta\Gamma$; per conversam III. 31. consequitur: circuli super diametro $B\Gamma$ descripti peripheriam transire per verticem A rectae ΔA diametro $B\Gamma$ inter extrema ipsius normalis, quae media proportionalis est inter segmenta diametri $B\Gamma$ puncto Δ facta, seu cuius quadratum rectangulo sub segmentis illis est aequale. Cf. Pfleiderer. §. 163. Ea quae ad hanc propositionem notata sunt solutioni etiam plurimorum problematum inservire possunt, quorum exquisitam copiam exhibet Pfleiderer. l. c. §§. 166—194, quae brevitatis studio hic praeterimus. *Quae hactenus ad Propositiones libri VI. observata sunt, desumsimus pleraque ex Pfleidereri scholiis in libro VI. Elementorum Eu-*

ἡ ΓΔ πρὸς τὴν ΑΒ. Πάλιν, συνεστάτω πρὸς τῇ ΒΗ εὐθείᾳ καὶ τοῖς πρὸς αὐτῇ σημείοις τοῖς Β, Η τῇ μὲν ὑπὸ ΔΖΕ γωνίᾳ ἴση ἡ ὑπὸ ΒΗΘ, τῇ δὲ ὑπὸ ΖΔΕ ἴση ἡ ὑπὸ ΗΒΘ· λοιπὴ ἄρα ἡ πρὸς τῷ Ε λοιπῇ τῇ πρὸς τῷ Θ ἐστὶν ἴση· ἰσογώνιον ἄρα ἐστὶ τὸ ΖΔΕ τρίγωνον τῷ ΗΒΘ τριγώνῳ· ἀνάλογον ἄρα ἐστὶν ὡς ἡ ΔΖ πρὸς τὴν ΗΒ οὕτως ἡ ΖΕ πρὸς τὴν ΗΘ, καὶ ἡ ΕΔ πρὸς τὴν ΘΒ. Ἐδείχθη δὲ καὶ ὡς ἡ ΖΔ πρὸς τὴν ΗΒ οὕτως ἥ τε ΖΓ πρὸς τὴν ΗΑ καὶ ἡ ΓΔ πρὸς τὴν ΑΒ· καὶ ὡς ἄρα ΖΓ πρὸς τὴν ΑΗ οὕτως ἥ τε ΓΔ πρὸς τὴν ΑΒ καὶ ἡ ΖΕ πρὸς τὴν ΗΘ, καὶ ἔτι ἡ ΕΔ πρὸς τὴν ΘΒ. Καὶ ἐπεὶ ἴση ἐστὶν ἡ μὲν ὑπὸ ΓΖΔ γωνία τῇ ὑπὸ ΑΗΒ, ἡ δὲ ὑπὸ ΔΖΕ τῇ ὑπὸ ΒΗΘ· ὅλη ἄρα ἡ ὑπὸ ΓΖΕ ὅλῃ τῇ ὑπο ΑΗΘ ἐστὶν ἴση. Διὰ τὰ αὐτὰ δὴ καὶ ἡ ὑπὸ ΓΔΕ τῇ ὑπὸ ΑΒΘ ἐστὶν ἴση, ἔστι δὲ καὶ ἡ μὲν πρὸς τῷ Γ τῇ πρὸς τῷ Α ἴση, ἡ δὲ πρὸς τῷ Ε τῇ πρὸς τῷ Θ· ἰσογώνιον ἄρα ἐστὶ τὸ ΑΘ τῷ ΓΕ, καὶ τὰς περὶ τὰς ἴσας γωνίας αὐτῷ πλευρὰς ἀνάλογον ἔχει· ὅμοιον ἄρα ἐστὶ τὸ ΑΘ εὐθύγραμμον τῷ ΓΕ εὐθυγράμμῳ.

clidis, quorum P. I. Tubingae 1800.; P. II. 1801.; P. III. 1802. typis expressae fuerunt. Pars IV. prodiit ibidem 1805., in qua unice de VI. propositione 23. et VI. definitione 5., utpote qua nititur VI. Prop. 23. agitur. Quippe hanc ipsam VI. 23. inepte loco suo motam et inter propositiones ad figuras similes pertinentes positam fuisse iudicat auctor. De hac itaque postea loco suo, et in excursu ad hunc librum viderimus. Dolendum autem est, scholia Pfleidereri in reliquas libri VI. propositiones, quae ille iam elaborata in scriniis habet, sublata in Universitate Tubingensi consuetudine, occasione Magisterii philosophici quotannis dissertationes publicas conscribendi, non in publicam lucem exire potuisse. E quibus benevole ab auctore nobiscum communicatis, nonnulla

stituatur (I. 23.) ad rectam BH et ad puncta in ea B, H, angulo quidem ΔZE aequalis $BH\Theta$, angulo vero $Z\Delta E$ aequalis $HB\Theta$; reliquus igitur ad E reliquo ad Θ est aequalis (I. 32.); aequiangulum igitur est triangulum $Z\Delta E$ triangulo $HB\Theta$; est igitur (VI. 4.) ut ΔZ ad HB ita ZE ad $H\Theta$, et $E\Delta$ ad ΘB. Ostensum est autem etiam, ut $Z\Delta$ ad HB ita $Z\Gamma$ ad HA et $\Gamma\Delta$ ad AB, ut igitur (V. 11.) $Z\Gamma$ ad AH ita et $\Gamma\Delta$ ad AB et ZE ad $H\Theta$, et adhuc $E\Delta$ ad ΘB. Et quoniam aequalis est angulus quidem $\Gamma Z\Delta$ angulo AHB, angulus vero ΔZE angulo $BH\Theta$; totus igitur ΓZE toti $AH\Theta$ est aequalis. Ex eadem ratione et $\Gamma\Delta E$ angulo $AB\Theta$ est aequalis, est autem et angulus quidem ad Γ ipsi ad A aequalis, angulus vero ad E ipsi ad Θ; aequiangulum igitur est $A\Theta$ ipsi ΓE, et circa aequales angulos latera proportionalia habet; simile igitur est rectilineum $A\Theta$ rectilineo ΓF (VI. 1. Def.).

certe in sequentibus breviter lectoribus nostris sistere voluimus, nos rem ipsis admodum gratam facturos esse, persuasi. Cf. quae supra diximus ad VI. Def. 1.

PROPOSITIO XVIII.

Obs. 1. Quod ad sensum problematis, et maxime verborum „similiter positum“ attinet, Clavius eum ita exprimit: „dicuntur rectilinea super lineas rectas descripta esse similia et similiter posita, quando anguli aequales constituuntur super ipsas rectas lineas, et tam reliqui aequales anguli, quam latera proportionalia semper ordine sese consequuntur.“ Borellus autem rem ita explicat (Euclid. restit. lib. IV. Prop. 16.): problema poscit, super data recta linea describere polygonum

Ἀπὸ τῆς δοθείσης ἄρα εὐθείας τῆς ΑΒ τῷ δοθέντι εὐθυγράμμῳ ΓΕ ὅμοιόν τε καὶ ὁμοίως κείμενον εὐθύγραμμον ἀναγέγραπται τὸ ΑΘ. Ὅπερ ἔδει ποιῆσαι.

ΠΡΟΤΑΣΙΣ ιθ΄.

Τὰ ὅμοια τρίγωνα πρὸς ἄλληλα ἐν διπλασίονι λόγῳ ἐστὶ τῶν ὁμολόγων πλευρῶν.

Ἔστω ὅμοια τρίγωνα τὰ ΑΒΓ, ΔΕΖ ἴσην ἔχοντα τὴν πρὸς τῷ Β γωνίαν τῇ πρὸς τῷ Ε, ὡς δὲ τὴν ΑΒ πρὸς τὴν ΒΓ οὕτως τὴν ΔΕ πρὸς τὴν ΕΖ, ὥςτε ὁμόλογον εἶναι τὴν ΒΓ τῇ ΕΖ· λέγω ὅτι τὸ ΑΒΓ τρίγωνον πρὸς τὸ ΔΕΖ τρίγωνον διπλασίονα λόγον ἔχει ἤπερ ἡ ΒΓ πρὸς τὴν ΕΖ.

Εἰλήφθω γὰρ τῶν ΒΓ, ΕΖ τρίτη ἀνάλογον ἡ ΒΗ, ὥςτε εἶναι ὡς τὴν ΒΓ πρὸς τὴν ΕΖ οὕτως τὴν ΕΖ πρὸς τὴν ΒΗ· καὶ ἐπεζεύχθω ἡ ΗΑ.

Ἐπεὶ οὖν ἐστιν ὡς ἡ ΑΒ πρὸς τὴν ΒΓ οὕτως ἡ ΔΕ πρὸς τὴν ΕΖ· ἐναλλὰξ ἄρα ἐστὶν ὡς ἡ ΑΒ πρὸς τὴν ΔΕ οὕτως ἡ ΒΓ πρὸς τὴν ΕΖ. Ἀλλ᾽ ὡς ἡ ΒΓ πρὸς τὴν ΕΖ οὕτως ἐστὶν ἡ ΕΖ πρὸς τὴν ΒΗ· καὶ ὡς ἄρα ἡ ΑΒ πρὸς τὴν ΔΕ οὕτως ἡ ΕΖ πρὸς τὴν ΒΗ· τῶν ΑΒΗ, ΔΕΖ ἄρα τριγώνων ἀντιπεπόνθασιν αἱ πλευραὶ, αἱ περὶ τὰς ἴσας γωνίας.

dato aequiangulum, et habens circum angulos aequales latera proportionalia lateribus illius, ita ut data recta homologa sit dato lateri polygoni. Necessitatem autem vocum „similiter positum", quae Ramus definiri debuisse non sine ratione monet, iure asserit Tartalea contra Campanum (in cuius versione VI. Prop. apud ipsum 19. illac omissae sunt). Nempe omissis his vocibus plura uno rectilineo super data recta construi possunt, ita ut dato rectilineo sint similia. Cf. Pfleiderer. Schol. msc. §§. 256. 257.

A data igitur recta AB dato rectilineo ΓE simile et similiter positum rectilineum $A\Theta$ descriptum est. Quod oportebat facere.

PROPOSITIO XIX. (Fig. 376.)

Similia triangula inter se sunt in duplicata ratione homologorum laterum

Sint similia triangula $AB\Gamma$, ΔEZ, angulum ad B aequalem habentia angulo ad E, et sit ut AB ad $B\Gamma$ ita ΔE ad EZ, ita ut homologum sit $B\Gamma$ ipsi EZ; dico triangulum $AB\Gamma$ ad triangulum ΔEZ duplicatam rationem habere eius quam habet $B\Gamma$ ad EZ.

Sumatur enim (VI. 11.) ipsis $B\Gamma$, EZ tertia proportionalis BH, ita ut sit ut $B\Gamma$ ad EZ ita EZ ad BH; et iungatur HA.

Et quoniam est ut AB ad $B\Gamma$ ita ΔE ad EZ; alterne igitur est (V. 16.) ut AB ad ΔE ita $B\Gamma$ ad EZ. Sed ut $B\Gamma$ ad EZ ita est EZ ad BH; ut igitur (V. 11.) AB ad ΔE ita EZ ad BH; triangulorum igitur ABH, ΔEZ reciproca sunt latera circa aequales angulos. Quorum autem triangulorum unum angulum uni aequalem habentium, reciproca sunt latera circa ae-

Obs. 2. Circa demonstrationem huius propositionis, ut est in textu graeco, iure monet Rob. Simson., vitiatam eam videri, quod in quadrilateris tantum ostendatur propositio, nec dicatur, quo modo extendi possit ad rectilinea quinque aut plurium laterum. Idem praeterea observat, in duobus triangulis inter se aequiangulis hic concludi, esse latus unius ad latus homologum alterius, ut latus aliud primi ad latus alterius huic homologum, sine permutatione proportionalium contra morem Euclidis, ut ex sequente Prop. 19. manifestum sit,

Ὧν δὲ, μίαν μιᾷ ἴσην ἐχόντων γωνίαν τριγώνων, ἀντιπεπόνθασιν αἱ πλευραὶ, αἱ περὶ τὰς ἴσας γωνίας, ἴσα ἐστὶν ἐκεῖνα· ἴσον ἄρα ἐστὶ τὸ ABH τρίγωνον τῷ ΔEZ τριγώνῳ· Καὶ ἐπεί ἐστιν ὡς ἡ $B\Gamma$ πρὸς τὴν EZ οὕτως ἡ EZ πρὸς τὴν BH· ἐὰν δὲ τρεῖς εὐθεῖαι ἀνάλογον ὦσιν, ἡ πρώτη πρὸς τὴν τρίτην διπλασίονα λόγον ἔχειν λέγεται ἤπερ πρὸς τὴν δευτέραν· ἡ $B\Gamma$ ἄρα πρὸς τὴν BH διπλασίονα λόγον ἔχει ἤπερ ἡ $B\Gamma$ πρὸς τὴν EZ. Ὡς δὲ ἡ $B\Gamma$ πρὸς τὴν BH οὕτως τὸ $AB\Gamma$ τρίγωνον πρὸς τὸ ABH τρίγωνον· καὶ τὸ $AB\Gamma$ ἄρα τρίγωνον πρὸς τὸ ABH διπλασίονα λόγον ἔχει ἤπερ ἡ $B\Gamma$ πρὸς τὴν EZ. Ἴσον δὲ τὸ ABH τρίγωνον τῷ ΔEZ τριγώνῳ· καὶ τὸ $AB\Gamma$ ἄρα τρίγωνον πρὸς τὸ ΔEZ τρίγωνον διπλασίονα λόγον ἔχει ἤπερ ἡ $B\Gamma$ πρὸς τὴν EZ. Τὰ ἄρα ὅμοια, καὶ τὰ ἑξῆς.

ΠΟΡΙΣΜΑ.

Ἐκ δὴ τούτου φανερὸν, ὅτι ἐὰν τρεῖς εὐθεῖαι ἀνάλογον ὦσιν, ἔστιν ὡς ἡ πρώτη πρὸς τὴν τρίτην οὕτως τὸ ἀπὸ τῆς πρώτης τρίγωνον πρὸς τὸ ἀπὸ τῆς δευτέρας ὅμοιον καὶ ὁμοίως ἀναγραφόμενον· ἐπείπερ ἐδείχθη, ὡς ἡ ΓB πρὸς τὴν BH οὕτως τὸ $AB\Gamma$ τρίγωνον πρὸς τὸ ABH τρίγωνον, τουτέστι τὸ ΔEZ.

ΠΡΟΤΑΣΙΣ κ΄.

Τὰ ὅμοια πολύγωνα εἴς τε ὅμοια τρίγωνα διαιρεῖται καὶ εἰς ἴσα τὸ πλῆθος καὶ ὁμόλογα τοῖς ὅλοις·

idemque vitium recurrere in conclusione. Contra hanc tamen observationem forte haud iniuria monere queas, niti conclusionem a Rob. Simson. reprehensam non quidem enunciato at demonstratione VI. 4. Cf. Pfleiderer. l. c. §. 261. Perfectior autem demonstratio problematis solutionem ostendere potest primum in triangulis, ab his procedere ad figuras quadrilateras, ab his ad quinquelateras, et ita semper a quavis figura recti-

quales angulos, illa sunt aequalia (VI. 15.); aequale igitur est triangulum $AB H$ triangulo $\varDelta EZ$. Et quoniam est ut $B\Gamma$ ad EZ ita EZ ad BH; si autem tres rectae proportionales sint, prima ad tertiam duplicatam rationem habere dicitur (V. 10. Def.) eius quam ad secundam; $B\Gamma$ igitur ad BH duplicatam rationem habet eius quam $B\Gamma$ ad EZ. Ut autem $B\Gamma$ ad BH ita (VI. 1.) triangulum $AB\Gamma$ ad triangulum ABH; ergo et triangulum $AB\Gamma$ ad ABH duplicatam rationem habet eius quam $B\Gamma$ ad EZ. Aequale autem est triangulum ABH triangulo $\varDelta EZ$; unde et triangulum $AB\Gamma$ (V. 7.) ad triangulum $\varDelta EZ$ duplicatam rationem habet eius quam $B\Gamma$ ad EZ. Ergo similia etc.

COROLLARIUM.

Ex hoc manifestum est, si tres rectae proportionales sint, esse ut prima ad tertiam ita triangulum ex prima ad triangulum ex secunda simile et similiter descriptum; quia ostensum est, ut ΓB ad BH ita triangulum $AB\Gamma$ ad triangulum ABH, hoc est $\varDelta EZ$.

PROPOSITIO XX. (Fig. 378.)

Similia polygona in similia triangula dividuntur, et numero aequalia et homologa totis; et polygonum ad

linea ad aliam, quae habeat numerum laterum unitate maiorem, unde deinde generaliter propositum constabit.

Obs. 3. Alium modum paullo expeditiorem, super linea data AB constituendi figuram rectilineam similem et similiter positam dato rectilineo $A\Gamma\varDelta EZ$ (Fig. 375.) Clavius docet ita fere. Ponatur data AB super latus $A\Gamma$, quod ei homologum esse debet, ducantur deinde ex A ad vertices angulorum figurae

καὶ τὸ πολύγωνον πρὸς τὸ πολύγωνον διπλασίονα λόγον ἔχει ἤπερ ἡ ὁμόλογος πλευρὰ πρὸς τὴν ὁμόλογον πλευράν.

Ἔστω ὅμοια πολύγωνα τὰ ΑΒΓΔΕ, ΖΗΘΚΛ, ὁμόλογος δὲ ἔστω ἡ ΑΒ τῇ ΖΗ· λέγω ὅτι τὰ ΑΒΓΔΕ, ΖΗΘΚΛ πολύγωνα εἴς τε ὅμοια τρίγωνα διαιρεῖται καὶ εἰς ἴσα τὸ πλῆθος καὶ ὁμόλογα τοῖς ὅλοις, καὶ τὸ ΑΒΓΔΕ πολύγωνον πρὸς τὸ ΖΗΘΚΛ πολύγωνον διπλασίονα λόγον ἔχει ἤπερ ἡ ΑΒ πρὸς τὴν ΖΗ.

Ἐπεζεύχθωσαν αἱ ΒΕ, ΕΓ, ΗΛ, ΛΘ.

Καὶ ἐπεὶ ὅμοιόν ἐστι τὸ ΑΒΓΔΕ πολύγωνον τῷ ΖΗΘΚΛ πολυγώνῳ, ἴση ἐστὶν ἡ ὑπὸ ΒΑΕ γωνία τῇ ὑπὸ ΗΖΛ· καί ἐστιν ὡς ἡ ΒΑ πρὸς ΑΕ οὕτως ἡ ΖΗ πρὸς ΖΛ. Ἐπεὶ οὖν δύο τρίγωνά ἐστι τὰ ΑΒΕ, ΖΗΛ μίαν γωνίαν μιᾷ γωνίᾳ ἴσην ἔχοντα, περὶ δὲ τὰς ἴσας γωνίας τὰς πλευρὰς ἀνάλογον· ἰσογώνιον ἄρα ἐστὶ τὸ ΑΒΕ τρίγωνον τῷ ΖΗΛ τριγώνῳ, ὥστε καὶ ὅμοιον· ἴση ἄρα ἐστὶν ἡ ὑπὸ ΑΒΓ

rectae *ΑΔ*, *ΑΕ* etc. per *Ε* ducatur ΒΘ parallela rectae *ΓΔ*; per *Θ* pariter *ΘΙ* parallela rectae *ΔΕ* etc. et facile ostendetur, esse triangula *ΑΒΘ*, *ΑΓΔ*; *ΑΘΙ*, *ΑΔΕ* etc. adeoque tota rectilinea *ΑΒΘΙΚ*, *ΑΓΔΕΖ* similia et similiter posita.

Obs. 4. Huc pertinet problema (vid. XII. 2. et XII. 11.) dato circulo inscribendi (circumscribendi) figuram rectilineam datae circulo alii inscriptae (circumscriptae) similem et similiter positam. Cf. Pfleiderer. l. c. §§. 263. 264.

PROPOSITIO XIX.

Obs. 1. Sensus huius propositionis est (Cf. dicta ad V. Def. 10.), similia triangula inter se habere rationem, *quae eadem sit* rationi duplicatae laterum homologorum, vel triangulum *ΑΒΓ* esse ad aliud ei simile *ΔΕΖ* in eadem ratione in

polygonum duplicatam rationem habet eius quam homologum latus ad homologum latus.

Sint similia polygona $AB\Gamma\Delta E$, $ZH\Theta K\Lambda$, homologum vero sit latus AB ipsi ZH; dico $AB\Gamma\Delta E$, $ZH\Theta K\Lambda$ polygona in similia triangula dividi et in numero aequalia et homologa totis, et polygonum $AB\Gamma\Delta E$ ad polygonum $ZH\Theta K\Lambda$ duplicatam rationem habere eius quam habet AB ad ZH.

Iungantur BE, $E\Gamma$, $H\Lambda$, $\Lambda\Theta$.

Et quoniam simile est polygonum $AB\Gamma\Delta E$ polygono $ZH\Theta K\Lambda$, aequalis est angulus BAE angulo $HZ\Lambda$; et est ut BA ad AE ita ZH ad $Z\Lambda$ (VI. Def. 1.). Et quoniam duo triangula ABE, $ZH\Lambda$ unum angulum uni angulo aequalem habentia, circa aequales autem angulos latera proportionalia; aequiangulum igitur est triangulum ABE triangulo $ZH\Lambda$ (VI. 6.), quare et (VI. 4.) simile; aequalis igitur est

qua est latus $B\Gamma$ prioris trianguli ad rectam aliquam, ad quam $B\Gamma$ habet rationem duplicatam eius rationis, quam $B\Gamma$ habet ad latus EZ ipsi homologum in altero triangulo, vel, si sumitur (VI. 11.) $B\Gamma : EZ = EZ : BH$, esse triangulum $AB\Gamma$ ad triangulum ΔEZ in eadem ratione, in qua est $B\Gamma$ ad BH. Caeterum patet, loco laterum $B\Gamma$, EZ quaevis alia homologa poni potuisse. Et inverse erit ratio trianguli ΔEZ ad triangulum $AB\Gamma$ duplicata lateris EZ ad $B\Gamma$, vel erit triangulum ΔEZ ad triangulum $AB\Gamma$ ut BH ad $B\Gamma$ (Cor. ad B. V.). Pfleiderer. in sched. msc. §§. 269. 270. 271. 273.

Obs. 2. Quodsi in triangulorum similium (Fig. 377.) homologa latera $B\Gamma$, EZ perpendicula $A\Theta$, ΔK demittantu ex verticibus angulorum homologorum, erit, ob angulos B et E, pariterque Θ et K, adeoque (I. 32.) etiam reliquos aequa-

γωνία τῇ ὑπὸ ΖΗΛ. Ἔστι δὲ καὶ ὅλη ἡ ὑπὸ ΑΒΓ ὅλη τῇ ὑπὸ ΖΗΘ ἴση, διὰ τὴν ὁμοιότητα τῶν πολυγώνων· λοιπὴ ἄρα ἡ ὑπὸ ΕΒΓ γωνία λοιπῇ τῇ ὑπὸ ΛΗΘ ἐστὶν ἴση. Καὶ ἐπεὶ διὰ τὴν ὁμοιότητα τῶν ΑΒΕ, ΖΗΛ τριγώνων, ἐστὶν ὡς ἡ ΕΒ πρὸς ΒΑ οὕτως ἡ ΛΗ πρὸς ΗΖ, ἀλλὰ μὴν καὶ διὰ τὴν ὁμοιότητα τῶν πολυγώνων, ἐστὶν ὡς ἡ ΑΒ πρὸς ΒΓ οὕτως ἡ ΖΗ πρὸς ΗΘ· δι᾽ ἴσου ἄρα ἐστὶν ὡς ἡ ΕΒ πρὸς ΒΓ οὕτως ἡ ΛΗ πρὸς ΗΘ, καὶ περὶ τὰς ἴσας γωνίας τὰς ὑπὸ ΕΒΓ, ΛΗΘ αἱ πλευραὶ ἀνάλογόν εἰσιν· ἰσογώνιον ἄρα ἐστὶ τὸ ΕΒΓ τρίγωνον τῷ ΛΗΘ τριγώνῳ, ὥςτε καὶ ὅμοιον (ἔτι τὸ ΕΒΓ τρίγωνον τῷ ΛΗΘ τριγώνῳ [1]). Διὰ τὰ αὐτὰ δὴ καὶ τὸ ΕΓΔ τρίγωνον ὅμοιόν ἐστι τῷ ΛΘΚ τριγώνῳ· τὰ ἄρα ὅμοια πολύγωνα τὰ ΑΒΓΔΕ, ΖΗΘΚΛ εἴς τε ὅμοια τρίγωνα διῄρηται καὶ εἰς ἴσα τὸ πλῆθος.

Λέγω ὅτι καὶ ὁμόλογα τοῖς ὅλοις, τουτέστιν, ὥςτε ἀνάλογον εἶναι τὰ τρίγωνα, καὶ ἡγούμενα μὲν εἶναι τὰ ΑΒΕ, ΕΒΓ, ΕΓΔ, ἑπόμενα δὲ αὐτῶν τὰ ΖΗΛ ΛΗΘ, ΛΘΚ, καὶ ὅτι τὸ ΑΒΓΔΕ πολύγωνον πρὸς τὸ ΖΗΘΚΛ πολύγωνον διπλασίονα λόγον ἔχει ἤπερ ὁμόλογος πλευρὰ πρὸς τὴν ὁμόλογον πλευράν, τουτέστιν ἡ ΑΒ πρὸς τὴν ΖΗ.

1) Verba uncis inclusa desunt in Ed. Oxon., nec multum refert, utrum ea ponas an omittas.

les, in triangulis aequiangulis $\Delta\Theta$; $\Delta K = AB.\Delta E$ (VI. 4. demonstr.) $= B\Gamma : EZ = A\Gamma : \Delta Z$, adeoque (vid. dicta ad V. Def. 10.) triangula $AB\Gamma$, ΔEZ erunt etiam in ratione duplicata altitudinum $A\Theta$, ΔK, vel perpendiculorum similem situm habentium. Pfleiderer. §§. 280. 281.

Obs. 3. Quum parallelogramma semper dupla sint trian-

angulus $AB E$ angulo $ZH\Lambda$. Est autem et totus $AB\Gamma$ toti $ZH\Theta$ aequalis, propter similitudinem polygonorum; reliquus igitur angulus $EB\Gamma$ reliquo $\Lambda H\Theta$ est aequalis. Et quoniam propter similitudinem triangulorum ABE, $ZH\Lambda$, est ut EB ad BA ita ΛH ad HZ, sed et propter similitudinem polygonorum, est ut AB ad $B\Gamma$, ita ZH ad $H\Theta$; ex aequo igitur est (V. 22.), ut EB ad $B\Gamma$ ita ΛH ad $H\Theta$, et circa aequales angulos $EB\Gamma$, $\Lambda H\Theta$ latera proportionalia sunt; aequiangulum igitur est (VI. 6.) triangulum $EB\Gamma$ triangulo $\Lambda H\Theta$, quare (VI. 4.) et simile (triangulum $EB\Gamma$ triangulo $\Lambda H\Theta$). Ex eadem ratione et triangulum $E\Gamma\Delta$ simile est triangulo $\Lambda\Theta K$; ergo similia polygona $AB\Gamma\Delta E$, $ZH\Theta K\Lambda$ in similia triangula dividuntur et in aequalia numero.

Dico et homologa totis, hoc est, ut proportionalia sint triangula, et antecedentia quidem sint ABE, $EB\Gamma$, $E\Gamma\Delta$, consequentia vero eorum $ZH\Lambda$, $\Lambda H\Theta$, $\Lambda\Theta K$, et $AB\Gamma\Delta E$ polygonum duplicatam rationem habere eius quam homologum latus ad homologum latus, hoc est, AB ad ZH.

gulorum eandem basin, eandemque altitudinem habentium (I. 41.), erunt etiam (V. 15.) similia parallelogramma in ratione laterum duplicata, vel etiam (Obs. 2.) in ratione duplicata perpendiculorum similiter positorum. Pfleiderer. §. 282. sqq.

Obs. 4. Quum porro quadrata omnia sint parallelogramma similia (I. Def. 29.; I. 28.; VI. Def. 1.) erunt duo quaecunque quadrata in ratione duplicata laterum homologorum. Unde, si super rectis homologis $B\Gamma$, EZ triangulorum similium $AB\Gamma$, ΔEZ quadrata constructa imagineris, erunt tam

Ἐπεζεύχθωσαν γὰρ αἱ ΑΓ, ΖΘ.

Καὶ ἐπεὶ διὰ τὴν ὁμοιότητα τῶν πολυγώνων ἴση ἐστὶν ἡ ὑπὸ ΑΒΓ γωνία τῇ ὑπὸ ΖΗΘ, καί ἐστιν ὡς ἡ ΑΒ πρὸς ΒΓ οὕτως ἡ ΖΗ πρὸς ΗΘ· ἰσογώνιόν ἐστι τὸ ΑΒΓ τρίγωνον τῷ ΖΗΘ τριγώνῳ· ἴση ἄρα ἐστὶν ἡ μὲν ὑπὸ ΒΑΓ γωνία τῇ ὑπὸ ΗΖΘ, ἡ δὲ ὑπὸ ΒΓΑ τῇ ὑπὸ ΗΘΖ. Καὶ ἐπεὶ ἴση ἐστὶν ἡ ὑπὸ ΒΑΜ γωνία τῇ ὑπὸ ΗΖΝ, ἐδείχθη δὲ καὶ ἡ ὑπὸ ΑΒΜ τῇ ὑπὸ ΖΗΝ ἴση· καὶ λοιπὴ ἄρα ἡ ὑπὸ ΑΜΒ λοιπῇ τῇ ὑπὸ ΖΝΗ ἴση ἐστίν· ἰσογώνιον ἄρα ἐστὶ τὸ ΑΒΜ τρίγωνον τῷ ΖΗΝ τριγώνῳ· Ὁμοίως δὴ δείξομεν ὅτι καὶ τὸ ΒΜΓ τρίγωνον ἰσογώνιόν ἐστι τῷ ΗΝΘ τριγώνῳ· ἀνάλογον ἄρα ἐστὶν, ὡς μὲν ἡ ΑΜ πρὸς ΜΒ οὕτως ἡ ΖΝ πρὸς ΝΗ, ὡς δὲ ἡ ΒΜ πρὸς ΜΓ οὕτως ἡ ΗΝ πρὸς ΝΘ· ὥστε καὶ διΐσου, ὡς ἡ ΑΜ πρὸς ΜΓ οὕτως ἡ ΖΝ πρὸς ΝΘ. Ἀλλ' ὡς μὲν ἡ ΑΜ πρὸς ΜΓ οὕτως τὸ ΑΒΜ τρίγωνον πρὸς ΜΒΓ, καὶ τὸ ΑΜΕ πρὸς ΕΜΓ, πρὸς ἄλληλα γάρ εἰσιν ὡς αἱ βάσεις· καὶ ὡς ἄρα ἓν τῶν ἡγουμένων πρὸς ἓν τῶν ἑπομένων οὕτως ἅπαντα τὰ ἡγούμενα πρὸς ἅπαντα τὰ ἑπόμενα· ὡς ἄρα τὸ ΑΜΒ τρίγωνον πρὸς τὸ ΒΜΓ οὕτως τὸ ΑΒΕ πρὸς τὸ ΓΒΕ. Ἀλλ' ὡς τὸ ΑΜΒ πρὸς τὸ ΒΜΓ οὕτως ἡ ΑΜ πρὸς ΜΓ· καὶ ὡς ἄρα ἡ ΑΜ πρὸς ΜΓ οὕτως τὸ ΑΒΕ τρίγωνον πρὸς τὸ ΕΒΓ τρίγωνον. Διὰ τὰ αὐτὰ δὴ καὶ ὡς ἡ

triangula, quam quadrata in ratione duplicata rectarum *ΒΓ*, *ΕΖ*, adeoque etiam triangula similia erunt in ratione quadratorum laterum homologorum. Pfleiderer. §. 278.

Obs. 5. Quodsi latera homologa duorum similium triangulorum (parallelogrammorum) aequalia sunt, ista triangula (parallelogramma) aequalia erunt (V. 22. Cor.) et vice versa. (Cor. Prop. m. in Excursu ad libr. V.)

Jungantur enim $A\Gamma$, $Z\Theta$.

Et quoniam propter similitudinem polygonorum aequalis est angulus $AB\Gamma$ angulo $ZH\Theta$, et est ut AB ad $B\Gamma$ ita ZH ad $H\Theta$; aequiangulum est (VI. 6.) triangulum $AB\Gamma$ triangulo $ZH\Theta$; aequalis igitur est angulus quidem $BA\Gamma$ angulo $HZ\Theta$, angulus vero $B\Gamma A$ angulo $H\Theta Z$. Et quoniam aequalis est angulus BAM angulo HZN, ostensus autem est et ABM angulo ZHN aequalis; et reliquus igitur (I. 32.) AMB reliquo ZNH aequalis est; aequiangulum igitur est triangulum ABM triangulo ZHN. Similiter ostendemus et triangulum $BM\Gamma$ aequiangulum esse triangulo $HN\Theta$; est igitur (VI. 4.) ut AM quidem ad MB ita ZN ad NH, ut vero BM ad $M\Gamma$ ita HN ad $N\Theta$; quare et ex aequo (V. 22.) ut AM ad $M\Gamma$ ita ZN ad $N\Theta$. Sed ut AM ad $M\Gamma$ ita triangulum ABM ad $MB\Gamma$, et AME ad $EM\Gamma$, inter se enim sunt ut bases (VI. 1.); et (V. 12.) ut unum antecedentium ad unum consequentium ita omnia antecedentia ad omnia consequentia. Ut igitur triangulum AMB ad $BM\Gamma$, ita ABE ad ΓBE. Sed ut AMB ad $BM\Gamma$ ita AM ad $M\Gamma$; ergo ut (V. 11.) AM ad $M\Gamma$ ita triangulum ABE ad triangulum $EB\Gamma$. Ex eadem ratione et ut ZN ad $N\Theta$ ita triangulum $ZH\Lambda$ ad triangulum $H\Lambda\Theta$. Et est ut AM ad $M\Gamma$

Obs. 6. Corollarium Prop. 19. adiectum, quod et Austin. observat, nonnisi ipsam Prop. 19. aliis verbis, substituendo nempe termino „ratio duplicata" definitionem eius, enunciat, verumtamen expeditioris in sequentibus (vid. Demonstr. VI. 22.; VI. 25.; VI. 31.) argumentationis causa diserte ea exponere e re erat. Idem observandum est de Cor. Prop. 20. VI. 2. Cf. Pfleiderer. §. 300.

ΖΝ πρὸς ΝΘ οὕτως τὸ ΖΗΛ τρίγωνον πρὸς τὸ ΗΛΘ τρίγωνον. Καί ἐστιν ὡς ἡ ΑΜ πρὸς ΜΓ οὕτως ἡ ΖΝ πρὸς ΝΘ· καὶ ὡς ἄρα τὸ ΑΒΕ τρίγωνον πρὸς τὸ ΒΕΓ τρίγωνον οὕτως τὸ ΖΗΛ τρίγωνον πρὸς τὸ ΗΘΛ τρίγωνον, καὶ ἐναλλὰξ ὡς τὸ ΑΒΕ τρίγωνον πρὸς τὸ ΖΗΛ τρίγωνον οὕτως τὸ ΒΕΓ τρίγωνον πρὸς τὸ ΗΛΘ τρίγωνον. Ὁμοίως δὴ δείξομεν, ἐπιζευχθεισῶν τῶν ΒΔ, ΗΚ, ὅτι καὶ ὡς τὸ ΒΕΓ τρίγωνον πρὸς τὸ ΗΛΘ τρίγωνον οὕτως τὸ ΕΓΔ τρίγωνον πρὸς τὸ ΛΘΚ τρίγωνον. Καὶ ἐπεί ἐστιν ὡς τὸ ΑΒΕ τρίγωνον πρὸς τὸ ΖΗΛ τρίγωνον οὕτως τὸ ΕΒΓ πρὸς τὸ ΛΗΘ, καὶ ἔτι ΕΓΔ πρὸς τὸ ΛΘΚ· καὶ ὡς ἄρα ἓν τῶν ἡγουμένων πρὸς ἓν τῶν ἑπομένων οὕτως ἅπαντα τὰ ἡγούμενα πρὸς ἅπαντα

PROPOSITIO XX.

Obs. 1. Quum polygona hac varia ratione in triangula dividi possint, distinctius dici oportebat, qua ratione id fieri debeat, ut in utroque similium polygonorum respective similia existant triangula. Nempe si in uno polygonorum a vertice anguli cuiuscunque v. gr. a vertice *E* ad vertices reliquorum angulorum omnium (exceptis duobus proximis) ducantur rectae *EB*, *EΓ* etc., pariterque in altero polygono a vertice eius anguli, qui cum angulo *E* similiter positus est, ducantur ad vertices reliquorum angulorum rectae *ΛH*, *ΛΘ* etc., tum etc. Atque, triangulis ita formatis, diagonales homologae, i. e. eae, quae vertices angulorum respective aequalium iungunt, ut ex demonstratione patet, in partes respective aequales dividunt angulos, per quos transeunt, et ipsae hae diagonales sunt lateribus figurarum homologis proportionales. Cf. Pfleiderer. Schol. §. 292.

Obs. 2. Quod demonstrationem attinet, pars secunda, quod nempe homologa sint triangula *ABE*, *ZHΛ*, pariterque *EBΓ*, *ΛHΘ* praeter rationem prolixa esse videtur, quum, de-

ita ZN ad $N\Theta$; ergo (V. 11.) ut triangulum ABE ad triangulum $BE\Gamma$, ita triangulum $ZH\Lambda$ ad triangulum $H\Theta\Lambda$, et alterne (V. 16.) ut triangulum ABE ad triangulum $ZH\Lambda$ ita triangulum BEM ad triangulum $H\Lambda\Theta$. Similiter ostendemus, iunctis $B\Delta$, HK, ut triangulum $BE\Gamma$ ad triangulum $H\Lambda\Theta$ ita triangulum $E\Gamma\Delta$ ad triangulum $\Lambda\Theta K$. Et quoniam est ut triangulum ABE ad $ZH\Lambda$ ita $EB\Gamma$ ad $\Lambda H\Theta$, et insuper $E\Gamma\Delta$ ad $\Lambda\Theta K$; erit ut (V. 12.) unum antecedentium ad unum consequentium ita omnia antecedentia ad omnia consequentia; est igitur ut triangulum ABE ad triangulum $ZH\Lambda$ ita polygonum $AB\Gamma\Delta E$ ad polygonum $ZH\Theta K\Lambda$. Sed triangulum ABE ad triangulum $ZH\Lambda$ duplicatam rationem habet eius quam

monstrata ante triangulorum similitudine, res statim ex VI. 19. et V. 11. pateat, ut in altera demonstratione ad finem addita ostenditur. Unde haud paucis potior visa fuit haec posterior demonstratio, quam multi editores solam habent (v. c. Clavius, Giordano da Bitonto, Candalla, Billingsley, Orontius Fineus, Henrion, Borellus, Barrow., Cotesius, Rob. Simson., Playfair. alii) vel alteri addunt (ut Campanus, Zambertus, Commandinus, Boermannus, alii). Pfleiderero tamen (§. 294.) prior illa, subtiliori arte, et per consequentias magis immediatas suppositi argumentans, potius genuina videtur, quam altera expeditior, at remotiori consectario utens, et demonstrationem partis tertiae imitans. Caeterum, si haec altera demonstratio eo tantum consilio adhibetur, quod inscriptio indicat, nempe ut ostendatur, homologa esse illa triangula, nihil opus erat verbis in Ed. Oxon. ad finem additis, quae in variantibus notavimus: sin autem tertia quoque propositionis pars, nempe, similia polygona esse in ratione duplicata laterum homologorum inde derivanda sint, sunt illa omnino necessaria

Obs. 3. Circa corollaria huic propositioni addita obser-

τὰ ἑπόμενα· ἔστιν ἄρα ὡς τὸ ΑΒΕ τρίγωνον πρὸς τὸ ΖΗΛ τρίγωνον οὕτως τὸ ΑΒΓΔΕ πολύγωνον πρὸς τὸ ΖΗΘΚΛ πολύγωνον. Ἀλλὰ τὸ ΑΒΕ τρίγωνον πρὸς τὸ ΖΗΛ τρίγωνον διπλασίονα λόγον ἔχει ἤπερ ἡ ΑΒ ὁμόλογος πλευρὰ πρὸς τὴν ΖΗ ὁμόλογον πλευράν· τὰ γὰρ ὅμοια τρίγωνα ἐν διπλασίονι λόγῳ ἐστὶ τῶν ὁμολόγων πλευρῶν· καὶ τὸ ΑΒΓΔΕ ἄρα πολύγωνον πρὸς τὸ ΖΗΘΚΛ πολύγωνον διπλασίονα λόγον ἔχει ἤπερ ἡ ΑΒ ὁμόλογος πλευρὰ πρὸς τὴν ΖΗ ὁμόλογον πλευράν. Τὰ ἄρα ὅμοια, καὶ τὰ ἑξῆς.

ΠΟΡΙΣΜΑ ά.

Ὡσαύτως δὴ καὶ ἐπὶ τῶν ὁμοίων τετραπλεύρων δειχθήσεται, ὅτι ἐν διπλασίονι λόγῳ ἐστὶ τῶν ὁμολόγων πλευρῶν. Ἐδείχθη δὲ καὶ ἐπὶ τῶν τριγώνων· ὥστε καὶ καθόλου τὰ ὅμοια εὐθύγραμμα σχήματα πρὸς ἄλληλα ἐν διπλασίονι λόγῳ εἰσὶ τῶν ὁμολόγων πλευρῶν.

ΠΟΡΙΣΜΑ β'.

Καὶ ἐὰν τῶν ΑΒ, ΖΗ τρίτην ἀνάλογον λάβωμεν τὴν Ξ, ἡ ΑΒ πρὸς τὴν Ξ διπλασίονα λόγον ἔχει ἤπερ ἡ ΑΒ πρὸς τὴν ΖΗ. Ἔχει δὲ καὶ τὸ πολύγωνον πρὸς τὸ πολύγωνον, καὶ τὸ τετράπλευρον πρὸς τὸ τετράπλευρον διπλασίονα λόγον ἤπερ ἡ ὁμόλογος

vat Austin., quemvis lectorem videre, vocem polygoni hic adhiberi de quavis figura rectilinea, quae plura quam tria latera habeat, unde nihil opus sit taediosis his corollariis, quae in ipsa propositione contenta sint. Verum enim vero, praeterquam quod vox πολύγωνον vel πολύπλευρον ita alio sensu sumenda foret, ac in I. Def. 23. easdem etiam rationes, quas in Obs. 6. ad VI. 19. vidimus, corollarii secundi enunciatum

latus homologum AB habet ad ZH latus homologum; similia enim triangula in duplicata ratione sunt (VI. 19.) laterum homologorum; ergo et polygonum $AB\Gamma\Delta E$ ad polygonum $ZH\Theta K\Lambda$ duplicatam rationem habet eius quam homologum latus AB ad homologum latus ZH. Ergo similia etc.

COROLLARIUM I.

Similiter et in similibus quadrilateris ostendetur, ea in duplicata ratione esse laterum homologorum. Ostensum autem est et in triangulis (VI. 19.); quare et universe similes rectilineae figurae inter se in duplicata ratione sunt laterum homologorum.

COROLLARIUM II.

Et si ipsis AB, ZH tertiam proportionalem sumamus quae sit Ξ, AB ad Ξ duplicatam rationem habet (V. 10. Def.) eius quam AB ad ZH. Habet autem et polygonum ad polygonum, et quadrilaterum ad quadrilaterum duplicatam rationem eius quam homologum

tuentur. Praeterea observat Austin. in corollario hoc secun o primum occurrere vocem εἶδος, quum alias Euclides, qui a recepta semel dicendi forma recedere non soleat, voce σχῆμα utatur, ut in I. Def. 14. ad indicandum spatium terminis circumscriptum. Nec vocem εἶδος apud Euclidem recurrere, nisi in demonstratione VI. 25., ubi hoc ipsum corollarium modo minus necessario in usum vocetur, et in Prop. VI. 27; VI.

πλευρὰ πρὸς τὴν ὁμόλογον πλευρὰν, τουτέστιν ἡ ΑΒ πρὸς τὴν ΖΗ· ἐδείχθη δὲ τοῦτο καὶ ἐπὶ τῶν τριγώνων· ὥστε καὶ καθόλου φανερὸν, ὅτι ἐὰν τρεῖς εὐθεῖαι ἀνάλογον ὦσιν, ἔσται ὡς ἡ πρώτη πρὸς τὴν τρίτην οὕτως τὸ ἀπὸ τῆς πρώτης εἶδος πρὸς τὸ ἀπὸ τῆς δευτέρας, τὸ ὅμοιον καὶ ὁμοίως ἀναγραφόμενον.

ΑΛΛΩΣ.

Δείξομεν δὴ καὶ ἑτέρως προχειρότερον ὁμόλογα τὰ τρίγωνα.

Ἐκκείσθωσαν γὰρ πάλιν τὰ ΑΒΓΔΕ, ΖΗΘΚΛ πολύγωνα, καὶ ἐπεζεύχθωσαν αἱ ΒΕ, ΕΓ, ΗΛ, ΛΘ· λέγω ὅτι ἐστὶν ὡς τὸ ΑΒΕ τρίγωνον πρὸς τὸ ΖΗΛ οὕτως τὸ ΕΒΓ πρὸς τὸ ΛΗΘ καὶ τὸ ΓΔΕ πρὸς τὸ ΘΚΛ.

Ἐπεὶ γὰρ ὅμοιόν ἐστι τὸ ΑΒΕ τρίγωνον τῷ ΖΗΛ τριγώνῳ, τὸ ΑΒΕ ἄρα τρίγωνον πρὸς τὸ ΖΗΛ διπλασίονα λόγον ἔχει ἤπερ ἡ ΒΕ πρὸς τὴν ΗΛ. Διὰ τὰ αὐτὰ δὴ καὶ τὸ ΒΕΓ τρίγωνον πρὸς τὸ ΗΛΘ τρίγωνον διπλασίονα λόγον ἔχει ἤπερ ἡ ΒΕ πρὸς τὴν ΗΛ· ἔστιν ἄρα ὡς τὸ ΑΒΕ τρίγωνον πρὸς τὸ ΖΗΛ τρίγωνον οὕτως τὸ ΕΒΓ πρὸς τὸ ΛΗΘ. Πάλιν,

28.; VI. 29; VI. 30.; VI. 31., quae hoc ipso nomine suspecta videantur. Nec omnino consequi hoc corollarium ita generaliter expressum ex propositione, in qua sermo sit tantum de figuris rectilineis aut polygonis, non de quibuscunque spatii speciebus aut figuris. — Forte tamen non sine ratione responderi possit, ad vocem *εἶδος* subintelligendam esse vocem *πολύπλευρον*, vel *πολύγωνον* ex antecedentibus facile supponendam, et id ipsum, quod corollarium non de figura quacunque ex propositione consequatur, Euclidi causae fuisse, cur generaliore voce *σχῆμα* hic uti nollet.

latus ad homologum latus, hoc est AB ad ZH; ostensum est autem hoc et in triangulis; quare et universe manifestum est, si tres rectae proportionales sint, ut prima ad tertiam ita futuram esse figuram a prima ad figuram a secunda, similem et similiter descriptam.

ALITER.

Ostendemus etiam aliter expeditius homologa esse triangula.

Exponantur enim rursus polygona $AB\Gamma\Delta E$, $ZH\Theta K\Lambda$, et iungantur BE, $E\Gamma$, $H\Lambda$, $\Lambda\Theta$; dico esse ut triangulum ABE ad $ZH\Lambda$ ita $EB\Gamma$ ad $\Lambda H\Theta$ et $\Gamma\Delta E$ ad $\Theta K\Lambda$.

Quoniam enim simile est triangulum ABE triangulo $ZH\Lambda$, triangulum ABE ad triangulum $ZH\Lambda$ duplicatam rationem habet (VI. 19.) eius quam BE ad $H\Lambda$. Ex eadem ratione et triangulum $BE\Gamma$ ad triangulum $H\Lambda\Theta$ duplicatam rationem habet eius quam BE ad $H\Lambda$; est igitur (V. 11.) ut triangulum ABE ad triangulum $ZH\Lambda$ ita $EB\Gamma$ ad $\Lambda H\Theta$. Rursus, quoniam

Obs. 4. Patet etiam, polygona similia, quorum homologa latera sunt inter se aequalia, esse quoque aequalia inter se. Nempe, quum ratio homologorum laterum sit (supp.) ratio aequalitatis, ratio duplicata laterum homologorum pariter erit ratio aequalitatis (V. 22. Cor.) i. e. ratio polygonorum similium super homologis istis lateribus descriptorum erit ratio aequalitatis, adeoque polygona aequalia. Et contra, si polygona similia fuerint aequalia, vel rationem aequalitatis habeant, ratio subduplicata eorum, h. e. ratio laterum homologorum etiam erit ratio aequalitatis (Cor. ad Prop. m. in Excursu ad

ἐπεὶ ὅμοιόν ἐστι τὸ ΕΒΓ τρίγωνον τῷ ΛΗΘ τριγώνῳ· τὸ ΕΒΓ ἄρα πρὸς τὸ ΛΗΘ διπλασίονα λόγον ἔχει ἤπερ ἡ ΓΕ εὐθεῖα πρὸς τὴν ΘΛ. Διὰ τὰ αὐτὰ δὴ καὶ τὸ ΕΓΔ τρίγωνον πρὸς τὸ ΛΘΚ τρίγωνον διπλασίονα λόγον ἔχει ἤπερ ἡ ΓΕ πρὸς τὴν ΘΛ· ἔστιν ἄρα ὡς τὸ ΕΒΓ τρίγωνον πρὸς τὸ ΛΗΘ οὕτως τὸ ΕΓΔ πρὸς τὸ ΛΘΚ. Ἐδείχθη δὲ καὶ ὡς τὸ ΕΒΓ πρὸς τὸ ΛΗΘ οὕτως τὸ ΑΒΕ πρὸς τὸ ΖΗΛ· καὶ ὡς ἄρα τὸ ΑΒΕ πρὸς τὸ ΖΗΛ οὕτως τὸ ΒΕΓ πρὸς τὸ ΗΛΘ καὶ τὸ ΕΓΔ πρὸς τὸ ΛΘΚ [1]). Ὅπερ ἔδει δεῖξαι.

ΠΡΟΤΑΣΙΣ κά.

Τὰ τῷ αὐτῷ εὐθυγράμμῳ ὅμοια, καὶ ἀλλήλοις ἐστὶν ὅμοια.

Ἔστω γὰρ ἑκάτερον τῶν Α, Β εὐθυγράμμων τῷ Γ ὅμοιον· λέγω ὅτι καὶ τὸ Α τῷ Β ἐστὶν ὅμοιον.

Ἐπεὶ γὰρ ὅμοιόν ἐστι τὸ Α τῷ Γ, ἰσογώνιόν τέ ἐστιν αὐτῷ, καὶ τὰς περὶ τὰς ἴσας γωνίας πλευρὰς ἀνάλογον ἔχει. Πάλιν, ἐπεὶ ὅμοιόν ἐστι τὸ Β τῷ Γ, ἰσογώνιόν τέ ἐστιν αὐτῷ, καὶ τὰς περὶ τὰς ἴσας γωνίας πλευρὰς ἀνάλογον ἔχει· ἑκάτερον ἄρα τῶν Α, Β τῷ Γ ἰσογώνιόν τέ ἐστι καὶ τὰς περὶ τὰς ἴσας γωνίας πλευρὰς ἀνάλογον ἔχει, ὥστε καὶ τὸ Α τῷ Β ἰσογώνιόν τέ ἐστι καὶ τὰς περὶ τὰς ἴσας γωνίας πλευρὰς

1) Edd. Basil. et Oxon. addunt: καὶ ὡς ἄρα (V. 12.) ἓν τῶν ἡγουμένων πρὸς ἓν τῶν ἑπομένων, οὕτως ἅπαντα τὰ ἡγούμενα πρὸς ἅπαντα τὰ ἑπόμενα, καὶ τὰ λοιπὰ ὡς ἐν τῇ προτέρᾳ δείξει. De hac lectione vide infra, quae ad hanc Propos. observavimus.

Libr. V.) i. e. latera homologa erunt aequalia. (Quod posterius est Lemma ad VI. 22.) Cf. Obs. 5. ad VI. 19. Borellus

simile est triangulum $EB\Gamma$ triangulo $\varDelta H\Theta$; $EB\Gamma$ igitur (VI. 19.) ad $\varDelta H\Theta$ duplicatam rationem habet eius quam ΓE recta ad $\Theta\varDelta$. Ex eadem ratione et triangulum $E\Gamma\varDelta$ ad triangulum $\varDelta\Theta K$ duplicatam rationem habet eius quam ΓE ad $\Theta\varDelta$; est igitur (V. 11.) ut triangulum $EB\Gamma$ ad $\varDelta H\Theta$ ita $E\Gamma\varDelta$ ad $\varDelta\Theta K$. Ostensum est autem et ut $EB\Gamma$ ad $\varDelta H\Theta$ ita ABE ad $ZH\varDelta$; ergo ut ABE ad $ZH\varDelta$ ita $BE\Gamma$ ad $H\varDelta\Theta$ et $E\Gamma\varDelta$ ad $\varDelta\Theta K$. Quod oportebat ostendere.

PROPOSITIO XXI. (Fig. 379.)

Quae eidem rectilineo sunt similia, et inter se sunt similia.

Sit enim utrumque rectilineorum A, B ipsi Γ simile; dico et A ipsi B esse simile.

Quoniam enim est simile rectilineum A ipsi Γ, et aequiangulum est ipsi (VI. 1. Def.), et circa aequales angulos latera proportionalia habet. Rursus, quoniam simile est rectilineum B ipsi Γ, et aequiangulum est ipsi (VI. 1. Def.), et circa aequales angulos latera proportionalia habet; utrumque igitur ipsorum A, B ipsi Γ aequiangulum est et circa aequales angulos latera proportionalia habet, quare et rectilineum A ipsi B

Cor. 2. ad Prop. IV. 17. Pfleiderer. l. c. §. 299. Pariter, si polygonorum similium areae fuerint aequales, triangula quoque, quae diagonales homologae abscindunt, et similia et aequalia erunt. Cf. Pfleiderer. §. 298.

Obs. 5. Ut duo rectilinea M, N (triangulis quoque sub hac denominatione comprehensis) similia eam habeant rationem, quam latus aliquod A prioris habet ad rectam datam Γ,

αναλογον ἔχει [1]). Ὅμοιον ἄρα ἐστὶ τὸ Α τῷ Β. Ὅπερ ἔδει δεῖξαι.

ΠΡΟΤΑΣΙΣ κβ.

Ἐὰν τέσσαρες εὐθεῖαι ἀνάλογον ὦσι, καὶ τὰ ἀπ' αὐτῶν εὐθύγραμμα, ὅμοιά τε καὶ ὁμοίως ἀναγεγραμμένα, ἀνάλογον ἔσται· κἂν τὰ ἀπ' αὐτῶν εὐθύγραμμα ὅμοιά τε καὶ ὁμοίως ἀναγεγραμμένα ἀνάλογον ᾖ, καὶ αὗται αἱ εὐθεῖαι ἀνάλογον ἔσονται.

Ἔστωσαν τέσσαρες εὐθεῖαι ἀνάλογον αἱ ΑΒ, ΓΔ, ΕΖ, ΗΘ, ὡς ἡ ΑΒ πρὸς τὴν ΓΔ οὕτως ἡ ΕΖ πρὸς τὴν ΗΘ, καὶ ἀναγεγράφθωσαν ἀπὸ μὲν τῶν ΑΒ, ΓΔ ὅμοιά τε καὶ ὁμοίως κείμενα εὐθύγραμμα τὰ ΚΑΒ, ΛΓΔ, ἀπὸ δὲ τῶν ΕΖ, ΗΘ ὅμοιά τε καὶ ὁμοίως κείμενα εὐθύγραμμα τὰ ΜΖ, ΝΘ· λέγω ὅτι ἐστὶν ὡς τὸ ΚΑΒ πρὸς τὸ ΛΓΔ οὕτως τὸ ΜΖ πρὸς τὸ ΝΘ·

Εἰλήφθω γὰρ τῶν μὲν ΑΒ, ΓΔ τρίτη ἀνάλογον ἡ Ξ, τῶν δὲ ΕΖ, ΗΘ τρίτη ἀνάλογον ἡ Ο. Καὶ ἐπεί ἐστιν ὡς μὲν ἡ ΑΒ πρὸς τὴν ΓΔ οὕτως ἡ ΕΖ πρὸς τὴν ΗΘ, ὡς δὲ ΓΔ πρὸς τὴν Ξ οὕτως ἡ ΗΘ πρὸς τὴν Ο· διΐσου ἄρα ἐστὶν ὡς ἡ ΑΒ πρὸς τὴν Ξ οὕτως ἡ ΕΖ πρὸς τὴν Ο. Ἀλλ' ὡς μὲν ἡ ΑΒ πρὸς τὴν Ξ οὕτως τὸ ΚΑΒ πρὸς τὸ ΛΓΔ, ὡς δὲ ἡ ΕΖ πρὸς τὴν Ο οὕτως τὸ ΜΖ πρὸς τὸ ΝΘ· καὶ ὡς ἄρα τὸ ΚΑΒ πρὸς τὸ ΛΓΔ οὕτως τὸ ΜΖ πρὸς τὸ ΝΘ.

1) Verba haec ab ὥστε inde ad absolvendam demonstrationem, prorsus necessaria, quae ex Cod. a. sine dubio tantum ex oscitantia librarii exciderant, omittit Peyrardus. Nos morem Euclidi solemnem secuti ea restituimus, ut sunt in Edd. Basil. et Oxon.

posterioris latus homologum debet esse media proportionalis

est aequiangulum (I. Ax. 1.) et latera circum aequales angulos habet proportionalia (V. 11.). Simile igitur est A ipsi B (VI. Def. 1.). Quod oportebat ostendere.

PROPOSITIO XXII. (Fig. 380.)

Si quatuor rectae proportionales sint, et quae ab ipsis fiunt rectilinea, similia et similiter descripta, proportionalia erunt; et si, quae ab ipsis fiunt rectilinea similia et similiter descripta proportionalia sint, et ipsae rectae proportionales erunt.

Sint quatuor rectae proportionales AB, $\Gamma\Delta$, EZ, $H\Theta$, ut AB ad $\Gamma\Delta$ ita EZ ad $H\Theta$, et describantur ab ipsis quidem AB, $\Gamma\Delta$ similia et similiter posita rectilinea KAB, $\Lambda\Gamma\Delta$, ab ipsis vero EZ, $H\Theta$ similia et similiter posita rectilinea MZ, $N\Theta$; dico esse ut KAB ad $\Lambda\Gamma\Delta$ ita MZ ad $N\Theta$.

Sumatur enim (VI. 11.) ipsis quidem AB, $\Gamma\Delta$ tertia proportionalis Ξ, ipsis vero EZ, $H\Theta$ tertia proportionalis O. Et quoniam est ut AB quidem ad $\Gamma\Delta$ ita EZ ad $H\Theta$, ut $\Gamma\Delta$ vero ad Ξ ita (V. 11.) $M\Theta$ ad O; ex aequo igitur est (V. 22.) ut AB ad Ξ ita EZ ad O. Sed (VI. 20. Cor. 2.) ut AB quidem ad Ξ ita KAB ad $\Lambda\Gamma\Delta$, ut EZ vero ad O ita MZ ad $N\Theta$; ut igitur (V. 11.) KAB ad $\Lambda\Gamma\Delta$ ita MZ ad $N\Theta$.

inter latus illud A, et rectam datam Γ. Sit enim illa media proportionalis B, ita ut $A:B=B:\Gamma$, dico, latus illud homologum posterioris figurae esse $=B$. Quodsi enim non fuerit $=B$, sit illud alia recta quaecunque Δ diversa a B, sitque $A:\Delta=\Delta:E$, eritque $M:N=A:E$. At, quum ratio $A:\Delta$ diversa sit a ratione $A:B$, diversa quoque erit ratio $A:E$

Ἀλλὰ δὴ ἔστω ὡς τὸ ΚΑΒ πρὸς τὸ ΛΓΔ οὕτως τὸ ΜΖ πρὸς τὸ ΝΘ· λέγω ὅτι ἐστὶ καὶ ὡς ἡ ΑΒ πρὸς τὴν ΓΔ οὕτως ἡ ΕΖ πρὸς τὴν ΗΘ.

Γεγονέτω γὰρ[1]) ὡς ἡ ΑΒ πρὸς τὴν ΓΔ οὕτως ἡ ΕΖ πρὸς τὴν ΠΡ, καὶ ἀναγεγράφθω ἀπὸ τῆς ΠΡ ὁποτέρῳ τῶν ΜΖ, ΝΘ ὅμοιόν τε καὶ ὁμοίως κείμενον εὐθύγραμμον τὸ ΣΡ.

Ἐπεὶ οὖν ἐστιν ὡς ἡ ΑΒ πρὸς τὴν ΓΔ οὕτως ἡ ΕΖ πρὸς τὴν ΠΡ, καὶ ἀναγέγραπται ἀπὸ μὲν τῶν ΑΒ, ΓΔ ὅμοιά τε καὶ ὁμοίως κείμενα τὰ ΚΑΒ, ΛΓΔ, ἀπὸ δὲ τῶν ΕΖ, ΠΡ ὅμοιά τε καὶ ὁμοίως κείμενα τὰ ΜΖ, ΣΡ· ἔστιν ἄρα ὡς τὸ ΚΑΒ πρὸς τὸ ΛΓΔ οὕτως τὸ ΜΖ πρὸς τὸ ΣΡ. Ὑπόκειται δὲ καὶ ὡς τὸ ΚΑΒ πρὸς τὸ ΛΓΔ οὕτως τὸ ΜΖ πρὸς τὸ ΝΘ· (καὶ ὡς ἄρα τὸ ΜΖ πρὸς τὸ ΣΡ οὕτως το ΜΖ πρὸς τὸ ΝΘ[2]) τὸ ΜΖ ἄρα πρὸς ἑκατέρον τῶν ΝΘ, ΣΡ τὸν αὐτὸν ἔχει λόγον· ἴσον ἄρα ἐστὶ τὸ ΝΘ τῷ ΣΡ. Ἔστι δὲ αὐτῷ ὅμοιον καὶ ὁμοίως κείμενον· ἴση ἄρα ἡ ΗΘ τῇ ΠΡ. Καὶ ἐπεί ἐστιν ὡς ἡ ΑΒ πρὸς τὴν ΓΔ οὕτως ἡ ΕΖ πρὸς τὴν ΠΡ, ἴση δὲ ἡ ΠΡ τῇ ΗΘ· ἔστιν ἄρα ὡς ἡ ΑΒ πρὸς τὴν ΓΔ οὕτως ἡ ΕΖ πρὸς τὴν ΗΘ. Ἐὰν ἄρα τέσσαρες, καὶ τὰ ἑξῆς.

1) Loco verborum *γεγονέτω γὰρ* Peyrardus ex Cod. a habet: *εἰ γὰρ μή ἐστιν ὡς ἡ ΑΒ πρὸς τὴν ΓΔ, οὕτως ΕΖ πρὸς τὴν ΗΘ. ἔστω κ. τ. λ.* At, quum ita indirecta demonstratio sequi debere videatur, Euclides autem directam habeat, praeferenda omnino videtur lectio Edd. Oxon. et Basil.

2) Voces uncis inclusas omittit Ed. Oxon. et possunt illae omnino abesse.

a ratione $A:\Gamma$ (Cor. ad Prop. m in Excursu ad Libr. V.). At utraque ratio $A:\Gamma$ (suppos.) et $A:E$ (demonstr.) aequalis est rationi $M:N$: itaque (V. 11.) etiam ratio $A:\Gamma$ eadem est

Sed sit ut KAB ad $\Lambda\Gamma\Delta$ ita MZ ad $N\Theta$; dico esse et ut AB ad $\Gamma\Delta$ ita EZ ad $H\Theta$.

Fiat enim (VI. 12.), ut AB ad $\Gamma\Delta$ ita EZ ad ΠP, et describatur (VI. 18.) a ΠP alterutri ipsorum MZ, $N\Theta$ simile et similiter positum rectilineum ΣP.

Et quoniam est ut AB ad $\Gamma\Delta$ ita EZ ad ΠP, et descripta sunt ab ipsis quidem AB, $\Gamma\Delta$, similia et similiter posita KAB, $\Lambda\Gamma\Delta$, ab ipsis vero EZ, ΠP, similia et similiter posita $M\Sigma$, ΣP; est igitur (per part. prior. hui.) ut KAB ad $\Lambda\Gamma\Delta$ ita MZ ad ΣP. Ponitur autem et ut KAB ad $\Lambda\Gamma\Delta$ ita MZ ad $N\Theta$; et ut igitur (V. 11.) MZ ad ΣP ita MZ ad $N\Theta$; ergo MZ (V. 11.) ad utrumque ipsorum $N\Theta$, ΣP eandem habet rationem; aequale igitur est (V. 9.) $N\Theta$ ipsi ΣP. Est autem ipsi simile et similiter positum; aequalis igitur (sequens Lemma) $H\Theta$ ipsi ΠP. Et quoniam est ut AB ad $\Gamma\Delta$ ita EZ ad ΠP, aequalis autem ΠP ipsi $H\Theta$; est igitur (V. 7.) ut AB ad $\Gamma\Delta$ ita EZ ad $H\Theta$. Si igitur quatuor etc.

rationi $\Delta : E$, quod est absurdum. Latus igitur homologum posterioris figurae erit $= B$. Cf. Pfleiderer. §. 301.

Obs. 6. Hinc facile solvetur problema describendae figurae rectilineae similis datae figurae M, et quae ad hanc figuram M eandem rationem habeat, quam recta data Σ ad rectam datam Π. Sumatur nempe latus quodcunque A figurae M, et fiat $\Pi : \Sigma = A : \Gamma$ (VI. 12.). Inveniatur deinde rectis A, Γ media proportionalis B (VI. 11.), ut itaque sit $A : B = B : \Gamma$, et super recta B describatur (VI. 18.) figura similis et simi-

ΛΗΜΜΑ.

Ὅτι δὲ, ἐὰν εὐθύγραμμα ἴσα ᾖ καὶ ὅμοια, αἱ ὁμόλογοι αὐτῶν πλευραὶ ἴσαι ἀλλήλαις εἰσὶ, δείξομεν οὕτως.

Ἔστω ἴσα καὶ ὅμοια εὐθύγραμμα τὰ ΝΘ, ΣΡ, καὶ ἔστω ὡς ἡ ΘΗ πρὸς τὴν ΗΝ οὕτως ἡ ΡΠ πρὸς τὴν ΠΣ· λέγω ὅτι ἴση ἐστὶν ἡ ΡΠ τῇ ΘΗ·

Εἰ γὰρ ἄνισοί εἰσι, μία αὐτῶν μείζων ἐστίν. Ἔστω μείζων ἡ ΡΠ τῆς ΘΗ. Καὶ ἐπεί ἐστιν ὡς ἡ ΡΠ πρὸς τὴν ΠΣ οὕτως ἡ ΘΗ πρὸς τὴν ΗΝ, καὶ ἐναλλὰξ ὡς ἡ ΡΠ πρὸς τὴν ΘΗ οὕτως ἡ ΠΣ πρὸς τὴν ΗΝ. Μείζων δὲ ἡ ΠΡ τῆς ΘΗ· μείζων ἄρα καὶ ἡ ΠΣ τῆς ΗΝ· ὥςτε καὶ τὸ ΡΣ μεῖζόν ἐστι τοῦ ΘΝ· ἀλλὰ καὶ ἴσον, ὅπερ ἀδύνατον· οὐκ ἄρα ἄνισός ἐστιν ἡ ΠΡ τῆς ΗΘ, ἴση ἄρα. Ὅπερ ἔδει δεῖξαι.

ΠΡΟΤΑΣΙΣ κγ'.

Τὰ ἰσογώνια παραλληλόγραμμα πρὸς ἄλληλα λόγον ἔχει τὸν συγκείμενον ἐκ τῶν τῶν πλευρῶν 1).

1) Omnes quidem editiones legunt saltim: ἐκ τῶν πλευρῶν, nec Peyrardus aliam ex Codd. Mss. lectionem notavit. Quum tamen, ut recte monet Rob. Simson. in Not. ad VI. 23. p. 376. vulgaris lectio sit absurda, non dubitavimus illi aliam veriorem substituere.

liter posita figurae M, ita ut latera B, A, sint latera homologa, erit figura descripta, quam N vocabimus ea, quae describi iussa erat. Est enim $M:N = A:\Gamma = \Pi:\Sigma$, vel $N:M = \Sigma:\Pi$. Cf. Pfleiderer. §. 302. Nominatim eodem modo solvetur problema, triangulum datum per rectas designato eius lateri parallelas dividendi in partes quotcunque aequales, vel etiam quae rationes invicem habeant aequales rationibus rectarum datarum. Cf. Pfleiderer. §. 303.

Obs. 7. Quum nominatim etiam quadrata super homo-

LEMMA.

Si autem rectilinea aequalia sint et similia, homologa ipsorum latera aequalia inter se esse, sic ostendemus.

Sint aequalia et similia rectilinea $N\Theta$, ΣP, et sit ut ΘH ad HN ita $P\Pi$ ad $\Pi\Sigma$; dico aequalem esse $P\Pi$ ipsi ΘH.

Si enim inaequales sint, una ipsarum maior est. Sit maior $P\Pi$ ipsa ΘH. Et quoniam est ut $P\Pi$ ad $\Pi\Sigma$ ita ΘH ad HN, et alterne (V. 16.) ut $P\Pi$ ad ΘH ita $\Pi\Sigma$ ad HN. Maior autem ΠP ipsa ΘH; maior igitur (Prop. A. libri V.) et $\Pi\Sigma$ ipsa HN; quare et (VI. 20.) $P\Sigma$ maius est ipso ΘN; sed et aequale, quod fieri nequit; non igitur inaequalis est ΠP ipsi $H\Theta$, aequalis igitur. Quod oportebat ostendere.

PROPOSITIO XXIII. (Fig. 381.)

Aequiangula parallelogramma inter se rationem habent compositam ex rationibus laterum.

logis lateribus figurarum similium descripta sint in ratione duplicata horum laterum patet, polygona similia quaecunque (triangulis quoque et quadrilateris similibus sub hac denominatione comprehensis Obs. 4. ad VI. 19.) esse in ratione quadratorum laterum homologorum.

PROPOSITIO XXI.

Obs. Potest haec propositio deduci ut corollarium Prop. VI. 18. Ita est apud Borellum in Cor. ad Prop. 16. Libr IV.

PROPOSITIO XXII.

Obs. 1. Propositio haec derivari facile potest ex VI. 20. et ex Cor. V. 22. et Cor. Prop. m in Excursu ad Lib. V.

Ἔστω ἰσογώνια παραλληλόγραμμα τὰ ΑΓ, ΓΖ, ἴσην ἔχοντα τὴν ὑπὸ ΒΓΔ γωνίαν τῇ ὑπὸ ΕΓΗ· λέγω ὅτι τὸ ΑΓ παραλληλόγραμμον πρὸς τὸ ΓΖ παραλληλόγραμμον λόγον ἔχει τὸν συγκείμενον ἐκ τῶν τῶν πλευρῶν 1), τοῦ τε ὃν ἔχει ἡ ΒΓ πρὸς τὴν ΓΗ καὶ τοῦ ὃν ἔχει ἡ ΔΓ πρὸς τὴν ΓΕ.

Κείσθω γὰρ ὥςτε ἐπ' εὐθείας εἶναι τὴν ΒΓ τῇ ΓΗ· ἐπ' εὐθείας ἄρα ἐστὶ καὶ ἡ ΔΓ τῇ ΓΕ· καὶ συμπεπληρώσθω τὸ ΔΗ παραλληλόγραμμον, καὶ ἐκκείσθω τις εὐθεῖα ἡ Κ, καὶ γεγονέτω ὡς μὲν ἡ ΒΓ πρὸς τὴν ΓΗ οὕτως ἡ Κ πρὸς τὴν Λ, ὡς δὲ ἡ ΔΓ πρὸς τὴν ΓΕ οὕτως ἡ Λ πρὸς τὴν Μ.

Οἱ ἄρα λόγοι τῆς τε Κ πρὸς τὴν Λ καὶ τῆς Λ πρὸς τὴν Μ οἱ αὐτοί εἰσι τοῖς λόγοις τῶν πλευρῶν, τῆς τε ΒΓ πρὸς τὴν ΓΗ καὶ τῆς ΔΓ πρὸς τὴν ΓΕ.

1) Hic quoque ex eadem ratione ac in ipsa propositione ex ingenio adiecimus vocem τῶν.

Lemma subsequens deductum est supra in Obs. 4. ad VI. 20. Aliter ac in textu graeco Boermannus, et accuratius, omissa etiam permutatione superflua, hoc lemma ita demonstrat. Si rectilinea $N\Theta$, ΣP sint similia et aequalia, latera quoque homologa $H\Theta$, ΠP aequalia erunt. Si enim non sint aequalia, alterutrum velut ΠP maius erit, unde, quum sit (VI. Def. 1.) $\Pi P : \Pi\Sigma = H\Theta : HN$, erit quoque $\Pi\Sigma > HN$ (V. 14.) adeoque triangulum $\Sigma\Pi P$ ipsi $NH\Theta$ impositum non congruet, sed maius erit (Cor. ad I. 14.). Est autem rectilin. ΣP : rectilin. $N\Theta =$ triang. $\Sigma\Pi P$: triang. $NH\Theta$ (VI. 20.) Itaque rectilin. $\Sigma P >$ rectilin. $N\Theta$ (Prop. A. libr. V.) contra hypothesin, ergo $\Pi P = H\Theta$.

Obs. 2. Prop. 22. etiam valet de quatuor figuris rectilineis, non binis solum, sed omnibus similibus. Speciatim quatuor rectarum quadrata sunt proportionalia et vicissim.

Sint aequiangula parallelogramma $A\Gamma$, ΓZ, aequalem habentia angulum $B\Gamma\Delta$ angulo $E\Gamma H$; dico parallelogrammum $A\Gamma$ ad parallelogrammum ΓZ rationem habere compositam ex rationibus laterum, nempe ex ea, quam habet $B\Gamma$ ad ΓH et ex ea quam habet $\Delta\Gamma$ ad ΓE.

Ponantur enim ita ut in directum sit $B\Gamma$ ipsi ΓH; in directum igitur est et $\Delta\Gamma$ ipsi ΓE (I. 14.); et compleatur parallelogrammum ΔH, et exponatur quaedam recta K, et fiat (VI. 12.) ut $B\Gamma$ ad ΓH ita K ad Λ, ut $\Delta\Gamma$ vero ad ΓE ita Λ ad M.

Rationes igitur ipsius K ad Λ et ipsius Λ ad M eaedem sunt quae rationes laterum, videlicet lateris $B\Gamma$ ad ΓH et ipsius $\Delta\Gamma$ ad ΓE. Sed ipsius K ad

PROPOSITIO XXIII.

Obs. 1. Sensus huius propositionis, ut ex demonstratione eius patet (collat. Excursu ad hunc librum §. 8.), hic est: cognitis laterum circa aequales parallelogrammorum aequiangulorum angulos rationibus mutuis, colligi ex iis posse rationem, quam areae parallelogrammorum invicem habeant. Vel rationem mutuam parallelogrammorum aequiangulorum pendere ab rationibus laterum ipsorum circa aequales angulos, et modum, quo illa ex his eliciatur, propositio haec docet. Demonstrationis enim momentum eo redit, ut, si vel ipsa parallelogrammorum circa aequales angulos latera, proinde et eorum rationes dentur, rectae, quarum rationes eaedem sint rationibus laterum binorum parallelogrammorum, ostendatur, duas quoque exhiberi posse rectas, quarum ratio mutua eadem sit rationi parallelogrammorum. Cf. Pfleiderer. l. c. P. IV. §. 195. Pfleiderer. simul observat, cum propositio haec, pariter ac VI. 14. nonnisi iterata propositionis VI. 1. applicatione nitatur, et argumenti 14. coepti continuatio ac supplementum sit; transpo-

Ἀλλ' ὁ τῆς K πρὸς τὴν M λόγος σύγκειται ἔκ τε τοῦ τῆς K πρὸς τὴν Λ λόγου καὶ τοῦ τῆς Λ πρὸς τὴν M· ὥςτε καὶ ἡ K πρὸς τὴν M λόγον ἔχει τῶν συγκείμενον ἐκ τῶν τῶν πλευρῶν [1]. Καὶ ἐπεί ἐστιν ὡς ἡ $B\Gamma$ πρὸς τὴν ΓH οὕτως τὸ $\Delta\Gamma$ παραλληλόγραμμον πρὸς τὸ $\Gamma\Theta$· ἀλλ' ὡς ἡ $B\Gamma$ πρὸς τὴν ΓH οὕτως ἡ K πρὸς τὴν Λ· καὶ ὡς ἄρα ἡ K πρὸς τὴν Λ οὕτως τὸ $\Delta\Gamma$ πρὸς τὸ $\Gamma\Theta$. Πάλιν, ἐπεί ἐστιν ὡς ἡ $\Delta\Gamma$ πρὸς τὴν ΓE οὕτως τὸ $\Gamma\Theta$ παραλληλόγραμμον πρὸς τὸ ΓZ· ἀλλ' ὡς ἡ $\Delta\Gamma$ πρὸς τὴν ΓE οὕτως ἡ Λ πρὸς τὴν M· καὶ ὡς ἄρα ἡ Λ πρὸς τὴν M οὕτως τὸ $\Gamma\Theta$ παραλληλόγραμμον πρὸς τὸ ΓZ παραλληλόγραμμον. Ἐπεὶ οὖν ἐδείχθη, ὡς μὲν ἡ K πρὸς τὴν Λ οὕτως τὸ $\Delta\Gamma$ παραλληλόγραμμον πρὸς τὸ $\Gamma\Theta$ παραλληλόγραμμον, ὡς δὲ ἡ Λ πρὸς τὴν M οὕτως τὸ $\Gamma\Theta$ παραλληλόγραμμον πρὸς τὸ ΓZ παραλληλόγραμμον· διΐσου ἄρα ἐστὶν ὡς ἡ K πρὸς τὴν M οὕτως τὸ $\Delta\Gamma$

1) Hic quoque et pariter ad finem demonstrationis vocem τῶν altera vice positam ex coniectura adiecimus.

sitione haud apta propositiones inter ad figuras similes pertinentes, nec ullo modo cum ipsa connexas, insertam fuisse videri. Caeterum $\Delta\Gamma$ et ΓE in directum fore, si $B\Gamma$, ΓH in directum ponantur, simili ratione ostendi potest ac in Obs. 2. ad VI. 14.

Obs. 2. Rationem, quae ex duabus datis rationibus per lineas rectas expressis componitur, dari, h. e. (Eucl. Dat. Def. 2.) ipsi aequalem lineis rectis exhiberi posse, efficit demonstratio Prop. VI. 23. idemque similiter ad plures, quam duas rationes sic datas, ex iisque compositas extenditur. Cf. Pfleiderer. §. 212.

Obs. 3. Eaedem consequentiae, quae in demonstratione inde deducuntur, quod rationes $B\Gamma : \Gamma H$, et $\Delta\Gamma : \Gamma E$ dari sup-

M ratio componitur ex ratione ipsius *K* ad *Λ* et ex ratione ipsius *Λ* ad *M* (Def. rationis compos.); quare et *K* ad *M* rationem habet compositam ex rationibus laterum. Et quoniam est (VI. 1.) ut *ΒΓ* ad *ΓΗ* ita *ΑΓ* parallelogrammum ad *ΓΘ*; sed ut *ΒΓ* ad *ΓΗ* ita *K* ad *Λ*; erit igitur (V. 11.) *K* ad *Λ* ita *ΑΓ* ad *ΓΘ*. Rursus, quoniam est (VI. 1.) ut *ΔΓ* ad *ΓΕ* ita *ΓΘ* parallelogrammum ad *ΓΖ*; sed, ut *ΔΓ* ad *ΓΕ* ita *Λ* ad *M*; erit ut igitur (V. 11.) *Λ* ad *M* ita parallelogrammum *ΓΘ* ad parallelogrammum *ΓΖ*. Quoniam igitur ostensum est, ut *K* quidem ad *Λ* ita parallelogrammum *ΑΓ* ad parallelogrammum *ΓΘ*, ut *Λ* vero ad *M* ita parallelogrammum *ΓΘ* ad parallelogrammum *ΓΖ*; ex aequo igitur est (V. 22.), ut *K* ad *M* ita parallelogrammum *ΑΓ* ad parallelogrammum *ΓΖ*. At vero *K* ad *M* rationem habet compositam ex rationibus laterum; et *ΑΓ* igitur ad *ΓΖ* rationem habet

ponuntur, nectuntur, si rationes solum posteriores (Prop. B. in Excursu ad Libr. V.) invertantur, et rationes $B\Gamma : \Gamma H$, et $\Gamma E : \Delta\Gamma$ dari ponantur. Tum nempe ob parallelogr.

$$\left.\begin{array}{l} A\Gamma : \Gamma\Theta = B\Gamma : \Gamma H \\ Z\Gamma : \Gamma\Theta = \Gamma E : \Delta\Gamma \end{array}\right\} \text{(VI. 1.)}$$

simili ratione consequitur, dari rationem mutuam parallelogrammorum *ΑΓ*, *ΖΓ*, si utriusque ratio ad idem parallelogrammum *ΓΘ* detur. Cf. Pfleiderer. §. 213.

Obs. 4. Hac ipsa methodo Euclides praemissis propositionibus (Dat. 1. 2.): duarum magnitudinum homogenearum datarum dari rationem mutuam; et vicissim dari magnitudinem, cuius ad datam magnitudinem ratio detur (si nempe, quod Rob. Simson. addit, duabus magnitudinibus, quibus haec ratio exprimitur, et magnitudini datae quartae proportionalis possit inveniri), generatim ostendit, duas magnitudines, quarum rationes ad eandem tertiam dentur, pariter mutuo habere

παραλληλόγραμμον πρὸς τὸ ΓΖ παραλληλόγραμμον. Ἡ δὲ Κ πρὸς τὴν Μ λόγον ἔχει τὸν συγκείμενον ἐκ τῶν τῶν πλευρῶν· καὶ τὸ ΑΓ ἄρα πρὸς τὸ ΓΖ λόγον ἔχει τὸν συγκείμενον ἐκ τῶν τῶν πλευρῶν. Τὰ ἄρα ἰσογώνια, καὶ τὰ ἑξῆς.

ΠΡΟΤΑΣΙΣ κδ'.

Παντὸς παραλληλογράμμου τὰ περὶ τὴν διάμετρον παραλληλόγραμμα ὅμοιά ἐστι τῷ τε ὅλῳ καὶ ἀλλήλοις.

Ἔστω παραλληλόγραμμον τὸ ΑΒΓΔ, διάμετρος δὲ αὐτοῦ ἡ ΑΓ, περὶ δὲ τὴν ΑΓ παραλληλόγραμμα ἔστω τὰ ΕΗ, ΘΚ· λέγω ὅτι ἑκάτερον τῶν ΕΗ, ΘΚ παραλληλογράμμων ὅμοιόν ἐστιν ὅλῳ τῷ ΑΒΓΔ καὶ ἀλλήλοις.

Ἐπεὶ γὰρ τριγώνου τοῦ ΑΒΓ παρὰ μίαν τῶν πλευρῶν τὴν ΒΓ ἦκται ἡ ΕΖ, ἀνάλογόν ἐστιν ὡς ἡ ΒΕ πρὸς τὴν ΕΑ οὕτως ἡ ΓΖ πρὸς τὴν ΖΑ. Πάλιν, ἐπεὶ τριγώνου τοῦ ΑΓΔ παρὰ μίαν τῶν πλευρῶν τὴν ΓΔ ἦκται ἡ ΖΗ, ἀνάλογον ἄρα ἐστὶν ὡς ἡ ΓΖ πρὸς τὴν ΖΑ οὕτως ἡ ΔΗ πρὸς τὴν ΗΑ.

datam rationem in Dat. Prop. 8. (apud Rob. Simson. et Schwab. Prop. 9.). Cf. Pfleiderer. §. 214. Quo nixus principio Euclides deinde suam datorum tractationem absque rationum compositione instruit; nominatim Prop. 70. partem priorem (apud Rob. Simson. et Schwab. Prop. 67.) Elementorum VI. 23. respondentem demonstrat. Cf. Pfleiderer. §. 215.

Obs. 5. Quatenus ab modo, rationem ex laterum *ΒΓ* et *ΓΗ*, *ΔΓ* ac *ΓΕ* rationibus compositam, lineis rectis datis exhibendi abstrahitur; demonstratio VI. 23. praeeunte Candalla, eo redigi potest, ut observetur: rationem parallelogrammorum *ΑΓ*, *ΓΖ* componi ex rationibus parallelogrammi *ΑΓ* ad *ΓΘ*, et

compositam ex rationibus laterum. Ergo aequiangula, etc.

PROPOSITIO XXIV. (Fig. 383.)

Omnis parallelogrammi, quae circa diametrum sunt parallelogramma similia sunt et toti inter se.

Sit parallelogrammum $AB\Gamma\Delta$, diameter autem eius recta $A\Gamma$, circa $A\Gamma$ autem parallelogramma sint EH, ΘK; dico utrumque parallelogrammorum EH, ΘK simile esse toti $AB\Gamma\Delta$ et inter se.

Quoniam enim uni laterum trianguli $AB\Gamma$ videlicet ipsi $B\Gamma$ parallela ducta est EZ, erit (VI. 2.) ut BE ad EA ita ΓZ ad ZA. Rursus, quoniam uni lateri trianguli $A\Gamma\Delta$ nempe ipsi $\Gamma\Delta$ parallela ducta est ZH, erit (VI. 2.) ut ΓZ ad ZA ita ΔH ad HA. Sed ut ΓZ ad ZA ita ostensa est et BE ad EA;

huius ad ΓZ (Exc. ad hunc libr. §. 3. nr. 1.) quae eaedem sint rationibus laterum ipsorum $B\Gamma : \Gamma H$, $\Delta\Gamma : \Gamma E$ (VI. 1.); itaque etiam dici ex his componi (Exc. ad hunc libr. §. 3. nr. 2.). Cf. Clavius et Rob. Simson. Pfleiderer. §. 216.

Obs. 6. Quodsi desideratur, ut ratio parallelogrammorum $A\Gamma$, ΓZ (Fig. 382.) seu composita ex rationibus laterum eorum, exhibeatur per rationem quam ipsum prioris latus alterutrum $B\Gamma$ habeat ad aliquam rectam datam; haec erit quarta proportionalis duobus reliquis parallelogrammorum lateribus $\Delta\Gamma$, ΓE, et lateri ΓH posterioris ΓZ, quod respondet lateri $B\Gamma$ prioris $A\Gamma$.

Ἀλλ' ὡς ἡ ΓΖ πρὸς τὴν ΖΑ οὕτως ἐδείχθη καὶ ἡ ΒΕ πρὸς τὴν ΕΑ· καὶ ὡς ἄρα ἡ ΒΕ πρὸς τὴν ΕΑ οὕτως ἡ ΔΗ πρὸς τὴν ΗΑ, καὶ συντεθέντι ὡς ἡ ΒΑ πρὸς τὴν ΑΕ οὕτως ἡ ΔΑ πρὸς τὴν ΑΗ, καὶ ἐναλλὰξ ὡς ἡ ΒΑ πρὸς τὴν ΑΔ οὕτως ἡ ΕΑ πρὸς τὴν ΑΗ· τῶν ἄρα ΑΒΓΔ, ΕΗ παραλληλογράμμων ἀνάλογόν εἰσιν αἱ πλευραὶ αἱ περὶ τὴν κοινὴν γωνίαν τὴν ὑπὸ ΒΑΔ. Καὶ ἐπεὶ παράλληλός ἐστιν ἡ ΗΖ τῇ ΔΓ, ἴση ἐστὶν ἡ μὲν ὑπὸ ΑΗΖ γωνία τῇ ὑπὸ ΑΔΓ, ἡ δὲ ὑπὸ ΗΖΑ τῇ ὑπὸ ΔΓΑ, καὶ κοινὴ τῶν δύο τριγώνων τῶν ΑΔΓ, ΑΗΖ ἡ ὑπὸ ΔΑΓ γωνία· ἰσογώνιον ἄρα ἐστὶ τὸ ΑΔΓ τρίγωνον τῷ ΑΗΖ τριγώνῳ. Διὰ τὰ αὐτὰ δὴ καὶ τὸ ΑΓΒ τρίγωνον ἰσογώνιόν ἐστι τῷ ΑΖΕ τριγώνῳ· καὶ ὅλον ἄρα τὸ ΑΒΓΔ παραλληλόγραμμον τῷ ΕΗ παραλληλογράμμῳ ἰσογώνιόν ἐστιν. ἀνάλογον ἄρα ἐστὶν ὡς ἡ ΑΔ πρὸς τὴν ΔΓ οὕτως ἡ ΑΗ πρὸς τὴν ΗΖ. Ὡς δὲ ἡ ΔΓ πρὸς τὴν ΓΑ οὕτως ἡ ΗΖ πρὸς τὴν ΖΑ, ὡς δὲ ἡ ΑΓ πρὸς τὴν ΓΒ οὕτως ἡ ΑΖ πρὸς τὴν ΖΕ, καὶ ἔτι ὡς ἡ ΓΒ πρὸς τὴν ΒΑ οὕτως ἡ ΖΕ πρὸς τὴν ΕΑ· καὶ ἐπεὶ

Facta enim (VI. 12.) $\Delta\Gamma:\Gamma E=\Gamma H:I$

erunt parallelogr. $\Delta\Gamma:\Gamma\Theta = B\Gamma:\Gamma H$ (VI. 1.)

$\Gamma\Theta:\Gamma Z=\Delta\Gamma:\Gamma E$ (VI. 1.) $=\Gamma H:I$ (V. 11.)

proinde $\Delta\Gamma:\Gamma Z=B\Gamma:I$ (V. 22.). Cf. Pfleiderer.

§. 217.

Obs. 7. Si ab recta ΓB (producta, quando opus est) absciditur $\Gamma N=I$ (Fig. 382.) (quod iuxta Obs. 4. ad VI. 2.) immediate fit, diagonali ΔH parallelam EN agendo per punctum E) ac per N ducitur rectae $\Delta\Gamma$ parallela: fit parallelogrammum $\Gamma O=\Gamma Z$ (VI. 14.), et hinc

$$\Delta\Gamma:\Gamma Z=\Delta\Gamma:\Gamma O \text{ (V. 7.) } B\Gamma:\begin{cases}\Gamma N\\ I\end{cases} \text{ (VI. 1.)}$$

ergo (V. 11.) ut BE ad EA ita ΔH ad HA; et componendo (V. 18.), ut BA ad AE ita ΔA ad AH, et alterne (V. 16.) ut BA ad $A\Delta$ ita EA ad AH; parallelogrammorum igitur $AB\Gamma\Delta$, EH proportionalia sunt latera, quae circa communem angulum $BA\Delta$ sunt. Et quoniam parallela est HZ ipsi $\Delta\Gamma$, aequalis est angulus AHZ angulo $A\Delta\Gamma$ (I. 29.), angulus vero HZA angulo $\Delta\Gamma A$, et communis duobus triangulis $A\Delta\Gamma$, AHZ angulus $\Delta A\Gamma$; aequiangulum igitur est triangulum $A\Delta\Gamma$ triangulo AHZ. Ex eadem ratione et triangulum $A\Gamma B$ aequiangulum est triangulo AZE; totum igitur parallelogrammum $AB\Gamma\Delta$ parallelogrammo EH aequiangulum est; ergo (VI. 4.) ut $A\Delta$ ad $\Delta\Gamma$ ita AH ad HZ. Ut autem $\Delta\Gamma$ ad ΓA ita HZ ad ZA, ut $A\Gamma$ vero ad ΓB ita AZ ad ZE, et insuper ut ΓB ad BA ita ZE ad ZA: itaque quoniam ostensum est ut $\Delta\Gamma$ ad ΓA ita HZ ad ZA, ut vero $A\Gamma$ ad ΓB ita AZ ad ZE; ex aequo igitur est (V. 22.) ut $\Delta\Gamma$ ad $B\Gamma$ ita HZ ad ZE. Parallelogrammorum igitur $AB\Gamma\Delta$, EH proportio-

Quare sic etiam potest Prop. VI. 23. enunciari: si parallelogramma $A\Gamma$, ΓZ sint aequiangula; fiatque, ut unum latus $\Delta\Gamma$ prioris ad unum latus ΓE posterioris, sic huius alterum latus ΓH ad rectam I: erit parallelogrammum $A\Gamma$ ad ΓZ, ut alterum latus $B\Gamma$ prioris ad hanc rectam I. Cf. Pfleiderer. §§. 218. 219. Unde, data ratione parallelogrammi $A\Gamma$ ad ΓZ datur ratio lateris $B\Gamma$ prioris ad rectam I; estque, ut unum latus $\Delta\Gamma$ prioris parallelogrammi $A\Gamma$ ad unum latus ΓE posterioris ΓZ, sic huius alterum latus ΓH ad hanc rectam I, ad quam alterum parallelogrammi prioris $A\Gamma$ latus $B\Gamma$ habet datam rationem mutuam parallelogrammorum $A\Gamma$, ΓZ. Quae

ἐδείχθη ὡς μὲν ἡ ΔΓ πρὸς τὴν ΓΑ οὕτως ἡ ΗΖ πρὸς τὴν ΖΑ, ὡς δὲ ἡ ΑΓ πρὸς τὴν ΓΒ οὕτως ἡ ΑΖ πρὸς τὴν ΖΕ· διΐσου ἄρα ἐστὶν ὡς ἡ ΔΓ πρὸς τὴν ΒΓ οὕτως ἡ ΗΖ πρὸς τὴν ΖΕ· τῶν ἄρα ΑΒΓΔ, ΕΗ παραλληλογράμμων ἀνάλογόν εἰσιν αἱ πλευραὶ αἱ περὶ τὰς ἴσας γωνίας· ὅμοιον ἄρα ἐστὶ τὸ ΑΒΓΔ παραλληλόγραμμον τῷ ΕΗ παραλληλογράμμῳ. Διὰ τὰ αὐτὰ δὴ καὶ τὸ ΑΒΓΔ παραλληλόγραμμον καὶ τῷ ΘΚ παραλληλογράμμῳ ὅμοιόν ἐστιν· ἑκάτερον ἄρα τῶν ΕΗ, ΘΚ παραλληλογράμμων τῷ ΑΒΓΔ παραλληλογράμμῳ ὅμοιόν ἐστι. Τὰ δὲ τῷ αὐτῷ εὐθυγράμμῳ ὅμοια καὶ ἀλλήλοις ἐστὶν ὅμοια· καὶ τὸ ΕΗ ἄρα παραλληλόγραμμον τῷ ΘΚ παραλληλογράμμῳ ὅμοιόν ἐστι. Παντὸς ἄρα, καὶ τὰ ἑξῆς.

ΠΡΟΤΑΣΙΣ κέ.

Τῷ δοθέντι εὐθυγράμμῳ ὅμοιον, καὶ ἄλλῳ τῷ δοθέντι ἴσον τὸ αὐτὸ συστήσασθαι.

Ἔστω τὸ μὲν δοθὲν εὐθύγραμμον, ᾧ δεῖ ὅμοιον συστήσασθαι, τὸ ΑΒΓ, ᾧ δὲ ἴσον, τὸ Δ· δεῖ δὴ τῷ μὲν ΑΒΓ ὅμοιον, τῷ δὲ Δ ἴσον τὸ αὐτὸ συστήσασθαι·

est Dator. Prop. 56. (apud Rob. Simson. et Schwab. pars prior 63.). Cf. Pfleiderer. §. 220.

Obs. 8. Triangula quoque unum angulum aequalem habentia sunt in ratione composita ex rationibus laterum circa aequales angulos. Quod ipsum vel immediate simili ratione demonstrari potest ac VI. 23. vel ex VI. 23. ope I. 34. V. 15. derivari. Cf. Pfleiderer. in sched. mss. §. 239. Commandinus Cor. ad VI. 23.

Obs. 9. Parallelogramma quaevis aequiangula sunt inter se ut parallelogramma rectangula sub iisdem respective lateri-

nalia sunt latera, quae circa aequales angulos; simile igitur est (VI. Def. 1.) parallelogrammum $AB\Gamma\Delta$ parallelogrammo EH. Ex eadem ratione et parallelogrammum $AB\Gamma\Delta$ parallelogrammo ΘK simile est; utrumque igitur parallelogrammorum EH, ΘK parallelogrammo $AB\Gamma\Delta$ simile est. Quae autem eidem rectilineo similia sunt, et inter se sunt similia (VI. 21.) ergo et parallelogrammum EH parallelogrammo ΘK simile est. Omnis igitur etc.

PROPOSITIO XXV. (Fig. 384.)

Dato rectilineo simile, et alteri dato aequale idem constituere.

Sit datum quidem rectilineum cui oportet simile constituere, $AB\Gamma$, cui vero aequale, sit Δ; oportet igitur ipsi quidem $AB\Gamma$ simile, ipsi vero Δ aequale idem constituere.

bus comprehensa. Quod ipsum etiam asserit Pappus Collect. Mathem. Libr. VII. Prop. 172., seu in Apollon. Conic. I. Lemm. 8. Cf. Commandinus et Clavius ad VI. 23. et Pfleiderer. §§. 240. 241. Idem valet de triangulis, quorum unus angulus aequalis est (Cf. iidem, Pfleiderer. §. 242. et Pappus. Libr. VII. Coll. Math. Prop. 146. vel in Porism. 1. Lemma 20.). Pappus addit (ibid. Prop. 147.) idem valere in triangulis, quorum unum angulum habet, qui deinceps est alteri. Pfleiderer. §. 243. Pappus rem ad praecedentem Prop. 146. reducit, dum unus latus eius anguli, qui in uno triangulo ae-

Παραβεβλήσθω γὰρ παρὰ μὲν τὴν ΒΓ τῷ ΑΒΓ τριγώνῳ [1]) ἴσον παραλλελόγραμμον τὸ ΒΕ, παρὰ δὲ τὴν ΓΕ τῷ Δ ἴσον παραλληλόγραμμον τὸ ΓΜ ἐν γωνίᾳ τῇ ὑπὸ ΖΓΕ, ἥ ἐστιν ἴση τῇ ὑπὸ ΓΒΛ· ἐπ' εὐθείας ἄρα ἐστὶν ἡ μὲν ΒΓ τῇ ΓΖ, ἡ δὲ ΛΕ τῇ ΕΜ. Καὶ εἰλήφθω τῶν ΒΓ, ΓΖ μέση ἀνάλογον ἡ ΗΘ, καὶ ἀναγεγράφθω ἀπὸ τῆς ΗΘ τῷ ΑΒΓ ὅμοιόν τε καὶ ὁμοίως κείμενον τὸ ΚΗΘ.

Καὶ ἐπεί ἐστιν ὡς ἡ ΒΓ πρὸς τὴν ΗΘ οὕτως ἡ ΗΘ πρὸς τὴν ΓΖ, ἐὰν δὲ τρεῖς εὐθεῖαι ἀνάλογον ὦσιν, ἔστιν ὡς ἡ πρώτη πρὸς τὴν τρίτην οὕτως τὸ ἀπὸ τῆς πρώτης εἶδος πρὸς τὸ ἀπὸ τῆς δευτέρας, τὸ ομοιον καὶ ὁμοίως ἀναγραφόμενον· ἔστιν ἄρα ὡς ἡ ΒΓ πρὸς τὴν ΓΖ οὕτως τὴ ΑΒΓ τρίγωνον πρὸς τὸ ΚΗΘ τρίγωνον. Ἀλλὰ καὶ ὡς ἡ ΒΓ πρὸς τὴν ΓΖ οὕτως τὸ ΒΕ παραλληλόγραμμον πρὸς τὸ ΕΖ παραλληλόγραμμον· καὶ ὡς ἄρα τὸ ΑΒΓ τρίγωνον πρὸς τὸ ΚΗΘ τρίγωνον οὕτως τὸ ΒΕ παραλληλόγραμμον πρὸς τὸ ΕΖ παραλληλόγραμμον· ἐναλλὰξ ἄρα ὡς τὸ ΑΒΓ τρίγωνον πρὸς τὸ ΒΕ παραλληλόγραμμον οὕτως τὸ ΚΗΘ τρίγωνον πρὸς τὸ ΕΖ παραλληλόγραμμον. Ἴσον δὲ τὸ ΑΒΓ τρίγωνον τῷ ΒΕ παραλλη-

1) Vox τριγώνῳ, τρίγωνον et similia proprie non huc pertinent, quum manifesto de figuris rectilineis quibuscunque sermo sit. Vid. observationem Rob. Simsonis ad hunc locum. Quum tamen illa in omnibus, qui hactenus comparati sunt, codicibus legantur, noluimus ea expungere.

qualis est angulo deinceps posito alterius trianguli, producit, usquedum latus ita productum aequale sit ei ipsi, quod producebatur, lateri, ubi tum res facile patet. Poterat autem idem etiam aliis modis demonstrari.

Obs. 10. Pert VI. 23. et Obs. 8. duo parallelogramma (triangula) rectangula, et hinc quaevis (I. 35. I. 37. V. 7. V.

Applicetur enim (I. 44. et 45.) ad rectam quidem $B\Gamma$ triangulo $AB\Gamma$ aequale parallelogrammum BE, ad rectam vero ΓE ipsi Δ aequale parallelogrammum ΓM in angulo $Z\Gamma E$, qui est aequalis angulo $\Gamma B\Delta$; in directum igitur est (I. 14.) $B\Gamma$ quidem ipsi ΓZ, et ΔE ipsi EM. Et sumatur (VI. 13.) inter ipsas $B\Gamma$, ΓZ media proportionalis $H\Theta$, et describatur (VI. 18.) ex $H\Theta$ rectilineo $AB\Gamma$ simile et similiter positum rectilineum $KH\Theta$.

Et quoniam est ut $B\Gamma$ ad $H\Theta$ ita $H\Theta$ ad ΓZ, si autem tres rectae proportionales sint, est (VI. 20. Cor. 2.) ut prima ad tertiam ita figura ex prima ad figuram ex secunda, similem et similiter descriptam; est igitur ut $B\Gamma$ ad ΓZ ita triangulum $AB\Gamma$ ad triangulum $KH\Theta$. Sed et (VI. 1.) ut $B\Gamma$ ad ΓZ ita parallelogrammum BE ad parallelogrammum EZ; ut igitur triangulum $AB\Gamma$ ad triangulum $KH\Theta$ ita parallelogrammum BE ad parallelogrammum EZ; alterne igitur (V. 16.) ut triangulum $AB\Gamma$ ad parallelogrammum BE ita triangulum $KH\Theta$ ad parallelogrammum EZ. Aequale autem triangulum $AB\Gamma$ parallelogrammo BE; aequale igitur et triangulum $KH\Theta$ parallelo-

11.) sunt in ratione composita ex rationibus basium et altitudinum, quod et aliter demonstrari potest. Commandinus et Clavius ad VI. 23. Pfleiderer, §§. 247. 248. Cuiuslibet igitur parallelogrammi ad quadratum aliquod ratio componitur ex rationibus, quas basis et altitudo parallelogrammi habent ad latus quadrati. Unde per Defin. Simson. (in Exc. ad h. libr. §. 3. coll. §. 7.) consequitur regula generalis dimensionis parallelogrammorum. Cf. in Prop. II. 1. Cor. 4. Pfleiderer. §. 249. Schol. in libr. II. Elem. P. I. §. 5. sq.

Obs. 11. Ex VI. 23. indeque deductis Obs. 8. 10. per

λογράμμῳ· ἴσον ἄρα καὶ τὸ ΚΗΘ τρίγωνον τῷ ΕΖ παραλληλογράμμῳ. Ἀλλὰ τὸ ΕΖ παραλληλόγραμμον τῷ Δ ἐστὶν ἴσον· καὶ τὸ ΚΗΘ ἄρα τῷ Δ ἐστὶν ἴσον. Ἔστι δὲ τὸ ΚΗΘ καὶ τῷ ΑΒΓ ὅμοιον· τῷ ἄρα δοθέντι εὐθυγράμμῳ τῷ ΑΒΓ ὅμοιον, καὶ ἄλλῳ τῷ δοθέντι τῷ Δ ἴσον τὸ αὐτὸ συνίσταται τὸ ΚΗΘ. Ὅπερ ἔδει ποιῆσαι.

ΠΡΟΤΑΣΙΣ κϛ'.

Ἐὰν ἀπὸ παραλληλογράμμου παραλληλόγραμμον ἀφαιρεθῇ, ὅμοιόν τε τῷ ὅλῳ καὶ ὁμοίως κείμενον, κοινὴν γωνίαν ἔχον αὐτῷ· περὶ τὴν αὐτὴν διάμετρόν ἐστι τῷ ὅλῳ.

Ἀπὸ παραλληλογράμμου γὰρ τοῦ ΑΒΓΔ παραλληλόγραμμον ἀφῃρήσθω τὸ ΑΕΖΗ, ὅμοιον τῷ ΑΒΓΔ καὶ ὁμοίως κείμενον, κοινὴν γωνίαν ἔχον αὐτῷ τὴν ὑπὸ ΔΑΒ· λέγω ὅτι περὶ τὴν αὐτὴν διάμετρόν ἐστι τὸ ΑΒΓΔ τῷ ΑΕΖΗ.

ea, quae in Exc. ad hunc libr. §. 22. §. 25. notantur, consequuntur propositiones VI. 14. VI. 15. et Obs. 12. ad Prop. 16. 17. libr. VI. Pfleiderer. §. 250.

Obs. 12. Sint rectae A : B = C : D
et E : F = G : H
erunt etiam (per VI. 23. et Exc. ad hunc libr. §. 10.) rectangula A×E : B×F = C×G : D×H. Vicissim si A×E : B×F = C×G : D×H, atque E : F = G : H, pariter erit A : B = C . D (VI. 23. et in Exc. ad hunc libr. §. 14.). Cf. Pfleiderer. §. 251.

Obs. 13. Per Obs. 10. et Exc. ad hunc libr. §. 13. duorum quorumvis parallelogrammorum, triangulorumve altitudines sunt in ratione composita ex directa arearum et inversa basium; bases in ratione composita ex directa arearum et inversa altitudinum. Pfleiderer. §. 263.

grammo EZ. Sed parallelogrammum EZ ipsi Δ est aequale; et $KH\Theta$ igitur ipsi Δ est aequale. Est autem $KH\Theta$ et ipsi $AB\Gamma$ simile; dato igitur rectilineo $AB\Gamma$ simile, et alteri dato Δ aequale idem constitutum est $KH\Theta$. Quod oportebat facere.

PROPOSITIO XXVI. (Fig. 385.)

Si a parallelogrammo parallelogrammum auferatur, simile toti et similiter positum, communem cum ipso angulum habens, circa eandem diametrum est circa quam totum.

A parallelogrammo enim $AB\Gamma\Delta$ parallelogrammum auferatur $AEZH$, simile ipsi $AB\Gamma\Delta$ et similiter positum, communem angulum habens ΔAB cum ipso; dico circa eandem diametrum esse $AB\Gamma\Delta$ circa quam ipsum $AEZH$.

Obs. 14. Rursus (quae est altera Prop. 23. et praeced. Obs. 8. conversa), duo parallelogramma vel triangula, quorum areae sunt in ratione composita ex rationibus duorum laterum contiguorum, habent angulos lateribus his comprehensos vel iingulos aequales, vel simul aequales duobus rectis. Quod spsum facile, sumto contrario, probatur. Pfleiderer. §. 254.

PROPOSITIO XXIV.

Obs. 1. Rob. Simson. monet, videri imperitum quendam ex duabus diversis huius propositionis demonstrationibus hanc, quam nunc habemus, composuisse, ex una nempe, quae per VI. 2. et ex altera, quae per VI. 4. fieri potest. Posiquam enim, ita pergit Simson., per VI. 2. et componendo, permutandoque ostenderat, latera circa communem angulum parallelogrammorum (talia enim parallelogramma observante

Μὴ γάρ, ἀλλ' εἰ δυνατόν, ἔστω αὐτοῦ [1]) ἡ διάμετρος ἡ ΑΘΓ, καὶ [2]) ἐκβληθεῖσα ἡ ΗΖ διήχθω ἐπὶ τὸ Θ, καὶ ἤχθω διὰ τοῦ Θ ὁποτέρᾳ τῶν ΑΔ, ΒΓ παράλληλος ἡ ΘΚ.

Ἐπεὶ οὖν περὶ τὴν αὐτὴν διάμετρόν ἐστι τὸ ΑΒΓΔ τῷ ΚΗ, ὅμοιόν ἐστι τὸ ΑΒΓΔ τῷ ΚΗ· ἔστιν ἄρα, ὡς ἡ ΔΑ πρὸς τὴν ΑΒ οὕτως ἡ ΗΑ πρὸς τὴν ΑΚ. Ἔστι δὲ καὶ διὰ τὴν ὁμοιότητα τῶν ΑΒΓΔ, ΕΗ, ὡς ἡ ΔΑ πρὸς τὴν ΑΒ οὕτως ἡ ΗΑ πρὸς τὴν ΑΕ· καὶ ὡς ἄρα ἡ ΗΑ πρὸς τὴν ΑΚ οὕτως ἡ ΗΑ πρὸς τὴν ΑΕ· ἡ ΗΑ ἄρα πρὸς ἑκατέραν τῶν ΑΚ, ΑΕ τὸν αὐτὸν ἔχει λόγον· ἴση ἄρα ἐστὶν ἡ ΑΕ τῇ ΑΚ, ἡ ἐλάττων τῇ μείζονι, ὅπερ ἐστὶν ἀδύνατον· οὐκ ἄρα ἐστὶ περὶ τὴν αὐτὴν διάμετρον τὸ ΑΒΓΔ τῷ ΚΗ [3]) περὶ τὴν αὐτὴν ἄρα ἐστὶ διάμετρον τὸ ΑΒΓΔ παραλληλόγραμμον τῷ ΑΕΖΗ πα-

1) Ita recte ex Cod. a posuit Peyrardus, quum edd. Basil. et Oxon. haberent: *αὐτῶν*, quum tamen de diametro unius tantum parallelogrammi *ΑΒΓΔ* hic sermo sit.

2) Pro verbis: *καὶ ἐκβληθεῖσα ἡ ΗΖ διήχθω ἐπὶ τὸ Θ καὶ ἤχθω διὰ τοῦ Θ*, quae ex Cod. a. posuit Peyrardus, cum quibus consentit etiam versio Commandini, in edd. Oxon. et Basil. solum legitur: *καὶ ἤχθω διὰ τοῦ Θ.* Utraque lectio bene habet, prout schema ita formatum imagineris, ut diameter *ΑΘΓ* rectam *ΗΖ* productam, aut ipsam rectam *ΗΖ* in puncto aliquo *Θ* secet. Priorem casum et figuram lectio codicis a, posteriorem lectio ed. Oxon. supponit.

3) Pro his verbis Cod. a. et ex eo Peyrardus, correctis mendis typographicis ad calcem libri indicatis, habet: *οὐκ ἄρα οὐκ ἐστὶ περὶ τὴν αὐτὴν διάμετρον τὸ ΑΒΓΔ τῷ ΕΗ* (ita enim legendum est, non *ΚΗ*). Nos veriorem lectionem ex edd. Basil. et Oxon. restituimus.

Clavio intelliguntur, quae habeant unum angulum cum toto parallelogrammo communem, quod etiam Candalla, Henrion aliique nominatim addunt proportionalia esse, immediate concludere potuisset, proportionalia esse latera circa reliquos an gulos aequales, ope scilicet Prop. I. 34. et V. 7. Verum ille

Non enim, sed si fieri potest, sit ipsius diameter $A\Theta\Gamma$, et ducta HZ producatur ad Θ, et ducatur per Θ alterutri ipsarum $A\Delta$, $B\Gamma$ parallela ΘK (I. 31.)

Quoniam igitur circa eandem diametrum est parallelogrammum $AB\Gamma\Delta$ circa quam parallelogrammum KH, simile est (VI. 24.) $AB\Gamma\Delta$ ipsi KH; est igitur (VI. Def. 1.) ut ΔA ad AB ita HA ad AK. Est autem et propter similitudinem ipsorum $AB\Gamma\Delta$, EH, ut ΔA ad AB ita HA ad AE; ut igitur (V. 11.) HA ad AK ita HA ad AE; ipsa HA igitur ad utramque ipsarum AK, AE eandem habet rationem; aequalis igitur est (V. 9.) AE ipsi AK, minor maiori, quod fieri nequit; non igitur est circa eandem diametrum parallelogrammum $AB\Gamma\Delta$ circa quam ipsum KH; circa eandem igitur est diametrum parallelogrammum

hoc negligens pergit ostendere, triangula et parallelogramma esse aequiangula, et longo circuitu, ope VI. 4. et V. 22. concludit rem eandem. Manifestum propterea est, hanc inscite factam demonstrationem minime Euclidis esse. Ipse deinde Rob. Simson., superfluis reiectis, simpliciorem exhibet demonstrationem, postquam ostenderat, aequiangula esse triangula AHZ, $A\Delta\Gamma$ ope VI. 4. I. 34. et V. 7., quoad maximam partem similem ei, quae est apud Campanum, nisi quod is pro VI. 4. adhibet VI. 2., et triangula, quae diximus, aequiangula esse monet quidem, at non demonstrat. Simsonis demonstrationem habet etiam Playfair. et Peletarius.

Obs. 2. Perspicuum est, quod Clavius monet, parallelogramma circa eandem diametrum non solum similia esse sed etiam similiter posita. Cf. observata ad VI. 18.

Obs. 3. Praeterea, eodem Clavio monente, etiam, si circa diametrum alicuius parallelogrammi producta consistat parallelogrammum aliud, ita, ut duo huius latera recta duas

ραλληλογράμμῳ. Ἐὰν ἄρα ἀπὸ παραλληλογράμμου, καὶ τὰ ἑξῆς.

ΠΡΟΤΑΣΙΣ κζ.

Πάντων τῶν παρὰ τὴν αὐτὴν εὐθεῖαν παραβαλλομένων παραλληλογράμμων, καὶ ἐλλειπόντων εἴδεσι παραλληλογράμμοις, ὁμοίοις τε καὶ ὁμοίως κειμένοις τῷ ἀπὸ τῆς ἡμισείας ἀναγραφομένῳ, μέγιστόν ἐστι τὸ ἀπὸ τῆς ἡμισείας παραβαλλόμενον παραλληλόγραμμον, ὅμοιον ὂν τῷ ἐλλείμματι.

Ἔστω εὐθεῖα ἡ AB, καὶ τετμήσθω δίχα κατὰ τὸ Γ, καὶ παραβεβλήσθω παρὰ τὴν AB εὐθεῖαν τὸ $A\Delta$ παραλληλόγραμμον ἐλλεῖπον εἴδει παραλληλογράμμῳ τῷ ΓE, ὁμοίῳ τε καὶ ὁμοίως κειμένῳ τῷ ἀπὸ τῆς ἡμισείας ἀναγραφέντι τῆς AB, τουτέστι τῆς ΓB· λέγω ὅτι πάντων τῶν παρὰ τὴν AB παραβαλλομένων παραλληλογράμμων, καὶ ἐλλειπόντων εἴδεσι παραλληλογράμμοις ὁμοίοις τε καὶ ὁμοίως κειμένοις

componant lineas cum duobus lateribus alterius, vel certe illa his sint parallela, eadem fere ratione ostenditur, hoc illi esse simile.

Obs. 4. Parallelogramma, quae unum angulum uni angulo aequalem, et circum eos proportionalia latera habent, similia sunt. Hoc Corollarium addit Boermannus. Et ope Obs. 3. ad Prop. 5. et 6. libri VI. et nostrae huius propositionis id facile probatur.

PROPOSITIO XXV.

Obs. 1. Rob. Simson. ad hanc propositionem monet: „liquido patet demonstrationem huius, quam Euclides dederat, vitiatam fuisse ab editore quodam geometriae minus perito. Postquam enim ostenderat, „ut rectilineum $AB\Gamma$ ad rectilineum $KH\Theta$, ita parallelogrammum BE ad parallelogrammum EZ" opus fuit

ABΓΔ quam parallelogrammum *AEZH*. Si igitur a parallelogrammo etc.

PROPOSITIO XXVII. *) (Fig. 386.)

Omnium secundum eandem rectam applicatorum parallelogrammorum et deficientium figuris parallelogrammis, similibus et similiter positis ei, quae ex dimidia describitur, maximum est quod ad dimidiam est applicatum parallelogrammum, simile existens defectui.

Sit recta *AB* et secetur bifariam in *Γ*, et applicetur ad rectam *AB* parallelogrammum *AΔ* deficiens figura parallelogramma *ΓE*, simili et similiter posita ei, quae ex dimidia ipsius *AB* descripta est, hoc est ex *ΓB*; dico omnium secundum *AB* applicatorum parallelogrammorum, et deficientium figuris parallelogrammis similibus et similiter positis ipsi *ΓE*, maximum esse *AΔ*. Applicetur enim ad rectam *AB* parallelogram-

*) Ut sequentes tres propositiones melius intelligantur Rob. Simson. praemittit sequentia: 1) Parallelogrammum ad rectam applicari dicitur, quando super recta illa describitur. Ex. gr. parallelogrammum *AΘ* (Fig. 385.) applicari dicitur, ad rectam *AB*, quando super *AB* describitur. (Hoc casu dicitur Pfleiderero monente: *ἀναγράφεσθαι* seu *παραβάλλεσθαι ἀπὸ τῆς AB*. 2) Sed parallelogrammum *AZ* dicitur applicari ad (secundum) rectam *AB* (*παραβάλλεσθαι παρὰ τὴν AB*) deficiens figura parallelogramma, quando *AK* basis eius minor est recta *AB*, et propterea parallelogrammum *AZ* deficit ab ipso *AΘ*, quod super recta *AB* describitur in eodem angulo, et inter easdem parallelas figura parallelogramma *KΘ*, quae quidem dicitur defectus ipsius *AZ*. 3) Et parallelogrammum *AΞ* (Fig. 293.) applicari dicitur ad (secundum) rectam *AB* (*παραβάλλεσθαι παρὰ τὴν AB*), excedens figura parallelogramma, quando *AO* basis ipsius *AΞ* maior est recta *AB*, et propterea *AΞ* excedit parallelogrammum *AΠ* ad *AB* applicatam figura parallelogramma *ΠO*.

solummodo addere, est autem rectilineum *ABΓ* aequale pa-

τῷ ΓΕ, μέγιστόν ἐστι τὸ ΑΔ. Παραβεβλήσθω γὰρ παρὰ τὴν ΑΒ εὐθεῖαν τὸ ΑΖ παραλληλόγραμμον, ἐλλεῖπον εἴδει παραλληλογράμμῳ τῷ ΚΘ, ὁμοίῳ τε καὶ ὁμοίως κειμένῳ τῷ ΓΕ· λέγω ὅτι μεῖζόν ἐστι τὸ ΑΔ τοῦ ΑΖ.

Ἐπεὶ γὰρ ὅμοιόν ἐστι τὸ ΓΕ παραλληλόγραμμον τῷ ΚΘ παραλληλογράμμῳ, περὶ τὴν αὐτήν εἰσι διάμετρον. Ἤχθω αὐτῶν διάμετρος ἡ ΔΒ, καὶ καταγεγράφθω τὸ σχῆμα.

Ἐπεὶ οὖν ἴσον ἐστὶ τὸ ΓΖ τῷ ΖΕ, κοινὸν προςκείσθω τὸ ΚΘ· ὅλον ἄρα τὸ ΓΘ ὅλῳ τῷ ΚΕ ἐστὶν ἴσον. Ἀλλὰ τὸ ΓΘ τῷ ΓΗ ἐστὶν ἴσον· ἐπεὶ καὶ ἡ ΑΓ τῇ ΓΒ ἴση ἐστίν· καὶ τὸ ΗΓ ἄρα τῷ ΕΚ ἐστὶν ἴσον. Κοινὸν προςκείσθω τὸ ΓΖ· ὅλον ἄρα τὸ ΑΖ τῷ ΛΜΝ γνώμονί ἐστιν ἴσον· ὥςτε τὸ ΓΕ παραλληλόγραμμον, τουτέστι τὸ ΑΔ, τοῦ ΑΖ παραλληλογράμμου μεῖζόν ἐστιν. [1])

1) Ed. Basil. hic iam addit: πάντων ἄρα τῶν παρὰ τὴν εὐθεῖαν παραβαλλομένων, καὶ τὰ ἑξῆς, quae Gregorius, quamvis ea in omnibus codicibus tam mss. quam impressis inveniret, iure ad casus secundi finem reiecit, quem etiam Peyrardus, nulla tamen lectionis variantis mentione facta, secutus est.

rallelogrammo *ΒΕ*, aequale igitur est rectilineum *ΚΗΘ* parallelogrammo *ΕΖ*" videlicet per V. 14, sed inter has duas sententias interposuit „quare alterne, ut rectilineum *ΑΒΓ* ad parallelogrammum *ΒΕ* ita rectilineum ΚΗΘ ad parallelogrammum *ΕΖ*" putavit scilicet, non tam perspicuum esse concludere secundam quatuor proportionalium quartae aequalem esse ex aequalitate primae et tertiae, quod quidem demonstratum est in V. Prop. 14. quam concludere, tertiam aequalem esse quartae ex aequalitate primae et secundae, quod nuspiam in Elementis, quae iam habemus, ostensum est. Verum quamvis haec propositio, tertiam scilicet quatuor proportionalium aequalem esse quartae, si

mum AZ, deficiens figura parallelogramma $K\Theta$, simili et similiter posita ipsi ΓE; dico maius esse $A\Delta$ parallelogrammo AZ.

Quoniam enim simile est parallelogrammum ΓE parallelogrammo $K\Theta$, circa eandem sunt diametrum (VI. 26.). Ducatur eorum diameter ΔB, et describatur figura.

Quoniam igitur aequale est ΓZ ipsi ZE (I. 43.), commune addatur $K\Theta$; totum igitur $\Gamma\Theta$ toti KE est aequale. Sed $\Gamma\Theta$ ipsi ΓH est aequale (I. 36.), quoniam recta $A\Gamma$ ipsi ΓB aequalis est; ergo et $H\Gamma$ ipsi EK est aequale. Commune addatur ΓZ; totum igitur AZ ipsi gnomoni ΛMN est aequale; quare et parallelogrammum ΓE, hoc est $A\Delta$, parallelogrammo AZ maius est.

prima aequalis fuerit secundae, fuisset ab Euclide Elementis suis inserta, ut verisimile est eam fuisse, nunquam tamen ille in praesenti casu eadem usus fuisset; quoniam, ut dictum fuit, sine redundante hac proportionalium permutatione eadem conclusio directe elici potest. Haec autem fusius ostendimus, tum, quoniam certum praebent indicium, textum Euclidis vitiatum fuisse, idem enim error invenitur in textu graeco XI. 23. bis, et bis in XII. 2. et in Prop. 5. 11. 12. 18. eiusdem, in quibus libri XII. locis, excepto ultimo, recte omissa est haec permutatio proportionalium in versionis Commandini editione Oxoniensi; tum, ut caveant geometrae ab usu permutationis in simili casu, non raro enim recentiores, et inter alios ipse Commandinus in Commentario ad III. 5. pag. 6. b. Pappi Alexandrini et alibi incidunt in hunc errorem: praeoccupavit scilicet multorum mentes vulgaris proportionum idea, qua fit, ut accuratam vix

Ἔστω γὰρ πάλιν ἡ ΑΒ τμηθεῖσα δίχα κατὰ τὸ Γ, καὶ παραβληθὲν τὸ ΑΛ ἐλλεῖπον εἴδει τῷ ΓΜ, καὶ παραβεβλήσθω πάλιν παρὰ τὴν ΑΒ τὸ ΑΕ παραλληλόγραμμον ἐλλεῖπον τῷ ΔΖ, ὁμοίῳ τε καὶ ὁμοίως κειμένῳ τῷ ἀπὸ τῆς ἡμισείας τῆς ΑΒ, τῷ ΓΜ· λέγω ὅτι μεῖζόν ἐστι τὸ ἀπὸ τῆς ἡμισείας παραβληθὲν τὸ ΑΛ τοῦ ΑΕ.

Ἐπεὶ γὰρ ὅμοιόν ἐστι τὸ ΔΖ τῷ ΓΜ, περὶ τὴν αὐτήν εἰσι διάμετρον· ἔστω αὐτῶν διάμετρος ἡ ΕΒ, καὶ καταγεγράφθω τὸ σχῆμα.

Καὶ ἐπεὶ ἴσον ἐστὶ τὸ ΛΖ τῷ ΛΘ, ἐπεὶ καὶ ἡ ΖΗ τῇ ΗΘ· μεῖζον ἄρα τὸ ΛΖ τοῦ ΚΕ. Ἴσον δὲ τὸ ΛΖ τῷ ΔΛ· μεῖζον ἄρα καὶ τὸ ΔΛ τοῦ ΕΚ. Κοινὸν προσκείσθω [1]) τὸ ΚΔ· ὅλον ἄρα τὸ ΑΛ ὅλου τοῦ ΑΕ μεῖζόν ἐστιν. Πάντων ἄρα, καὶ τὰ ἑξῆς.

ΠΡΟΤΑΣΙΣ κή.

Παρὰ τὴν δοθεῖσαν εὐθεῖαν τῷ δοθέντι εὐθυγράμμῳ ἴσον παραλληλόγραμμον παραβαλεῖν, ἐλλεῖπον εἴδει παραλληλογράμμῳ, ὁμοίῳ τῷ δοθέντι· δεῖ δὴ τὸ διδόμενον εὐθύγραμμον, ᾧ δεῖ ἴσον παραβαλεῖν, μὴ μεῖζον εἶναι τοῦ ἀπὸ τῆς ἡμισείας παρα-

1) Ita rectius omnino Peyrardus ex Cod. a. habet, quam ut vulgo legitur: κοινὸν ἔστω τὸ ΚΔ.

percipiant. Praeterea, quamvis rectilineum ΑΒΓ, cui simile aciendum est, possit esse cuiuscunque generis, in demonstratione tamen graeci codices habent triangulum vice rectilinei, qui error correctus est in versionis Commandini editione, quae Oxonii impressa est." Huic Simsonis observationi addi potest, Campani quoque duplicem demonstrationem differre a demon-

Sit enim rursus AB secta bifariam in Γ; et applicatum sit $A\Lambda$, deficiens figura ΓM, et applicetur rursus secundum AB parallelogrammum AE, deficiens figura ΔZ, simili et similiter posita ei, quae ex dimidia AB describitur, nempe ΓM, dico maius esse parallelogrammum, quod ad dimidiam applicatur, nempe $A\Lambda$ parallelogrammo AE.

Quoniam enim simile est ΔZ ipsi ΓM, circa eandem sunt diametrum (VI. 26.); sit eorum diameter EB, et describatur figura.

Et quoniam (I. 36.) aequale est ΛZ ipsi $\Lambda\Theta$, etenim et ZH aequalis est ipsi $H\Theta$; maius igitur ΛZ ipso KE. Aequale autem ΛZ ipsi $\Delta\Lambda$ (I. 43.); maius igitur est $\Delta\Lambda$ ipso EK. Commune addatur $K\Delta$; totum igitur $A\Lambda$ toto AE maius est. Omnium igitur etc.

PROPOSITIO XXVIII. (Fig. 390.)

Secundum datam rectam dato rectilineo aequale parallelogrammum applicare, deficiens figura parallelogramma simili alteri dato; oportet autem datum rectilineum, cui aequale applicandum est, non maius esse eo, quod ad dimidiam applicatur, similibus existenti-

stratione sextus graeci. In eorum priore sine permutatione proportionalium res refertur ad partem posteriorem V. 9. in posteriore permutatio proportionalium pariter adhibetur.

Obs. 2. Pfleiderer. in schedis mss. §. 308 monet, inepte inter VI. 24. eiusque conversam VI. 26. insertam esse hanc VI. 25. quae nullam ad illas habeat relationem, contra immediate nitatur VI. 20. Apud Campanum id vitium non reperitur, quum, quae vulgo sunt VI. 24., VI. 26. sint apud ipsum

βαλλομένου, ὁμοίων ὄντων τῶν ἐλλειμμάτων τοῦ τε ἀπὸ τῆς ἡμισείας καὶ τοῦ ᾧ δεῖ ὅμοιον ἐλλείπειν.

Ἔστω ἡ μὲν δοθεῖσα εὐθεῖα ἡ AB, τὸ δὲ δοθὲν εὐθύγραμμον, ᾧ δεῖ ἴσον παρὰ τὴν AB παραβαλεῖν, τὸ Γ, μὴ μεῖζον ὂν τοῦ ἀπὸ τῆς ἡμισείας παραβαλλομένου, ὁμοίων ὄντων τῶν ἐλλειμμάτων, ᾧ δὲ δεῖ ὅμοιον ἐλλείπειν, τὸ Δ· δεῖ δὴ παρὰ τὴν δοθεῖσαν εὐθεῖαν τὴν AB τῷ δοθέντι εὐθυγράμμῳ τῷ Γ ἴσον παραλληλόγραμμον παραβαλεῖν, ἐλλεῖπον εἴδει παραλληλογράμμῳ, ὁμοίῳ ὄντι τῷ Δ.

Τετμήσθω ἡ AB δίχα κατὰ τὸ E σημεῖον, καὶ ἀναγεγράφθω ἀπὸ τῆς EB τῷ Δ ὅμοιον καὶ ὁμοίως κείμενον τὸ $EBZH$, καὶ συμπεπληρώσθω τὸ AH παραλληλόγραμμον· τὸ δὲ AH ἤτοι ἴσον ἐστὶ τῷ Γ, ἢ μεῖζον αὐτοῦ, διὰ τὸν ὁρισμόν. Εἰ μὲν οὖν ἴσον ἐστὶ τὸ AH τῷ Γ, γεγονὸς ἂν εἴη τὸ ἐπιταχθέν· παραβέβληται γὰρ παρὰ τὴν δοθεῖσαν εὐθεῖαν τὴν AB τῷ δοθέντι εὐθυγράμμῳ τῷ Γ ἴσον παραλληλόγραμμον τὸ AH, ἐλλεῖπον εἴδει παραλληλογράμμῳ τῷ EZ

VI. 22., VI. 23., nostra haec autem pariter VI. 25. Quae autem vulgo est VI. 23. apud Campanum est VI. 24.

Obs. 3. Huc referri potest problema, quod est apud Thom. Simpson 14. libri VI., quo iubetur describi figura similis datae figurae rectilineae, quae ad aliam datam figuram rectilineam sit in ratione data.

PROPOSITIO XXVI.

Obs. 1. Si quis sumere velit, dari posse rectam $A\Theta\Gamma$, quae non transeat per punctum Z, necessario is ponere debet rectam HZ ipsam aut productam convenire in puncto aliquo Θ cum recta $A\Theta\Gamma$. Quoniam enim, ob angul. $AHZ = A\Delta\Gamma$ (supp.) recta HZ parallela est rectae $\Delta\Gamma$ (I. 28.) et $\Delta\Gamma$ secat

bus defectu eius, quod ad dimidiam et parallelogrammo, cui oportet simile deficere [1]).

Sit data quidem recta AB, datum vero rectilineum, cui oportet aequale ad AB applicare, sit Γ, non maius existens eo, quod ad dimidiam applicatum est similibus existentibus defectibus, cui autem oportet simile deficere, sit Δ; oportet secundum datam rectam AB dato rectilineo Γ aequale parallelogrammum applicare, deficiens figura parallelogramma, quae similis sit ipsi Δ.

Secetur AB (I. 10.) bifariam in puncto E, et describatur ex ipsa EB (VI. 18.) ipsi Δ simile et similiter positum $EBZH$, et compleatur parallelogrammum AH; itaque AH vel aequale est ipsi Γ, vel maius ipso, ob determinationem. Et si quidem aequale est AH ipsi Γ, factum erit propositum; applicatum erit enim secundum datam rectam AB dato rectilineo Γ aequale parallelogrammum AH, deficiens figura parallelogramma EZ ipsi Δ simili. Si autem non, maius

1) Ad finem huius propositionis in versione latina praeeunte Boermanno paululum recessimus a textu graeco, quo verius rem ipsam exprimeremus. Neque enim de duobus defectibus sermo esse potest, quorum alter pertineret ad parallelogrammum illud, cui oportet simile deficere. Itaque graeca quoque ita habere debebant: *ὁμοίων ὄντων τοῦ τε ἐλλείματος τοῦ ἀπὸ τῆς ἡμισείας καὶ τοῦ (εἴδους) ᾧ δεῖ ὅμοιον ἐλλείπειν.* Caeterum, monente Pfleiderero propositio haec ita etiam potest exprimi: datae figurae rectilineae aequale describere parallelogrammum sub angulo dato, cuius unum latus circa hunc angulum sit segmentum rectae datae, alterum vero latus habeat rationem datam ad reliquum segmentum rectae datae: dummodo figura rectilinea data maior non sit parallelogrammo sub eodem angulo dato, cuius unum latus circa hunc angulum est semissis rectae datae, alterum vero ad semissem rectae datae, seu ad prius eius latus habet eandem rationem datam.

rectam $A\Theta\Gamma$ in Γ (supp.), etiam HZ ipsa vel producta eandem

ὁμοίῳ ὄντι τῷ Δ. Εἰ δὲ οὔ, μεῖζόν ἐστι τὸ ΘΕ τοῦ Γ. Ἴσον δὲ τὸ ΘΕ τῷ ΗΒ· μεῖζον ἄρα καὶ τὸ ΗΒ τοῦ Γ. Ὧι δὴ μεῖζόν ἐστι τὸ ΗΒ τοῦ Γ, ταύτῃ τῇ ὑπεροχῇ ἴσον, τῷ δὲ Δ ὅμοιον καὶ ὁμοίως κείμενον τὸ αὐτὸ συνεστάτω τὸ ΚΛΜΝ. Ἀλλὰ τὸ Δ τῷ ΗΒ ἐστὶν ὅμοιον· καὶ τὸ ΚΜ ἄρα τῷ ΗΒ ἐστὶν ὅμοιον. Ἔστω οὖν ὁμόλογος ἡ μὲν ΚΛ τῇ ΗΕ, ἡ δὲ ΛΜ τῇ ΗΖ. Καὶ ἐπεὶ ἴσον ἐστὶ τὸ ΗΒ τοῖς Γ, ΚΜ, μεῖζον ἄρα ἐστὶ ΗΒ τοῦ ΚΜ· μείζων ἄρα ἐστὶ καὶ ἡ μὲν ΗΕ τῆς ΛΚ, ἡ δὲ ΗΖ τῆς ΛΜ. Κείσθω τῇ μὲν ΚΛ ἴση ἡ ΗΞ, τῇ δὲ ΛΜ ἴση ἡ ΗΟ, καὶ συμπεπληρώσθω τὸ ΞΗΟΠ παραλληλόγραμμον· ἴσον ἄρα καὶ ὅμοιόν ἐστι τῷ ΚΜ τὸ ΗΠ. Ἀλλὰ τὸ ΚΜ τῷ ΗΒ ὅμοιόν ἐστι· καὶ τὸ ΗΠ ἄρα τῷ ΗΒ ὅμοιόν ἐστι· περὶ τὴν αὐτὴν ἄρα διάμετρόν ἐστι τὸ ΗΠ τῷ ΗΒ. Ἔστω αὐτῶν διάμετρος ἡ ΗΠΒ, καὶ καταγεγράφθω τὸ σχῆμα.

Ἐπεὶ οὖν ἴσον ἐστὶ τὸ ΒΗ τοῖς Γ, ΚΜ, ὧν τὸ ΗΠ τῷ ΚΜ ἐστὶν ἴσον· λοιπὸς ἄρα ὁ ΥΦΧ γνώμων λοιπῷ τῷ Γ ἴσος ἐστίν. Καὶ ἐπεὶ ἴσον ἐστὶ τὸ ΟΡ τῷ ΞΣ, κοινὸν προσκείσθω τὸ ΠΒ· ὅλον ἄρα τὸ ΟΒ ὅλῳ τῷ ΞΒ ἴσον ἐστίν. Ἀλλὰ τὸ ΞΒ τῷ ΤΕ ἐστὶν ἴσον, ἐπεὶ καὶ πλευρὰ ἡ ΑΕ πλευρᾷ τῇ ΕΒ ἐστὶν ἴση· καὶ τὸ ΤΕ ἄρα τῷ ΟΒ ἐστὶν ἴσον. Κοινὸν προσκείσθω τὸ ΞΣ· ὅλον ἄρα τὸ ΤΣ ὅλῳ τῷ ΥΦΧ γνώμονί ἐστιν ἴσον. Ἀλλὰ ὁ ΥΦΧ γνώμων τῷ Γ ἐδείχθη ἴσος· καὶ ΑΠ ἄρα τῷ Γ ἐστὶν ἴσον.

Παρὰ τὴν δοθεῖσαν ἄρα εὐθεῖαν τὴν ΑΒ τῷ δοθέντι εὐθυγράμμῳ τῷ Γ ἴσον παραλληλόγραμμον πα-

ΑΘΓ secabit in puncto aliquo *Θ* (I. 29. Cor. 3.). Hinc proprie duo casus distingui debere videntur, prout punctum *Θ* in ipsa

est ΘE ipso Γ. Aequale autem ΘE ipsi HB; maius igitur et HB ipso Γ. Quo autem maius est HB ipso Γ, ei excessui aequale, ipsi autem Δ simile et similiter positum idem constituatur $K\Lambda MN$ (VI. 25.). Sed Δ ipsi HB est simile; et KM igitur ipsi HB est simile. Sit igitur homologa quidem $K\Lambda$ ipsi HE, ΛM vero ipsi HZ. Et quoniam aequale est HB ipsis Γ, KM, maius igitur est HB ipso KM; maior igitur est et HE ipsa ΛK (VI. 20. Cor. 1.), HZ vero ipsa ΛM. Ponatur (I. 3.) ipsi quidem $K\Lambda$ aequalis $H\Xi$, ipsi vero ΛM aequalis $H\Theta$, et compleatur parallelogrammum $\Xi HO\Pi$; aequale igitur et simile est ipsi KM ipsum $H\Pi$ (VI. 24.). Sed KM ipsi HB simile est; et $H\Pi$ igitur ipsi HB simile est: circa eandem igitur diametrum est $H\Pi$, circa quam HB (VI. 26.). Sit eorum diameter $H\Pi B$, et describatur figura.

Et quoniam aequale est BH ipsis Γ, KM, quorum $H\Pi$ ipsi KM est aequale; reliquus igitur $\Upsilon\Phi X$ gnomon reliquo Γ est aequalis. Et quoniam (I. 43.) aequale est OP ipsi $\Xi\Sigma$, commune apponatur ΠB; totum igitur OB toti ΞB aequale est. Sed ΞB ipsi TE est aequale (I. 36.), quoniam et latus AE lateri EB est aequale; et TE ipsi OB est aequale. Commune apponatur $\Xi\Sigma$; totum igitur $T\Sigma$ toti gnomoni $\Upsilon\Phi X$ est aequale. Sed gnomon $\Upsilon\Phi X$ ipsi Γ ostensus est aequalis; et $A\Pi$ igitur ipsi Γ est aequale.

Secundum datam igitur rectam AB dato rectilineo Γ aequale parallelogrammum applicatum est ΣT, de-

recta HZ, vel in ea producta poni sumas. Atque haec ipsa causa fuisse videtur lectionis variantis, quam ad hunc locum obser-

ραβέβληται τὸ ΣΤ, ἐλλεῖπον εἴδει παραλληλογράμμῳ τῷ ΠΒ ὁμοίῳ ὄντι τῷ Δ, ἐπειδήπερ τὸ ΠΒ τῷ ΗΠ ὅμοιόν ἐστιν. Ὅπερ ἔδει ποιῆσαι.

ΠΡΟΤΑΣΙΣ κθ'.

Παρὰ τὴν δοθεῖσαν εὐθεῖαν τῷ δοθέντι εὐθυγράμμῳ ἴσον παραλληλόγραμμον παραβαλεῖν, ὑπερβάλλον εἴδει παραλληλογράμμῳ ὁμοίῳ τῷ δοθέντι.

Ἔστω ἡ μὲν δοθεῖσα εὐθεῖα ἡ ΑΒ, τὸ δὲ δοθὲν εὐθύγραμμον, ᾧ δεῖ ἴσον παρὰ τὴν ΑΒ παραβαλεῖν, τὸ Γ, ᾧ δὲ δεῖ ὅμοιον ὑπερβαλεῖν, τὸ Δ· δεῖ δὴ παρὰ τὴν ΑΒ εὐθεῖαν τῷ Γ εὐθυγράμμῳ ἴσον παραλληλόγραμμον παραβαλεῖν, ὑπερβάλλον εἴδει παραλληλογράμμῳ ὁμοίῳ τῷ Δ.

Τετμήσθω ἡ ΑΒ δίχα κατὰ τὸ Ε, καὶ ἀναγεγράφθω ἀπὸ τῆς ΕΒ τῷ Δ ὅμοιον καὶ ὁμοίως κείμενον παραλληλόγραμμον τὸ ΒΖ, καὶ συναμφοτέροις μὲν τοῖς ΒΖ, Γ ἴσον, τῷ δὲ Δ ὅμοιον καὶ ὁμοίως κείμενον τὸ αὐτὸ συνεστάτω τὸ ΗΘ· ὅμοιον ἄρα ἐστὶ τὸ ΗΘ τῷ ΕΛ. Ὁμόλογος δὲ ἔστω ἡ μὲν ΚΘ τῇ ΖΛ, ἡ δὲ ΚΗ τῇ ΖΕ. Καὶ ἐπεὶ μεῖζόν ἐστι τὸ ΗΘ τοῦ ΖΒ, μείζων ἄρα ἐστὶ καὶ ἡ μὲν ΚΘ τῆς ΖΛ, ἡ δὲ ΚΗ τῆς ΖΕ. Ἐκβεβλήσθωσαν αἱ ΖΛ, ΖΕ, καὶ τῇ μὲν ΚΘ ἴση ἔστω ἡ ΖΛΜ, τῇ δὲ ΚΗ ἴση ἡ ΖΕΝ, καὶ συμπεπληρώσθω τὸ ΜΝ· τὸ ΜΝ ἄρα τῷ ΗΘ ἴσον τέ ἐστι καὶ ὅμοιον. Ἀλλὰ τὸ ΗΘ τῷ

vavimus. In versione Commandini uterque situs puncti Θ expressus est. Neque tamen id necessario fiet, dum observes, rectam ΑΘΓ, nisi per punctum Z transeat, necessario alterutram rectarum ΗΖ, ΕΖ secare, ubi tum punctum Θ pro puncto

ficiens figura parallelogramma ΠB simili existenti ipsi Δ, quandoquidem ΠB ipsi $H\Pi$ simile est. Quod oportebat facere.

PROPOSITIO XXIX. (Fig. 393.)

Secundam datam rectam dato rectilineo aequale parallelogrammum applicare, excedens figura parallelogramma simili datae.

Sit data recta AB, datum vero rectilineum Γ, cui oportet aequale secundum AB applicare, Δ autem cui oportet simile applicare; oportet igitur secundum AB rectam ipsi Γ rectilineo aequale parallelogrammum applicare, excedens figura parallelogramma simili ipsi Δ.

Secetur AB bifariam in E (I. 9.), et describatur ex EB (VI. 18.) ipsi Δ simile et similiter positum parallelogrammum BZ, et utrisque simul quidem BZ, Γ aequale, ipsi vero Δ simile et similiter positum idem constituatur $H\Theta$ (VI. 25.); simile igitur est $H\Theta$ ipsi $E\Lambda$. Homologa autem sit $K\Theta$ quidem ipsi $Z\Lambda$, KH vero ipsi ZE. Et quoniam maius est parallelogrammum $H\Theta$ ipso ZB, maior igitur est et recta quidem $K\Theta$ ipsa $Z\Lambda$, recta vero KH ipsa ZE. Producantur $Z\Lambda$, ZE, et ipsi quidem $K\Theta$ aequalis sit $Z\Lambda M$ (I. 3.), ipsi vero KH aequalis ZEN et compleatur parallelogrammum MN; ergo MN ipsi $H\Theta$ aequale est

intersectionis cum alterutra harum rectarum sumi potest, adeoque in ea ipsa positum est. Atque ita rem expedit Clavius.

Obs. 2. In conditionibus Theorematis, ut monet Clavius, haud negligi debet ea, parallelogramma non tantum similia,

ΕΛ ἐστὶν ὅμοιον· καὶ τὸ ΜΝ ἄρα τῷ ΕΛ ὅμοιόν ἐστι· περὶ τὴν αὐτὴν ἄρα διάμετρόν ἐστι τὸ ΕΛ τῷ ΜΝ. Ἤχθω αὐτῶν ἡ διάμετρος ἡ ΖΞ, καὶ καταγεγράφθω τὸ σχῆμα.

Ἐπεὶ οὖν ἴσον ἐστὶ τὸ ΗΘ τοῖς ΕΛ, Γ, ἀλλὰ τὸ ΗΘ τῷ ΜΝ ἴσον ἐστί· καὶ τὸ ΜΝ ἄρα τοῖς ΕΛ, Γ ἴσον ἐστίν. Κοινὸν ἀφῃρήσθω τὸ ΕΛ· λοιπὸς ἄρα

sed etiam similiter posita esse debere. Hac enim praetermissa non valeret propositio.

Obs. 3. Idem Clavius directam quoque huius Propositionis demonstrationem addit, ducta nempe recta, quae utramque rectarum *ΑΒ*, *ΒΓ* bisecat, cui deinde ostendit parallelam esse utramque rectarum *ΑΖ*, *ΓΖ*, unde, quum per punctum *Ζ* una tantum recta alteri datae parallela esse possit, necessario in directum erunt puncta *Α*, *Ζ*, *Γ*. Cf. infra Obs. 1. ad VI. 32.

Obs. 4. Denique Clavius monet Propositionem hanc adhuc valere, si duo parallelogramma similia, similiterque posita non habeant angulum communem, sed unum sit extra alterum hac tamen lege, ut duo latera unius cum duobus lateribus alterius duas rectas lineas constituant, nempe, etiam hoc casu parallelogramma circa eandem consistere diametrum, quod eodem modo directe vel indirecte demonstrari poterit. Idemque etiam monet Rob. Simson. ad VI. 32. (Vide infra.)

PROPOSITIO XXVII.

Obs. 1. Robert. Simson. monet secundum casum huius Propositionis habere in Editione nempe Basil. *ἄλλως* ante verba: *ἔστω γὰρ πάλιν* praefixum, quasi alia esset demonstratio, ab imperito, ut videatur, librario adiectum, quam vocem recte omiserit Gregorius (Peyrardus quoque eam iure omittit, nulla variantis huius lectionis mentione facta.) Librarii autem non animadvertisse videntur, a vocibus inde *ἔστω γὰρ πάλιν* casum secundum incipere, cuius negligentiae causa forte in eo

et simile. Sed $H\Theta$ ipsi $E\Delta$ est simile; et MN igitur (VI. 21.) ipsi $E\Delta$ simile est; circa eandem igitur (VI. 26.) diametrum est ipsum $E\Delta$ circa quam MN. Ducatur eorum diameter $Z\Xi$, et describatur figura.

Et quoniam aequale est $H\Theta$ ipsis $E\Delta$, Γ, sed $H\Theta$ ipsi MN aequale est; et MN igitur ipsis $E\Delta$, Γ

quaerenda fuerit, quod in schemate casus secundi non eaedem litterae Alphabeti adhibitae fuerunt, quae in schemete pimi casus, quod utique, ut Rob. Simson notat, fieri debebat. Quo facto haec foret demonstratio.

Ἔστω πάλιν ἡ AB τμηθεῖσα δίχα κατὰ τὸ Γ, καὶ παραβληθὲν παρὰ τὴν AB τὸ $A\Delta$, ἐλλεῖπον εἴδει τῷ ΓE, καὶ παραβεβλήσθω πάλιν παρὰ τὴν AB τὸ AZ παραλληλόγραμμον ἐλλεῖπον τῷ $K\Theta$, ὁμοίῳ τε καὶ ὁμοίως κειμένῳ τῷ ἀπὸ τῆς ἡμισείας τῆς AB τῷ ΓE· λέγω, ὅτι μεῖζόν ἐστι τὸ ἀπὸ τῆς ἡμισείας παραβληθὲν τὸ $A\Delta$ τοῦ AZ. Ἐπεὶ γὰρ ὅμοιόν ἐστι τὸ ΓE τῷ $K\Theta$, περὶ αὐτήν εἰσι διάμετρον. Ἔστω αὐτῶν διάμετρος ἡ ZB, καὶ καταγεγράφθω τὸ σχῆμα. Καὶ ἐπεὶ ἴσον ἐστὶ τὸ $\Delta\Theta$ τῷ ΔH, ἐπεὶ καὶ ἡ ΘN τῇ HN· μεῖζον ἄρα τὸ $\Delta\Theta$ τοῦ OZ. Ἴσον δὲ τὸ $\Delta\Theta$ τῷ ΔK· μεῖζον ἄρα καὶ τὸ ΔK τοῦ OZ. Κοινὸν προσκείσθω τὸ OK· ὅλον ἄρα τὸ $A\Delta$ ὅλον τοῦ AZ μεῖζόν ἐστιν.

Sit rursus (f. 388.) AB secta bifariam in Γ, et applicatum sit ad AB parallelogrammum $A\Delta$, deficiens figura ΓE, et applicetur rursus ad AB parallelogrammum AZ deficicieus figura $K\Theta$ simili et similiter posita ei, quae ex dimidia AB descripta est, nempe ΓE: dico, maius esse parallelogrammum, quod ad dimidiam applicatur, nempe $A\Delta$, parallelogrammo AZ. Quoniam enim simile est ΓE ipsi $K\Theta$, circa eandem diametrum sunt: sit eorum diameter ZB, et descibatur figura. Et, quoniam aequale est $\Delta\Theta$ ipsi ΔH, etenim et ΘN aequalis est ipsi HN; maius igitur $\Delta\Theta$ ipso OZ. Aequale autem $\Delta\Theta$ ipsi ΔK: maius igitur et ΔK ipso OZ. Commune addatur OK: totum igitur $A\Delta$ toto AZ maius est.

ὁ ΨΧΦ γνώμων τῷ Γ ἐστὶν ἴσος. Καὶ ἐπεὶ ἴση ἐστὶν ἡ ΑΕ τῇ ΕΒ, ἴσον ἐστὶ καὶ τὸ ΑΝ τῷ ΝΒ. τουτέστι τῷ ΛΟ. Κοινὸν προςκείσθω τὸ ΕΞ· ὅλον ἄρα τὸ ΑΞ ἴσον ἐστὶ τῷ ΦΧΨ γνώμωνι. Ἀλλὰ ὁ ΦΧΨ γνώμων τῷ Γ ἴσος ἐστί· καὶ τὸ ΑΞ ἄρα τῷ Γ ἴσον ἐστίν.

Παρὰ τὴν δοθεῖσαν ἄρα εὐθεῖαν τὴν ΑΒ τῷ δοθέντι εὐθυγράμμῳ τῷ Γ ἴσον παραλληλόγραμμον παραβέβληται τὸ ΑΞ, ὑπερβάλλον εἴδει παραλληλογράμμῳ τῷ ΠΟ ὁμοίῳ ὄντι τῷ Δ, ἐπεὶ καὶ τῷ ΕΛ ἐστὶν ὅμοιον τὸ ΟΠ. Ὅπερ ἔδει ποιῆσαι.

ΠΡΟΤΑΣΙΣ λ'.

Τὴν δοθεῖσαν 1) εὐθεῖαν πεπερασμένην ἄκρον καὶ μέσον λόγον τεμεῖν.

1) Austin. refert, pro voce: δοθεῖσαν se in omnibus graecis exemplaribus reperire τιθεῖσαν, quam vocem etiam Campanus et Tartalea per „propositam" explicent. At nec Peyrardus nec Gregorius quidquam circa vocem δοθεῖσαν, quam ipsi habent, monent, editio autem Basileensis habet: τιθεῖσαν.

Ita statim apparet, casum secundum a primo eo tantum differre, quod in illo basis *AK* parallelogrammi *AZ* minor sit, quam *AΓ* dimidia rectae *AB*, in hoc contra maior.

Obs. 2. Quum plures queri soleant, sensum huius propositionis, pariterque duarum sequentium esse satis obscurum, is paullo clarius ita forte exprimi posse videtur: si recta aliqua *AB* (Fig. 386. 388.) bifariam dividatur in *Γ*, et super dimidia *BΓ* constituatur parallelogrammum quodcunque *ΓE*, cuius diameter sit *BΔ*, et compleatur totum parallelogrammum *ABEO*, tum dicitur pararallelogrammum super dimidia *AΓ* constitutum, applicatum esse secundum rectam *AB*, deficiens parallelogrammo *ΓE*. Quodsi iam in diametro *BΔ* ipsa, aut

aequale est. Commune auferatur $E\Delta$; reliquus igitur $\Psi X\Phi$ gnomon ipsi Γ est aequalis. Et quoniam aequalis est AE ipsi EB, aequale est (I. 36.) et AN ipsi NB, hoc est (I. 43.) ipsi ΔO. Commune apponatur $E\Xi$; totum igitur $A\Xi$ aequale est gnomoni $\Phi X\Psi$ Sed $\Phi X\Psi$ gnomon ipsi Γ aequalis est; et $A\Xi$ igitur ipsi Γ aequale est.

Secundum datam igitur rectam AB dato rectilineo Γ aequale parallelogrammum applicatum est $A\Xi$, excedens figura parallelogramma ΠO simili ipsi Δ, quoniam et ipsi $E\Delta$ simile est $O\Pi$. Quod oportebat facere.

PROPOSITIO XXX. (Fig. 395.)

Datam rectam terminatam secundum extremam et mediam rationem secare.

producta sumatur punctum quodcunque Z, et per illud ducantur rectae $HZ\Theta$, ZK, quae sint parallelae rectis AB, $B\Theta$: dicetur parallelogrammum AZ super recta AK constitutum applicari secundum rectam AB ita, ut deficiat parallelogrammo $K\Theta$ simili et similiter posito (VI. 26.) parallelogrammo ΓE, et demonstrari poterit, parallelogrammum $A\Delta$ super dimidia recta $A\Gamma$ constitutum maius esse quocunque parallelogrammo AZ hac ratione super alio segmento rectae AB nempe AK constituto. Ita fere Clavius.

Obs. 3. Differentia, qua parallelogrammum $A\Delta$ superat alterum AZ, aequalis est parallelogrammo $Z\Delta$ simili et similiter posito parallelogrammo ΓE. Huius parallelogrammi $Z\Delta$ unum latus $ZN = K\Gamma$ (I. 34.) $= A\Gamma - AK$ (vel $AK - A\Gamma$) alterum $N\Delta$: $\left\{\frac{ZN}{K\Gamma}\right. = \Delta\Gamma : \Gamma B = ZK : KB$ (VI. 4.). Ex schedis Pfleiderer. Hinc eodem observante sequens emergit propositionis huius enunciatum magis determinatum: parallelogram-

Ἔστω ἡ δοθεῖσα εὐθεῖα πεπερασμένη ἡ *AB*· δεῖ δὴ τὴν *AB* εὐθεῖαν ἄκρον καὶ μέσον λόγον τεμεῖν.

Ἀναγεγράφθω γὰρ ἀπὸ τῆς *AB* τετράγωνον τὸ *BΓ*, καὶ παραβεβλήσθω παρὰ τὴν *AΓ* τῷ *BΓ* ἴσον παραλληλόγραμμον τὸ *ΓΔ*, ὑπερβάλλον εἴδει τὸ *AΔ* ὁμοίῳ τῷ *BΓ*.

Τετράγωνον δέ ἐστι τὸ *BΓ*· τετράγωνον ἄρα ἐστὶ καὶ τὸ *AΔ*. Καὶ ἐπεὶ ἴσον ἐστὶ τὸ *BΓ* τῷ *ΓΔ*, κοινὸν ἀφῃρήσθω τὸ *ΓE*· λοιπὸν ἄρα τὸ *BZ* λοιπῷ τῷ *AΔ* ἐστὶν ἴσον. Ἔστι δὲ αὐτῷ καὶ ἰσογώνιον· τῶν *BZ*, *AΔ* ἄρα ἀντιπεπόνθασιν αἱ πλευραὶ, αἱ περὶ τὰς ἴσας γωνίας· ἔστιν ἄρα ὡς ἡ *ZE* πρὸς τὴν *EΔ* οὕτως ἡ *AE* πρὸς τὴν *EB*. Ἴση δὲ ἡ μὲν *ZE* τῇ *AΓ*, τουτέστι τῇ *AB*, ἡ δὲ *EΔ* τῇ *AE*· ἔστιν ἄρα ὡς ἡ *BA* πρὸς τὴν *AE* οὕτως ἡ *AE* πρὸς τὴν *EB*. Μείζων δὲ ἡ *AB* τῆς *AE*· μείζων ἄρα καὶ ἡ *AE* τῆς *EB*.

morum sub dato angulo *A* secundum rectam datam applicatorum et deficientium (ab parallelogrammis aequiangulis et similibus inter easdem parallelas super tota *AB*) parallelogrammis similibus ac similiter positis, maximum est, quod ad $A\Gamma = \frac{AB}{2}$ applicatur, nempe hoc excedit aliud quodcunque parallelogrammo simili similiterque posito iis, quibus deficiunt, cuius unum latus aequale est differentiae ipsius *AΓ* et segmenti rectae *AB*, cui alterum parallelogrammum insistit.

Obs. 4. Casus particularis, ad maxime memorabilis, et saepissime occurrens is est, quo parallelogramma, de quibus agitur, fiunt rectangula, et simul $\Gamma\Delta = \Gamma B = \Gamma A$, adeoque *AΔ* in quadratum abit, pariter ac *ΓE*, unde et $KZ = KB$. Hoc casu propositio mutatur in hanc: ex omnibus rectangulis, quorum latera sunt segmenta rectae datae, maximum est quadratum

Sit data recta terminata AB; oportet igitur AB rectam secundum extremam et mediam rationem secare.

Describatur enim (I. 46.) ex AB quadratum $B\Gamma$, et applicetur (VI. 29.) secundum $A\Gamma$ ipsi $B\Gamma$ aequale parallelogrammum $\Gamma\Delta$, excedens figura $A\Delta$ simili ipsi $B\Gamma$.

Quadratum autem est $B\Gamma$; quadratum igitur est et $A\Delta$. Et quoniam aequale est $B\Gamma$ ipsi $\Gamma\Delta$, commune auferatur ΓE; reliquum igitur BZ reliquo $A\Delta$ est aequale. Est autem et ipsi aequiangulum; ipsorum BZ, $A\Delta$ igitur (VI. 14.) reciproca sunt latera circa aequales angulos; est igitur ut ZE ad $E\Delta$ ita AE ad EB. Aequalis autem est ZE ipsi $A\Gamma$, (I. 34.) hoc est ipsi AB, et $E\Delta$ ipsi AE; est igitur ut BA ad AE ita AE ad EB. Maior autem AB ipsa AE; major igitur et AE ipsa EB.

super dimidia recta. (Hoc nempe excedit rectangulum quodcunque ipsi ipsoperimetrum quadrato, cuius latus aequale es, differentiae inter latus prioris quadrati et latus quodcunque illius rectanguli.) Atque haec propositio eadem est cum ea, quam habuimus in II. 5. Cor. 1., quae itaque casus particularis est VI. Prop. 27. (vid. Pfleidereri Schol. in Libr. 2. §. 33. sqq.) Playfair. loco generalioris propositionis Euclideact quam in elementis haud necessariam esse indicat, tantum hunc casum particular... , utpote saepissime obvium, et tironibus magis accomodatum et sufficientem posuit, et similiter etiam in duabus sequentibus propositionibus versatus est. Paullo generalior adhuc maneret propositio, si parallelogrammum super dimidia AB descriptum foret quidem aequilaterum, a non rectangulum.

Ἡ ἄρα AB εὐθεῖα ἄκρον καὶ μέσον λόγον τέτμηται κατὰ τὸ E, καὶ τὸ μεῖζον αὐτῆς τμῆμά ἐστι τὸ AE. Ὅπερ ἔδει ποιῆσαι [1].

Α Λ Λ Ω Σ.

Ἔστω ἡ δοθεῖσα εὐθεῖα ἡ AB· δεῖ δὴ τὴν AB ἄκρον καὶ μέσον λόγον τεμεῖν.

Τετμήσθω γὰρ ἡ AB κατὰ τὸ Γ, ὥστε τὸ ὑπὸ τῶν AB, $B\Gamma$ ἴσον εἶναι τὸ ἀπὸ τῆς $A\Gamma$ τετραγώνῳ.

Ἐπεὶ οὖν τὸ ὑπὸ τῶν AB, $B\Gamma$ ἴσον ἐστὶ τῷ ἀπὸ τῆς ΓA· ἔστιν ἄρα ὡς ἡ AB πρὸς τὴν $A\Gamma$ οὕτως ἡ $A\Gamma$ πρὸς τὴν ΓB. Ἡ ἄρα AB ἄκρον καὶ μέσον λόγον τέτμηται κατὰ τὸ Γ. Ὅπερ ἔδει ποιῆσαι.

Π Ρ Ο Τ Α Σ Ι Σ λά.

Ἐν τοῖς ὀρθογωνίοις τριγώνοις, τὸ ἀπὸ τῆς τὴν ὀρθὴν γωνίαν ὑποτεινούσης πλευρᾶς εἶδος ἴσον ἐστὶ

1) Austin. refert, hic legi: ὅπερ ἔδει δεῖξαι, et inde argumentatur inter alia, haud ab Euclide esse hanc propositionem. Peyrardus autem et Gregorius habent: ὅπερ ἔδει ποιῆσαι, Basileensis hic quidem legit: δεῖξαι, at post alteram demonstrationem pariter habet: ποιῆσαι.

Obs. 5. Si secundum eandem rectam AB (Fig. 389.) applicentur parallelogramma AZ, $A\zeta$, deficientia parallelogrammis BZ, $B\zeta$ similibus et similiter positis, parallelogrammo $A\Delta$ vel $B\Delta$, quod a rectae AB dimidio describitur, ita tamen, ut sit $AK = B\varkappa$, vel $\Gamma K = \Gamma\varkappa$, parallelogramma AZ, $\Gamma\zeta$ erunt aequalia. Nam, quum ex hyp. sint parallelogramma BZ, $B\Delta$ similia et similiter posita parallelogrammo $B\Delta$ communem cum eo angulum habenti, erunt BZ, $B\Delta$ circa eandem diametrum: et ex simili ratione erunt $B\zeta$, $B\Delta$ circa eandem diametrum (VI. 26.) adeoque puncta Z, Δ, ζ, B erunt in eadem recta.

Ipsa igitur AB recta secundum extremam et mediam rationem secta est in E, et maius eius segmentum est AE. Quod oportebat facere.

ALITER. (Fig. 396.)

Sit data recta AB; oportet rectam AB secundum extremam et mediam rationem secare.

Secetur enim AB in Γ, ita (II. 11.) ut rectangulum sub AB, $B\Gamma$, aequale sit quadrato ex $A\Gamma$.

Et quoniam rectangulum sub AB, $B\Gamma$ aequale est quadrato ex ΓA; est igitur (VI. 17.) ut AB ad $A\Gamma$ ita $A\Gamma$ ad ΓB; ergo (VI. Def. 3.) AB secundum extremam et mediam rationem secta est in Γ. Quod oportebat facere.

PROPOSITIO XXXI. (Fig. 396.)

In rectangulis triangulis figura ex latere rectangulum angulum subtendente aequalis est figuris ex lateri-

Erit itaque (I. 43.) parallelogrammum $K\zeta$ aequale parallelogrammo $\Theta\zeta$ (I. 43.). At ob $B\varkappa = AK$ (hyp.) vel $M\Theta = HZ$, erit parallelogrammum $\Theta\zeta = H\Lambda$, itaque et $K\zeta = H\Lambda$, additoque communi $A\Lambda$, erit $AZ = A\zeta$ (Whiston. Cor. 1. ad VI. 27.). Aliter ita: quum parallelogrammum $B\Delta$, vel id, quod ei aequale est, $A\Delta$ superet, ut ex demonstr. VI. 27. patet, parallelogrammum $A\zeta$ parallelogrammo $\Delta\zeta$; pariterque parallelogrammum $A\Delta$ superet parallelogrammum AZ parallelogrammo $\Lambda\Delta$, sit autem, ob $K\Gamma = \Gamma\varkappa$ (hyp.), etiam parallelogrammum $\Delta\zeta = \Lambda\Delta$, erit $A\zeta = AZ$. Contra, si sit $AZ = A\zeta$, caeteris ut ante manentibus, erit $\Gamma\varkappa = \Gamma K$ Nam parallelogramma aequalia ΛZ, $\Lambda\zeta$ aequaliter different a parallelogrammo $\Lambda\Delta$, nempe parallelogrammis $\Lambda\Delta$, $\Delta\zeta$: itaque $\Lambda\Delta$, $\Delta\zeta$ aequalia erunt, unde erit $\Lambda N = N\zeta$ (Obs. ad I. 36.), adeoque $\Gamma K = \Gamma\varkappa$ (I. 34.) Simul

τοῖς ἀπὸ τῶν τὴν ὀρθὴν γωνίαν περιεχουσῶν πλευρῶν εἴδεσι, τοῖς ὁμοίοις τε καὶ ὁμοίως ἀναγραφομένοις.

Ἔστω τρίγωνον ὀρθογώνιον τὸ ΑΒΓ, ὀρθὴν ἔχον τὴν ὑπὸ ΒΑΓ γωνίαν· λέγω ὅτι τὸ ἀπὸ τῆς ΒΓ εἶδος ἴσον ἐστὶ τοῖς ἀπὸ τῶν ΒΑ, ΑΓ εἴδεσι, τοῖς ὁμοίοις τε καὶ ὁμοίως ἀναγραφομένοις.

Ἤχθω κάθετος ἡ ΑΔ.

Ἐπεὶ οὖν ἐν ὀρθογωνίῳ τριγώνῳ τῷ ΑΒΓ, ἀπὸ τῆς πρὸς τὸ Α ὀρθῆς γωνίας ἐπὶ τὴν ΒΓ βάσιν κάθετος ἦκται ἡ ΑΔ· τὰ ΑΒΔ, ΑΔΓ ἄρα πρὸς τῇ καθέτῳ τρίγωνα ὅμοιά ἐστι τῷ τε ὅλῳ τῷ ΑΒΓ καὶ ἀλλήλοις. Καὶ ἐπεὶ ὅμοιόν ἐστι τὸ ΑΒΓ τῷ ΑΒΔ, ἔστιν ἄρα ὡς ἡ ΓΒ πρὸς τὴν ΒΑ οὕτως ἡ ΑΒ πρὸς τὴν ΒΔ. Καὶ ἐπεὶ τρεῖς εὐθεῖαι ἀνάλογόν εἰσιν, ἔστιν ὡς ἡ πρώτη πρὸς τὴν τρίτην οὕτως τὸ ἀπὸ τῆς πρώτης εἶδος πρὸς τὸ ἀπὸ τῆς δευτέρας, τὸ ὅμοιον

patet, esse etiam $AK = B\varkappa$, adeoque $AK + A\varkappa = AB$. Cf. Whiston. Cor. 2. ad VI. 27.

PROPOSITIO XXVIII.

Obs. 1. Ex iis, quae in Obs. 4. ad VI. 27. dicta sunt, emergit casu secundo alia adhuc huius problematis solutio. Factis nempe, ut ante (Fig. 391.) parallelogrammis *EBZH*, *AEHΘ* dato *Δ* similibus, producatur ipsius *EBZH* latus *EH*, et diameter *BH*, fiatque in angulo ipsi *EHZ* ad verticem opposito parallelogrammum *Hoπξ* aequale ipsi *KΛMN* i. e. aequale excessui parallelogrammi *EBZH* super figuram *Γ*, ipsique *EBZH* simile, similiterque positum. Erit itaque *Hπ* simile et aequale *HΠ* in constructione priori, et productis rectis *πξ*, *AΘ*, usquedum in *γ*, pariterque rectis *πξ*, *BZ*, usquedum in *ρ* conveniant, ob $Eo = Ho = \Lambda M = HO$ (constr.) $= E\Sigma$, erit

bus rectumangulum subtendentibus, similibus et similiter descriptis.

Sit triangulum rectangulum $AB\Gamma$, rectum habens $BA\Gamma$ angulum; dico figuram ex $B\Gamma$ aequalem esse figuris ex BA, $A\Gamma$, similibus et similiter descriptis.

Ducatur perpendicularis $A\Delta$.

Quoniam igitur in triangulo rectangulo $AB\Gamma$, ab angulo recto ad A super basim $B\Gamma$ ducta est perpendicularis $A\Delta$; erunt triangula $AB\Delta$, $A\Delta\Gamma$, quae sunt ad perpendicularem similia et toti $AB\Gamma$ et inter se (VI. 8.) Et quoniam simile est $AB\Gamma$ ipsi $AB\Delta$, est igitur ut ΓB ad BA ita AB ad $B\Delta$. Et quoniam tres rectae proportionales sunt, est ut prima ad tertiam ita figura ex prima ad figuram ex secunda, similem et similiter descriptam; (VI. 20. Cor. 2.) ut igitur ΓB

(VI. 27. Obs. 4.) $A\pi = A\Pi =$ dato rectilineo Γ. Et, quum $B\pi$ sit simile et similiter positum ipsi BH i. e. ipsi Δ (VI. 24.), erit $A\pi$ secundum datam rectam AB applicatum aequale dato Γ, ita ut deficiat figura parallelogramma BH simili et similiter posita ipsi Δ. Duplex itaque solutio locum habet, neque tamen ad alteram hanc obtinendam nova constructione opus est, quum (Obs. 5. ad VI. 27.) semper $A\sigma = B\Sigma$, adeoque una $A\Sigma$ cognita, altera $A\sigma = AB - A\Sigma$ semper simul innotescat. Whiston. Schol. ad VI. 28. et Cor. 2. ad eandem.

Obs. 2. Si parallelogrammum datum Δ quadratum fuerit, problema sic effertur: secundum datam rectam AB dato rectilineo Γ aequale rectangulum applicare, deficiens quadrato: oportet autem datum rectilineum Γ non maius esse quadrato super dimidia AE vel EB. (Ita Whiston in Cor. 1. ad VI. 28. et Rob. Simson. in Not. ad h. l.) Aliter ita: datam re-

καὶ ὁμοίως ἀναγραφόμενον· ὡς ἄρα ἡ ΓΒ πρὸς τὴν ΒΔ οὕτως τὸ ἀπὸ τῆς ΓΒ εἶδος πρὸς τὸ ἀπὸ τῆς ΒΑ, τὸ ὅμοιον καὶ ὁμοίως ἀναγραφόμενον. Διὰ τὰ αὐτὰ δὴ καὶ ὡς ἡ ΒΓ πρὸς τὴν ΓΔ οὕτως τὸ ἀπὸ τῆς ΒΓ εἶδος πρὸς τὸ ἀπὸ τῆς ΓΑ· ὥστε καὶ ὡς ἡ ΒΓ πρὸς τὰς ΒΔ, ΔΓ οὕτως τὸ ἀπὸ τῆς ΒΓ εἶδος πρὸς τὸ ἀπὸ τῶν ΒΑ, ΑΓ, τὰ ὅμοια καὶ ὁμοίως ἀναγραφόμενα. Ἴση δὲ ἡ ΒΓ ταῖς ΒΔ, ΔΓ· ἴσον ἄρα καὶ τὸ ἀπὸ τῆς ΒΓ εἶδος τοῖς ἀπὸ τῶν ΒΑ, ΑΓ εἴδεσι, τοῖς ὁμοίοις τε καὶ ὁμοίως ἀναγραφομένοις. Ἐν ἄρα τοῖς, καὶ τὰ ἑξῆς.

ΑΛΛΩΣ.

Ἐπεὶ τὰ ὅμοια σχήματα ἐν διπλασίονι λόγῳ ἐστὶ τῶν ὁμολόγων πλευρῶν, τὸ ἀπὸ τῆς ΒΓ ἄρα εἶδος

etiam *AB* ita dividere, ut rectangulum inter segmenta eius contentum aequale sit dato spatio: hoc spatium autem oportet non maius esse quadrato ex linea dimidia. Ita Playfair. rem exprimit, qui hunc modo casum particularem huius problematis, utpote maxime necessarium exprimit. Aliter problema ita enunciari potest: data summa *AB* laterum trianguli, et rectangulo ipso magnitudine dato, latera invenire. Vid. Rob. Simson. l. c. Potest autem hic casus particularis brevius multo ac generalis ille construi. Nempe datum spatium rectilineum, cui aequale constituendum est rectangulum inter segmenta rectae *AB*, vel quadratum erit, vel non. Priore casu quomodo res efficiatur, iam ostensum fuit in Obs. 3. ad II. 14., unde eo remittimus lectorem. Poterit tamen etiam huic casui applicari solutio problematis generalis. Posterior casus ope VI. 25. facile ad priorem revocari poterit. Eius autem casus, sub posteriore hoc comprehensi, quo spatium rectilineum datum est rectangulum (qui ope VI. 13. et VI. 17. vel ope II. 14. etiam

ad $B\Delta$ ita figura ex $B\Gamma$ ad figuram ex $B\Delta$, similem et similiter descriptam. Eadem ratione et ut $B\Gamma$ ad $\Gamma\Delta$ ita figura ex $B\Gamma$, ad figuram ex $\Gamma\Delta$; quare et ut $B\Gamma$ ad ipsas $B\Delta$, $\Delta\Gamma$ ita figura ex $B\Gamma$ ad figuras ex $B\Delta$, $\Delta\Gamma$, similes et similiter descriptas. Aequalis autem $B\Gamma$ ipsis $B\Delta$, $\Delta\Gamma$; igitur et figura ex $B\Gamma$ aequalis figuris ex $B\Delta$, $\Delta\Gamma$, similibus et similiter descriptis. Ergo in rectangulis, etc.

ALITER.

Quoniam (VI. 23.) similes figurae in dupla ratione sunt laterum homologorum, figura ex $B\Gamma$ ad figuram ex

facile ad priorem reduci poterat), sequentem solutionem habet Rob. Simson. in Not. ad VI. 28. desumtam ex Willebrordi Snellii Apollonio Batavo, et Halleio in Schol. ad Prop. 18. libri 8. Conicor. Apollonii. Sit nempe data recta AB (Fig. 392.), datum autem rectangulum, quod rectis Γ, Δ, continetur, non maius existens quadrato ex dimidio rectae AB: oportet secundum datam rectam AB dato rectangulo $\Gamma \times \Delta$ aequale rectangulum applicare, deficiens quadrato. Ducantur AE, BZ ad rectos angulos ipsi AB, et ad easdem eius partes, quarum AE quidem aequalis sit Γ, BZ vero Δ. Bifariam secetur iuncta EZ in I, centroque I, intervallo IE describatur circulus, occurratque rectae AE rursus in H, et iungatur HZ, cui parallela ducatur IK, et ad AB ducatur $I\Lambda$ parallela rectae AE. Quoniam igitur angulus EHZ in semicirculo aequalis est recto EAB, parallelae erunt AB, HZ, et parallelae sunt AH, BZ, quare AH aequalis est BZ et rectangulum $EA \times AH$ aequale erit ipsi $EA \times BZ$, hoc est rectangulo $\Gamma \times \Delta$. Et, quoniam aequales

πρὸς τὸ ἀπὸ τῆς ΒΑ εἶδος διπλασίονα λόγον ἔχει ἤπερ ἡ ΓΒ πρὸς τὴν ΒΑ. Ἔχει δὲ καὶ τὸ ἀπὸ τῆς ΒΓ τετράγωνον πρὸς τὸ ἀπὸ τῆς ΒΑ τετράγωνον διπλασίονα λόγον ἤπερ ἡ ΓΒ πρὸς τὴν ΒΑ· καὶ ὡς ἄρα τὸ ἀπὸ τῆς ΓΒ εἶδος πρὸς τὸ ἀπὸ τῆς ΒΑ εἶδος οὕτως τὸ ἀπὸ τῆς ΓΒ τετράγωνον πρὸς τὸ ἀπὸ τῆς ΒΑ τετράγωνον. Διὰ τὰ αὐτὰ δὴ καὶ ὡς τὸ ἀπὸ τῆς ΒΓ εἶδος πρὸς τὸ ἀπὸ τῆς ΓΑ εἶδος οὕτως τὸ τῆς ΒΓ τετράγωνον πρὸς τὸ ἀπὸ τῆς ΓΑ τετράγωνον· ὥςτε καὶ ὡς τὸ ἀπὸ τῆς ΒΓ εἶδος πρὸς τὰ ἀπὸ τῶν ΒΑ, ΑΓ εἴδη οὕτως τὸ ἀπὸ τῆς ΒΓ τετράγωνον πρὸς τὰ ἀπὸ τῶν ΒΑ, ΑΓ τετράγωνα. Ἴσον δὲ τὸ ἀπὸ τῆς ΒΓ τετράγωνον τοῖς ἀπὸ τῶν ΒΑ, ΑΓ τετραγώνοις· ἴσον ἄρα καὶ τὸ ἀπὸ τῆς ΒΓ εἶδος τοῖς ἀπὸ τῶν ΒΑ, ΑΓ εἴδεσι, τοῖς ὁμοίοις τε καὶ ὁμοίως ἀναγραφομένοις. Ὅπερ ἔδει δεῖξαι.

ΠΡΟΤΑΣΙΣ λβ′.

Ἐὰν δύο τρίγωνα συντεθῇ κατὰ μίαν γωνίαν, τὰς δύο πλευρὰς ταῖς δυσὶ πλευραῖς ἀνάλογον ἔχοντα,

AI, *BZ* inter se parallelae, aequales erunt *AA*, *AB*, et aequales etiam sunt (III. 3.) *EK*, *KH*. Est autem, ob determinationem, rectangulum $\Gamma \times \Delta$ non maius quadrato ex *AA* dimidio ipsius *AB*, ergo et rectangulum $EA \times AH$ non maius est quadrato ex *AA* h. e. ex *IK*: commune addatur quadratum ex *KE*, et quadratum ex *AK* (II. 6.) non maius erit quadratis ex *EK*, *IK* h. e. quadrato ex *IE*: quare recta *AK* seu *IA* non maior est ipsa *IE*. Et, siquidem *IE* aequalis fuerit ipsi *IA*, circulus *EHZ* continget rectam *AB* in *Δ*, et quadratum ex *AA* (III. 36.) aequale erit rectangulo $EA \times AH$, sive dato rectangulo $\Gamma \times \Delta$, et factum erit, quod proponebatur. Si vero

BA duplam rationem habet eius quam habet ΓB ad BA. Habet autem et quadratum ex $B\Gamma$ (VI. 20. Cor. 1.) ad quadratum ex BA duplam rationem eius quam ΓB ad BA; ut igitur (V. 11.) figura ex $B\Gamma$ ad figuram ex BA ita quadratum ex ΓB ad quadratum ex BA. Ex eadem ratione et ut figura ex $B\Gamma$ ad figuram ex ΓA ita quadratum ex $B\Gamma$ ad quadratum ex ΓA; quare et ut figura ex $B\Gamma$ ad figuras ex BA, $A\Gamma$ ita quadratum ex $B\Gamma$ ad quadrata ex BA, $A\Gamma$. Aequale autem quadratum ex $B\Gamma$ (I. 47.) quadratis ex AB, $A\Gamma$ aequalis igitur et figura ex $B\Gamma$ figuris ex BA, $A\Gamma$ similibus et similiter descriptis. Quod oportebat ostendere.

PROPOSITIO XXXII. (Fig. 397.)

Si duo triangula componantur secundum unum angulum, duo latera duobus lateribus proportionalia ha-

sunt EI, IZ, et AE, inaequales fuerint IE, $I\Delta$, erit IE maior, et propterea circulus EHZ secabit rectam AB; secet in M, N punctis, et super NB describatur quadratum $NBO\Pi$, et compleatur rectangulum $AN\Pi\Theta$. Quoniam igitur aequales sunt MA, AN, et aequales ostensae sunt $A\Delta$, ΔB, aequales erunt AM, NB. Rectangulum igitur $AN \times NB$ aequale est ipsi $NA \times AM$, hoc est (III. 36. Cor.) rectangulo $E\Delta \times \Delta H$, sive rectangulo $\Gamma \times \Delta$. Rectangulum vero $AN \times NB$ est ipsum $A\Pi$, est enim ΠN = NB. Ergo rectangulum $A\Pi$ aequale est rectangulo $\Gamma \times \Delta$. Igitur secundum datam rectam AB dato $\Gamma \times \Delta$ rectangulo aequale

ὥστε τὰς ὁμολόγους αὐτῶν πλευρὰς καὶ παραλλήλους εἶναι· αἱ λοιπαὶ τῶν τριγώνων πλευραὶ ἐπ' εὐθείας ἔσονται.

Ἔστω δύο τρίγωνα τὰ $ΑΒΓ$, $ΔΓΕ$, τὰς δύο πλευρὰς τὰς $ΒΑ$, $ΑΓ$ ταῖς δυσὶ πλευραῖς ταῖς $ΓΔ$, $ΔΕ$ ἀνάλογον ἔχοντα, ὡς μὲν τὴν $ΑΒ$ πρὸς τὴν $ΑΓ$ οὕτως τὴν $ΔΓ$ πρὸς τὴν $ΔΕ$, παράλληλον δὲ τὴν μὲν $ΑΒ$ τῇ $ΔΓ$, τὴν δὲ $ΑΓ$ τῇ $ΔΕ$· λέγω ὅτι ἐπ' εὐθείας ἐστὶν ἡ $ΒΓ$ τῇ $ΓΕ$.

Ἐπεὶ γὰρ παράλληλός ἐστιν ἡ $ΑΒ$ τῇ $ΔΓ$, καὶ εἰς αὐτὰς ἐμπέπτωκεν εὐθεῖα ἡ $ΑΓ$, καὶ αἱ ἐναλλὰξ γωνίαι αἱ ὑπὸ $ΒΑΓ$, $ΑΓΔ$ ἴσαι ἀλλήλαις εἰσίν. Διὰ τὰ αὐτὰ δὴ καὶ ἡ ὑπὸ $ΓΔΕ$ τῇ ὑπὸ $ΑΓΔ$ ἐστὶν ἴση· ὥστε καὶ ἡ ὑπὸ $ΒΑΓ$ τῇ ὑπὸ $ΓΔΕ$ ἐστὶν ἴση. Καὶ ἐπεὶ δύο τρίγωνά ἐστι τὰ $ΑΒΓ$, $ΔΓΕ$ μίαν γωνίαν τὴν πρὸς τῷ $Α$ μιᾷ γωνίᾳ τῇ πρὸς τῷ $Δ$ ἴσην ἔχοντα, περὶ δὲ τὰς ἴσας γωνίας τὰς πλευρὰς ἀνάλογον, ὡς τὴν $ΒΑ$ πρὸς τὴν $ΑΓ$ οὕτως τὴν $ΓΔ$ πρὸς τὴν $ΔΕ$· ἰσογώνιον ἄρα ἐστὶ τὸ $ΑΒΓ$ τρίγωνον τῷ $ΔΓΕ$ τριγώνῳ· ἴση ἄρα ἡ ὑπὸ $ΑΒΓ$ γωνία τῇ ὑπὸ $ΔΓΕ$. Ἐδείχθη δὲ καὶ ἡ ὑπὸ $ΑΓΔ$ τῇ ὑπὸ $ΒΑΓ$ ἴση· ὅλη

rectangulum $AП$ applicatum est deficiens quadrato $BП$, quod facere oportebat.

Obs. 3. Data recta AB, et rectilineo, per hanc propositionem et observationem praecedentem habebitur NB vel $NП$ latus quadrati, quo deficit rectangulum $AП$ rectilineo dato aequale, et secundum datam rectam AB applicatum. Pro quantitate incognita NB vel $NП$ ponatur y, unde $AO = AB \times y$, et $NO = yq$, ergo $AП = AB \times y - yq$, vel $Γ \times Δ = AB \times y - yq$. Atque haec est prima aequationum affectarum quadraticarum species seu forma, quam ex hac Prop. 28. solverunt geometrae

bentia, ita ut homologa eorum latera et parallela sint; reliqua triangulorum latera in directum erunt.

Sint duo triangula $AB\Gamma$, $\Delta\Gamma E$, duo latera BA, $A\Gamma$ duobus lateribus $\Gamma\Delta$, ΔE proportionalia habentia ut AB quidem ad $A\Gamma$ ita $\Delta\Gamma$ ad ΔE, parallela vero sit AB ipsi $\Delta\Gamma$, $A\Gamma$ vero ipsi ΔE; dico $B\Gamma$ in directum esse ipsi ΓE.

Quoniam enim parallela est AB ipsi $\Delta\Gamma$, et in ipsas incidit recta $A\Gamma$, alterni anguli $BA\Gamma$, $A\Gamma\Delta$ aequales inter se sunt (I. 29.) Ex eadem ratione et $\Gamma\Delta E$ ipsi $A\Gamma\Delta$ est aequalis; quare et $BA\Gamma$ ipsi $\Gamma\Delta E$ est aequalis. Et quoniam duo triangula sunt $AB\Gamma$, $\Delta\Gamma E$ unum angulum ad A uni angulo ad Δ aequalem habentia, circa aequales autem angulos latera proportionalia, ut BA ad $A\Gamma$ ita $\Gamma\Delta$ ad ΔE; aequiangulum est (VI. 6.) triangulum $AB\Gamma$, triangulo $\Delta\Gamma E$; aequalis igitur angulus $AB\Gamma$ ipsi $\Delta\Gamma E$. Ostensus autem est et $A\Gamma\Delta$ ipsi $BA\Gamma$ aequalis; totus igitur $A\Gamma E$ duobus $AB\Gamma$, $BA\Gamma$ aequalis est. Communis appo-

veteres, inveniendo quantitatem incognitam NB, vel NH per applicationem rectanguli dato rectangulo aequalis secundum datam rectam AB et deficientis quadrato. Et ipsa etiam regula, qua ad solvendas aequationes huius formae utuntur recentiores, ex huius Prop. 28. constructione, vel, quod idem est, ex constructione in Obs. 3. ad II. 14. allata deduci potest (Whiston. Cor. 2. et 3. ad VI. 28.). Obtinebitur nempe $HE = AE - BZ = \Gamma - \Delta$, et $KE = \frac{HE}{2} = \frac{\Gamma - \Delta}{2}$, et ob $KI = AA =$

ἄρα ἡ ὑπὸ ΑΓΕ δυσὶ ταῖς ὑπὸ ΑΒΓ, ΒΑΓ ἴση ἐστίν. Κοινὴ προςκείσθω ἡ ὑπὸ ΑΓΒ· αἱ ἄρα ὑπὸ ΑΓΕ, ΑΓΒ ταῖς ὑπὸ ΒΑΓ, ΑΒΓ, ΑΓΒ ἴσαι εἰσίν. Ἀλλ' αἱ ὑπὸ ΒΑΓ, ΑΒΓ, ΑΓΒ δυσὶν ὀρθαῖς ἴσαι εἰσί· καὶ αἱ ὑπὸ ΑΓΕ, ΑΓΒ ἄρα δυσὶν ὀρθαῖς ἴσαι εἰσίν. Πρὸς δή τινι εὐθείᾳ τῇ ΑΓ, καὶ τῷ πρὸς αὐτῇ σημείῳ τῷ Γ, δύο εὐθεῖαι αἱ ΒΓ, ΓΕ, μὴ ἐπὶ τὰ αὐτὰ μέρη κείμεναι, τὰς ἐφεξῆς γωνίας τὰς ὑπὸ ΑΓΕ, ΑΓΒ δυσὶν ὀρθαῖς ἴσας ποιοῦσιν· ἐπ' εὐθείας ἄρα ἐστὶν ἡ ΒΓ τῇ ΓΕ. Ἐὰν ἄρα δύο, καὶ τὰ ἑξῆς.

ΠΡΟΤΑΣΙΣ κγ'.

Ἐν τοῖς ἴσοις κύκλοις αἱ γωνίαι τὸν αὐτὸν λόγον ἔχουσι ταῖς περιφερείαις ἐφ' ὧν βεβήκασιν, ἐάν τε

$\frac{AB}{2}$, erit $IEq = KIq + KEq = \left(\frac{AB}{2}\right)^q + \left(\frac{\Gamma-\Delta}{2}\right)^q$. Et $I\Delta = \Delta K = \Delta H + HK = \Delta + \frac{\Gamma-\Delta}{2} = \frac{\Gamma+\Delta}{2}$; hinc $N\Delta q = INq - I\Delta q = IEq - I\Delta q = \left(\frac{AB}{2}\right)^q + \left(\frac{\Gamma-\Delta}{2}\right)^q - \left(\frac{\Gamma+\Delta}{2}\right)^q = \left(\frac{AB}{2}\right)^q - \Gamma\times\Delta$, unde $NB = AB - N\Delta = \frac{AB}{2} - \sqrt{\left(\left(\frac{AB}{2}\right)^q - \Gamma\times\Delta\right)}$, et eodem modo $NA = \frac{AB}{2} + \sqrt{\left(\left(\frac{AB}{2}\right)^q - \Gamma\times\Delta\right)}$.

PROPOSITIO XXIX.

Obs. 1. Quod primum sensum huius propositionis attinet, facile ille intelligetur ex ea explicatione, quam in Obs. 2. ad VI. 27. de simili expressione attulimus. Nempe in Prop. 27. 28. de defectu, in Prop. 29. de excessu sermo est, resque ita intelligenda erit: Si linea aliqua AB producatur ad punctum aliquod O, tumque super AO constituatur parallelogrammum $A\Xi$ excedens figura parallelogramma $B\Xi$, et haec

natur $A\Gamma B$: anguli igitur $A\Gamma E$, $A\Gamma B$ ipsis $BA\Gamma$, $AB\Gamma$, $A\Gamma B$ aequales sunt. Sed (I. 32.) $BA\Gamma$, $AB\Gamma$ $A\Gamma B$ duobus rectis aequales sunt; et ipsi $A\Gamma E$, $A\Gamma B$ igitur duobus rectis aequales sunt. Ad quandam igitur rectam $A\Gamma$, et ad punctum in ea Γ, duae rectae $B\Gamma$, ΓE, non ad easdem partes positae, angulos deinceps $A\Gamma E$, $A\Gamma B$ duobus rectis aequales faciunt; in directum igitur est $B\Gamma$ ipsi ΓE (I. 14.). Si igitur duo etc.

PROPOSITIO XXXIII. (Fig. 400.)

In aequalibus circulis anguli eandem rationem habent quam circumferentiae quibus insistunt, sive ad

ipsa figura $B\Xi$ excessus dicitur, isque excessus in hac propositione 29. similis esse debet dato parallelogrammo Δ, et totum parallelogrammum $A\Xi$ debet aequale esse spatio dato Γ. Caeterum etiam hic duplex solutio locum habet, at posterior cum priore eodem redit.

Obs. 2. Si datum istud rectangulum Δ quadratum fuerit, problema sic efferetur: Ad datam rectam AB dato rectilineo Γ aequale rectangulum applicare excedens quadrato (Ita Whiston in Cor. 1. ad VI. 29. et Rob. Simson in Not. ad h. l.) Aliter ita: Datam rectam AB producere ad punctum aliquod O, ita ut rectangulum contentum segmentis inter hoc punctum et puncta extrema rectae AB interceptis aequale sit spatio dato. Ita Playfair. rem exprimit, qui etiam hic in casu hoc particulari subsistit. Vel etiam: data AB differentia laterum rectanguli, ipsoque rectangulo magnitudine dato, invenire latera. Vid. Rob. Simson. l. c. Erit autem spatium datum, cui aequale fieri debet rectangulum, vel quadratum, vel non. Priore casu problema solutum est supra in Obs. 4. ad II. 11. Posterioris casum particularem, quo spatium datum est rectan-

πρὸς τοῖς κέντροις, ἐάν τε πρὸς ταῖς περιφερείαις ὦσι βεβηκυῖαι· ἔτι δὲ καὶ οἱ τομεῖς (ἅτε πρὸς τοῖς κέντροις συνιστάμενοι [1]).

[Ἔστωσαν ἴσοι κύκλοι οἱ ΑΒΓ, ΔΕΖ, καὶ πρὸς μὲν τοῖς κέντροις αὐτῶν τοῖς Η, Θ γωνίαι ἔστωσαν αἱ ὑπὸ ΒΗΓ, ΕΘΖ, πρὸς δὲ ταῖς περιφερείαις αἱ ὑπὸ ΒΑΓ, ΕΔΖ· λέγω ὅτι ἐστὶν ὡς ἡ ΒΓ περιφέρεια πρὸς τὴν ΕΖ περιφέρειαν οὕτως ἥτε ὑπὸ ΒΗΓ γωνία πρὸς τὴν ὑπὸ ΕΘΖ, καὶ ἡ ὑπὸ ΒΑΓ πρὸς τὴν ὑπὸ ΕΔΖ· καὶ ἔτι ὁ ΗΒΓ τομεὺς πρὸς τὸν ΘΕΖ τομέα.

1) Verba, quae uncis inclusimus, Rob. Simson. omittenda censet, utpote imperiti cujusdam additamentum. Scarburgh. etiam indicat, haec verba absurdam continere notam e margine in textum receptam. Et reapse, quum ex III. 10. Def. nulli alii dentur sectores circuli, quam qui ad centra constituti sunt, superflua certe sunt haec verba, quibus inserendis praecedentes anguli sive ad centrum, sive ad circumferentias insistentes occasionem dedisse videntur. In Cod. a. *omnia*, quae de sectoribus dicta sunt, nec non Corollarium manu aliena vel inter lineas, vel in margine exarata sunt vocabulis contractis. Hinc Peyrardus indicat, in Praefat. ad Tom. I. quoniam Rob. Simson. in Ed. Angl. monuerat, pariter ac Scarburgh. additam esse hanc secundam. Propositionis partem, quae moram saltim afferat, Euclidi et nusquam in sequentibus adhibeatur, a Theone ipso referente in Commentar. ad Ptol. *Μεγάλη σύνταξις* p. 50. Ed. 1538, ubi ille: *ὅτι δὲ οἱ ἐπ' ἴσων κύκλων τομεῖς πρὸς ἀλλήλους εἰσὶν, ὡς αἱ γωνίαι, ἐφ' ὧν βεβήκασι, δέδεικται ἡμῖν ἐν τῇ ἐκδόσει τῶν στοιχείων πρὸς τῷ τέλει τοῦ ἕκτου βιβλίου.*

gulum (qui pariter ope VI. 13. et VI. 17. vel ope II. 14. ad priorem reduci potest) exhibet Rob. Simson. in not. ad VI. 29., et solutionem similem ei, quae in problemate simili ad VI. 28. habebatur, in hunc modum affert. Sit data recta *AB* (Fig. 394.), datum autem rectangulum sit id, quod rectis *Γ*, *Δ* continetur: oportet secundum datam rectam *AB* dato rectangulo *Γ*×*Δ* aequale rectangulum applicare excedens quadrato Ducantur *AE*, *BZ* ad rectos angulos ipsi *AB*, et ad contrarias eius partes, quarum *AE* aequalis sit ipsi *Γ*, et *BZ* rectae

centra, sive ad circumferentias insistant; adhuc etiam et sectores (quippe ad centra constituti).

Sint aequales circuli $AB\Gamma$, ΔEZ, et ad centra quidem ipsorum H, Θ sint anguli $BH\Gamma$, $E\Theta Z$; ad circumferentias vero anguli $BA\Gamma$, $E\Delta Z$; dico esse ut $B\Gamma$ circumferentia ad EZ circumferentiam ita angulum $BH\Gamma$ ad angulum $E\Theta Z$, et angulum $BA\Gamma$ ad angulum $E\Delta Z$; et adhuc sectorem $HB\Gamma$ ad sectorem ΘEZ.

Δ. Iungatur EZ et bifariam secetur in I, centroque I, intervallo IE describatur circulus, occurratque rectae AE rursus in H, et iungatur HZ, et ad AB ducatur $I\Lambda$ parallela ipsi AE; occurrat vero circulus rectae AB productae in M et N, et super BN describatur quadratum $NBO\Pi$, et compleatur rectangulum $AN\Pi\Theta$. Quoniam igitur angulus EHZ in semicirculo aequalis est angulo recto EAB, parallelae erunt AB, HZ: aequales igitur sunt AH, BZ, et rectangulum $EA \times AH = EA \times BZ$ h. e. rectangulo $\Gamma \times \Delta$. Et, quoniam aequales sunt MA, AN, ut et $A\Lambda$, AB, erunt et MA, BN aequales, et propterea rectangulum $AN \times NB = MA \times AN =$ (III. 35.) $EA \times AH = \Gamma \times \Delta$. Rectangulum igitur $AN \times NB$ h. e. ipsum $A\Pi$ aequale est rectangulo $\Gamma \times \Delta$. Secundum datam igitur rectam AB dato rectangulo $\Gamma \times \Delta$ aequale rectangulum $A\Pi$ applicatum est excedens quadrato $B\Pi$. Quod oportebat facere.

Obs. 3. Data recta linea AB, et rectilineo, per hanc propositionem et observationem praecedentem habebitur NB vel $N\Pi$ latus quadrati, quo excedit rectangulum datum $A\Pi$ secundum datam rectam AB applicatum. Pro quantitate incognita NB vel $N\Pi$ ponatur y, unde $AO = AB \times y$, et $NO = yq$, ergo $A\Pi = AB \times y + yq$, i. e. $\Gamma \times \Delta = AB \times y + yq$. Pariterque, si ponatur $AN = x = AB + y$, erit $BN - x = AB$, unde $A\Pi = AN \times BN = xq - x \times AB$. Et has aequationum quadraticarum affectarum species ex hac Prop. 29. solverunt Geome-

Κείσθωσαν γὰρ τῇ μὲν ΒΓ περιφερείᾳ ἴσαι κατὰ τὸ ἑξῆς ὁσαιδηποτοῦν αἱ ΓΚ, ΚΛ, τῇ δὲ ΕΖ περιφερείᾳ ἴσαι ὁσαιδηποτοῦν αἱ ΖΜ, ΜΝ, καὶ ἐπεζεύχθωσαν αἱ ΗΚ, ΗΛ, ΘΜ, ΘΝ.

Ἐπεὶ οὖν ἴσαι εἰσὶν αἱ ΒΓ, ΓΚ, ΚΛ περιφέρειαι ἀλλήλαις, ἴσαι εἰσὶ καὶ αἱ ὑπὸ ΒΗΓ, ΓΗΚ, ΚΗΛ γωνίαι ἀλλήλαις· ὁσαπλασίων ἄρα ἐστὶν ἡ ΒΛ περιφέρεια τῇ ΒΓ, τοσαυταπλασίων ἐστὶ καὶ ἡ ὑπὸ ΒΗΛ γωνία τῇ ὑπὸ ΒΗΓ. Διὰ τὰ αὐτὰ δὴ καὶ ὁσαπλασίων ἐστὶν ἡ ΕΝ περιφέρεια τῆς ΕΖ, τοσαυταπλασίων ἐστὶ καὶ ἡ ὑπὸ ΕΘΝ γωνία τῆς ὑπὸ ΕΘΖ. Εἰ ἄρα ἴση ἐστὶν ἡ ΒΛ περιφέρεια τῇ ΕΝ περιφερείᾳ, ἴση ἐστὶ καὶ γωνία ἡ ὑπὸ ΒΗΛ τῇ ὑπὸ ΕΘΝ·

trae veteres, inveniendo quantitatem incognitam *BN* vel *AN* per applicationem rectanguli dato rectangulo aequalis secundum datam rectam *AB* et excedentis quadrato. Et ipsa etiam regula, qua ad solvendas aequationes harum formarum utuntur recentiores, facile ex huius Prop. 29. constructione, vel, quod idem est, ex constructione in Obs. 4. ad II. 11. allata deduci potest simili ratione ac factum est in Obs. 3. ad VI. 28. Erit nempe $BN = \surd\left(\left(\frac{AB}{2}\right)^q + \Gamma \times \Delta\right) - \frac{AB}{2}$, et $AN = \surd\left(\left(\frac{AB}{2}\right)^q + \Gamma \times \Delta\right) + \frac{AB}{2}$. Cf. Whiston. Cor. 2—5 ad VI. 29.

Quum itaque haec problemata in Prop. 28. et 29. contenta sint maxime utilia, et in solutione aliorum problematum saepissime adhibita, maxime etiam in libro decimo Elementorum Euclidis et in Conicis Apollonii, ubi applicatio 28. ad Ellipsin, 29 autem ad Hyperbolam spectat, Rob. Simson iure censet inscite admodum ab Andr. Tacquet et Claud. Dechales in iis, quas dederunt, Elementorum Editionibus has propositiones omissas esse, et insulse admodum ab iis dici nullius fere usus esse. Caeterum vide adhuc ad calcem VI. Prop. 31.

Ponantur enim circumferentiae quidem $B\Gamma$ aequales quotcunque deinceps ΓK, $K\Lambda$, circumferentiae vero EZ aequales quotcunque ZM, MN, et iungantur HK, $H\Lambda$, ΘM, ΘN.

Quoniam igitur aequales sunt circumferentiae $B\Gamma$, ΓK, $K\Lambda$ inter se, aequales sunt et anguli $BH\Gamma$, ΓHK, $KH\Lambda$ inter se (III. 27.) Quam multiplex igitur est circumferentia $B\Lambda$ circumferentiae $B\Gamma$, tam multiplex est et angulus $BH\Lambda$ anguli $BH\Gamma$. Ex eadem ratione et quam multiplex est circumferentia EN circumferentiae EZ, tam multiplex est et angulus $E\Theta N$ anguli $E\Theta Z$. Si igitur aequalis est circumferentia $B\Lambda$ circumferentiae EN, aequalis est et angulus $BH\Lambda$

PROPOSITIO XXXI.

Obs. 1. Pfleiderer monet in sched. mss. §. 306. propositionem 31. incongrue a VI. 20 cum qua proxime cohaereat, seiunctam, et propositionibus 27—30 minime ad eam pertinentibus subiunctam esse.

Obs. 2. Rob. Simson. observat, in demonstratione bis omissam esse inversionem ope Prop. B. V. vel, ut vulgo habent, ope Cor. V. 4. faciendam. Ita enim demum demonstrationem ope V. 24. rite procedere, unde et Clavius ea inversione usus sit. Nempe ita habere debet demonstratio: Ut ΓB ad $B\Delta$, ita figura ex ΓB ad figuram similem et similiter positam ex $B\Delta$, et invertendo (B,V.) ut $B\Delta$ ad ΓB ita figura ex BA ad figuram ex ΓB: unde (V. 24.) ut $B\Delta + \Gamma\Delta$ ad ΓB ita figurae ex $B\Delta$ et $\Gamma\Delta$ ad figuram ex ΓB. Aequales autem sunt $B\Delta + \Gamma\Delta$ ipsi ΓB; unde (A, V.) figurae ex $B\Delta$ et $\Gamma\Delta$ aequales erunt figurae ex ΓB.

Obs. 3. Propositio VI. 31. generaliorem reddit propositionem I. 47. et in demonstratione priore ex praemissis ab hac independentibus sistit (Pfleiderer l. c. §. 306.).

Obs. 4. Converti quoque potest haec propositio eadem

καὶ εἰ μείζων ἐστὶν ἡ ΒΛ περιφέρεια τῆς ΕΝ περιφερείας, μείζων ἐστὶ καὶ ἡ ὑπὸ ΒΗΛ γωνία τῆς ὑπὸ ΕΘΝ γωνίας καὶ εἰ ἐλάσσων, ἐλάσσων· τεσσάρων δὴ ὄντων μεγεθῶν, δύο μὲν περιφερειῶν τῶν ΒΓ, ΕΖ, δύο δὲ γωνιῶν τῶν ὑπὸ ΒΗΓ, ΕΘΖ, εἴληπται τῆς μὲν ΒΓ περιφερείας καὶ τῆς ὑπὸ ΒΗΓ γωνίας ἰσάκις πολλαπλασίων [1]), ἥ τε ΒΛ περιφέρεια καὶ ἡ ὑπὸ ΒΗΛ γωνία, τῆς δὲ ΕΖ περιφερείας καὶ τῆς ὑπὸ ΕΘΖ γωνίας, ἥ τε ΕΝ περιφέρεια καὶ ἡ ὑπὸ ΕΘΝ γωνία· καὶ δέδεικται ὅτι εἰ ὑπερέχει ἡ ΒΛ περιφέρεια τῆς ΕΝ περιφερείας, ὑπερέχει καὶ ἡ ὑπὸ ΒΗΛ γωνία τῆς

1) Hic inserendum Rob. Simson ὡς ἔτυχε iure censet, collat. in V. 5. Def. verbis: καθ' ὁποιονοῦν πολλαπλασιασμὸν et supra in praeparatione ad demonstrationem voce: ὁσαιδηποτοῦν.

ratione ac I. 47. Praeterea ope VI. 31. deducta quoque ex I. 47. problemata generaliorem formam induunt. Cf. Pfleiderer. l. c §. 305. Clavius ad h. l. Tacquet et Whiston. in Cor. ad hanc propositionem.

Obs. 5. Denique notabimus, Austino omnes propositiones 27—31 spurias esse videri, non quod ipsarum utilitatem neget, quam potius de propositionibus 27—29 agnoscit, at non sufficere putat ad eas Euclidi vindicandas, sed maxime ob usum vocis εἶδος alias apud Euclidem non occurrentis, de qua diximus in Obs. 3. ad VI 20, et quod demonstrationum concatenatio inter VI. 26. et VI. 32. quae inter se cohaereant, abrupta sit. Praeterea VI 30. adeo facile ad II. 11. referri, ut ea non opus sit. Denique, quoad VI. 31. patere (it is evident) omnes figuras similes rectilineas descriptas super quibusdam rectis ad se invicem in eadem ratione esse, ac alias quascunque similes figuras rectilineas super iisdem rectis descriptas, unde res facile ex I. 47. conficiatur. Nobis turbatus quidem ordo propositionum videtur, omnes autem has propositiones 25—31 spurias esse, vix adducimur, ut credamus

angulo $E\Theta N$; et si maior est circumferentia $B\Delta$ circumferentia EN maior est et angulus $BH\Delta$ angulo $E\Theta N$; et si minor, minor; quatuor igitur existentibus magnitudinibus, duabus quidem circumferentiis $B\Gamma$, EZ, duobus vero angulis $BH\Gamma$, $E\Theta Z$, sumpta sunt circumferentiae quidem $B\Gamma$, et anguli $BH\Gamma$ aeque multiplicia, et $B\Delta$ circumferentia et $BH\Delta$ angulus, ipsius vero EZ circumferentiae et ipsius $E\Theta Z$ anguli et EN circumferentia et $E\Theta N$ angulus; et ostensum est, si superat circumferentia $B\Delta$ circumferentiam EN, superare et angulum $BH\Delta$ angulum $E\Theta N$ et si aequalis, aequalem; et si minor, minorem esse;

PROPOSITIO XXXII.

Obs. 1. Rob. Simson. monet enunciatum propositionis VI. 26. non esse satis generalem, sed eam eo etiam sensu sumi posse, quem indicavimus in Obs. 4. ad VI. 26. Addit, forte etiam aliam fuisse demonstrationem propositionis VI. 26. directam (diversam ab ea, quam Clavius habet, vide Obs. ad VI. 26.) Deinde exhibet aliam paulo breviorem demonstrationem propositionis VI. 32. in hunc modum: Sint duo triangula $\Delta\Theta Z$, $ZH\Gamma$ (f. 398.) quorum duo latera $\Delta\Theta, \Theta Z$ duobus lateribus $HZ, H\Gamma$ proportionalia sint, sc. sit ut $\Delta\Theta$ ad ΘZ ita HZ ad $H\Gamma$; parallela autem sit $\Theta\Delta$ ipsi HZ, et ΘZ ipsi $H\Gamma$: erit ΔZ ipsi $Z\Gamma$ in directum. Ducatur ΓK parallela ipsi ZH (I. 31.) occurratque rectae ΘZ productae in K. Quoniam igitur utraque $\Delta\Theta$, ΓK parallela est ipsi ZH, erunt et $\Delta\Theta, K\Gamma$ inter se parallelae (I. 30.), quare anguli $\Delta\Theta Z$, $ZK\Gamma$ sunt inter se aequales (I. 29.) Est autem $\Delta\Theta$ ad ΘZ ut (ZH ad $H\Gamma$, h. e. (I. 34), ut) ΓK ad KZ; et sunt circa aequales angulos; ergo (VI. 6.) aequiangula sunt $\Delta\Theta Z$, ΓKZ triangula, et propterea angulus $\Delta Z\Theta$ aequalis est angulo ΓZK, est autem ΘZK recta linea; igitur ΔZ ipsi ΓZ est in directum (I. 14.). Ope huius propositionis, deinde VI. 26. ita demonstrat. Si duo

ὑπὸ ΕΘΝ· καὶ εἰ ἴση, ἴση· καὶ εἰ ἐλάσσων, ἐλάσσων· λόγον ἄρα ὡς ΒΓ περιφέρεια πρὸς τὴν ΕΖ, οὕτως ἡ ὑπὸ ΒΗΓ γωνία πρὸς τὴν ὑπὸ ΕΘΖ. Ἀλλ' ὡς ἡ ὑπὸ ΒΗΓ γωνία πρὸς τὴν ὑπὸ ΕΘΖ οὕτως ἡ ὑπὸ ΒΑΓ πρὸς τὴν ὑπὸ ΕΔΖ, διπλασίων γὰρ ἑκατέρα ἑκατέρας· καὶ ὡς ἄρα ἡ ΒΓ περιφέρεια πρὸς τὴν ΕΖ περιφέρειαν οὕτως ἥτε ὑπὸ ΒΗΓ γωνία πρὸς τὴν ὑπὸ ΕΘΖ, καὶ ἡ ὑπὸ ΒΑΓ πρὸς τὴν ὑπὸ ΕΔΖ.

Ἐν ἄρα τοῖς ἴσοις κύκλοις αἱ γωνίαι τὸν αὐτὸν ἔχουσι λόγον ταῖς περιφερείαις, ἐφ' ὧν βεβήκασιν· ἐάν τε πρὸς τοῖς κέντροις, ἐάν τε πρὸς ταῖς περιφερείαις ὦσι βεβηκυῖαι. Ὅπερ ἔδει δεῖξαι.

parallelogramma similia et similiter posita communem habuerint angulum aut angulos ad verticem oppositos; erunt illorum diametri in recta linea. Primo habeant parallelogramma *ΑΒΓΔ* *ΑΕΖΘ* communem angulum *ΒΑΔ*, sintque similia et similiter posita, erunt *ΑΒΓΔ*, *ΑΕΖΘ* circa eandem diametrum. Producantur enim *ΕΖ*, *ΓΖ* ad *Η*, *Κ* et iungantur *ΖΑ*, *ΖΓ*. Quoniam igitur similia sunt *ΑΒΓΔ*, *ΑΕΖΘ* parallelogramma, erit *ΔΑ* ad *ΑΒ*, ut *ΘΑ* ad *ΑΕ*; quare reliqua *ΔΘ* erit ad reliquam *ΕΒ* ut *ΘΑ* ad *ΑΕ* (V. 19. Cor.) Est autem *ΔΘ* aequalis ipsi *ΖΗ*, *ΕΒ* ipsi *ΓΗ*, et *ΑΕ* ipsi *ΘΖ*. Ergo ut *ΖΗ* ad *ΓΗ* ita *ΑΘ* ad *ΘΖ*; et parallelae sunt *ΖΗ*, *ΓΗ* ipsis *ΑΘ*, *ΘΖ*; et triangula *ΑΘΖ*, *ΖΗΓ* ad unum angulum composita sunt in puncto Z; quare erunt *ΑΖ*, *ΖΓ* sibi ipsis in directum (VI. 32.). Secundo, sint parallelogramma *ΚΖΗΓ*, *ΘΖΕΑ* similia et similiter posita, habeantque angulos *ΚΖΗ*, *ΕΖΘ* ad verticem oppositos; erunt diametri *ΑΖ*, *ΖΓ* sibi ipsis in directum. Quoniam enim parallelae sunt *ΑΘ*, *ΘΖ* ipsis *ΖΗ*, *ΗΓ*, et est *ΑΘ* ad *ΘΖ* ut *ΖΗ* ad *ΗΓ*; erunt *ΑΖ*, *ΖΓ* in directum (VI. 32.).

Obs. 2. Clavius monet, ut vera sit propositio VI. 32. duo ista, de quibus sermo est, triangula, ita secundum unum

est igitur (V. Def. 5.) ut circumferentia $B\Gamma$ ad circumferentiam EZ ita angulus $BH\Gamma$ ad angulum $E\Theta Z$. Sed (V. 15.) ut angulus $BH\Gamma$ ad angulum $E\Theta Z$ ita angulus $BA\Gamma$ ad angulum $E\Delta Z$; duplus enim uterque utriusque; (III. 20.) ut igitur circumferentia $B\Gamma$ ad circumferentiam EZ ita et angulus $BH\Gamma$ ad angulum $E\Theta Z$, et angulus $BA\Gamma$ ad angulum $E\Delta Z$.

In aequalibus igitur circulis anguli eandem habent rationem quam circumferentiae quibus insistunt; sive ad centra, sive ad circumferentias insistant. Quod oportebat ostendere.

angulum composita esse debere, ut uterque angulorum a lateribus proportionalibus comprehensus alternus sit illi angulo, secundum quem triangula componuntur.

PROPOSITIO XXXIII.

Obs. 1. In praeparatione demonstrationis loco arcuum ΓK, $K\Delta$ arcui $B\Gamma$ aequalium anguli ΓHK, $KH\Delta$ angulo $BH\Gamma$ aequales poni possunt iuberi. Modum hoc faciendi immediate docet I. 23. Modus prius faciendi nititur IV. 1; III. 28. immediate autem non exponitur, nisi addere velis ut IV. I. Cor. (Pfleiderer.)

Obs. 2. Si in parte secunda propositionis sectores occurrant semicirculo aequales aut maiores, bisecando illi facile ad sectores minores semicirculo reducentur. Caeterum angulos gibbos etiam per demonstrationem partis primae non excludi posse diximus ad III. 20.

Obs. 3. Ex hac propositione sequentia adhuc derivantur Corollaria, quae sunt apud Clavium, Tacquetum, Baermannum, Pfleidererum; aliosque. 1. Ut est angulus ad centrum ad quatuor angulos rectos, ita arcus isti angulo subtensus

Λέγω[1] ὅτι καὶ ὡς ἡ *ΒΓ* περιφέρεια πρὸς τὴν *ΕΖ* περιφέρειαν οὕτως ὁ *ΗΒΓ* τομεὺς πρὸς τὸν *ΘΕΖ* τομέα.

Ἐπεζεύχθωσαν γὰρ αἱ *ΒΓ*, *ΓΚ*, καὶ ληφθέντων ἐπὶ τῶν *ΒΓ*, *ΓΚ* περιφερειῶν τῶν *Ξ*, *Ο* σημείων, ἐπεζεύχθωσαν καὶ αἱ *ΒΞ*, *ΞΓ*, *ΓΟ*, *ΟΚ*.

Καὶ ἐπεὶ δύο αἱ *ΒΗ*, *ΗΓ* δυσὶ ταῖς *ΓΗ*, *ΗΚ*, ἴσαι εἰσὶ, καὶ γωνίας ἴσας περιέχουσι· καὶ βάσις ἡ *ΒΓ* τῇ *ΓΚ* ἐστὶν ἴση, καὶ ἴσον ἐστὶ[2] καὶ τὸ *ΒΗΓ* τρίγωνον τῷ *ΗΓΚ* τριγώνῳ. Καὶ ἐπεὶ ἴση ἐστὶν ἡ *ΒΓ* περιφέρεια τῇ *ΓΚ* περιφερείᾳ, καὶ ἡ λοιπὴ ἡ εἰς τὸν ὅλον *ΑΒΓ* κύκλον περιφέρεια ἴση ἐστὶ τῇ λοιπῇ τῇ εἰς τὸν αὐτὸν κύκλον περιφερείᾳ[3]· ὥστε καὶ γωνία ἡ ὑπὸ *ΒΞΓ* τῇ ὑπὸ *ΓΟΚ* ἐστὶν ἴση· ὅμοιον ἄρα ἐστὶ τὸ *ΒΞΓ* τμῆμα τῷ *ΓΟΚ* τμήματι· καί εἰσιν ἐπὶ ἴσων εὐθειῶν τῶν *ΒΓ*, *ΓΚ*. Τὰ δὲ ἐπὶ ἴσων εὐθειῶν ὅμοια τμήματα κύκλων ἴσα ἀλλήλοις ἐστίν· ἴσον ἄρα ἐστὶ τὸ *ΒΞΓ* τμῆμα τῷ *ΓΟΚ* τμήματι. Ἔστι δὲ καὶ τὸ *ΒΗΓ* τρίγωνον τῷ *ΗΓΚ* τριγώνῳ ἴσον· καὶ ὅλος ἄρα ὁ *ΗΒΓ* τομεὺς ὅλῳ τῷ *ΗΓΚ* τομεῖ ἴσος ἐστίν. Διὰ τὰ αὐτὰ δὴ καὶ ὁ *ΗΚΛ* τομεὺς ἑκατέρῳ

1) Peyrardus in Praefat. ad Tom. I. ait: „In *textu graeco* manuscripti 190 vel Cod. a nequaquam agitur de circulorum sectoribus in ultima sexti libri propositione. *Manus aliena inter lineas et in margine manuscripti exaravit omnia quae ad sectores pertinent*, et quidem, ut in lect. variant. addit, *vocabulis contractis.*“ Quum igitur postea ad Cod. a provocet Peyrardus, id saltim de lectione ista ad marginem notata intelligi debet.

2) Pro: *ἴσον ἄρα ἐστὶ* quod vulgo habent, legendum esse: *καὶ ἴσον ἐστὶ* recte monet Rob. Simson.

3) Ita leg. Gregorius, cuius lectionem hic restituimus. Peyrardus ex Cod. a habet: *καὶ ἡ λοιπὴ ἡ ἐς τὸν ὅλον κύκλον περιφέρεια ἴση ἐστὶ τῇ λοιπῇ τῇ εἰς τὸν ὅλον κύκλον περιφερείᾳ.*

ad totam peripheriam, et vice versa. Vel etiam, ut angulus

Dico et ut circumferentia $B\Gamma$ ad circumferentiam EZ ita sectorem $HB\Gamma$ ad sectorem ΘEZ.

Iungantur enim $B\Gamma$, ΓK, et sumptis in circumferentiis $B\Gamma$, ΓK, punctis Ξ, O, iungantur et $B\Xi$, $\Xi\Gamma$, ΓO, OK.

Et quoniam duo BH, $H\Gamma$ duabus ΓH, HK aequales sunt, et angulos aequales comprehendunt; et basis $B\Gamma$ basi ΓK est aequalis et aequale est etiam triangulum $BH\Gamma$ triangulo (I. 4.) $H\Gamma K$. Et quoniam aequalis est circumferentia $B\Gamma$ circumferentiae ΓK, et reliqua circumferentia quae complet totum circulum $AB\Gamma$ aequalis est (3 Ax.) reliquae circumferentiae quae eundum circulum complet; quare et angulus $B\Xi\Gamma$ angulo ΓOK est aequalis (III. 27.); simile igitur est (III. Def. 11.) segmentum $B\Xi\Gamma$ segmento ΓOK; et sunt super aequales rectas $B\Gamma$, ΓK. Sed similia segmenta circulorum super aequales rectas aequalia inter se sunt (III. 24.); aequale igitur est segmentum $B\Xi\Gamma$ segmento ΓOK. Est autem et triangulum $BH\Gamma$ triangulo $H\Gamma K$ aequale; et totus igitur sector $HB\Gamma$ toti sectori $H\Gamma K$

ad centrum est ad angulum rectum, itaarcus isti angulo subtensus ad quadrantem circuli. 2) Diversorum circulorum arcus qui aequales subtendunt angulos, sive ad centra, sive ad peripherias, sunt similes. Et vice versa arcus similes aequales angulos subtendunt, ubi nempe similes duorum circulorum arcus dicuntur ii, qui ad integras circumferentias, quarum partem constituunt, eandem utrimque rationem habent. 3) Duae semidiametri a concentricis peripheriis arcus auferunt similes. 4) Hisce innititur vulgaris ratio angulos metiendi per arcus, qui illos subtendunt. Si enim, datis tota circumferentia cuius-cunque circuli divisa in certum numerum partium aequalium v. c. 360, qui gradus vocantur, disquiritur ope instrumenti goniometrici,

τῶν ΗΚΓ, ΗΓΒ ἴσος ἐστίν· οἱ τρεῖς ἄρα τομεῖς οἱ ΗΒΓ, ΗΓΚ, ΗΚΛ ἴσοι ἀλλήλοις εἰσίν. Διὰ τὰ αὐτὰ δὴ καὶ οἱ ΘΕΖ, ΘΖΜ, ΘΜΝ τομεῖς ἴσοι ἀλλήλοις εἰσίν· ὁσαπλασίων ἄρα ἐστὶν ἡ ΒΛ περιφέρεια τῆς ΒΓ περιφερείας, τοσαυταπλασίων ἐστὶ καὶ ὁ ΗΒΛ τομεὺς τοῦ ΗΒΓ τομέως. Διὰ τὰ αὐτὰ δὴ καὶ ὁσαπλασίων ἐστὶν ἡ ΕΝ περιφέρεια τῆς ΕΖ περιφερείας, τοσαυταπλασίων ἐστὶ καὶ ὁ ΘΕΝ τομεὺς τοῦ ΘΕΖ τομέως. Εἰ ἄρα ἴση ἐστὶν ἡ ΒΛ περιφέρεια τῇ ΕΝ περιφερείᾳ, ἴσος ἐστὶ καὶ ὁ ΗΒΛ τομεὺς τῷ ΘΕΝ τομεῖ· καὶ εἰ ὑπερέχει ἡ ΒΛ περιφέρεια τῆς ΕΝ περιφερείας, ὑπερέχει καὶ ὁ ΗΒΛ τομεὺς τοῦ ΘΕΝ τομέως· καὶ εἰ ἐλλείπει, ἐλλείπει. Τεσσάρων δὴ ὄντων μεγεθῶν, δύο μὲν τῶν ΒΓ, ΕΖ περιφερειῶν, δύο δὲ τῶν ΗΒΓ, ΘΕΖ τομέων, εἴληπται ἰσάκις πολλαπλάσια [1]) τῆς μὲν ΒΓ περιφερείας, καὶ τοῦ ΗΒΓ τομέως, ἥτε ΒΛ περιφέρεια καὶ ὁ ΗΒΛ τομεύς, τῆς δὲ ΕΖ περιφερείας καὶ τοῦ ΘΕΖ τομέως ἰσάκις πολλαπλάσια [1]), ἥτε ΕΝ περιφέρεια καὶ ὁ ΘΕΝ τομεύς. Καὶ δέδεικται ὅτι εἰ ὑπερέχει ἡ ΒΛ περιφέρεια τῆς ΕΝ περιφερείας, ὑπερέχει καὶ ὁ ΗΒΛ τομεὺς τοῦ ΘΕΝ τομέως· καὶ εἰ ἴση, ἴσος· καὶ εἰ ἐλλείπει, ἐλλείπει· ἔστιν ἄρα ὡς ἡ ΒΓ περιφέρεια πρὸς τὴν ΕΖ οὕτως ὁ ΗΒΓ τομεὺς πρὸς τὸν ΘΕΖ τομέα.

1) Verbis: ἰσάκις πολλαπλάσια addenda esse: ἃ ἔτυχε, recte monet Rob. Simson.

quot gradus sint in duobus arcubus circuli alicuius, patet per VI. 33. rationem angulorum, quos hi arcus subtendunt, in numeris exhiberi posse. Et si unus angulus consideratur, et numerus graduum in arcu ad eum pertinente inventus est:

aequalis est. (2. Ax.) Ex eadem ratione et sector $H K \Delta$ utrique ipsorum $H K \Gamma$, $H \Gamma B$ aequalis est; tres igitur sectores $H B \Gamma$, $H \Gamma K$, $H K \Delta$ aequales inter se sunt. Similiter et sectores $\Theta E Z$, $\Theta Z M$, $\Theta M N$ aequales inter se sunt; quam multiplex igitur est circumferentia $B \Delta$ circumferentiae $B \Gamma$, tam multiplex est et sector $H B \Delta$ sectoris $H B \Gamma$. Ex eadem ratione et quam multiplex est circumferentia $E N$ circumferentiae $E Z$, tam multiplex est et sector $\Theta E N$ sectoris $\Theta E Z$; si igitur aequalis est circumferentia $B \Delta$ circumferentiae, $E N$ aequalis est et sector $H B \Delta$ sectori $\Theta E N$; et si superat circumferentia $B \Delta$ circumferentiam $E N$, superat et sector $H B \Delta$ sectorem $\Theta E N$; et si deficit, deficit. Quatuor igitur existentibus magnitudinibus, duobus quidem circumferentiis $B \Gamma, E Z$, duobus vero sectoribus $H B \Gamma, \Theta E Z$, sumpta sunt aeque multiplicia ipsius quidem circumferentiae $B \Gamma$ et ipsius sectoris $H B \Gamma$, circumferentia $B \Delta$, et sector $H B \Delta$, circumferentiae vero $E Z$ et sectoris $\Theta E Z$ aeque multiplicia, circumferentia $E N$ et sector $\Theta E N$. Et ostensum est si superat circumferentia $B \Delta$ circumferentiam $E N$, superare et sectorem $H B \Delta$ sectorem $\Theta E N$; et si aequalis sit, aequalem esse et si deficit, deficere; est igitur (V. Def. 5.) ut circumferentia $B \Gamma$, ad circumferentiam $E Z$, ita sector $H B \Gamma$ ad sectorem $\Theta E Z$.

constat ratio anguli ad 4. rectos per nr. I. Sit e gr. numerus graduum, quos arcus habet = 45, erit angulus ad eum arcum pertinens: 4 rect. = 45 : 360 = 1 : 8. Caeterum loco 360 partium vel graduum, in quos vulgo circumferentiam quamcunque dividere solent, recentiores Galli eam in 400, adeoque quadrantem in 100 partes aequales dividere instituerunt. 5) Mensura quoque angulorum circulo insistentium, quorum

ΠΟΡΙΣΜΑ.

Καὶ δῆλον ὅτι καὶ ὡς ὁ τομεὺς πρὸς τὸν τομέα οὕτως καὶ ἡ γωνία πρὸς τὴν γωνίαν.

vertex intra vel extra circulum est, facile habetur per summam vel differentiam arcuum, quibus insistunt. 6) Inaequalium circulorum arcus sunt in ratione composita ex rationibus angulorum ad centrum et peripheriarum. Denique notandum est, apud Clavium ad calcem libri VI. plura adhuc addita esse theoremata et problemata, quorum multa versantur circa

COROLLARIUM.

Et manifestum est (V. 11.) et ut sector ad sectorem ita esse angulum ad angulum.

inventionem superficierum proportionalium. Et sunt quidem illa, ut Clavius ait, scitu non iniucunda, et augeri etiam eorum numerus facile poterat e scriptis veterum et recentiorum Mathematicorum. At memores, nos in Elementis versari, noluimus nimii esse.

EXCURSUS

AD

ELEMENTORUM

L. V. et maxime ad Def. 5. et 7.

A primis inde litterarum in Europa restitutarum temporibus ad nostram usque aetatem haud defuere Mathematici, qui in libro quinto Elementorum Euclidis multa difficilia, obscura, haud satis explicata esse contenderent, quum contra alii hunc ipsum librum pulcherrimum ingenii Euclidei foetum iudicarent. Gravissima autem dubia, quae contra demonstrationes in hoc libro obvias afferunt, ipsa fundamenta, quibus illae nituntur, spectant, definitiones nempe rationum aequalium aut inaequalium, et ad haec fere redeunt. Euclidem aiunt (v. c. Borellus Euclid. restitut. L. III. Ax. VI. et quae ad illud observat) multifariam rationem et proportionem (aut, ut alii dicunt, proportionalitatem) magnitudinum definivisse duplici modo, primo quidem in libro quinto, et aliter deinde in libro septimo, quod ipsum indicio sit eum sibi ipsi non constitisse, aut forte in primis istis definitionibus ipsum sibi non satisfecisse. Eam autem potissimum definitionem rationum aequalium aut inaequalium, cui integer fere liber quintus superstruatur, nempe 5. Def. V. et 7. Def. V. esse subobscuram, nec naturam rei definitae satis declarare aut distinguere a quavis alia, et notissimas adeo magnitudinum proportionalium proprietates inde deduci non posse v. c. propositionem: si quatuor magnitudines proportionales fuerint, et prima superet secundam, tertiam quoque necessario excedere quartam. Defectum autem definiti-

onis 5tae et 7mae in eo potissimum latere, quod ea quae in his Definitionibus de magnitudinibus, quae eandem aut non eandem rationem inter se habeant, dicantur, non sint proprietas prima et omnium notissima, quae istis magnitudinibus competat, qualis tamen esse debeat illa, quae definitionem scientificam constituat. Plura alia adhuc carpit in his definitionibus Thom. Simpson, de quibus infra videbimus. Consulto omisimus obiectiones manifesto falsas, a Ramo, iniquissimo illo Euclidis reprehensore aliisque factas, qui male intellecta Euclidis definitione — in quem errorem a Campano (vid. obs. supra ad Def. V. 5.) inducti fuisse videntur — calumniantur Euclidem generalem datorum proportionem definire per specialem aequimultiplicium proportionem. Et fortasse falsa ista Campani expositio causa fuerit, cur multi primo post litteras renatas tempore Euclidem male intelligerent. (Cf. Barrow. Lect. 1666. Lect. VII.) Tacquetus etiam putat (Element. Euclid. Geometr. planae ac solidae L. V. ab initio) Euclidis definitionem non naturam aequalium rationum sed affectionem solummodo aliquam explicare. Et illam multiplicium proprietatem adduci vel tanquam signum infallibile rationum aequalium ut, quandocunque ea demonstrata fuerit de quibusvis rationibus, inferre certo liceat, aequales eas esse: vel eum illius sensum esse, ut per magnitudines eandem rationem habentes nihil aliud intelligi velit quam eas quarum multiplices modo iam dicto excedant vel excedantur. Si prius, demonstrare debuisse Euclidem, eam affectionem omnibus et solis rationibus aequalibus inesse. Id vero nec Euclidem nec alium quemquam demonstrasse. Si posterius, securos nos quidem esse de veritate theorematum in sensu definitionis acceptorum, minime tamen ex vi demonstrationum nobis constare de absoluta rationum aequalitate. — Taquetus itaque fundamenti loco sumere videtur, aliunde constare, quid sit rationum aequalitas et demonstrandum esse, cum vulgari isto conceptu de rationum aequalitate necessario coniunctam esse eam quam Euclides affert, proprietatem, et vice versa. Eodem fere redire videntur, quae Galilaei monet (vid. principio della

Quinta Giornata del Galileo dettata ad Evang. Torricelli in Elem. Euclid. Ital. editis a Carlieri Flor. 1769. p. 117.) qui ita habet: Quodnam ingenium adeo felix est, ut certò sciat, quatuor magnitudinum proportionalium aequemultipla semper (Euclideo more) inter se convenire? Aut quis novit, ista aequemultipla non semper convenire, etiamsi istae magnitudines non sint proportionales? — Euclidis itaque illud assertum Theorema potius esse ait, quam definitionem. Et varia haec contra Euclidis theoriam dubia alii alio modo evitare vel refellere studuerunt. Atque ii quidem, qui nulla Euclidis ratione habita diversam ab eo quantitatum proportionalium theoriam dederunt, huc non pertinent. Inter eos autem, qui sua cum Euclide conciliare voluerunt, ii maxime perfunctorie versati esse videntur, qui ut Tacquetus, Toricellius, van Swinden aliique plurima ab Euclide demonstrata theoremata v. c. 7. V. 8. V. 9. V. Axiomatum fere loco habuerunt, quippe quae declaratione potius subinde aliqua, quam demonstratione egere putarent. Aliam deinde rationum aequalium notionem sumentes, demonstrare sategerunt, Euclidis notionem cum ea qua ipsi usi erant, convenire, atque ex ea derivari posse. Perfunctorie diximus eos in hac re versatos esse. Neque enim hoc est demonstrare v. c. duas rationes, quae eidem tertiae aequales sint aequales esse inter se, si tantum affirmaveris, rem ita se habere, nec provocare licet ad Ax. I. 1. quum id, quod de duabus magnitudinibus valet, nequaquam applicari semper possit ad duas, quae inter magnitudines obtinent, rationes aut relationes. Ad demonstrandum autem Euclideam notionem rationum aequalium cum sua notione convenire, plerique ut per se clarum sumunt, datis tribus quantitatibus A, B, C, dari semper quartam, ad quam C eandem rationem habeat, quam habet A ad B quod pariter sine demonstratione, qua ratione illa quantitas D inveniri possit, sumere a rigore Euclidi solemni alienum esse videtur. Id tamen, praeeunte Campano et Clavio, qui caeterum cum Tacqueto in hac re nihil commune habet, sibi permiserunt Tacquetus, Galilaei, Carlieri, aliique. Saccherius contra (Euclid. ab omni naevo restitut. p. 111 sqq.) quam maxime instat, illud postu-

latum in Geometria sumere haud licere. Cf. Pfleiderer de dimens. Circuli P. II. §§. 51. 52. et Rob. Simson in notis ad V. 18. Plura praeterea alia notatu dignissima contra Tacqueti similesque aliorum obiectiones habet Barrow in Lection. Cantabrig. habitis 1666. Lect. VII. e quibus haec adhuc afferemus. «Nulla, inquit p. 297 sqq., definitio rei cuiusvis naturam aliter explicat, quam aliquam eius affectionem necessariam et reciprocam, id est, huic nostrae parem, assignando. Qui circulum e radiorum paritate, triangulum e trium rectarum concursu spatium includente etc. definit, quid aliud quam figurarum istarum naturam ex affectionibus quibusdam suis explicat? Nec dari aut concipi potest natura ab affectionibus eiusmodi necessariis distincta, iisve prior. Habere talem aliquam affectionem ipsa rei natura est, ei essentiale est, eam constituit. Unde qui dicit: res talem habens affectionem, eius naturam explicat. Igitur Euclides cum proportionalium affectionem necessariam exhibuerit, eius naturam, quantum fieri solet et potest, abunde declaravit et explicuit. Caeterum Euclidi reliquisque definitionum auctoribus lex iniusta et impossibilis figitur, scilicet, ut demonstrent, definitionis praedicatum subiecto convenire: non tenentur, neque possunt id demonstrare, sed gratis assumunt, hoc est, attributo proprium subiecti nomen imponunt ex arbitratu suo. Num incumbit mihi demonstrare, circuli nomen solis pares radios habentibus figuris competere? Minime vero, sed iis omnibus et solis iure meo circuli nomen adsigno. Eodem plane modo pro lubitu suo (quamvis non temere nec imprudenter, at certis de causis iustis illis et idoneis) aequalium rationum nomen attribuit ὁ στοιχειωτὴς omnibus et solis dicta proprietate praeditis rationibus; proportionalium appellamentum appropriat quantis conditionem istam obtinentibus; unde propterea hoc ipsum rationum aequalium et quantorum proportionalium nomen censendum est iis omnibus et solis congruere. — *Unicum est, quod definitionis auctor ostendere tenetur (exemplis scilicet ad sensum claris aut per evidentem discursum) attributum definitionis impossibile nihil aut mere imaginarium complecti, sed revera posse res existere proprietate seu conditione supposita praeditas.* —

Cum igitur perfacile perspicueque probari possit, idque passim praestetur ab Euclide, ubicunque definitionem hanc applicet materiae cuivis determinatae, dari quanta, quibus conveniat huiusce definitionis hypothesis, nihil amplius est exigendum, eique licet optimo iure quantis iis omnibus et solis proportionalium nomen affigere. — Caeterum quod, hanc proprietatem proportionalibus accidere, theorema esse dicunt, respondeo, quod secundum rem ipsam omnis definitio est theorema, propositio scilicet demonstrabilis ex aliis subiecti definitionibus aut ex aliis reciprocis affectionibus prius attributis subiecto. Vicissim omne theorema poterit in definitionem compingi." Simili fere ratione iudicat Saccherius (Euclides ab omni naevo vindicatus p. 123.): „Licitum est unicuique definire, prout ipsi libuerit, terminos suae facultatis, dum tamen ex una parte eos nunquam usurpet, nisi iuxta Definitiones iam stabilitas; et ex altera accusari istae non possint de confusione unius termini cum altero" Cf. idem p. 125. Reapse etiam alii haud negant, iure suo Euclidem definitionem magnitudinum proportionalium eam, quae est Def. V. 5. dare potuisse, at eam tamen intellectu difficilem, et subobscuram, et ab affectione aliqua magnitudinum proportionalium, quae minus obvia sit, petitam esse putant, unde hanc Euclidis definitionem vel explicare, vel pariter ac Tacquetus, firmioribus tamen argumentis nec tot propositionibus Axiomatum loco habitis ex alia faciliore earundem definitione quasi Theorema derivare studuerunt, quo facto demum secure illa uti se posse putarunt. Atque his ipse etiam Clavius annumerandus videtur. Quamvis enim ille asserat, potuisse omnino Euclidem iure suo quantitates proportionales aut non proportionales appellare, ut def. 5 et 7. stabilivit, et quamvis etiam causam, qua permotus Euclides illis definitionibus usus sit, afferat veram omnino ab incommensurabilibus petitam, addit tamen, ex definitionibus istis non videri colligi posse, vere magnitudines, quarum aequemultipla eam conditionem habeant, esse proportionales, vel non proportionales, etiamsi eas solum Euclides velit ita appellare. Itaque ad excusandas Euclidis definitiones haec fere habet. „Si de magnitudinibus saltim rationabilibus quaestio fuisset, potuisset

omnino Euclides magnitudines proportionales eodem modo definire ac VII. 20. Def. numeros proportionales. Dicere nempe poterat: Magnitudines proportionales sunt, cum prima secundae et tertia quartae aequemultipla est, vel eadem pars, vel eaedem partes, vel; cum prima secundam, et tertia quartam aequaliter continet, eandemque insuper illius partem, vel easdem partes. Et simili ratione poterat definire magnitudines non proportionales. At quum irrationales quoque complecti vellet, iam non uti poterat hac definitione, quod in irrationalibus maior magnitudo neque multiplex esse potest minoris, neque eam semel, aut aliquoties, et insuper aliquam eius partem aut partes continere. Iam putat Euclidem, cum omnis proportio rationalis sive magnitudinum commensurabilium sit ut proportio numeri ad numerum, circumspexisse primum aliquid, quod certum sit convenire quibuslibet quatuor numeris, sive magnitudinibus eandem habentibus proportionem, vel non eandem, ut si idem illud convenire demonstretur quatuor magnitudinibus etiam incommensurabilibus, iure optimo magnitudines illae quatuor proportionales etiam dici possint, vel non proportionales, quandoquidem eandem habent proprietatem, quam quaelibet magnitudines commensurabiles, eandem habentes proportionem, vel non eandem, necessario habere demonstrantur. Primum itaque, sumtis propositionibus libri VII, quae nullo modo ex V. 5. Def. et V. 7 aut omnino libro V. pendent, ostendit: propositis quatuor numeris proportionalibus, sumtisque primi ac tertii aequemultiplis iuxta quamvis multiplicationem, item secundi et quarti aequemultiplis iuxta quamcunque pariter multiplicationem; si multiplum primi maius sit multiplo secundi, fore etiam multiplum tertii maius multiplo quarti; et si multiplum primi aequale sit multiplo secundi, fore et multiplum tertii aequale multiplo quarti; si denique multiplum primi minus sit multiplo secundi, fore et multiplum tertii minus multiplo quarti. Quod ita demonstrat. Sint quatuor numeri proportionales a, b, c, d. Quoniam igitur $a : b = c : d$, erit (VII. 13.) permutando, $a : c = b : d$. Iam, si sumtum fuerit ma, mc, erit $ma : mc = a : c$ (VII. 17.) pariter-

que, si sumtum fuerit rb, rd, erit $rb:rd=b:d$, unde ex lemmate quod Clavius habet ad VII. 14, erit $ma:mc=rb:rd$, et permutando (VII. 13.) $ma:rb=mc:rd$, unde, si $ma >=< rb$, erit $mc >=< rd$, quod ex VII. 20. Def. consequitur i. e. ex vulgari numerorum proportionalium Definitione consequitur ea eorum proprietas, quam Euclides V. 5. Def. exprimit. Deinde similiter demonstrat, si $a:b>c:d$, sumi posse aliqua multipla, ma, mc, et rb, rd, ita ut $ma>rb$, at non $mc>rd$, quod satis prolixe evincit. Itaque ex vulgari numerorum non proportionalium Definitione consequitur ea eorum proprietas, quam Euclides habet 7. Def. V. Pariter deinde vice versa ostendit, e Definitionibus Euclidis 5. et 7. libri V. ad numeros applicatis, consequi vulgares numerorum proportionalium et non proportionalium Definitiones. Addit deinde, in magnitudinibus, quae aliis incommensurabiles sint, et quae ex Def. 5, V. proportionales sint, eam plerumque reperiri proportionem, quae in numeris exhiberi possit, nec unquam hactenus aliquid falsi aut absurdi ex applicatione Def. 5. et 7. ad magnitudines incommensurabiles deductum esse, unde colligit, generaliter recte se habere Definitiones 5, V. et 7. V. Quae tamen argumentatio an satis certa sit, quam maxime dubitamus. Coniectura illa potius, satis forte probabilis, quam demonstratio mathematica fuerit.

Giortano da Bitonto explicatione saltim aliqua opus esse putat, quo melius Definitio 5, V, quae multis obscura, et e principio remoto petita esse visa sit, intelligi possit. Hanc autem explicationem sequentibus Propositionibus Definitioni isti praemittendis, facileque probandis exhiberi posse putat:

Prop. 1. Si duae magnitudines sint multiplae alicuius tertiae, erunt illae aequales, si aequemultiplae illius tertiae fuerint; sin autem non aequemultiplae fuerint, ea, quae tertiam saepius continet, maior erit.

Prop. 2. Vice versa, si duae magnitudines sint multiplae alicuius tertiae, sintque istae magnitudines aequales, erunt illius tertiae aequemultiplae; sin autem fuerint inaequales, maior saepius eandem tertiam continebit, quam minor.

Prop. 3. Si sint duae magnitudines A, B duarum C, D aequemultiplae (v. c. $A=mC$, $B=mD$), et sint aliae duae

E, F pariter aequemultiplae earundem C, D (v. c. $E=rC$, $F=rD$), erit, si $A>=<E$, etiam $B>=<F$. (i. e. si $mC>=<rC$, erit etiam $mD>=<rD$).

Prop. 4. Si sint 4 magnitudines A, B, C, D, sitque prima A aequemultipla aut aequesubmultipla secundae B, ac tertia C est quartae D $\left(\begin{matrix}\text{scilicet, si } A=mB, & \text{et simul } C=mD \\ \text{vel } A=\frac{1}{m}B & \text{vel } C=\frac{1}{m}D\end{matrix}\right)$ sumantur primae et tertiae quaecunque aequemultipla F, G, (puta $F=pA$, $G=pC$), et secundae et quartae aequemultipla H, I (v. c. $H=rB$, $I=rD$) erit, prout $F>=<H$, etiam $G>=<I$ (i. e. prout $pA>=<rB$, etiam $pC>=<rD$). Atque haec iam sufficiunt ad probandam Definitionis 5, V. possibilitatem, sive ad ostendendum, ut Barrow ait, attributum definitionis nihil impossibile aut mere imaginarium complecti, sed revera posse res existere proprietate seu conditione supposita praeditas. Simili deinde ratione possibilitatem Definitionis 8, V. ostendere studet.

Galilaei (in Dialogo supra citato) primum quatuor magnitudines A, B, C, D proportionales esse dicit, si vel $A=B$, pariterque $C=D$, vel si $A=mB$, et $C=mD$ i. e. si prima secundae B aequemultipla fuerit ac tertia C quartae D, vel, ut postea (ut Definitio irrationales magnitudines quoque comprehendat), at forte minus perspicue dicit, si excessus primae A super secundam B similis sit excessui tertiae C super quartam D. Atque ad hunc casum invertendo reduci posse ait eum, quo prima minor sit secunda, et tertia minor quarta. Hanc deinde Definitionem (quam caeterum irrationales quoque magnitudines clare satis complecti vix putaverim) cum Euclidea convenire ostendere vult hac fere ratione. Facile patere ait, si $A:B=C:D$, fore et $2A:B=2C:D$, et generaliter $mA:B=mC:D$, pariterque $A:2B=C:2D$, et generaliter $A:pB=C:pD$, et adhuc generalius $mA:pB=mC:pD$, unde ex Definitione Galilaei consequatur, si sit $A:B=C:D$, adeoque et $mA:pB=mC:pD$, fore et, quoties $mA>=<pB$, simul $mC>=<pD$, quae sit conversa Definitionis Euclideae. Haec est Galilaei Prop. 1.

Similiter deinde, postquam quatuor magnitudines A, B, C : D non proportionales esse dixerat, si A aliquanto maior fuerit ea magnitudine A—E, quae ita comparata est, ut A—E : B = C : D, ex hac Definitione satis prolixe ostendit, consequi Conversam Def. 8, V, nempe tum esse pósse aliquando mA > pB, quamvis non sit mC > pD. Sumatur nempe magnitudinis E tale multiplum mE, ut sit mE > B, pariterque sumantur magnitudinum A—E, et C aequemultipla m (A—E), mC. Pariter sumatur magnitudinis B tale multiplum pB, quod ex multiplis magnitudinis B primum maius sit magnitudine m (A—E), ita nempe, ut sit quidem pB > m (A—E), at (p—1) B $\overline{\overline{<}}$ m (A—E), vel, quod eodem redit, m (A—E) $\overline{\overline{>}}$ (p—1) *B*, pariterque magnitudinis D sumatur aequemultiplum p. D. Iam si addantur mE et m (A—E), erit eorum summa, nempe mA (ob mE > *B*, et m (A—E) $\overline{\overline{>}}$ (p—1) *B*) semper > p*B*. At, quum A—E : *B* = C : D, erit ex Galil Prop. 1. quoties m (A—E) < p*B*, etiam mC < pD. Sumtum autem est m (A—E) < p*B*: itaque necessario mC < pD, quamvis sit mA > p*B*. Itaque, si quatuor magnitudines A, B, C, D non proportionales sunt, semper talia aequemultipla primae et tertiae, pariterque aliqua aequemultipla secundae et quartae inveniri possunt, ut sit quidem multiplum primae maius multiplo secundae, at multiplum tertiae non maius multiplo quartae, quae est Conversa 8. Def. V. seu Galil. Prop. 2.

His praemissis, iam Definit. 5, V. et 7, V. ex suis Definitionibus consequi, ita ostendit Galilaei. Si sint 4 magnitudines A, B, C, D ita comparatae, ut, quoties mA > = < pB, etiam mC > = < pD, erit A : B = C : D. Si enim non sit A : B = C : D, sit e. g. A maior ea magnitudine A—E, quae ita comparata est, ut sit A—E : B = C : D, poteruntque ex Propositione Galilaei 2 talia aequemultipla mA, mC primae ac tertiae, pariterque aequemultipla pB, pD secundae et quartae inveniri, ut sit quidem mA > pB, at non simul mC > pD, quod est contra hypothesin. Atque haec est Galilaei Propos. 3.

Pariter denique Definitionem 7, V. ex suis Definitionibus ita deducit Galilaei. Si sint 4 magnitudines A, B, C, D

ita comparatae, ut sit quidem $mA > pB$, at non simul $mC > pD$, erit $A:B > C:D$, vel A maior erit ea magnitudine, quae ita comparata est, ut ad B eandem rationem habeat, quam habet C ad D. Si enim A non maior est ista magnitudine, illi aut aequalis, aut minor ea erit. Si illi aequalis sit, erit ex Prop. 1. Galilaei, quoties $mA > pB$, etiam $mC > pD$, quod est contra hypothesin. Sin autem prima A minor sit ea magnitudine, quae ad secundam eandem rationem habet, quam tertia habet ad quartam, id indicio est, tertiam maiorem esse ea, quae ad quartam eandem habet rationem, quam prima ad secundam. Erit itaque aliquo $C-E$ ita comparata, ut $A:B = C-E:D$, adeoque ex Prop. 1. Galilaei, quoties $mA \gtreqless pB$, erit $m(C-E) \gtreqless pD$. At posuimus $mA > pB$, itaque erit $m(C-E) > pD$, unde multo magis $mC > pD$, quod est contra hypothesin. Fieri igitur nequit, ut A non maior sit ea magnitudine, quae ad B eandem rationem habet, quam C ad D; maior itaque erit, sive erit $A:B > C:D$, quae est Propositio 4. Galilaei.

Borellus autem, de cuius dubiis contra Euclidis methodum mox videbimus, pariter ab alia magnitudinum proportionalium et non proportionalium Definitione progreditur. distinctis casibus, quibus illae magnitudines vel commensurabiles sunt, vel non. Nempe si quatuor quantitatum prima secundae, et tertia quartae aeque multiplao fuerint, vel eadem pars, vel eaedem partes: quatuor quantitates vocantur proportionales commensurabiles, et proportio (ratio) commensurabilis quantitatis primae ad secundam eadem vel aequalis proportioni (rationi) quantitatis tertiae ad quartam. Sin autem quantitas prima maior (vel minor) fuerit illa quantitate, quae ad secundam eandem rationem commensurabilem habet, quam tertia habet ad quartam: vocatur ratio primae ad secundam maior (vel minor) commensurabili ratione tertiae ad quartam. Si vero quatuor quantitatum antecedentes fuerint incommensurabiles consequentibus, et ratio quantitatis primae ad secundam maior (minor) fuerit, atque ratio quantitatis tertiae ad quartam minor (maior) sit eadem tertia commensurabili ratio-

ne: vocatur ratio primae quantitatis ad secundam maior (minor) illa incommensurabili ratione, quam tertia habet ad quartam. Denique si in quatuor incommensurabilibus quantitatibus ratio primae ad secundam non fuerit maior nec minor ea ratione incommensurabili, quam tertia habet ad quartam: tum ratio incommensurabilis primae ad secundam eadem vocatur rationi tertiae ad quartam, et quatuor istae quantitates vocantur proportionales incommensurabiles. His deinde Definitionibus suam proportionalium theoriam superstruit, et denique ad finem libri Euclideas Definitiones ut theoremata e suis deducit. Et ipse etiam Barrovius iudicat, eius methodum in se spectatam admodum pulchram et elegantem esse (Ill. c. p. 333 et 314.) et, si nulla daretur alia, haberi posse pro sufficiente ac satis absoluta, ac fuisse eum in sua methodo exstruenda feliciorem quam in Euclidea diruenda. Displicet tamen ei in Definitionibus Borelli generalis subiecti distractio, et per inferiora circuitus, quum dari possit et ab Euclide exhibeatur rationum aequalium omnigenarum (ut et (inaequalium) proprietas aliqua generalis, ex qua possunt universaliter definiri. Minus placet rationum incommensurabilium negativa Definitio, et praeposterum videtur ex inaequalitate de aequalitate statuere. Omnis porro doctrina prolixior, et demonstrationes plerumque apagogicae anfractuosae videntur. Denique potissimum displicet Barrovio harum definitionum ad speciales materias applicatio. Non enim, ut apud Euclidem v. c. in 1, VI. aut 33, VI. definitionum ope statim innotescit, aut ex iis promte deducitur rerum proportionalitas, sed ex intermediis propositionibus, iisque non adeo comprehensu facilibus, et per indirectam argumentationem comprobatis demonstratur. Ad eas autem, quas contra Euclidis doctrinam Borellus affert obiectiones praeter ea, quae supra habuimus, Barrovius monet (p. 314. sequ. coll. p. 306.) obscuritatem illam, quam Euclidi obiiciat, vel in re ipsa positam esse, vel ex interpretum incuria, vel e discentium culpa repetendam esse. Rem ipsam quidem habere omnino aliquid difficultatis propter asymmetriam quantorum, sic ut nemo non

arduum esse fateatur, affectionem aliquam proportionalibus aeque congruam deprehendere, definitionem aliquam cunctas rationum aequalitates complectentem exhibere. Quod et hinc pateat, quod praeclaris viris huic morbo remedium adhibere connisis hactenus acciderit, ut vel nihil praestiterint omnino sufficiens, aut viis institerint prolixioribus, nec minus impeditis, et implicitis, aut methodos saltim tradiderint culpae cuiquam graviori subditas: caeterum Euclidis verba esse clarissima, nullam in vocabulis amphibologiam, nullum a prolixitate taedium, semperque directissimum adhibere discursum, hinc tantam obscuritatem aut difficultatem subesse non posse, nisi quis arcanam, nescio quam, naturam, omni definitionem ingrediente proportione priorem, quae certe nulla sit, somniare velit. Interpretes omnino rem omnem exemplis illustribus et appositis illustrare debere, nec eos forte ab omni culpa liberari posse. Maxime vero discentes sibi plerumque deesse. Quum enim definitionis verba clarissima sint, quotusquisque tamen sit, qui iis penitus intelligendis operam navet, qui tantam a suo stomacho patientiam impetret, ut trium lineolarum sensum accurate perpendat? Neque vero (ibid. p. 319.) Euclidem eapropter definitionem suam 5. V. insufficientem iudicasse, quoniam in libro VII. adhibuerit aliam. Sibi minus probata, nedum improbata proferre abhorruisse sane ab Euclidis ingenio. Contra potius, quia septimi libri definitionem omnigenae proportionalitati deprehenderit haud competentem, solis utpote symmetrorum proportionabilibus adaptabilem, hanc vero compererit universis congruam, idcirco, dum hic loci generalem iniret analogiae tractatum, illa reiecta hanc amplexatum esse iure meritoque. Illam vero (20. Def. VII) symmetris proportionalibus applicuisse non tam necessitatis quam commoditatis gratia, quia nonnihil ad vulgarem captum istius specialis materiae respectu facilior ac simplicior visa fuerit. — His, quae Barrovius habet, addi potest, multis editoribus, et praecipue Rob. Simsoni, ut supra diximus, Defin. 3, V. et 8, V. in quibus pariter de rationibus et rationum aequalitate sermo est, serius additamentum esse vi-

deri. — Denique Barrovius addit, quod Borellus criminetur, facillimam Propositionem: si quatuor magnitudines proportionales fuerint, et prima superet secundam, tertiam quoque necessario excedere quartam, e Definitione Euclidis derivari non posse, falsum omnino esse, et posse facillime illam e doctrina Euclidis demonstrari. Ipse etiam eiusmodi demonstrationem exhibet indirectam, sed perspicuam. Atque ita omnibus illis priscae aetatis obiectionibus satisfactum esse videri poterat. At recentiori aetate Euclidis theoriam acerrime denuo impugnavit Thom. Simpson. (Elem. of Geometry Lond. 1800.) Is nempe, postquam ipsius Rob. Simsonis, magni illius Euclidis admiratoris et propugnatoris verbis docuerat, verba, *maior*, *eadem* sive *aequalis*, *minor*, de magnitudinibus et rationibus diverso prorsus sensu dici, adeoque non licere Axiomata de magnitudinibus aut aequalibus aut inaequalibus proposita immediate ad rationes applicare, unde etiam ipse Rob. Simson vulgarem Propos. 10, V. demonstrationem reiiciat, addit, omnem Rob. Simsonis obiectionem eo niti, quod neget, tuto sumi posse, rationem A : C non posse simul maiorem ac minorem esse ratione A : B. At ita ex Defin. 7, V. nunquam quemquam scire, posse, an ratio A : B maior aut minor sit ratione C : D. Nempe Euclidem dicere quidem, esse A : B > C : D, si acciderit unquam, ut mA > nB, nec tamen simul mC > nD. Verum enim vero, quum inter multipla tertiae et quartae pro lubitu sumta quaedam etiam ita comparata esse possint, ut sit pC > qD ut Definitio sibi constet, demonstrandum esse, tum nunquam fieri posse, ut sit simul pA = < qB. Hoc enim si fieri posset, esset etiam ex Defin. 7, V. A : B < C : D. Usquedum igitur hoc praestetur, quod fieri posse haud negare velit, quamvis difficile ipsi videatur, nullius usus esse Definit. 7, V. et totum Euclidis aedificium theoriae proportionum fundamento parum valido superstructum videri. Hinc etiam ipse Propositionem 10, V; 13, V et reliqua iis, aut Definitioni 7, V. innixa prorsus omittit. Caeterum sibi persuasum esse dicit, habuisse omnino homines ante Euclidis tempora aliquam rationum et proportionum notionem magis minus distinctam, quam Euclides

aliquantum expoliverit, quo facilius incommensurabilibus adaptari possit, ita vero primam et originariam huius notionis formam adeo immutatam esse, ut aliqua ingenii vi opus sit ad eam in Euclidis Definitionibus agnoscendam. Caeterum multum subtilitatis et acuminis habere hanc Euclidis theoriam, at subobscuram sibi videri, adeoque tantis laudibus efferri, ac a Rob. Simsone fiat, haud debere.

Gravia haec contra Euclidis theoriam dubia removeri tamen videntur observationibus, quibus Pfleiderer et Nordmark eam stabilire tentarunt. Prior quidem in Dissertat. Academica: Expositio ac Dilucidatio Libri V. Element. Euclid. P. 1. Tubing. 1782 (Pars II. nunquam prodiit), et potissimum in Dissertatione inserta Promtuarii Mathematici Hindenburg. 7. et 8. fasciculo p. 257. sqq. et 440 sqq. ad defendendam Euclidis theoriam haec fere habet, quae, quantum fieri potest, brevissime hic sistimus.

§§. 1—8. Qui rationem duarum magnitudinum eiusdem generis A, B inter se commensurabilium indicare volunt, docent, esse magnitudinem A magnitudinis B aut aliquod multiplum, aut aliquam partem, aut aliquas partes, vel esse aut $A = mB$, aut $A = \frac{1}{n}B$, aut $A = \frac{m}{n}B$, ubi m, $\frac{1}{n}$, $\frac{m}{n}$ exponentis nomine veniunt: sin autem A et B incommensurabiles sint, docent, esse $A > \frac{r}{n}B$ et $< \frac{r+1}{n}B$, ubi $\frac{r}{n}$ et $\frac{r+1}{n}$ limites exponentis rationis $A:B$ vocant. Unde, si quantitates sunt commensurabiles, erit vel $A = mB$, vel $nA = B$, vel $nA = mB$; sin autem sint incommensurabiles, erit $nA > rB$; at $nA < (r+1)B$. Atque in hac ultima expressione de nulla magnitudinum divisione, sed de multiplicatione tantum i. e. repetita additione sermo est, quae simplicior est divisione. Caeterum Euclides, qui hanc ultimo loco positam expressionem adhibet, pariter ac Archimedes (de sphaera et cylindro Libr. 1. et quadrat. parabol. Praef.) tacite postulat, eiusmodi magnitudinum homogenearum minorem ita multiplicari posse, ut superet maiorem.

§§. 9—12. Duas rationes $A:B$, $C:D$ vulgo aequales esse dicunt, si commensurabiles sint A et B, adeoque etiam C et D, quando eundem utraque ratio exponentem habet, aut, si incommensurabiles sunt, quando utriusque exponens intra eosdem semper terminos cadit, h. e. priore casu, si $A=mB$, debet etiam esse $C=mD$; si $A=\frac{1}{n}B$. (vel, quod eodem redit, si $nA=B$) debet simul $B=\frac{1}{n}D$, vel $nB=D$; si $A=\frac{m}{n}B$ (vel $nA=mB$), debet etiam $C=\frac{m}{n}D$, vel $nC=mD$ esse: sin autem incommensurabiles sint, debet pro numero quocunque n, pro quo est $A>\frac{r}{n}B<\frac{r+1}{n}B$ etiam esse $C>\frac{r}{n}D<\frac{(r+1)}{n}D$, vel, ut aliter dicamus: quoties $nA>rB$, at $<(r+1)B$, debet etiam esse $nC>rD$, at $<(r+1)D$, et vice versa. Euclides autem in Definitione V. 5. ad aequalitatem rationum $A:B$ et $C:D$ postulat, ut quoties $nA>=<mB$, sit simul $nC>=<mD$. Euclidis itaque Definitio, quod ad quantitates commensurabiles attinet, eo quidem respectu plus continet quam altera, quam vulgarem vocabimus, quod non tantum vult, si $nA=mB$, debere etiam esse $nC=mD$, sed etiam addit, quoties $nA><mB$, debere etiam esse $nC><mD$. Id vero nihil difficultatis habet, et inservit omnibus una expressione complectendis. Contra autem (§§. 35. 36.) eos quidem casus (quum m, n proprie pro numeris unitate maioribus sumantur) non exprесse habet, quibus vel $A=mB$, vel $nA=B$, tacite tamen eos complectitur. Nempe, si $A=mB$, erit simul $pA=pmB$. Ut itaque esse possit $A:B=C:D$, ex Euclidis Definitione simul esse debet $pC=pmD$, adeoque $C=mD$. Pariter, si $nA=B$, erit simul $pnA=pB$. Ut itaque esse possit $A:B=C:D$, erit ex Euclidis Definitione simul $pnC=pD$, adeoque $nC=D$. Quod vero ad quantitates incommensurabiles attinet, ut dici possit, esse $A:B=C:D$, ex Euclidis sententia, quoties $nA>=<mB$, esse debet simul $nC>=<mD$. In his autem conditionibus manifesto continentur conditiones Definitionis vulgaris, quibus, si $nA>rB<(r+1)B$, esse debet simul

$nC > rD < (r+1)D$. Nec opus est iam pro multiplo aliquo nA determinare multipla proxime se insequentia rB, $(r+1)B$, quae ad limites rationis determinandos pertinent, atque hactenus simplicior est Euclidea ratio. Semper itaque, quae ex Euclidis Definitione proportionalia sunt, proportionalia sunt etiam ex Definitione vulgari.

Contra vero, quoties ex vulgari Definitione sit $A:B=C:D$, esse etiam aequalitatem rationum ex Euclidea Definitione, auctor, expositis §§. 14—30. antea quibusdam propositionibus facillimis, quae ad doctrinam de multiplis et aequemultiplis pertinent, et quorum pars est apud Euclidem Prop. 1, V; 2, V; 3, V, aliisque, quae hic pro Axiomatibus vel Lemmatibus sumere liceat, v. c. si $a=b$, esse $ma=mb$, et vice versa: contra, si $a>b$, esse $ma>mb$, et vice versa (cf. Axiom. ad initium libri V.) ita fere §§. 31—46. demonstrat. Ut dici possit, esse $A:B=C:D$, si magnitudines sunt commensurabiles, ex vulgari Definitione erit vel $A=mB$, et simul $C=mD$, vel $nA=B$, et simul $nC=D$; vel $mA=nB$ et simul $mC=nD$. Sit (§§. 31. 32.) 1.) $A=mB$, et $C=mD$, erit itaque, si p denotet numerum quemcunque, etiam $pA=pmB$, et $pC=pmD$. Itaque, quoties $pa \gtreqless qB$ (q pariter denotante numerum quemcunque) erit etiam $pmB \gtreqless qB$, adeoque $pm \gtreqless q$, unde et $pmD \gtreqless qD$ i. e. $pC \gtreqless qD$.

Sit 2.) $nA=B$, $nC=D$, erit etiam $qnA=qB$, et $qnC=qD$. Itaque, quoties $pA \gtreqless qB$, etiam $pA \gtreqless qnA$, et $p \gtreqless qn$, adeoque $pC \gtreqless qnC$ i. e. $pC \gtreqless qD$.

Denique sit 3.) $nA=mB$, et simul $nC=mD$, erit itaque, quoties $pA \gtreqless qB$, etiam $npA \gtreqless nqB$. At, quum $nA=mB$, erit pnA vel $npA=pmB$, itaque, quoties $pA \gtreqless qB$, erit $pmB \gtreqless nqB$, vel $pm \gtreqless nq$, adeoque $pmD \gtreqless nqD$. At ob $nC=mD$ (hyp.), erit $pnC=pmD$. Itaque, quoties $pA \gtreqless qB$, erit $pnC \gtreqless nqD$, vel $pC \gtreqless qD$. Quoties igitur ex vulgari Definitione duae rationes quantitatum commensurabilium aequales sunt, eaedem etiam aequales sunt ex Euclidea Definitione.

Si autem (§§. 33. 34.) quantitates sint incommensurabiles, erit ex vulgari Definitione $A:B=C:D$, si quoties $nA>rB<(r+1)B$, simul etiam fuerit $nC>rD<(r+1)D$. Itaque, quoties $nA>mB$, esse debet $mB=<rB$, adeoque $m=<r$, et $mD=<rD$. Quoties igitur $nA>mB$, erit nC (quod ex hypoth. $>rD$) $>mD$. Quoties autem $nA<mB$, esse debet $mB=>(r+1)B$, adeoque $m=>r+1$, et $mD=>(r+1)D$, adeoque nC (quod ex hypoth. $<(r+1)D$) erit $<mD$. Et, quum hoc casu nunquam esse possit nec $nA=mB$, nec $nC=mD$, pariter quae ex vulgari Definitione proportionales sunt quatuor quantitates incommensurabiles, proportionales erunt etiam ex Definitione Euclidea. Omnibus itaque casibus certi esse possumus, quantitates, quas ex una Definitione proportionales esse dicimus, proportionales esse etiam ex altera Definitione diiudicatas.

Hactenus de aequalitate duarum rationum dictum est. Veniamus nunc (§§. 37—46.) ad rationes inaequales. Et hic quidem (§. 38.) distingui possunt varii casus, prout in utraque ratione quantitates sint commensurabiles; vel in utraque incommensurabiles, vel in una commensurabiles, in altera incommensurabiles. Sint itaque 1. (§. 39.) A et B pariterque C et D commensurabiles, eritque ex vulgari Definitione $A:B>C:D$, si exponens rationis $A:B$ maior est, quam exponens rationis $C:D$ et vicissim. Itaque, si $A=mB$, debet esse $C<mD$; si $A=\frac{1}{n}B$; erit $C<\frac{1}{n}D$; si $A=\frac{m}{n}B$, erit $C<\frac{m}{n}D$: vel, ut aliter dicamus, si $A=mB$, at $C<mB$; si $nA=B$, at $nC<D$; si $nA=mB$, at $nC<mD$, erit $A:B>C:D$, et vicissim. Sint deinde 2. (§. 40.) A et B commensurabiles, C et D incommensurabiles, eritque ex communi Definitione $A:B>C:D$, si $A=mB$ (ubi sumitur $m=>(r+1)$, unus nempe maiorum limitum secundae rationis), at $C>rD<(r+1)D$, adeoque $C<mD$; vel, si $nA=B$, at $nC<D$, vel si $nA=mB$ (sumto iterum $m=>(r+1)$), at $nC>rD<(r+1)D$, adeoque iterum $nC<mD$. Iam hi quidem casus, ubi in utraque,

aut in priore saltim ratione quantitates occurrunt commensurabiles, non expresse memorantur in *Euclidis* Definitione, non tamen excluduntur. Nempe (§. 44,1) si $A=mB$, et $C<mD$, sit $C+E=mD$. Quoties igitur $C=<E$, erit $2C=<C+E$ i. e. $2C=<mD$, at $2A(=2mB)>mB$, ubi igitur habemus aequemultipla primae et tertiae $2A$, $2C$, quorum illud maius est multiplo aliquo secundae mB, hoc vero non maius aeque multiplo quartae mD. Sin autem $C>E$, sumi potest aliquod multiplum magnitudinis E v. c. $rE>C$, vel $C<rE$, itaque $rC+C<rC+rE$ i. e. $(r+1)C<r(C+E)<rmD$: contra vero $(r+1)A>rA$ i. e. $>rmB$. Si deinde (§44, 2.) $nA=B$, at $nC<D$, nempe $D=nC+E$, erit, si $C=<E$, adeoque $nC+C<nC+E$, vel $(n+1)C=<D$, $2(n+1)C=<2D$: at $(n+1)A<nA$ vel $>B$, adeoque $2(n+1)A>2B$. Sin autem $C>E$, sit $C<rE$, eritque $rnC+C<rnC+E$ i. e. $(rn+1)C<r(nC+E)$ vel $<rD$: contra autem $rnA+A$ vel $(rn+1)A>rnA$ vel $>rB$. Denique (§. 44, 3.) si $nA=mB$, at $nC<mD$, nempe $mD=nC+E$, erit, si $C=<E$, $nC+C=<nC+E$ i. e. $<mD$: at $(n+1)A>nA$ i. e. $>mB$. Sin autem $C>E$, et sumatur $C<rE$, erit denuo $rnC+C<rnC+rE$ i. e. $(rn+1)C<r(nC+E)$ i. e. $<rmD$: at $(rn+1)A>rnA$ i. e. $>rmB$. Semper itaque habemus aliqua aequemultipla primae ac tertiae, quorum illud quidem maius est aliquo multiplo secundae, hoc vero non maius aequemultiplo quartae.

Contra vero (§. 45.) si ex *Euclidis* Definitione est $A:B>C:D$, nempe, si $pA>qB$, at $pC=<qD$, sitque $A=mB$, erit $C<mD$. Nam ob $pA>qB$, vel $pmB>qB$, erit et $pm>q$, adeoque $pmD>qD$. At $pC=<qD$, unde semper $pmD>pC$, vel $mD>C$ i. e. $C<mD$.

Pariter, si, reliquis manentibus, sit $nA=B$, erit $nC<D$. Nam ob $nA=B$, erit $qnA=qB$. At ex hypoth. $pA>qB$, itaque $pA>qnA$, et $p>qn$, adeoque $pD>qnD$. At ex hypoth. $pC=<qD$, adeoque $npC=<\binom{nqD}{qnD}$

adeoque semper $pnC<pD$, et $nC<D$. Denique, si caeteris manentibus $nA=mB$, adeoque $pnA=pmB$, vel $npA=mpB$,

erit, ob $pA > qB$ (hyp.) $npA > nqB$, adeoque $mpB > nqB$, vel $mp > nq$, adeoque $mpD > nqD$. At $pC = < qD$, adeoque $npC = < nqD$, et $npC < mpD$, et $nC < mD$. Rationes igitur huius generis, quae ex *Euclidis* Definitione inaequales sunt, inaequales etiam sunt ex communi Definitione.

Veniamus iam ad eos casus, quibus prior ratio $A:B$ habet quantitates incommensurabiles, et tum erunt vel C et D commensurabiles, vel non. Sint commensurabiles (§. 41.), eritque ex *vulgari* Definitione $A:B > C:D$, si $A > \frac{r}{n} B < \frac{r+1}{n} B$, at C vel $= \frac{r}{n} D$ vel $< \frac{r}{n} D$, adeoque, si $nA > rB$, at $nC = < rD$, et vice versa. Denique sint (§. 42.) A et B pariter ac C et D incommensurabiles, eritque ex vulgari Definitione $A:B > C:D$, si $A > \frac{r}{n} B < \frac{(r+1)B}{n}$, at tantum $C > \frac{(r-1)}{n} D < \frac{r}{n} D$, vel adeo $C < \frac{(r-1)}{n} D$, itaque iterum, si $nA > rB$, at $nC < rD$ et vice versa.

Ex his omnibus deinde §. 46. concluditur, Definitiones, V. 5. et V. 7, continere conditiones et proprietates rationum inter se aequalium, aut quarum una maior est altera, quae in vulgari notione insunt, variosque ibi obvios casus, generalissime, et ita, ut ad paucissimos terminos omnia reducta sint.

Ex sola deinde *Euclidea* definitione rationum aequalium aut inaequalium, seposita prorsus vulgari notione, deducit *Pfleiderer* §§. 48. 49. 50. sive (§. 48.) magnitudines A, C ipsas cum quibusdam aequemultiplis magnitudinum B, D; sive magnitudines ipsas B, D cum quibusdam aequemultiplis magnitudinum A, C; sive denique (§. 49.) quaedam aequemultipla magnitudinum A, C cum quibusdam aliis aequemultiplis magnitudinum B, D comparemus, esse aut 1) quoscunque numeros integros, exclusa unitate, p, q denotent, semper simul $pA > = < qB$, et $pC, > = < qD$, aut 2) pro nonnullis numeris integris n, m (iterum exclusa unitate) $nA > mB$, at $nC = < mD$. (Esse quidem etiam potest, ut sub finem §. 50. observatur, $nC > mD$, et $nA = < mB$, at hic casus redit ad

priorem, litteris A et C, B et D inter se permutatis). Hinc efficitur §§. 51—54. omnes casus, qui in comparatione quatuor magnitudinum obtingere possint, aut sub Defin. 5, V. aut sub Def. 7. V. comprehendi, adeoque rationes aequales, maiores, minores eodem modo sibi invicem opponi, quo vulgo magnitudines aequales maiores, minores, ut itaque unum alterum excludat, nec cum illo simul consistere possit. Quod ipsum (§. 55.) *Saccherius* quidem demonstrare studuit, at non prorsus felici successu. Quibus omnibus simul sublata esse dubia *Thom. Simpson* patet.

Praeterea §. 56. alia adhuc ratione idem confirmatur, maxime ope eorum, quae supra ex §§. 44, 3. evicta sunt. Nempe 1) si $A:B = C:D$, adeoque ex Defin. 5, V. semper simul $nA >=< mB$, et $nC >=< mD$, adeoque nunquam $nA > mB$ et simul $nC =< mD$, nec $nC > mD$, et simul $nA =< mB$: tum non esse potest nec $A:B > C:D$, nec $A:B < B:D$ ex Def. 7, V. 2) Contra, si nec $A:B > C:D$, nec $C:D > A:B$, esse debet $A:B = C:D$. Nam si $nA = mA$, non esse potest $nC > mD$, nam tum foret $C:D > A:B$ (Def. 7, V.) contra hypothesin; nec $nC < mD$, namquo tum foret (ex §. 44, 3 et Def. 7, V.) $A:B > C:D$ pariter contra hypothesin; itaque esse debet $A:B = C:D$. Sin autem $nA > mB$, erit etiam $nC > mD$; namque si esse posset $nC =< mD$, foret $A:B > C:D$ contra hypothesin. Denique, si $nA < mB$, debet pariter esse $nC < mD$, nam, si foret $nC => mD$, esset $C:D > A:B$ (§. 44, 3. et Def. 7, V.) Itaque tum semper est simul $nA >=< mB$ et $nC >=< mD$, adeoque ex Def. 5, V. $A:B = C:D$. 3) Si non est $A:B = C:D$, itaque (Def. 5, V.) non semper simul $nA >=< mB$, et $nC >=< mD$, erit pro quibusdam numeris integris n,m aut α) $nC >< mD$, dum $nA = mB$: tum vero primo casu est $C:D > A:B$ (Def. 7, V.) altero est $A:B > C:D$ (§ 44, 3. et Def. 7, V.), aut erit β) $nC =< mD$, dum $nA > mB$, at tum $A:B > C:D$ (Def. 7, V.) aut erit γ) $nC => mD$, dum $nA < mB$: tum vero $C:D > A:B$ (Def. 7, V. et §. 44, 3.) 4) Si $A:B > C:D$, adeoque (Def. 7, V.) pro quibusdam numeris n, m est $nA > mB$, at $nC =< mD$, tum α) non pro numeris quibuscunque n,m simul erit $nA >=< mB$, et $nC >=< mD$,

adeoque non erit $A:B=C:D$ (Def. 5, V.) nec β) tum esse potest $A:B<C:D$ aut $C:D>A:B$ i. e. pro nullis numeris integris p,q simul esse potest $pC>qD$, at $pA=<qB$. Nam ob $nA>mB$, at $nC=<mD$ (hyp.) est etiam $pnA>pmB$, at $pnC =<pmD$, aut $pmD=>pnC$. Et si $pC>qD$, est etiam npC vel $pnC>nqD$, adeoque semper $pmD>nqD$, vel $pm>nq$, adeoque et $pmB>nqB$, unde tanto magis $pnA>nqB$, adeoque $pA >qB$. Atque etiam ita *Thom. Simpson* dubia remota sunt.

Denique observat *Pfleiderer* (§§. 57—62) si sit $nA=nB$, et $nC=nD$, fore etiam $A=B$, et $C=D$, adeoque prout $pA> =<qB$, i. e. prout $pA>=<qA$, fore $p>=<q$ adeoque et $pC>=<qC$ i. e. $pC>=<qD$, ac proinde $A:B=C:D$, vel posse Definitionem 5, V. etiam ad aequemultipla omnium 4. magnitudinem applicari, et nominatim (§. 60. Nr. 1.) si fuerit $A=B$, $C=D$ esse $A:B=C:D$; pariter idem valere de Defin. 7, V. Vice versa etiam, si $A:B=C:D$, esse simul $A>=< B$, et $C>=<D$ (vid. infra Prop.); sin autem $A:B>C:D$, esse debere $C<D$, si $A=<B$; contra vero esse debere $A> B$, si $C=>D$ fuerit.

Nordmarkius autem (in Nov. Act. reg. Societ. Upsal. Vol. VI. Upsal. 1799. Nr. XIII. Lacunae in doctrina Proportionum Euclidea animadversae expletio.) ita in hac re versatur. Postquam obiectionem a *Thom. Simpson* factam contra Defin. 7, V. attulit, fatetur omnino §. 3. illa ipsum probandi nervum huius Definitionis prorsus esse incisum, frustraque ad Principium Contradictionis immediate provocari, ex rationibus ab ipso *Rob. Simson* exhibitis patere ait. Omnia autem, §. 4. addit, ex proportionum theoria omittere, quae ad rationes inter se inaequales pertineant, ut *Thom. Simson* fecerit, non sine doctrinae proportionum iactura fieri posse. Adiicit praeterea §. 5. multa etiam alia esse, quae nexum inter multiplicium attributa spectent, et adhuc quaeri possint, v. c. si $mA=mB$, at $mC <mD$, an tum $A:B>C:D$. Id vero *Euclidem* omittere. Quin (§. 6.) ipsam etiam Definitionem 5, V. internae possibilitatis demonstrationem desiderare, nec satis de nexu inter aequemultiplicium proprietates cogitasse Geometras, aut certe non satis caute semper loqui. Ita v. c. ipsum *Barrovium* p. 284. haec

habere: »Accidere potest in aliquo casu simultaneus iste defectus, excessus aut aequalitas etiam quantisminime proportionalibus; ast solis proportionalibus universaliter convenit.« Id autem (de aequalitate) falsum esse. Si enim vel semel simul mA = nB, et mC = nD, necessario, quoties pA >=< qB, esse etiam pC >=< qD. Pariter (§. 7.) si semper simul mA > < nB, et mC > < nD, fore etiam semper simul mA = Bn et mC = nD, unde prior conditio proprie sufficiat scopo Definitionis 5, V. Necesse itaque esse (§. 8.) notarum characteristicarum in Def. 5, V. et 7, V. obviarum partim per mutuum nexum absolutam necessitatem, partim compossibilitatem independenter ab ipsis Definitionibus demonstrare. Quod si non factum sit in Elementis *Euclidis*, id non ipsius auctoris, sed sine dubio temporis, quo plura deperdita fuerint, culpam esse. Praeterea sibi in animo esse, consensum quoque notionis vel definitionis quam vulgo de Proportionibus in Arithmeticis afferant, cum Euclidea ex ipsis his Definitionibus ostendere. Praemittit autem §. 10. Lemma 1. supra ad 3, V. ipsis auctoris verbis allatum quod brevitatis caussa ita exprimere liceat: Si sint quotcunque magnitudines A, B, C, D .... et aliae ipsis numero aequales $\alpha, \beta, \gamma, \delta$ .... quae binae sumantur in eadem multiplicitate, sit autem perturbata ipsarum multiplicitas h. e. sit

$$A = m\,B \text{ et } \gamma = m\,\delta$$
$$B = n\,C \text{ - } \beta = n\,\gamma$$
$$C = p\,D \text{ - } \alpha = p\,\beta$$

erunt ex aequo etiam aequemultiplices, sive quantiplex est A magnitudinis D, tantiplex erit α magnitudinis δ. Quod quidem *Nordmarkius* more Geometris solemni demonstrat, ut ad 3, V. vidimus, ex nostra autem expressione statim patet, dum tam A = mnpD, quam $\alpha = pnm\delta = mnp\delta$. Atque hoc quidem Lemma ab *Euclide* praetermissum esse miratur *Nordmark*. quamvis cum 3, V. arctissimo vinculo coniungatur, et omnia doctrinae proportionum arcana eo referentur, praesertim, quum in Prop. 20. 21. 22. 23. I. V. semper uterque casus quantitatum ordinate et perturbate sumtarum ostensus sit. Huic addit Lemm. 2. quod ita habet: α) Si duae quantitates commensu-

sabiles sint, erit 1) aliqua unius multiplex aequalis alicui alterius multiplici et 2) vice versa. β) Si autem duae magnitudines incommensurabiles sint, 1) non erit aliqua unius multiplex aequalis cuidam alterius multiplici et 2) vice versa. Quorum α, 1. et ope Lemm. 1. etiam α, 2. facile probatur, unde β) 1. 2. apagogice derivantur. His praemissis sequentia habet theoremata, quae primum ordine iunctim afferemus.

Theor. 1. Si vel semel acciderit, ut existente $mA = nB$, sit etiam $mC = nD$, erit $A:B = C:D$.

Theor. 2. Si, quando $mA > < nB$, sit etiam semper $mC > < nD$, erit $A:B = C:D$.

Theor. 3. Si, quando $mA > nB$, semper etiam sit $mC > nD$, et vicissim, quando $mC > nD$, semper etiam sit $mA > nB$, erit $A:B = C:D$.

Atque haec quidem ad ostendendum mutuum illum, qui inter multiplicium symptomata in Defin. 5, V. intercedit, nexum. Observat *Nordmark*. addi adhuc posse: si sit $A:B = C:D$, esse etiam $C:D = A:B$. Quamvis enim nimiam identitatis speciem prae se ferant Thesis et Hypothesis (unde etiam omiserit) adsertum tamen non constituere propositionem plane identicam, quae prae evidentia demonstrationem non admittat. Excludi enim semper debere in Propositionibus ita conversis binas adsumto contrarias hypotheses.

Theor. 5. Si acciderit aliquando, ut sit $mA = nB$, sed $mC < nD$, erit $A:B > C:D$.

Theor. 6. Si $A:B > C:D$, sitque $mA = < nB$, erit $mC < nD$.

Theor. 7. Si $A:B > C:D$, sitque $mC > nD$, erit $mA > nB$.

Theor. 8. Si $A:B > C:D$, sitque $mC = nD$, erit $mA > nB$.

Atque haec quidem ad Defin. 7, V, pertinent, et nominatim Theor. 7. obiectionem Simpsonianam directe et funditus tollit. Reliqua consensum notionis vulgaris aut Arithmeticae cum Definitionibus *Euclidis* ostendunt.

Theor. 9. Si (ex Euclidea Definitione) sit $AF:B = CE:D$, atque B et D in aeque multas partes quotcunque, utrimque seorsum aequales, dividantur, quarum unaquaeque in B sit $= G$, et unaquaeque in D sit $= H$, adeo, ut G et H ipsas B et

D aequaliter metiantur; auferatur porro G ex AF, quoties potest, donec vel nihil, vel se minorem relinquat: dico, toties auferri posse H ex CE, quoties G ex AF; et eodem modo superesse vel nihil, vel aliquam ipsa H minorem (i. e. si quantitates AF, B, CE, D ex *Euclidea* Definitione proportionales sint, proportionales sunt etiam ex *vulgari* notione.)

Theor. 10. Est conversum praecedentis.

Theor. 11. Si fuerit AF:B>CE:D (ex Euclidea Definitione); dabuntur aliquae tam parvae magnitudines G et H, quae ipsas B et D aequaliter metiuntur, ut G ablata ex AF quoties potest saepius in hac contineri deprehendatur, quam H in CE, quando nempe H ex CE aufertur, quoties potest. (Aliter: si ex Euclidea Definitione AF:B>CE:D, erit etiam ex vulgari Definitione AF:B>CE: D).

Theor. 12. Conversum praecedentis.

Ut autem methodus viri acutissimi uno certe exemplo pateat, liceat adponere, quam Theorematis 1. dedit demonstrationem.

Theor.

Si vel semel acciderit, ut existente mA=nB, sit etiam mC=nD, erit A:B=C:D. (f. 336.)

Dem. Sint E, G illae ipsarum A, C aeque multiplices, et F, H illae aequemultiplices ipsarum B, D, quae faciant E=F, et G=H: sint autem I, L ipsarum A, C utcumque aequemultiplices, et similiter K, M ipsarum B, D aequemultiplices quaelibet. Hisce positis, quantiplex est M ipsius D, tantiplices sumantur, N, O, P, Q ipsarum E, F, G, H: et quantiplex est H ipsius D, tantiplices sumantur R, S, T, U ipsarum I, K, L, M. Erunt ergo N, O, P, Q, ipsarum E, F, G, H aequemultiplices, et R, S, T, U ipsarum I, K, L, M. ideoque ob E=F, G=H, erit N=O, P=Q. Praeterea erunt (3, V.) N et P ipsarum A et C aequemultiplices, atque O et Q ipsarum B et D: pariterque R et T ipsarum A et C, atque S et U ipsarum B et D. Quia iam Q est ipsius H aequemultiplex ac M ipsius D, atque H ipsius D tantiplex, quantiplex est U ipsius M: erit (Lemm. 1.) Q ipsius D totiplex, quotiplex est U eiusdem D. Ergo

Q et U aequales erunt. Sed quantiplex est Q ipsius D, tantiplex est O ipsius B, et quotuplex est U ipsius D, totuplex est S ipsius B: ergo O et S sunt eiusdem B aequemultiplices, adeoque etiam aequales. Ponatur iam $I>K$; dico esse $L>M$. Quia enim R et S sunt ipsarum I et K aequemultiplices, et $I>K$; erit $R>S$, h. e. $R>O$ h. e. $R>N$. Sed utraque tam R quam N est ipsius A magis multiplex, quam N eiusdem A est. Ergo etiam T est ipsius C multiplicior, quam P eiusdem C est. Unde erit $T>P$, h. e. $T>Q$, seu $T>U$. Sed L et M sunt ipsarum T et U similes (eaedem) partes: ergo etiam $L>M$.

Sit iam $I=K$, dico esse $L=M$. Etenim ob $I=K$, est $R=S$, h. e. $R=O$, seu $R=N$. Quocirca R et N sunt ipsius A aequemultiplices; ideoque etiam T et P ipsius C: unde $T=P$, h, e. $T=Q$, seu $T=U$. Ergo etiam $L=M$.

Quodsi denique $I<K$, dico, esse $L<M$. Nam, ob $I<K$, erit $R<S$, h e. $R<O$, seu $R<N$. Ergo N est ipsius A multiplicior, quam R eiusdem A est: quocirca etiam P est ipsius C multiplicior quam T eiusdem C est. Unde $P>T$, seu $T<P$, h. e. $T=Q$ vel $T<U$. Unde etiam $L<M$.

Quum itaque ostensum sit, consistente $I>=<K$, esse quoque $L>=<M$, h. e. quando $mA>=<nB$, esse simul $mC>=<nD$, erit $A:B=C:D$ q. e. d. (Aliter haec demonstratio ita sisti potest. Si $mA=nB$, et $mC=nD$, erit, quoties $pA>=<qB$, etiam $pC>=<qD$, adeoque (Def. 5, V.) $A:B=C:D$. Nam, si $mA=nB$, et $mC=nD$, erit et $mqA=nqB$, et $mqC=nqD$. Itaque, si $pA>=<qB$, erit $npA>=<\left(\begin{smallmatrix}nqB\\ mqA\end{smallmatrix}\right.$, adeoque $np>=<mq$, et $npC>=<\left(\begin{smallmatrix}mqC\\ nqD\end{smallmatrix}\right.$, adeoque $pC>=<qD$. Unde patet, hanc demonstrationem aliis verbis eandem esse, quam *Pfleiderer* dedit §. 31. Nr. 3.

His praemissis, Propositiones, quae ad theoriam Proportionum pertinent, semper eodem rigore e vulgari Proportionalium Definitione atque ex Euclidea derivari poterunt, at demonstrationes e vulgari Definitione petitae, si iusto rigore eas exhibere velis, plerumque longiores sunt. (Cf. Playfair ad Def. 5, V.) V. c. Propositio 4, V. cuius demonstrationem Euclideam supra habuimus, e vulgari Definitione ita demon-

strabitur. Si $A:B=C:D$, erit etiam $pA:qB=pC:qD$, p et q denotantibus numeros integros quoscunque, unitate haud exclusa. Nam 1) quando commensurabiles sunt magnitudines A et B, C et D; ob $A:B=C:D$ (supp.) ex vulgari Definitione simul erunt $A=\frac{r}{n}B$, et $C=\frac{r}{n}D$, adeoque et simul $pA=\frac{pr}{n}B$, et $pC=\frac{pr}{n}D$, et $pA=\frac{pr}{qn}.qB$, et $pC=\frac{pr}{qn}.qD$: unde ex vulgari Definitione $pA:qB=pC:qD$.

2) Quodsi magnitudines A et B, C et D sunt incommensurabiles; ex vulgari Definitione utriusque rationis Exponens iisdem continebitur limitibus, ita ut simul sint $A>\frac{r}{n}B$ et $<\frac{r+1}{n}B$, ac $C>\frac{r}{n}D$ et $<\frac{r+1}{n}D$, vel etiam $pA>\frac{pr}{qn}.qB$ et $<\frac{pr+1}{qn}.qB$, ac $pC>\frac{pr}{qn}.qD$ et $<\frac{pr+1}{qn}.qD$, unde etiam rationum $pA:qB$ et $pC:qD$ Exponentes iisdem respective limitibus $\frac{pr}{qn}$ et $\frac{pr+1}{qn}$ continentur (*Pfleiderer.* Expos. ac Dilucid. libri V. Elem. p. 18. 19.)

Post generaliores has ad librum Vtum observationes eas iam Propositiones, quas *Rob. Simson* huic libro inseruit, vel addidit, eodem ordine, eademque nota, qua ipse usus est, designatas exhibebimus. Demonstrationes tamen brevitatis caussa symbolice sistemus.

Est nempe apud *Rob. Simsonem* post V. 6. haec

Propositio A.

(Haec est ea ipsa Propositio, quam *Borellus* negaverat ex Euclidea theoria demonstrari posse, et quam doctiss. *Pfleiderer*, ut supra notavimus, sponte ex *Euclidis* praeceptis fluere ostendit l. c. §. 61. et in Expos. et Dilucid. libri V. p. 5. Prop. VI.)

Si prima ad secundam eandem habuerit rationem, quam tertia ad quartam, fueritque prima maior secundâ, erit tertia maior quartâ; et si aequalis, aequalis; et si minor, minor:

Nempe, si A:B=C:D, fueritque A>=<B, erit (V. Ax. 3.) etiam 2A>=<2B. Tum vero, ob A:B=C:D, ex V. Def. 5. est etiam 2C>=<2D, adeoque pariter C>=<D.

Robert. Simson observat, Propositione hac saepissime uti Geometras, eamque in V. 25. VI. 31. XI. 34. XII. 15. adhiberi, à *Theone* autem eam ex Elementis sublatam esse putat, quoniam satis evidens visa sit ei, aliisque, qui confusaneam et indistinctam proportionalium ideam apud vulgus receptam substituant loco accuratae ideae, quae ex Definitione V. 5. habeatur. Nullum enim dubium esse, *Eudoxum* vel *Euclidem*, qui hac nihilo difficiliores 7 mam sc. et 9 nam huius Libri demonstratione muniverit, etiam huic in Elementis locum dedisse. *Commandinum* quidem eam ut V. 16. Cor. subiunxisse, quod vero recte *Clavius* reprehendat, quoniam ita saltim ad quatuor magnitudines eiusdem generis pertinere videretur. Neque tamen ipsum *Clavium* aliam eius demonsrationem dedisse, sed asseruisse, eam perspicuam esse ex natura proportionum. Quo ipso occasionem dederit *Borello*, *Euclidem* iniuste cavillandi.

Propositio B.

(Vulgo Corollarium V. Prop. 4. ubi vide notata.)

Si quatuor magnitudines proportionales fuerint, et inverse proportionales erunt. Si A:B=C:D, erit etiam inverse: B:A=D:C. Sumtis enim aequemultiplis quibuscunque primae ac tertiae nA, nC, pariterque aliis aequemultiplis quibuscunque secundae et quartae rB, rD, erunt ex V. Def. 5. quoties nA>=<rB, etiam simul nC>=<rD, adeoque etiam, quoties rB>=<nA, simul rD>=<nC, unde ex V. Def. 5. est B:A=D:C (vel D:C=B:A.)

(Cor. Hinc consequitur, si A:C sit duplicata ratio rationis A:B, fore C:A duplicatam rationis B:A. Erit enim (V. Def. 10.) A:B=B:C, adeoque ex hac Propositione C:B=B:A, unde C:A est ratio duplicata rationis C:B, vel rationis B:A. Similia ostendentur de triplicata ratione etc.)

Prop. C.

Si prima aeque multiplex fuerit, vel eadem pars (vel, quod addi potest, eaedem partes) secundae, atque tertia quartae: erit prima ad secundam, ut tertia ad quartam: vel ut *Pfleiderer* rem exprimit (Expos. ac Dilucid. Libr. V. §. 29.) Magnitudinum A et B aequemultiplices, vel partes aeque aliquotae, vel et partes aeque aliquantae ad magnitudines ipsas A et B easdem respective habent rationes. Nempe $pA:A = pB:B$; $\frac{A}{q}:A = \frac{B}{q}:B$; $\frac{p}{q}A:A = \frac{p}{q}B:B$. Nam, cum tam $n(pA) = (np)A$, quam $n(pB) = (np)B$ (V. 3.) erit, quoties $n(pA) \gtreqless rA$, simul $n(pB) \gtreqless rB$, prout $np \gtreqless r$, adeoque ex V. Def. 5. $pA:A = pB:B$. Sit deinde $\frac{A}{q} = E$, $\frac{B}{q} = F$, adeoque $A = qE$, $B = qF$, erit per modo demonstrata $qE:E = qF:F$, adeoque (Prop. B) $E:qE = F:qF$, i. e. $\frac{A}{q}:A = \frac{B}{q}:B$. Denique, quum sit $\frac{A}{q}:A = \frac{B}{q}:B$, erit etiam (V. 4, Cor. a.) $\frac{pA}{q}:A = \frac{pB}{q}:B$. Haec Propositio, ut *Rob. Simson* observat, saepius à Geometris usurpatur, et necessaria est in X. 5, et X, 6. Caeterum ex ea evincitur, ut supra è *Pfleidereri* Dissertat. Promtuario Mathem. *Hindenburgii* inserta §§. 31. 32. allatum fuit, quoties ex vulgari Definitione i. e. ex ea, quae habetur in VII. Def. 20. sit $A:B = C:D$, esse etiam aequalitatem rationum ex altera *Euclidea* Definitione, nempe V. Def. 5. Quod ipsum, ut supra vidimus, *Clavius* in notis post V. Def. 8. in numeris ostendit ope quarundam Propositionum libri VII, sc. V. Def. 5. quatenus numeris congruat, ex ea numerorum proportionalitate, quae in VII. Def. 20. habetur, demonstrari posse.

Prop. D.

(Conversa antecedentis.)

Si fuerit prima ad secundam, ut tertia ad quartam, fueritque prima multiplex, vel pars (vel partes) secundae;

erit tertia eadem multiplex, vel eaedem pars (vel eaedem partes) quartae.

Si enim $A:B=C:D$, erit etiam $A:qB=C:qD$, $mA:B=mC:D$, et $mA:qB=mC:qD$ (V. 4, et V. 4, Cor. a.), unde ex Prop. A, si $A=qB$, erit et $C=qD$: si $mA=B$, vel $A=\frac{1}{m}.B$, erit $mC=D$, vel $C=\frac{1}{m}D$: si $mA=qB$, vel $A=\frac{q}{m}B$, erit $mC=qD$, seu $C=\frac{q}{m}D$. Observat *Rob. Simson*, hanc Propositionem non raro ad alias demonstrationes adhiberi, et necessariam esse ad demonstrandam VI. 9. Videri autem à *Theone* omissam esse propter rationem ad Prop. A. memoratam.

Prop. E.

quam habet *Rob. Simson* post V. Prop. 19.

Si quatuor magnitudines proportionales sint, et convertendo proportionales erunt, vel si $A:B=C:D$, sitque $A>B$, adeoque etiam (Prop. A.) $C>D$, erit $A:A-B=C:C-D$. Nam, quum $A:B=C:D$, erit dividendo (V. 17.) $A-B:B=C-D:D$, et invertendo (Prop. B.) $B:A-B=D:C-D$. Quare componendo (V. 18.) erit $B+A-B:A-B=D+C-D:C-D$ i. e. $A:A-B=C:C-D$.

Observ. Eandem demonstrationem habet *Gregorii* in nota ad hunc locum. Caeterum haec Propositio, quae cum V. 17. arcto nexu cohaeret, potest etiam pariter ac illa sine ope V. 18. demonstrari (*Pfleiderer*. Expos. ac Dilucid. Libr. V. p. 23.)

Cor. 1. Si quatuor magnitudines A, B, C, D proportionales sunt, et $A<B$, adeoque etiam (Prop. A.) $C<D$: erit etiam inverse (Prop. B.) $B:A=D:C$, adeoque ex hac Propositione $B:B-A=D:D-C$.

Cor. 2. Generatim itaque, si duae magnitudines inaequales A et B eandem iuvicem habent rationem, quam aliae duae inaequales C et D: erit et maior priorum duarum ad ipsarum differentiam, uti maior duarum posteriorum ad earundem differentiam; vel etiam inverse (Prop. B.) differentia duarum

priorum ad eundem maiorem erit, ut differentia duarum posteriorum ad ipsarum maiorem. Breviter, si A:B=C:D, erit etiam *convertendo* A:A—B=C:C—D, seu A—B:A=C—D:C, vel B:B—A=D:D—C, seu B—A:B=D—C:D.

Cor. 3. Generaliusque, si duae magnitudines inaequales eandem invicem habent rationem, quam aliae duae magnitudines inaequales: etiam alterutra priorum erit ad ipsarum differentiam, uti posterior homologa, seu quae priori ordine respondet, est ad differentiam posteriorum; et inverse (V. 17. Cor. 2. et Cor. 2. E. *Pfleiderer*. l. c. p. 25.)

Sub finem libri quinti *Rob. Simson* adhuc quatuor addit Propositiones, quas nos, cum cohaereant cum aliis ad Definitionem rationis compositae pertinentibus, reiecimus in Excursum ad Libr. VI. ubi de ea Definitione agitur. Plures praeterea Propositiones de rationibus inter se diversis *Euclidis* interpretes et commentatores libro quinto subiungere solent. Multas earum habet *Pappus* (Collect. Mathem. Libr. VII. Prop. 3—11.), quas ut Lemmata *Apollonii* libris de sectione rationis et spatii praemisit. Ex *Pappo* deinde *Campanus*, *Commandinus* (qui expresse se eas ex *Collectionibus Pappi* transferre monet, immutato tamen ordine, et quibusdam additis detractisve) *Clavius*, *Tacquetus*, *Barrovius*, *Baermannus* aliique has Propositiones huc transtulere, aliasque similes adiecere. Plerique omnes tamen in iis demonstrandis pro Axiomate aut Postulato sumserunt, posse tribus magnitudinibus datis semper aliquam quartam proportionalem, vel duabus datis tertiam proportionalem inveniri, quod ipsum pro Axiomate sumi haud licere supra ad Axiomata libri V. monuimus, ex pro lineis rectis demum in libri VI. Propositionibus 11 et 12. demonstratur. *Hauberus* autem, vir doctissimus nunc Seminarii Schönthalensis Professor in Dissertatione »Propositionum de Rationibus inter se diversis Demonstrationes ex solis libri V. Elementorum Definitionibus ac Propositionibus deductae Tubing. 1793.« sine ope illius Postulati eas demonstravit, ita ut primum Propositiones ad duas vel

plures rationes inter se diversas *universim* pertinentes stabiliret, et deinde ad eos casus progrederetur, quibus omnes omnium rationum termini sunt eiusdem generis. Ita autem rem expedit *Hauberus*. Praemittit §§. 2—4. Lemmata, quorum pars cum Axiomatibus ad Librum V. supra allatis consentit. Nempe §. 2. si $A=B$, erit etiam $mA=mB$, et vice versa: contra, si $A>B$, etiam $mA>mB$, et vice versa. §. 3. Si $A=B$, et $m>n$, erit $mA>nB$. Contra, si $mA>nB$, erit $m>n$, at, si $mA=nB$, erit $m=n$. §. 4. $n.(mA)=m.(nA)$. Deinde sequentes Propositiones, earumque demonstrationes exhibet, quas consentiente amicissimo auctore hic denuo sistimus.

Propositio a. (*Hauberi* Prop. 1. Diss. §. 5. apud *Pappum* VII. 7. apud *Clavium* V. 26.)

Si quatuor magnitudinum A, B, C, D prima A ad secundam B maiorem rationem habet quam tertia C ad quartam D; inverse secunda B ad primam A minorem rationem habebit, quam quarta D ad tertiam C. Breviter, si $A:B>C:D$, erit $B:A<D:C$, seu $D:C>B:A$. Demonstratio. Ob $A:B>C:D$ (supp.) sumi poterunt (V. Def. 7.) mA, mC, et nB, nD ita, ut $mA>nB$, et $mC=<nD$. Quodsi fuerit $mC<nD$, vel $nD>mC$, cum sit $nB<mA$, constabit propositum ex V. Def. 7.

Sin autem sit $mC=nD$: quoniam test $mA>nB$, sit $nB+E=mA$, et 1) $E=>A$, quibus subductis, erit $nB=<(m-1)A$: et, cum $nD=mC$ (supp.) $>(m-1)C$, rursus per V. Def. 7. constat propositum. Iam, si 2) sit $E<A$, fiat aliquod multiplum E, velut $rE>A$ (V. Def. 4.). Tum, quia $nB+E=mA$, erit etiam (V. Ax. 1.) $r(nB+E)$ i. e. (V. 1.) $rnB+rE=rmA$, unde, demtis $rE>A$, erit $rnB<(rm-1)A$. Sed, quia $nD=mC$, erit et $rnD=rmC>(rm-1)C$. Unde ex V. Def. 7. constat propositum.

Cor. (*Hauber.* §. 6. apud *Clavium* Schol. ad V. 26.) Pariter, si $A:B<C:D$, erit etiam $D:C<B:A$, seu $B:A>D:C$. Tum enim est $C:D>A:B$. Omnino autem, si ea ratio, quâ altera est maior, ex V. Def. 7. hac ipsâ minor dicatur, facile,

quae de maioribus rationibus traduntur, ad minores applicantur, si transpositis rationibus ea, quâ altera minor est, maior ponatur.

Propositio b. (*Hauber* §. 7.)

Si sex magnitudinum A, B, C, D, E, F sit A:B>C:D, et C:D>E:F, erit et A:B>E:F.

Demonstr. Cum sit A:B>C:D, et C:D>E:F, sit ex V. Def. 7. mA>nB, mC=<nD; et pC>qD, pE=<qF, designantibus m, n, p, q semper numeros integros: erit quoque (V. Ax. I.) pmC=<pnD, mpC>mqD, seu pnD=>pmC, pmC>mqD, hincque pnD>mqD, et pn>mq, ac proinde etiam pnB>mqB: cumque sit mA>nB, itaque et pmA>pnB, erit à fortiori pmA>mqB, seu mpA>mqB, et pA>qB: et, quia praeterea est pE=<qF, per V. Def. 7. constat propositum.

Scholion. (*Hauber.* §. 8.). Hanc Propositionem quidam editores Elementorum V. 13. pro corollario subiunxerunt, et *Clavius* quidem expresse addens in Schol. ad V. 13. *eodem modo* eam demonstrari posse, quo V. 13. ipsà demonstrata sit: quod non ita se habet.

Propos. c. (*Hauber.* §. 10. *Pfleiderer.* in Promt. Mathem. Lips. 1798. §. 60. Nr. 2. 3.)

Quatuor magnitudinum A, B, C, D si A=B, et C<D, vel si A>B, et C=<D, erit A:B>C:D, seu inverse (Prop. a.) B:A<D:C.

Demonstrationi praemissa est apud *Hauberum* §. 9. ea Propositio, quam supra ex Promt. Lips. §. 60. Nr. 1. attulimus, quamque Lemma ad c. vocabimus, nempe si A=B, C=D, esse A:B=C:D. Tum vero Hauberus ita pergit. 1) Si A=B, C<D, sit C+E=D; erit ex modo dictis A:B=C+E:D, cumque sit C+E:D>C:D (V. 8.) erit etiam A:B>C:D (V. 13.). 2) Hinc etiam, si A>B, C=D, seu D=C, et B<A, erit D:C>B:A, seu (Prop. a.) A:B>C:D, quae est *Pappi* VII. 10. 3) Si A>B, et C<D, sit A=B+E, C+F=D, erit A:B>A:B+E (V. 8.) et A:B+E=C

$+F:D$ ex Lemm. ad initium Demonstrationis allato, ac proinde $A:B > C+F:D$ (V. 13.): quoniamque $C+F:D > C:D$ (V. 8.); etiam $A:B > C:D$ (Prop. b.). Est haec *Pappi* VII. 11.

Prop. d. (*Hauber.* §. 11. *Pfleiderer.* in Promt. Mathem. Lips. 1798. §. 62.)

Si $A:B > C:D$, erit $C < D$, si $A = < B$, et erit $A > B$, si $C = > D$.

Dem. 1) Si $A:B > C:D$, atque $A = < B$, seu $B = > A$, erit $B:B = > A:B$ (V. 7. 8.) quare $B:B > C:D$ (V. 13. et Prop. b.). Sed, cum sit $B:B = D:D$ (Lemm. ad c.), erit $D:D > C:D$ (V. 13.) ac proinde $D > C$, seu $C < D$ (V. 10.).

2) Si $A:B > C:D$, atque $C = > D$, erit $C:D = > D:D$ (V. 7. 8.) hincque $A:B > D:D$ (V. 13. et Prop. b.). Sed quia $D:D = B:B$ (Lemm. ad c.), erit et $A:B > B:B$ (V. 13.) ac proinde $A > B$ (V. 10.).

Prop. e. (*Hauber.* §. 12.)

Si $A:B > C:D$; erit etiam $mA:mB > C:D$, et $A:B > nC:nD$, et $mA:mB > nC:nD$, ac vicissim, denotantibus m, n numeros integros quoscunque.

Dem. 1) Cum sit $mA:mB = A:B$ (V. 15), si sit $A:B > C:D$, erit etiam $mA:mB > C:D$ (V. 13.): pariterque, si sit $mA:mB > C:D$, etiam $A:B > C:D$ (V. 13.).

2) Sic et, quum sit $nC:nD = C:D$ (V 15.) si rursus $A:B > C:D$, erit quoque $A:B > nC:nD$ (V. 13.): si vero $A:B > nC:nD$, pariter $A:B > C:D$ (V. 13.).

3) Denique, si $A:B > C:D$, erit $mA:mB > C:D$ per modo demonsrata nr. 1. adeoque et $mA:mB > nC:nD$ per demonstrata nr. 2. Vicissim, si $mA:mB > nC:nD$, erit et $A:B > nC:nD$ (nr. 1.), atque hinc $A:B > C:D$ (nr. 2.)

Cor. 1. (*Hauber.* §. 13.) Hinc etiam, si $A:B > C:D$, erit

$$\left.\begin{matrix} A:B \\ \frac{1}{m}A:\frac{1}{m}B \\ \frac{p}{m}A:\frac{p}{m}B \end{matrix}\right\} > \frac{q}{n}C:\frac{q}{n}D, \text{ atque } \frac{p}{m}A:\frac{p}{m}B > \left\{\begin{matrix} C:D \\ \frac{1}{n}C:\frac{1}{n}D. \end{matrix}\right.$$

Cor. 2. (*Hauber* §. 14.). Atque etiam, si rursus $A:B > C:D$

$$\text{erit } mA:mB > \left\{ \begin{matrix} \frac{1}{n}C:\frac{1}{n}D & & \frac{1}{m}A:\frac{1}{m}B \\ & \text{et} & \\ \frac{q}{n}C:\frac{q}{n}D & & \frac{p}{m}A:\frac{p}{m}B \end{matrix} \right\} > nC:nD.$$

Prop. f. (*Hauber*. §. 15.)

Si $A:B > C:D$; erit etiam $mA:B > mC:D$, et $A:nB > C:nD$, et $mA:nB > mC:nD$, m et n denotantibus numeros integros quoscunque.

Dem. Si ob $A:B > C:D$ (supp.) sit $pA > qB$, $pC =< qD$ (V. Def. 7.) etiam (V. Ax. 3.) erit $m.pA > mqB$; $mpC =< m.qD$,

$$n.pA > nqB;\ npC =< n.qD,$$

$$mnpA > mnqB;\ mnpC =< mnqD,$$

seu $p(mA) > m.qB$; $p(mC) =< m.qD$

$n.pA > q.(nB)$; $n.pC =< q(nD)$

$np(mA) > mq(nB)$; $np(mC) =< mq(nD)$,

et cum aequemultiplices magnitudinum pA, pC; qB, qD sint ipsarum quoque magnitudinum A, C; B, D, pariterque aequemultiplices magnitudinum $p(mA)$, $p(mC)$; $q(nB)$, $q(nD)$ sint ipsarum mA, mC, nB, nD aequemultiplices (V. 3.), per V. Def. 7. constat propositum.

Prop. g. (*Hauber*. §. 16.)

Vicissim, si	$A:B > C:D$		seu si $mA:B > mC:D$,
erit etiam	$\frac{A}{m}:B > \frac{C}{m}:D$		vel $A:nB > C:nD$
et	$A:\frac{B}{n} > C:\frac{D}{n}$		vel $mA:nB > mC:nD$
et	$\frac{A}{m}:\frac{B}{n} > \frac{C}{m}:\frac{D}{n}$		erit etiam $A:B > C:D$

Dem. Ob $mA:B > mC:D$, $A:nB > C:nD$, $mA:nB > mC:nD$ (supp.), fit (V. Def. 7.) $p(mA) > qB$, $p(mC) =< qD$

$$pA > q(nB),\quad pC =< q(nD)$$

$$p(mA) > q(nB),\quad p(mC) =< q(nD)$$

sive (V. 3.) $(pm)A > qB$, $(pm)C =< qD$

$$pA > (qn)B,\quad pC =< (qn)D$$

$$(pm)A > (qn)B,\quad (pm)C =< (qn)D$$

proinde V. Def. 7. erit $A:B > C:D$.

Cor. 1. (*Hauber.* §. 17.). Hinc et per Prop. f., si $A:B$

$$> C:D, \text{ erit } \frac{p}{m}A : \left\{\begin{matrix} B \\ \frac{1}{n}B \\ \frac{q}{n}B \end{matrix}\right\} > \frac{p}{m}C : \left\{\begin{matrix} D \\ \frac{1}{n}D \\ \frac{q}{n}D \end{matrix}\right\}$$

$$\text{et } \left.\begin{matrix} A \\ \frac{1}{m}A \end{matrix}\right\} : \frac{q}{n}B > \left.\begin{matrix} C \\ \frac{1}{m}C \end{matrix}\right\} : \frac{q}{n}D.$$

Cor. 2. (*Hauber* §. 18.). Itemque

$$mA : \left\{\begin{matrix} \frac{1}{n}B \\ \frac{q}{n}B \end{matrix}\right\} > mC : \left\{\begin{matrix} \frac{1}{n}D \\ \frac{q}{n}D \end{matrix}\right\} \text{ et } \left.\begin{matrix} \frac{1}{m}A \\ \frac{p}{m}A \end{matrix}\right\} : nB > \left.\begin{matrix} \frac{1}{m}C \\ \frac{p}{m}C \end{matrix}\right\} : nD.$$

Prop. h. (*Hauber.* §. 19. *Pappi* Prop. VII. 3. coll. VII. 4. apud *Clavium* V. 28.)

Si $A:B > C:D$, erit componendo $A+B:B > C+D:D$.

Dem. Sit $mA > nB$, $mC =< nD$ (supp. et V. Def. 7.), et additis mB, mD, erit $mA+mB > nB+mB$, $mC+mD =< nD+mD$, cumque

(V. 1.) sit $mA+mB=m(A+B)$, $mC+mD=m(C+D)$, ac (V. 2.), $nB+mB=(n+m)B$, $nD+mD=(n+m)D$, et proinde

$$m(A+B)>(n+m)B, \quad m(C+D)=<(n+m)D,$$ per V. Def. 7. constat propositum.

Cor. 1. (*Hauber*. §. 20.) Aliter haec Propositio sic exprimetur: Si differentia duarum magnitudinum ad earum minorem in maiori ratione est, quam differentia duarum aliarum ad harum minorem; etiam maior priorum ad ipsarum minorem in maiori ratione erit, quam maior posteriorum ad minorem. Nam si $A-B:B>C-D:D$, erit $A-B+B:B>C-D+D:D$ hoc est $A:B>C:D$.

Cor. 2. *Hauber*. §. 21.) Eodem supposito, quod in Prop. h., summa duarum priorum ad earum priorem in minori ratione erit, quam summa posteriorum ad tertiam. Nam, si $A:B>C:D$, inverse erit (Prop. a.) $B:A<D:C$, adeoque $A+B:A<C+D:C$ (Prop. h.), seu $A:A+B<C:C+D$ (Prop a.)

Prop. i. (*Hauber*. §. 22. *Clav*. V. 29.)

Si $A:B>C:D$, et $C>D$, ac proinde etiam $A>B$ (Prop. d.), erit etiam *dividendo* $A-B:B>C-D:D$, seu inverse $B:A-B<D:C-D$.

Dem. Sit $mA>nB$, $mC=<nD$ (supp. et V. Def. 7.); tum (V. Ax. 3.) quia $D<C$, erit $nD<nC$, proinde ex aequo vel à fortiori $mC<nC$, itaque $m<n$, et $nB>mB$, $nD>mD$. Iam, demtis mB, mD, erit $mA-mB>nB-mB$, $mC-mD=<nD-mD$, cumque

per V. 5. $mA-mB=m(A-B)$, $mC-mD=m(C-D)$

ac per V. 6. $nB-mB=(n-m)B$, $nD-mD=(n-m)D$;

$$\text{erit } m(A-B)>(n-m)B, \quad m(C-D)=<(n-m)D.$$

Quodsi $n-m$, qui est numerus integer, sit >1, propositum constat ex V. Def. 7. si vero $n-m=1$, erit $2m(A-B)>2B$, $2m(C-D)=<2D$, quoniamque aequemultiplices magnitudinum $m(A-B)$, $m(C-D)$ sunt ipsarum $A-B$, $C-D$ aequemultiplices (V. 5.), rursus per V. Def. 7. constat proposisum.

Coroll. (*Hauber.* §. 23.) Quod quidem sic qnoque exprimi potest: Si summa duarum magnitudinum ad earum alteram maiorem rationem habet, quam summa duarum aliarum ad harum alteram; ad eam priorum, quae terminum consequentem rationis maioris constituit, etiam altera ipsarum maiorem rationem habebit, quam altera posteriorum ad eam harum, quae est terminus consequens rationis minoris. Quippe

si $A+B:B>C+D:D$;

et $A+B-B:B>C+D-D:D$

i. e. $A:B>C:D$

Prop. k. (*Hauber.* §. 24. *Pappi* VII. 6. *Clav.* V. 30.).

Si $A:B>C:D$, et $C>D$, ac proinde (Prop. d.) $A>B$, erit *convertendo* $A:A-B<C:C-D$, seu inverse $A-B:A>C-D:C$.

Dem. Ob $A:B>C:D$ (supp.), erit dividendo (Prop. i.) $A-B:B>C-D:D$, ac proinde $A-B+B:A-B<C-D+D:C-D$ (Prop. h. Cor. 2.) i. e. $A:A-B<C:C-D$, seu

$A-B:A>C-D:C$ (Prop. a.).

Cor. 1. (*Hauber.* §. 25.) Sive etiam: si summa duarum magnitudinum ad earum unam maiorem rationem habet, quam summa duarum aliarum ad harum unam; summa priorum ad earum alteram minorem rationem habebit, quam summa posteriorum ad harum alteram. Etenim, si

$A+B:B>C+D:D$

erit $A+B:A+B-B<C+D:C+D-D$

i. e. $A+B:A<C+D:C$.

Quod etiam consequitur ex Prop. i. Cor. et Prop. h. Cor. 2.

Cor. 2. (*Hauber.* §. 26.) Generatim, si quatuor magnitudinum, quarum prior ad secundam maiorem rationem habet, quam tertia ad quartam, tertia maior fuerit quam quarta, adeoque (Prop. d.) etiam prima maior quam secunda; differentia priorum ad earum alterutram maiorem rationem habebit, quam differentia posteriorum ad harum alterutram, quae nimirum ei, quae in maiori ratione assumta erat, ordine respondet.

Cor. 3. (*Hauber.* §. 27.) Pariter, si differentia duarum magnitudinum ad earum minorem habet rationem maiorem, quam differentia duarum aliarum ad harum minorem, priorum quoque differentia ad earum maiorem in maiori ratione erit quam differentia posteriorum ad ipsarum maiorem.

Si enim $A-B:B>C-D:D$

erit $A-B:A-B+B>C-D:C-D+D$ (Prop. h. Cor. 2.)

i. e. $A-B:A>C-D:C$.

Quod etiam consequitur ex Prop. h. Cor. 1. et Prop. k.

Prop. l. (*Hauber.* §. 28.)

Si $A:B>C:D$, et $B>A$ adeoque (Prop. d.) $D>C$, erit

$\left.\begin{matrix}A\\B\end{matrix}\right\}:B-A>\left.\begin{matrix}C\\D\end{matrix}\right\}:D-C$ et inverse.

Dem. Cum sit $A:B>C:D$ (supp.), seu

$D:C>B:A$ (Prop. a.) et $B>A$ (supp.)

dividendo erit $D-C:C>B-A:A$ (Prop. i.), atque etiam

$D-C:D>B-A:B$ (Prop. k.)

unde pariter (Prop. a.) $A:B-A>C:D-C$

et $B:B-A>D:D-C$.

Cor. 1. (*Hauber.* §. 29.) Si duarum magnitudinum differentia ad earum maiorem in maiori ratione est, quam duarum aliarum differentia ad harum maiorem; priorum quoque maior ad ipsarum minorem in maiori ratione erit, quam posteriorum maior ad harum minorem. Nam, si

$A-B:A>C-D:C$

est $A:A-(A-B)>C:C-(C-D)$ Prop. l.

i. e. $A:B>C:D$.

Cor. 2. (*Hauber.* §. 30.) Item, eodem supposito, quod in Cor. praeced. pariter differentia priorum ad ipsarum minorem in maiori ratione erit, quam differentia posteriorum ad harum minorem. Si enim

$A-B:A>C-D:C$

est $A-B:A-(A-B)>C-D:C-(C-D)$ Prop. l.

i. e. $A-B:B>C-D:D$

quod et consequitur ex Cor. 1. et Prop. i.

Prop. m. (*Hauber.* §. 31. *Clav.* V. 31. cum Schol.).

Si vel $A:B = D:E$	vel $A:B > D:E$	vel tam $A:B > D:E$
et $B:C > E:F$	et $B:C = E:F$	quam $B:C > E:F$

ex aequo etiam erit $A:C > D:F$

Dem. 1) Si $A:B = D:E$ et $B:C > E:F$, sit $mB > nC$, $mE =< nF$ (V. Def. 7.). Tum, quia $nC < mB$ erit $A:nC > A:mB$ (V. 8.), et, cum ob $A:B = D:E$ (supp.) sit $A:mB = D:mE$ (V. 4.), etiam $A:nC > D:mE$ (V. 13.), quoniamque $mE =< nF$, erit et $D:mE => D:nF$ (V. 7. 8.), ac proinde $A:nC > D:nF$ (V. 13. et Prop. b.), itaque $A:C > D:F$ (Prop. e.).

2) Si $A:B > D:E$, et $B:C = E:F$, inverse (V. 4. et Prop. a.)

erit $C:B = F:E$

et $B:A < E:D$

igitur ex aequo per demonstrata nr. 1. $C:A < F:D$ seu inverse (Prop. a.) $A:C > D:F$.

3) Si tam $A:B > D:E$, quam $B:C > E:F$, sit $mA > nB$, $mD =< nE$, et $pB > qC$, $pE =< qF$ (V. Def. 7.) erit et $pmA > pnB$, $pmD =< pnE$, $npB > nqC$, $npE =< nqF$ seu $pmA > pnB$, et $pnB > nqC$, pariterque $pmD =< pnE$, et $pnE =< nqF$: itaque hinc $pmA > nqC$, $pmD =< nqF$. Quare, cum aequemultiplices magnitudinum mA, mD, qC, qF sint ipsarum etiam A, D, C, F aequemultiplices (V. 3.), propositum per V. Def. 7. constat.

(Hinc sequens deduci potest Corollarium: Rationum inter se diversarum duplicatae (triplicatae etc.) etiam inter se diversae sunt, et maioris quidem maior. Nempe, sit v. gr. $A:B = B:C$, et $P:Q = Q:R$, sitque $A:B > P:Q$, et $mA > nB$, $mP =< nQ$. Iam, quoties $mA > nB$, erit et $mB > nC$, et quoties $mP =< nQ$, erit et $mQ =< nR$ (V. Def. 7.) itaque erunt simul $mB > nC$, et $mQ =< nR$, adeoque (V. Def. 7.) $B:C > Q:R$, unde ex hac Propositione m. erit $A:C > P:R$. Cf. observ. ad V. Def. 10. 11. Atque hinc porro facile coll. Cor. ad V. 22. per indirectum demonstrabitur, rationum earundem inter se subduplicatas (subtriplicatas etc.) pariter inter se esse easdem, diversarum diversas.)

Prop. n. (*Hauber.* §. 32. *Clav.* V. 32. cum Schol.)

Si vel $A:B=E:F$,	vel $A:B>E:F$,	vel tam $A:B>E:F$
et $B:C>D:E$	et $B:C=D:E$	quam $B:C>D:E$

erit etiam *ex aequo perturbate* $A:C>D:F$.

Dem. 1) Si $A:B=E:F$ et $B:C>D:E$. sit $mB>nC$, $mD=<nE$ (V. Def. 7.), et erit $nE:mF=>mD:mF$ (V. 7 et 8.) et, quia ob $A:B=E:F$ (supp.) etiam $nA:mB=nE:mF$ (V. 4.), erit et $nA:mB=>mD:mF$ (V. 11. 13.). Sed, cum sit $mB>nC$, est $nA:nC>mD:mF$ (V. 13. et Prop. b.), unde $A:C>D:F$ (Prop. e.).

2. Si $A:B>E:F$, et $B:C=D:E$, erit inverse
$C:B=E:D$ (V. Cor. 4. vel Prop. B.)
et $B:A<F:E$ (Prop. a.)

itaque per demonstrata nr. 1. $C:A<F:D$; seu inverse $A:C>D:F$ (Prop. a.)

3. Si $A:B>E:F$, et $B:C>D:E$, sit $mA>nB$, $mE=<nF$, et $pB>qC$, $pD=<qE$ (V. Def. 7.), igitur et $pmA>pnB$, npB, seu $pnB>nqC$, pariterque $qmE=<qnF$, mpD seu $pmD=<mqE$ seu qmE, atque hinc $pmA>nqC$, $pmD=<nqF$, et, quoniam magnitudinum mA, mD; qC, qF aequemultiplices ipsarum quoque A, D; C, F sunt (V. 3.), erit per V. Defin. 7. $A:C>D:F$.

Prop. o. (*Hauber.* §. 33.)

Si $A:B=>C:D$, et $E:B>F:D$, erit $A+E:B>C+F:D$.

Dem. 1) Si $A:B=C:D$ et $E:B>F:D$, sive inverse $B:E<D:F$ (Prop. a.), *ex aequo* erit (Prop. m.) $A:E<C:F$, itaque $A+E:A>C+F:C$ (Cor. 2. Prop. h.) et, cum sit $A:B=C:D$ (supp.), ex aequo etiam (Prop. m.) $A+E:B>C+F:D$.

2) Si $A:B>C:D$, et $E:B>F:D$, sit $mA>nB$, $mC=<nD$, et $pE>qB$, $pF=<qD$, erit etiam $pmA>pnB$, $pmC=<pnD$, et mpE, seu $pmE>mqB$, mpF seu $pmF=<mqD$, ergo etiam $pmA+pmE>pnB+mqB$, $pmC+pmF=<pnD+mqD$, seu (V. 3., V. 1., V. 2.)

$pm(A+E)>(pn+mq)B$, pariterque
$pm(C+F)=<(pn+mq)D$, unde et
$A+E:B>C+F:D$ per V. Def. 7.

Coroll. (*Hauber.* §. 34.) Sive etiam, si

$$A:B=>C:D$$
$$\text{et } E-A:B>F-C:D$$

$$\text{erit } A+E-A:B>C+F-C:D$$
$$\text{i. e. } E:B>F:D.$$

Prop. p. (*Hauber.* §. 35.)

Si $A:B=<C:D$, et $E:B>F:D$, erit $C>F$, si $A>E$, et $A<E$, si $C<F$.

Dem. Nam, ob $A:B=<C:D$, et $E:B>F:D$ (supp.)
$B:E<D:F$ (Prop. a.)

---

erit etiam ex aequo $A:E<C:F$ (Prop. m.)
seu $E:A>F:C$ (Prop. a.)
unde per Prop. d. constat propositum.

Prop. q. (*Hauber.* §. 36.)

Si $A:B=<C:D$, et $E:B>F:D$, erit
$A-E:B<C-F:D$, si $B>E$, ac proinde (Prop. p.) $C>F$,
sed $E-A:B>F-C:D$, si $C<F$ . . . . $A<E$.

Dem. 1) Si est $A:B=<C:D$, et $E:B>F:D$, et $A>E$,
inverse erit $B:E<D:F$ (Prop. a.)

---

igitur ex aequo $A:E<C:F$ (Prop. m.)
et quia $A>E$, $A-E:A<C-F:C$ (Prop. k.)
quoniamque $A:B=<C:D$ (supp.)
etiam ex aequo $A-E:B<C-F:D$ (Prop. m.)

2) Si est $E:B>F:D$, et $A:B=<C:D$, atque $D<F$,
erit inverse $B:A=>D:C$ (Prop. B et a.)

---

quare ex aequo $E:A>F:C$ (Prop. m.),
et hinc $E-A:E>F-C:F$ (Prop. i.) quia $C<F$,
cumque sit $E:B>F:D$ (supp.)
ex aequo etiam $D-A:B=F-C:D$ (Prop. m.)

Cor. 1. (*Hauber.* §. 37.) Quod quidem etiam sic exprimi potest

Si est $A+E:B \leqq C+F:D$

et $A:B > C:D$

erit et $E:B < F:D$.

Sed, si $A:B \leqq C:D$

et $A+E:B > C+F:D$

erit et $E:B > F:D$.

Cor. 2. (*Hauber.* §. 38.) Hinc etiam, si

$A-E:B < C-F:D$

et $A:B \leqq C:D$

erit $A-(A-E):B < C-(C-F):D$ (Prop. q. nr. 1.)

seu $E:B < F:D$.

Et, si $A:B > C:D$

atque $A-E:B \leqq C-F:D$

erit $A-(A-E):B > C-(C-F):D$ (Prop. q. nr. 2.)

hoc est $E:B > F:D$.

Prop. r. (*Hauber.* §. 39.)

Si $A:B > C:D$, tum si $C > D$, ergo et (Prop. d.) $A > B$, erit $A+B:A-B < C+D:C-D$: et, si $A < B$, ergo et (Prop. d.) $C < D$, erit $A+B:B-A > C+D:D-C$.

Dem. Ob $A:B > C:D$ (supp.)

1) erit $A+B:A < C+D:C$ (Cor. 2. Prop. h.)

et, si $C > D$, convertendo $A:A-B < C:C-D$ (Prop. k.)

quare ex aequo $A+B:A-B < C+D:C-D$ (Prop. m.)

2) erit quoque $A+B:B > C+D:D$ (Prop. h.),

et, si $A < B$, $B:B-A > D:D-C$ (Prop. l.)

unde rursus ex aequo $A+B:B-A > C+D:D-C$ (Prop. m.)

Prop. s. (*Hauber.* §. 40.)

Vicissim, si $A+B:A-B > C+D:C-D$

erit $A:B < C:D$

Dem. Nam, ob $A+B:A-B<C+D:C-D$ (supp.)

est $A+B+A-B:A+B-(A-B)<C+D+C-D:C+D-(C-D)$ (Prop. r.) hoc est $2A:2B<2C:2D$

et proinde $A:B<C:D$ (Prop. e.)

Et hactenus quidem de magnitudinibus universim sermo fuit, sive ea, quae ad duas diversas rationes pertinent, inter se eiusdem, sive diversi generis fuerint. Iam vero transit auctor ad magnitudines *homogeneas*.

Prop. t. (*Hauber*. §. 41.) Conf. Prop. c.

Si quatuor homogenearum magnitudinum A, B, C. D sit $A=C$, et $B<D$, vel, si $A>C$, et $B=<D$, erit

$A:B>C:D$.

Dem. 1) Si $A=C$, et $B>D$,

erit $A:B>A:D$ (V. 8.)

et $A:D=C:D$ (V. 7.)

ac proinde $A:B>C:D$ (V. 13.)

2) Si $A>C$, et $B=<D$,

erit $A:B>C:D$ (V. 8.)

et $C:B=>C:D$ (V. 7. 8.)

itaque et $A.B>C:D$ (V. 13. et Prop. b.)

Prop. u. (*Hauber*. §, 42.)

Vicissim, si $A:B>C:D$, erit $B<D$, si $A=<C$, et $A<C$, si $B=>D$.

Dem 1) Si $A=<C$, erit

$C:B=>A:B$ (V. 7. 8.)

et cum sit $A:B>C:D$ (supp.)

etiam $C:B>C:D$ (V. 13 et Prop. b.)

proindeque $B<D$ (V. 10.)

2) Si $B=>D$, erit $C:D=>C:B$ (V. 7. 8.)

quare, cum sit $A:B>C:D$ (supp.)

erit et $A:B>C:B$ (V. 13 et Prop. b.)

itaque $A>C$ (V. 10.)

Prop. v. (*Hauber.* §. 43. *Pappi* VII. Prop. 5. apud *Clav.* V. 27.)

Si $A:B>C:D$, erit et *alterne* $A:C>B:D$, seu inverse $C:A=D:B$.

Dem. Sit $mA>nB$, et $mC\overline{\overline{<}}nD$ (supp. et V. Def. 7.)

erit igitur $mA:mC>nB:nD$ (Prop. t.)

et hinc $A:C>B:D$ (Prop. e.)

Prop. w. (*Hauber.* §. 44.)

Si $A:B>C:D$, erit $A+E:C+D\left\{\begin{matrix}>B:D\\<A:C\end{matrix}\right.$

Dem. Ob $A:B>C:D$ (supp.) erit

1) componendo $A+B:B>C+D:D$ (Prop. h.)

et alterne $A+B:C+D>B:D$ (Prop. v.)

2) erit etiam $A+B:A<C+D:C$ (Cor. 2. Prop. h.)

et rursus alterne $A+B:C+D<A:C$ (Prop. v.)

Cor. 1. (*Hauber.* §. 45. *Pappi* VII. 8.) Pariter, si $A:B>C:D$,

erit et $A+C:B+D\left\{\begin{matrix}>C:D\\<A:B\end{matrix}\right.$. Nam, ob $A:B>C:D$ (supp.)

erit alterne $A:C>B:D$ (Prop. v.) et hinc

$A+C:B+D\left\{\begin{matrix}>C:D\\<A:B\end{matrix}\right.$ (Prop. w.)

Cor. 2. Inaequalium duarum magnitudinum maior ad minorem in maiori ratione est, quam summa maioris et cuiuscunque tertiae ad summam minoris et eiusdem tertiae.

Nam, si $A>B$, est $A:C>B:C$ (V. 8.), ideoque

$A+C:B+C<A:B$ (Prop. w.), seu $A:B>A+C:B+C$.

Prop. x. (*Hauber.* § 47.)

Si $A:B>C:D$, et $C>D$, itaque (Prop. d.) $A>B$, erit

$A-B:C-D>\left\{\begin{matrix}A:C\\B:D\end{matrix}\right.$; sed si $B>A$, adeoque (Prop. d.)

$D>C$, erit $B-A:D-C<\left\{\begin{matrix}A:C\\B:D\end{matrix}\right.$.

Dem. Propter $A:B>C:D$ (supp.)

1) si $C>D$, erit $A-B:A>C-D:C$ (Prop. k.)

et $A-B:B>C-D:D$ (Prop. i.)

proinde etiam alterne $A-B:C-D>A:C$

et $A-B:C-D>B:D$ (Prop. v.)

2) si $B>A$, erit $B-A:A<D-C:C$

pariterque $A-A:B<D-C:D$ (Prop. l.)

unde iterum alterne $B-A:D-C<A:C$

et $B-A:D-C<B:D$ (Prop. v.)

Cor. 1. (*Hauber.* §. 48. *Pappi* VII, 9. *Clav.* V. 33.) Si $A:B>C:D$, et fuerit $B>D$, adeoque (Prop. u.) $A>C$, erit $A-C:B-D>\left\{\begin{matrix}A:B\\C:D\end{matrix}\right.$; sin autem $A<C$, ac proinde (Prop. u.) $B<D$, erit $C-A:D-B<\left\{\begin{matrix}A:B\\C:D\end{matrix}\right.$.

Nam, ob $A:B>C:D$ (supp.), erit alterne (Prop. o.)

$A:C>B:D$, atque hinc, si $B>D$, erit

$A-C:B-D>\left\{\begin{matrix}A:B\\C:D\end{matrix}\right.$; sin autem $A<C$,

$C-A:D-B<\left\{\begin{matrix}A:B\\C:D\end{matrix}\right.$ Prop. x.

Cor. 2. Inaequalium duarum magnitudinum maior ad minorem in minori ratione est, quam excessus maioris super tertiam quamcunque ad excessum minoris super eandem, minorem nimirum ambabus; in maiori vero, quam excessus tertiae cuiuscunque, quae sit ambabus maior, super maiorem, ad excessum eiusdem super minorem.

Etenim, si $A>B$, est $A:C>B:C$ (V. 8.)

et proinde $A-C:B-C>A:B$, si $C<B$

et $C-A:C-B<A:B$, si $C>A$ (Prop. x.)

seu $A:B\left\{\begin{matrix}<A-C:B-C\\>C-A:C-B\end{matrix}\right.$

Prop. y. (*Hauber.* §. 50. *Clav.* V. 34.)

Si $A:B>C:D$, et $C:D>E:F$ etc. erit summa omnium priorum $A+C+E+$ etc. ad summam omnium posteriorm $B+D+F+$ etc. in maiori ratione, quam postrema E priorum ad postremam F posteriorum; in minori autem, quam prima A priorum ad primam B posteriorum; et denique in maiori quam summa priorum $C+E+$ etc. omnium excepta prima A,

ad summam posteriorum $D+F+$ etc. omnium, excepta harum prima B.

Dem. Ob $A:B>C:D$ (supp.)

est $A+C:B+D>C:D$ et $<A:B$ (Cor. 1. Prop. v.)

Quoniam autem $C:D>E:F$ (supp.), erit etiam

$A+C:B+D>E:F$ (Prop. b.)

atque hinc $A+C+E:B+D+F>E:F$, sed $<A+C:B+D$ (Cor. 1. Pr. f.) Unde porro ob $A+C:B+D<A:B$ per demon-

strata erit $A+C+E:B+D+F<A:B$ (Prop. b.)

atque hinc $A+C+E:B+D+F>C+E:D+F$ (Cor. 1. Prop.)

Prop. z. (*Hauber*. §. 51.)

Si $A:B>C:D$, et $B>D$, pariterque $C>D$, et proinde (Prop. d. et Prop. u.) etiam $A>B$, et $A>C$: *summa* maximae et minimae $A+D$ maior est, quam summa duarum reliquarum $B+C$.

Dem. Ob $A:B>C:D$, et $C>D$ (supp.)

dividendo est $A-B:B>C-D:D$ (Prop. i.)

quoniamque $B>D$ (supp.) etiam $A-B>C-D$ (Prop. u.)

et, addito utrimque $B+D$

$A+D>B+C$.

Prop. *a*. (*Hauber*. §. 52. *Pappi* VII. 16.)

Si sint quatuor numeri vel lineae A, B, C, D, ita, ut $A:B>C:D$; erit productum vel rectangulum extremorum maius, quam productum aut rectangulum mediorum, et vicissim. (Hanc Propositionem, quamvis iam supponat Propositiones aliquas libri VI. vel VII., quae tamen independenter ab ea demonstrantur, propter nexum cum praecedentibus, noluimus à reliquis Hauberianis saeparare, et suo demum loco ponere, cui facile eam restituet lector intelligens).

Dem. 1) Quoniam $A:B>C:D$ (supp.)

et $A:B=A\times C:B\times C$ (VII. 17. VII. 18. VI. 1.)

erit etiam $A\times C:B\times C>C:D$ (V. 13.)

et quia rursus $C:D=A\times C:A\times D$ (VII. 17 VII. 18. VI. 1.)

etiam $A \times C : B \times C > A \times C : A \times D$ (V. 13.)

et hinc $B \times C < A \times D$ (V. 10.) seu

$A \times D > B \times C$.

2) Si $A \times D > B \times C$, pariter erit

$A \times C : B \times C > A \times C : A \times D$ (V. 8.)

et ob $A \times C : B \times C = A : B$ (VII. 17. VII. 18. VI. 1.)

$A : B > A \times C : A \times D$ (V. 13.):

et, quia rursus $A \times C : A + D = C : D$ (VII: 17. VII. 18. VI. 1.)

pariter $A : B > C : D$ (V. 13.)

Cor. (*Hauber.* §. 53.). Proinde, si $A : B > B : C$, denotantibus rursus A, B, C numeros, vel lineas,

est $A \times C > B^2$, vel B^q, et vicissim.

EXCURSUS

AD

ELEMENTORUM

L. VI. et maxime ad VI. Def. 5.

§. 1. Haec Definitio in Edictione *Oxoniensi* ita habet: *Λόγος ἐκ λόγων συγκεῖσθαι, ὅταν αἱ τῶν λόγων πηλικότητες ἐφ' ἑαυτὰς πολλα πλασιασθεῖσαι ποιῶσι τινά.* Editio *Basileensis* legit: *τινάς.* *Theon* seculi post C. N. quarti scriptor in Commentar. in *Ptolomaei* Almagestum (*Πτολεμάιου μεγάλης συντάξεως βιβλ. ιγ. Θεωνος Ἀλέξανδρέως εἰς τὰ ἀυτὰ ὑπομνημάτων βιβλ, ια.* Basil. 1538 p. 61. post ambiguum illud et vagum *τινά* addit *πηλικότητα λόγου.* Et Scholion Anonymi in Edit. Elementor. *Basileensi* p. 67. pro *τινά* substituit *λογόν.* *Eutocius* in locum *Archimedis* (*Ἀρχιμήδους τὰ σωζόμενα, μετὰ τῶν Εὐτοκίου 'Ασκαλωνίτου ὑπομνημάτων* iisdem verbis hanc Definitionem habet, ut nunc legitur in Edit. Oxon. Plerique Commentatores, ut *Clavius*, *Tartalea*, *David Gregorius* aliique vocem *πηλικότης* vertunt: quantitas, vel, ut ipsi vocem: quantitas interpretantur: rationum denominator vel exponens. *Wallisius* (Opera Mathem. Tom. II. p. 665 sqq.) *πηλικότης* interpretatur: quantuplicitas, quam exponi ait per exponentem rationis. (*Pfleiderer.* in Schol. in libr. VI. Elem. P. IV, è quibus excerpta sunt, quae in hoc Excursu habentur §. 200. not. 7. 8. 9 coll. §. 202. not. 15.).

§. 2. Verum enim vero, ut *Rob. Simson* observat, huius Definitionis, laxo, in quod definit, effato (vide *Pfleiderer* l. c. §. 200.) satis suspectae, in sequentibus apud *Eu-*

clidem. *Archimedem*, *Apollonium*, reliquosque veteres, qui ratione composita saepius utuntur, nullum amplius vestigium invenitur. (Id ipsum etiam, si non verbis, re tamen ipsa fatetur *Clavius*, nec satis excusare studet *Saccherius* (*Euclides* ab omni naevo vindicatus P. 138 sq.)). Ita v. c. in demonstratione VI. 23. in qua primum rationis compositae fit mentio, nihil prorsus occurrit, quod ad hanc Definitionem se referret. *Campanus* quoque Definitionem VI. 5. non habet.

§. 3. Aliam potius rationis compositae Definitionem, analogam ei, qnae V. Def. 10. 11. habetur, aperte supponunt demonstrationes *Euclidis*, in quibus de rationibus compositis semo est v. c. VI. 23. et VII. 5. Eam à *Campano* iam strictius indicatam in VII. Def. 19. varii recentiores Mathematici, quorum plures nominat *Pfleiderer*. l. c. §. 201. dedere, uberrime exhibuit *Rob. Simson* in Definitione A, quam V. Defin. 11. subnectit, his verbis:

1. Si fuerint quotanque magnitudinis eiusdem generis, prima ad ultimam habere dicitur rationem compositam ex ratione, quam habet prima ad secundam, et ratione secundae ad tertiam, et ea, quam habet tertia ad quartam, et ita deinceps usque ad ultimam. Ex. gr. sint magnitudines A, B, C, D: prima A habere dicitur ad ultimam D rationem compositam ex ratione ipsius A ad B, et ratione B ad C, et ratione C ad D; vel ratio A ad D dicitur composita esse ex rationibus A ad B, B ad C, et C ad D.

2. Si igitur ratio A ad B eadem sit rationi E ad F; et ratio B ad C eadem fuerit rationi G ad H; et ratio C ad D eadem rationi K ad L: A ad D habere dicitur rationem compositam ex rationibus, quae eaedem sunt rationibus E ad F, G ad H, et K ad L. Idemque intelligitur, quando brevitatis gratia dicitur A ad D habere rationem compositam ex rationibus E ad F, G ad H, et K ad L.

3. Similiter, si ratio M ad N eadem sit rationi A ad D, praecedentibus manentibus: brevitatis gratia dicitur ratio M ad N eadem esse rationi compositae ex rationibus E ad F, G ad H, et K ad L, (vel. quod *Playfair* addit, ipso etiam

ratio M ad N composita dicitur ex rationibus E ad F, G ad H, et K ad L.)

Eodem sensu caeteri quoque Geometrae veteres Graeci denominationem rationis compositae usurpant, v. c. *Archimedes* Libr. II. Prop. 5 de Sphaera et Cylindro; *Apollonius* Conic. I. Prop. 39. I. 40. III. 54. III. 66. *Ptolemaeus* loco supra citato, aliique.

§. 4. Ex his omnibus non sine ratione concludunt magni nominis Geometrae, inprimis *Rob. Simson* in Not. ad VI. 23. *Pfleiderer.* l. c. §. 204. not. 17. cum quibus consentiunt etiam plures eorum Mathematicorum, qui Definitionem §. 3. allatam etiam ipsi exhibent, et maxime *Scarburgh* (the English Euclide Oxf. 1705. Schol. in V. Def. 10. et in Def. 5. vulgarem libri VI.), vulgarem illam §. 1. exhibitam Definitionem non esse ipsius *Euclidis*, sed a *Theone* sine dubio, sublata genuina §. 3. allata, substitutam fuisse eam, quae nunc habetur explicationem, quae tamen minus apta, et, ut *Rob. Simson* ait, puerilis sit, quippe quae eis solummodo rationibus conveniat, quae numeris exhiberi possint. Atque hac ratione omnem de compositione rationum doctrinam absurdam et ἀγεωμετρικὴν redditam esse. Unde et *Savilius*, qui vulgarem illam Definitionem §. 1. genuinam putarat, professus est, in pulcherrimo Geometriae corpore duas esse labes, nec, quod sciat, plures, in quibus eluendis et emaculandis cum veterum tum recentionum vigilaverit industria. Priorem nempe Post. 5, I: posteriorem, quae ad compositionem rationum pertineat (*Savilii* Praelect. Lect. VII. p. 140.).

§. 5. Hanc suspicionem, nempe *Theonem* Architectum esse vulgaris Definitionis §. 1. confirmare videntur ea, quae *Theon* in Commentar. ad Ptolem. loco supra citato habet. Ibi nempe, postquam *Ptolemaeus* propositionem aliquam de compositione rationum legitimo more eo sensu demonstraverat, quem Definitio §. 3. supponit, *Theon* ulterioris, quod ait, illustrationis gratia VI. Propos. 23. adhibet, quae vero argumentationem complicat potius quam explicat, tum vero ex abrupto et sine ulla ad propositum applicatione Definitionem cum

vulgari illa exacte consentientem, nisi quod ad finem addit „πηλικότητα λόγου" exhibet. Atque hoc primum certum est vestigium Definitionis §. 1. allatae, quam ipsam deinde *Eutocius* seculi post C. N. sexti scriptor in Commentario in *Archimedem* eo, quem §. 1. diximus, loco, ut in Elementis occurrentem, designat.

§. 6. Aliud praeterea argumentum, quo vulgarem rationis compositae Definitionem §. 1. allatam supposititiam esse probari possit, in eo deprehendit *Rob. Simson* p. 374 squ. quod VIII. Prop. 5. nihil aliud continet, quam quod in ipsa illa vulgari Definitione asseritur. Absurdum autem foret, propositionem aliquam in Elementis poni tanquam Definitionem, et eandem in iisdem demonstrari. Propositionem autem VIII. 5. in Elementis locum habere debere, non est dubium, idem enim in ea demonstratur de numeris planis, quod in VI. 23. de parallelogrammis aequiangulis; quare VI. Definitio 5. in Elementis locum habere non potest. Quae quum ita sint, liceat vulgarem illam Definitionem §. 1. positam, Definitionem *Theonis*, alteram autem §. 3. exhibitam, V. Definitionibus 10. 11. analogam, adeoque sine dubio magis ex *Euclidis* mente positam, Definitionem *Simsonis* appellare.

§. 7. Vulgarem illam Definitionem minus aptam esse non tantum inde patet, quod rei mere geometricae numeri, atque operationes in numeris usitatae immiscentur, verum etiam quarumlibet rationum datarum exponentes integros fractosque dari, nullo tot rationum numeris ineffabilium censu habito, supponitur. Quando autem numeris integris aut fractis rationes datae exprimuntur, ex quibus alia haud immediate cognita componitur, seu infertur, tum omnino haec eadem est rationi, quam productum multiplicationis terminorum antecedentium rationum habet ad productum ex ipsarum terminis consequentibus, vel, quod eodem redit: denominator, (i. e. numerus integer aut fractus indicans, cui multiplo, aut cui parti, quibusve partibus consequentis aequetur terminus antecedens rationis) rationes primae quantitatis ad ultimam exprimitur denominatoribus mediarum rationum inter se multiplicatis. Nempe,

si A ; B = m : n denotantibus m, n, p, q, r, s numeros datos,
B : C = p : q eosque integros (quia rationes numero integro
C : D = r : s et fracto, vel duobus fractis expressae facile
etc.

per V. 15. aequipollentes numeris integris expressas reducuntur): erit A:C = mp:nq ; A:D = mpr:nqs etc. Necesse est autem ad hanc propositionem, in qua de numeris agitur, demonstrandam, doctrinam de numeris, ut libr. VII. Elementorum (qui nihil de rationum compositione supponit) traditur, adhibere, aut, quae huc pertinent, separatim demonstrare. Quod quum omnino liceat, haec erit demonstratio (vid. *Pfleiderer.* l. c. §. 207.)

Ob A : B = m : n = pm : pn (V. 15.) = mp : np (VII. 16.)
et B : C = p : q = np : nq (V. 15.)
est A : C = mp : nq (V. 22.),
Tum, ob A:C = rmp:rnq (V. 15.) = mpr:nqr (VII. 16.)
et C:D = r : s = nqr : nqs (V. 15.)
fit A:D = mpr:nqs (V. 22.) etc.

$$\text{vel } \frac{A}{D} = \frac{mpr}{nqs} = \frac{m}{n}.\frac{p}{r}.\frac{q}{s} = \frac{A}{B}.\frac{B}{C}.\frac{C}{D} = \frac{A.B.C}{B.C.D}.$$

Varios aliorum conatus Definitiones *Theonis* et *Rob. Simsonis* inter se conferendi refert *Pfleiderer.* l. c. not. 17. et ipse plures etiam exhibet.

§. 8. Usum rationis compositae, quum omnia, in quibus solet adhiberi ratio composita, possint etiam sine eius auxilio tum enuntiari, tum demonstrari, in hoc unice consistere ait *Rob. Simson*, quod eius ope periphrases evitentur, et ita Propositiones possint vel enuntiari vel demonstrari brevius, vel utrumque simul fieri possit. Ex. gr. si Propositio VI. 23. enuntianda esset, non facta rationis compositae mentione, id ita fieret: Si duo Parallelogramma aequiangula fuerint, et at, fiut unum latus prioris ad unum posterioris, ita quaevis recta assumta ad secundam aliquam; et, uti alterum latus prioris ad alterum posterioris, ita secunda illa fiat ad tertiam: erit prius Parallelogrammum ad posterius, ut recta primitus assumta ad hanc tertiam. Veteres autem cum vidis-

sent, hanc enunciationem posse breviorem reddi, si nomen impositum esset rationi, quam habet prima recta ad ultimam, quo nomine simul indicarentur rationes intermediae, primae scilicet ad secundam, et secundae ad tertiam rectam, et ita deinceps, si plures fuerint rectae; rationem hanc primae ad ultimam dixerunt rationem compositam ex rationibus primae ad secundam, et secundae ad tertiam rectam, hoc est, in praesenti casu ex rationibus, quae eaedem sunt rationibus laterum, atque ita brevius Propositionem enunciarunt: Si fuerint duo aequiangula parallelogramma, habebunt inter se rationem eandem ei, quae composita est ex rationibus, quae eaedem sunt rationibus laterum, vel adhuc brevius: aequiangula parallelogramma inter se rationem habent eandem ei, quae composita est ex rationibus laterum. Quum itaque ratio composita sit tantum modus loquendi, *Euclides* utitur quoque in Definitionibus rationis duplicatae et triplicatae verbo: λέγεται, quo verbo sine dubio utebatur etiam in Definitione rationis compositae, quam *Theon* aliusve ex Elementis sustulit; nam idem verbum retentum est in inepta Definitione rationis compositae, quae nunc in VI. Def. 5. habetur. In citationibus autem harum Definitionum aliquando retinetur, ut in Dem. VI. 19.; aliquando omittitur ut in Dem. XI. 33. ubi tamen ἔχει sine dubio idem significat, ac ἔχειν λέγεται, et in V. 23. ubi σύγκειται brevitatis caussa dicitur pro: σύγκεισθαι λέγεται. Ita fere *Rob. Simson* l. c. *Pfleiderer* tamen l. c. §§. 222. 223. monet, hac denominatione indicari simul, rationem, quae ex aliis componi dicatur, ab his pendere, per eas determinari, sic ut ex his cognitis iuxta normam quandam constantem colligi atque inferri possit. Has porro et omnes, et simplicissimas designari supponi, quas indoles magnitudinum, de quarum ratione ex iis componenda praecipiatur, requirat, vel quas datorum problematis, cui enodando earum compositio adhibeatur, conditio suggerat.

§. 9. Ex Definitione *Rob. Simsonis* plures deduci possunt consequentiae, quarum partem habet ipse *Rob. Simson* in Proposit. F, G, H, K. Append. ad Libr. V. Nos eas hic

ita sistemus, ut sunt apud *Pfleiderer.* l. c. Earum prima haec est: Rationes ex rationibus respective inter se iisdem compositae (sensu strictiori Defin. *Simson.* nr. 1.) sunt inter se eaedem. (Est haec *Simson.* Propos. F in Append. ad Libr. V. vel, si mavis, V. Prop. 22. et 23. (caeterum antea demonstrandae, ut ab *Euclide* factum est) aliis verbis ita exprimi possunt. *Pfleiderer.* §. 208.)

Sit enim A : B = D ; E
B : C = E : F
erit (V. 22.) A : C = D : F
Vel, sit A : B = E : F
B : C = D : E

---

erit (V. 22.) A : C = D : F.

Et similiter, si fuerint plures rationes in utroque casu.

§. 10. Pariter, si duae pluresve rationes eaedem sint totidem aliis; terminisque singularum ac magnitudini datae vel assumtae quarta proportionalis inveniri potest (quae eadem determinatio propositionibus analogis sequentibus est applicanda): latiori etiam sensu Def. *Simson.* nr. 2. sq. eaedem erunt inter se rationes, quarum una ex prioribus, altera ex posterioribus componitur.

Quodsi enim A : B = E : F
C : D = G : H
fiat A : B = K : L et E : F = N : O
C : D = L : M G : H = O : P,
eruntque ex V. 11. K : L = N : O
L : M = O . P

---

adeoque V. 22. K : M = N : P

Eodemque modo assertum de pluribus, quam duabus rationibus, compositioneque rationum iuxta Def. *Simson.* nr. 3. accepta demonstratur. (*Rob. Simson.* l. c. Prop. G. *Pfleiderer.* l. c. §. 209.).

In sequentibus rationem ex duabus pluribusve sensu Def. *Simson.* nr. 2. 3. compositam, ubi e re erit, compendii causa designabimus, has serie verticali scriptas uncis includendo.

Sic modo praecedens propositio ita exprimetur:

$$\begin{pmatrix} A:B \\ C:D \end{pmatrix} = \begin{pmatrix} E:F \\ G:H \end{pmatrix}, \text{ si } \begin{matrix} A:B = E:F \\ C:D = G:H. \end{matrix}$$

§. 11. Eaedem porro inter se sunt rationes, quarum utraque sensu Def. *Simson.* nr. 2. ex iisdem rationibus componitur. Hoc quippe sensu, si tam ratio A:B, quam altera C:D ex rationibus E:F, G:H componitur, sintque $\begin{matrix} E:F = K:L \\ G:H = L:M \end{matrix}$:

erit tam A:B = K:N (Def. *Sims.* nr. 2.) quam C:D = K:M; gitur A:B = C:D (V. 11.) *Pfleiderer.* l. c. §. 210.

§. 12. Sicut rationis ignotae investigatio compositione eius ex rationibus scopo congruis dirigitur, et, quando hae liquent, absolvitur: ita vicissim indagatio rationis, quam unam esse constat earum, ex quibus ratio data componitur, ad determinandam alteram, alterasve hanc componentes reducitur; quo facto illa *divisione*, quam vocant, *datae rationis compositae* per notam componentem alteram vel ex alteris compositam innotescit. (*Pfleiderer.* l. c. §. 224.).

§. 13. Reductionem divisionis huius ad compositionem docet *Pappi* Propositio 171. Lib. VII. Collect. Mathem. seu Lemm. 7. in Lib. I. Conicor. Apollonii: quo, si A sit ad B in ratione composita ex rationibus C:D, E:F; vicissim rationem C:D ex rationibus A:B ac F:E seu inversa ipsius E:F componi ostendit. Facto enim E:F = D:H; erit (Def. *Simson.*) ratio, quae ex rationibus C:D, E:F componitur, h. e. (supp.) A:B = C:H.

Quare, cum ita sint $\begin{matrix} C:H = A:B \\ H:D = F:E \end{matrix}$

$$\text{est (Def. } \textit{Sims.}\text{) } C:D = \begin{pmatrix} A:B \\ F:E \end{pmatrix}$$

Eodemque modo, ex quotcunque rationibus C:D, E:F, G:H etc. componatur ratio A:B; caeteris E:F, G:H etc. ad unam P:Q ex iis compositam reductis, demonstratur, rationem C:D componi ex rationibus A:B et Q:P; seu C esse ad D in ratione composita ex directa A ad B et inversa rationis P ad Q. (*Pfleiderer.* l. c. §. 225.)

§. 14. Hinc reaedem etiam inter se sunt rationes, quae rationibus iisdem inter se A:B, C:D per alias E:F, G:H pariter inter se easdem divisis obtinentur. Quippe ob E:F=G:H (supp.) est etiam F:E=H:G (Prop. B. in Excurs. ad Libr. V.). Quare, cum quoque sit A:B=C:D, ratio ex A:B ac F:E composita eadem est rationi compositae ex C:D et H:G (§. 10.) h. e. (§. 13.) quae rationem A:B per alteram E:F dividendo prodit, ratio eadem est rationi divisione rationis C:D per alteram G:H oriundae. (*Pfleiderer*. l. c. §. 226.)

§. 15. Idem in Propositionibus H, K Element Libr. V. annexis *Rob. Simson* uberius sic enunciat: „Si ratio ex quibusdam rationibus" (sive strictiori, sive latiori in Def. *Sims.* exposito sensu) „composita eadem sit rationi ex quibusdam aliis rationibus compositae, fueritque una ratio ex prioribus, vel ratio ex quibusdam ex prioribus composita, eadem uni rationi ex posterioribus, vel rationi ex quibusdam ex posterioribus compositae: erit reliqua ratio ex prioribus, vel ratio ex reliquis prioribus composita, eadem rationi reliquae ex posterioribus, vel rationi ex reliquis posterioribus compositae. (*Pfleiderer*. l. c. §. 227.)

§. 16. Quando $A:B = \begin{pmatrix} C:D \\ E:F \end{pmatrix}$, pariter est $A:B = \begin{pmatrix} E:F \\ C:D \end{pmatrix}$.

Factis enim $\begin{matrix} C:D = K:L \\ E:F = L:M \end{matrix}$, est $A:B = \begin{pmatrix} K:L \\ L:M \end{pmatrix} = K:M$ (V.22.)

at ob K:M quoque $= \begin{pmatrix} L:M \\ K:L \end{pmatrix}$ (V. 23.) $= \begin{pmatrix} E:F \\ C:D \end{pmatrix}$;

pariter est $A:B = \begin{pmatrix} E:F \\ C:D \end{pmatrix}$. Similiterque rationem ex pluribus quam duabus compositam, mutato horum ordine haud mutari ostenditur (*Pfleiderer*. §. 228.)

§. 17. Inverse, quando $A:B = \begin{pmatrix} C:D \\ E:F \end{pmatrix}$, erit $B:A = \begin{pmatrix} D:C \\ F:E \end{pmatrix}$.

Factis enim $\begin{matrix} C:D = K:L \\ E:F = L:M \end{matrix}$ est $A:B = \begin{pmatrix} K:L \\ L:M \end{pmatrix} = K:M$,

et B:A=M:K (Prop. B. in Excursu ad Libr. V.) $=\begin{pmatrix}L:K\\M:L\end{pmatrix}$ (V.23.)

$=\begin{pmatrix}D:C\\F:E\end{pmatrix}$ (Prop. B in Exc. ad Libr. V.). Quod rursus similiter ad rationem ex pluribus quam duabus compositam extenditur (*Pfleiderer.* §. 229.)

§. 18. Si A, B, C, D sunt magnitudines homogeneae, est $\begin{pmatrix}A:B\\C:D\end{pmatrix}=\begin{pmatrix}A:D\\C:B\end{pmatrix}$. Factis enim $\begin{matrix}A:B=K:L\\C:D=L:M\end{matrix}$; $\begin{matrix}A:D=K:O\\C:B=O:P\end{matrix}$

ut sint $\begin{pmatrix}A:B\\C:D\end{pmatrix}=K:M$, $\begin{pmatrix}A:D\\C:B\end{pmatrix}=K:P$ (Def. *Simson.*)

ob A:B=K:L
B:C=P:O (Prop. B in Exc. ad Libr. V.)
C:D=L:M

est A:D seu (constr.) $K:O=\begin{pmatrix}K:L\\P:O\\L:M\end{pmatrix}$,

unde §. 13. $\begin{pmatrix}K:O\\O:P\end{pmatrix}=\begin{pmatrix}K:L\\L:M\end{pmatrix}$

h. e. (V. 22.) K:P=K:M, ideoque $\begin{pmatrix}A:B\\C:D\end{pmatrix}=\begin{pmatrix}A:D\\C:B\end{pmatrix}$.

(*Pfleiderer.* §. 230.)

§. 19. Si $A:B=\begin{pmatrix}C:D\\E:F\\G:H\end{pmatrix}$, atque E:F=D:I, est

$A:B=\begin{pmatrix}C:I\\G:H\end{pmatrix}$. Facto enim G:H=I:K, fit

$A:B=\begin{pmatrix}B:D\\D:I\\I:K\end{pmatrix}$ (§. 10.) =C:K (Def. *Sims.*) $=\begin{pmatrix}C:I\\I:K\end{pmatrix}$

(Def. *Sims.*) $=\begin{pmatrix}C:I\\G:H\end{pmatrix}$ §. 10. (*Pfleiderer.* §. 231.)

§. 20. Sit A ad B in ratione composita ex rationibus E:F

et G:H; atque B:C=I:K: erit A ad C in ratione composita ex rationibus E:F, G:H, I:K. Factis enim

$$P:Q=E:F \qquad P:R=\begin{pmatrix}E:F\\G:H\end{pmatrix}$$
$$Q:R=G:H;\ \text{unde}$$
$$R:S=I:K \qquad P:S=\begin{pmatrix}E:F\\G:H\\I:K\end{pmatrix}$$

erunt $A:B=P:R$ (§. 21.)
$B:C=R:S$ (V. 11.)

$$A:C=P:S\ (\text{V. } 22.)=\begin{pmatrix}E:F\\G:H\\I:K\end{pmatrix}.$$ Idemque similiter et ad plures magnitudines A, B, C, D etc. et ad rationes ipsarum rationibus mutuis aequipollentes simplices compositasve quaslibet extenditur (*Pfleiderer.* §. 232.)

§. 21. Si $A:B=\begin{pmatrix}C:D\\E:F\end{pmatrix}$, et A, B, C, D, E, F sunt magnitudines homogeneae: ob $B:C=B:C$
$B:E=B:E$

$$\text{fiunt } A:C=\begin{pmatrix}C:D\\E:F\\B:C\end{pmatrix}=\begin{pmatrix}B:C\\C:D\\E:F\end{pmatrix}=\begin{pmatrix}B:D\\E:F\end{pmatrix}$$

§. 20. §. 16. §. 19. §. 18.

$$A:E=\begin{pmatrix}C:D\\E:F\\B:E\end{pmatrix}=\begin{pmatrix}C:D\\B:E\\E:F\end{pmatrix}=\begin{pmatrix}C:D\\B:F\end{pmatrix}=\begin{pmatrix}B:D\\C:F\end{pmatrix}$$

(*Castillon* sur une nouvelle proprieté des sections coniques in Nouv. Mem. de l'Acad. de Berlin. Année 1776. p. 298.) Ceterae, quae ibidem ex $A:B=\begin{pmatrix}C:D\\E:F\end{pmatrix}$ deducuntur rationes, ex §. 13. 17. 18. et nunc §. 21 ostensis consequuntur. (*Pfleiderer.* §. 233.)

§. 22. Ratio composita ex eiusdem rationis directa et inversa est ratio aequalitatis, seu aequalium. Quippe, si

$$\frac{\begin{array}{l} A:B = E:F \\ \text{et } B:C = F:E \end{array}}{}$$

fit A : C = E : E (V. 22.), proinde A = C (Excurs. ad Libr. V. (Prop. A.) (*Pfleiderer*. §. 234.)

§. 23. Compositionem vero plurium rationum ingredientes eiusdem rationis directa et inversa se mutuo destruunt, ita ut sint $\begin{pmatrix} A:B \\ C:D \\ B:A \end{pmatrix} = C:D$, $\begin{pmatrix} A:B \\ C:D \\ E:F \\ B:A \end{pmatrix} = \begin{pmatrix} C:D \\ E:F \end{pmatrix}$ etc.

Factis enim $A:B = K:L$
$C:D = L:M$
$E:F = M:N$

ideoque (Def. Sims.) $\begin{pmatrix} A:B \\ C:D \end{pmatrix} = K:M$

$$\begin{pmatrix} A:B \\ C:D \\ E:F \end{pmatrix} = K:N$$

ob B:A = L:K (const. et Prop. B. in Excurs. ad Libr. V.)

fiunt $\begin{pmatrix} A:B \\ C:D \\ B:A \end{pmatrix} = \begin{pmatrix} K:M \\ L:K \end{pmatrix} = L:M = C:D$ (Constr. et V. 11.)

§. 20.

$\begin{pmatrix} A:B \\ C:D \\ E:F \\ B:A \end{pmatrix} = \begin{pmatrix} K:N \\ L:K \end{pmatrix} = L:N = \begin{pmatrix} C:D \\ E:F \end{pmatrix}$ (Constr. et §. 11.)

(*Pfleiderer*. §. 235.)

§. 24. Hinc, si $\begin{pmatrix} A:B \\ C:D \end{pmatrix} = \begin{pmatrix} E:F \\ G:H \end{pmatrix}$, atque C:D = G:H; pariter erit A:B = E:F.

Quippe, ob $\begin{pmatrix} A:B \\ C:D \end{pmatrix} = \begin{pmatrix} E:F \\ G:H \end{pmatrix}$

est $A:B = \begin{pmatrix} E:F \\ G:H \\ D:C \end{pmatrix}$ §. 13. $= \begin{pmatrix} E:F \\ C:D \\ D:C \end{pmatrix}$ (supp. et §. 10.)

= E:F (§. 23.) (*Pfleiderer*. §. 236.)

§. 25. **Vicissim si ratio, quae ex duabus componitur, est ratio aequalitatis; rationum, ex quibus componitur, una est alterius inversa.**

Nempe, si $\begin{matrix} A:B = E:F \\ B:C = G:H \end{matrix}$ igitur $A:C = \begin{pmatrix} E:F \\ G:H \end{pmatrix}$;

et $A = C$, ideoque $A:B = C:B$ (V. 7.): fit $E:F = H:G$ (supp. et Prop. B in Exc. ad Libr. V. et V. 11.) (*Pfleiderer.* §. 237.)

§. 26. **Pariter, si in Compositione trium pluriumve rationum duae se mutuo destruunt, harum una alterius est inversa.**

$$\text{Quippe si } \begin{pmatrix} A:B \\ C:D \\ E:F \end{pmatrix} = A:B, \text{ et } \begin{matrix} A:B = K:L \\ C:D = L:M \\ E:F = M:N \end{matrix}$$

est (Def. *Sims.*) $K:N = K:L$, ideoque (V. 9.) $N = L$, et (V. 7.) $L:M = N:M$; proinde $C:D = F:E$ (Prop. B in Excurs. ad Libr. V. et V. 11.)

$$\text{Pariter, si } \begin{pmatrix} A:B \\ C:D \\ E:F \\ G:H \end{pmatrix} = \begin{pmatrix} A:B \\ C:D \end{pmatrix}; \text{ et } \begin{matrix} A:B = K:L \\ C:D = L:M \\ E:F = M:N \\ G:H = N:O \end{matrix}$$

est (Def. *Sims.*) $K:O = K:M$

et (V. 9.) $O = M$

et (V. 7.) $M:N = O:N$; itaque $E:F = H:G$.

Et sic ulterius. (*Pfleiderer.* §. 238.).

BONNAE
Typis Büschlerianis
1825.

CORRIGENDA.

IN TOMO I.

p. XI *v.* 24 Boermann *l.* Baermann
— XVI *v.* 7 Ptolomaeo *l.* Ptolemaeo
— 5 *v.* 27 ὑφ' *l.* ἐφ', eodemque modo p. 6. *v.* 32.
— 13 *v.* 32 circuli, quadrati *l.* circuli quadrati
— 24 *v.* 11 e *l.* et
— 27 *v.* 34 et *l.* ac
— 28 *v.* 35 quoque *l.* quoquo
— 30 *v.* *ult.* §. *l.* §. 28
— 32 *v.* 29 ad oculos *l.* ob oculos
— 56 *v.* 29 prope *l.* pro.
— 72 *v.* 24 Coila *l.* Cod. a
— 73 *v.* *ult.* duobus *l.* quatuor
— 105 *v.* 26 scalerum *l.* scalenum
— 120 *v.* 20 et 21 (n—2×2R *l.* (n—2)×2R
— 124 *v.* 4 *ΑΒΔ* *l.* *ΑΓΔ*
— 150 *v.* 23 et 25 hypothenusa *l.* hypotenusa
— 168 *v.* 21 *βουθητεῖν* *l.* *βουθυτεῖν*
— 173 *v.* 10 habent *l.* habent *ZB*
— ibid. *v.* *penult.* Quadrata *l.* quadrata
— 180 *v.* 23 ostendet *l.* ostendent
— 181 *v.* *ult.* et p. 182 *v.* 20 parallelogrammum *l.* parallelogrammorum.
— 297 *v.* *antepen.* recat *l.* recta
— 200 *v.* 30 $\frac{ΑΠ-ΠΒ}{2}$ *l.* $\frac{ΠΒ-ΑΠ}{2}$
— 201 *v.* 15 $ΔΠ=ΓΡ+ΓΙ=Π+Δ=\frac{ΑΠ-ΠΒ}{2}$
l. $ΔΠ=ΓΠ+ΓΔ=\frac{ΠΒ-ΑΠ}{2}$
— 202 *v.* 25 $ΑΔ-\frac{ΒΔ}{2}$ *l.* $\frac{ΑΔ-ΒΔ}{2}$
— 206 *v.* 5 *ΞΟ* *l.* *ΝΞΟ*
— 208 *v.* 24 II. ad 10. Obs. 8. *l.* ad II. 10. Obs. 10
— 214 *v.* 21 *τετραγώνον* *l.* *τετραγώνου*

P. 218 v. *antepen.* ΑΒΒ—Δ *l.* ΑΒ—ΒΔ
— 215 v. 8 et 9 ΠΑ *l.* ΠΔ
— 218 v. 29 e si sit *l.* i. e. si sit
— 219 v. 18 $-A\Delta^q+B\Delta^q)$ *l.* $-(A\Delta^q+B\Delta^q)$
— ibid. v. 19 $2.\Gamma\Pi^q-2(\Gamma\Pi^q-\Gamma\Delta^q)$
l. $2\Gamma\Pi^q-2\Gamma\Delta^q=2(\Gamma\Pi^q-\Gamma\Delta^q)$
— 223 v. 9 ΕΖ *l.* ΑΖ
— 232 v. 24 $2\Gamma\Delta$ *l.* $2\Gamma\Delta^q$
— 240 v. 13 11. II *l.* II. 11.
— 241 v. 15 rectangulus *l.* rectangulum
— 242 v. 15 Obs. 6 *l.* Obs. 5.
— 252 v. 3 ΑΓ· *l.* ΑΓ,
— 255 v. 29 Obs. (. *l.* Obs. 4.
— 256 v. 21 ΗΕqΘ *l.* HE^q
— 258 v. 16 difficiens *l.* deficiens
— 261 v. 24 ad Obs. 5 *l.* ad Obs. 4.
— 262 v. 12 seu *l.* sed
— 272 v. 19 ΑΒΕ *l.* ΔΒΕ
— 279 v. 22 ΒΓ *l.* Β, Γ
— 283 v. 23 ΒΕ : ΕΖ *l.* ΒΕ,ΕΖ
— 308 v. 7 ὡς αἱ *l.* ὡς ἡ
— 309 v. 16 differentia *l.* differentiae
— 332 v. 25 $\left(\frac{MN}{2}\right)^2$ *l.* $\left(\frac{MN}{2}\right)^q$
— 328 v. 2 μὴν *l.* μὲν
— 355 v. 4 ΒΠ ; *l.* ΒΠ,
— 379 v. 9 ΑΓΒ *l.* ΔΓΒ
— 387 v. 8 ΑΒ *l.* ΑΕ
— ibid. v. 13 Et angulus *l.* Angulus itaque
— 393 v. 16 ΕΒc contento *l.* ΕΒ contento
— 403 v. 23 nonnullam *l.* nonnullas

IN TOMO II.

P. 6 v. 2 οὐ μείζων *l.* οὐ, μείζων
— 8 v. *ult.* omni *l.* omnia
— 16 v. 16 te *l.* et
— 31 v. 21 ΟΔ *l.* $O\Delta^2$
— 37 v. 16 ΒΔΓ *l.* ΒΔΕ
— 38 v. 13 ΒΔΑ *l.* ΒΔΑ
— 47 v. *ult.* sit $(n-\frac{1}{2})$ *l.* sit $(n-\frac{1}{2})$ plus anguli ad verticem, ita ut v. gr. pro octogono .
— 49 v. 28 sin *l.* sit

P. 50 *v.* 26 2n *l.* 2^n

— 61 *v.* *penult.* $= \underline{\text{Rect.}}$ *l.* $= \frac{\text{Rect.}}{3}$

— 66 *v.* 25 2r *l.* 2^r

— 67 *v.* 16 $\binom{2}{20+1}\ \binom{3}{21+1}\ \binom{5}{22+1}$ *l.* $\binom{2}{2^0+1},\binom{3}{2^1+1},\binom{5}{2^2+1}$

— ibid. *v.* 16 et 17 2m+1 *l.* 2^m+1

— ibid. *v.* 22 $= \frac{1}{15}$ *l.* $= \frac{1}{51}$

— 71 *v.* 3 *Post quindecagono add.*: aequilatero et aequiangulo

— 79 *v.* 12 confirmare *l.* confirmari

— 86 *v.* 9 *ἀνάστοφὴ* *l.* *ἀναστροφὴ*

— 88 *v.* 11 *παντὰ* *l.* *πάντα,*

— 101 *v.* 22 pAgB *l.* pA:gB

— 108 *v.* 4 *a fine* propositioni *l.* propositione

— 113 *v.* *ultim.* ea: quae *l.* ea, quae

— 114 *v.* 19 (A—B *l.* (A—B)

— 121 *v.* 6 *a fine* magnitudinibus *l.* in magnitudinibus

— 128 *v.* *ultim.* *ΓΔ* *l.* *Γ:Δ*

— 140 *v.* 6 *a fine* rarione *l.* ratione

— 158 *v.* 12 definitionem *l.* definitionum

— 161 *v.* 5 — 2 *l.* 4

— ibid. *v.* 16 duobus *l.* duabus

— 213 *v.* *antepenult.* disideret *l.* desideret

— 214 *v.* 14 *μρὸς* *l.* *πρὸς*

— 220 *v.* 8 *ΓΔ* *l.* *ΓΔ, Ε*

— 222 *v.* 17 *τὺ* *l.* *τὸ*

— 225 *v.* 6 *a fine* compandii *l.* compendii

— 227 *v.* 11 *a fine* *ΒΓ* *l.* $ΒΓ^q$

— 228 *v.* 7 *a fine* in *l.* ad

— 232 *v.* 2 *εὐθεῖαι* *l.* *εὐθεῖα*

— 234 *v.* 8 *ὄοτως* *l.* *οὕτως*

— 240 *v.* 14 *a fing* ABΓ *l.* ABE

— 246 *v.* 17 hac *l.* haec

— 247 *v.* 5 *BEM* *l.* *BEΓ*

— 263 *v.* 3 *a fine* quartae *l.* quarta

— 269 *v.* *ultim.* unus *l.* unum

— 270 *v.* 15 *τὴ* *l.* *τὸ*

— 273 *v.* 10 *a fine* iingulos *l.* singulos

— ibid. *v.* 9 *a fine* spsum *l.* ipsum

— 280 *v.* 5 *a fine* aciendum *l.* faciendum

— 281 *v.* 8 *a fine* sextus *l.* textus

— 290 *v.* 14 *πεπερασμένη* *l.* *πεπερασμένην*

P. 292 *v.* 6 *a fine* ad *l.* at
— 293 *v.* 13 *a fine* es, *l.* est
— ibid. *v.* 8 *a fine* Euclidea et *l.* *Euclideae*
— ibid. *v.* 2 *a fine* a *l.* at
— 294 *v.* 9 *τὸ* *l.* *τῷ*
— 298 *v.* 12 *a fine*: trianguli *l.* rectanguli
— 301 *v.* 10 *a fine verba*: sunt *EI,IZ*, et *AE deleantur.*

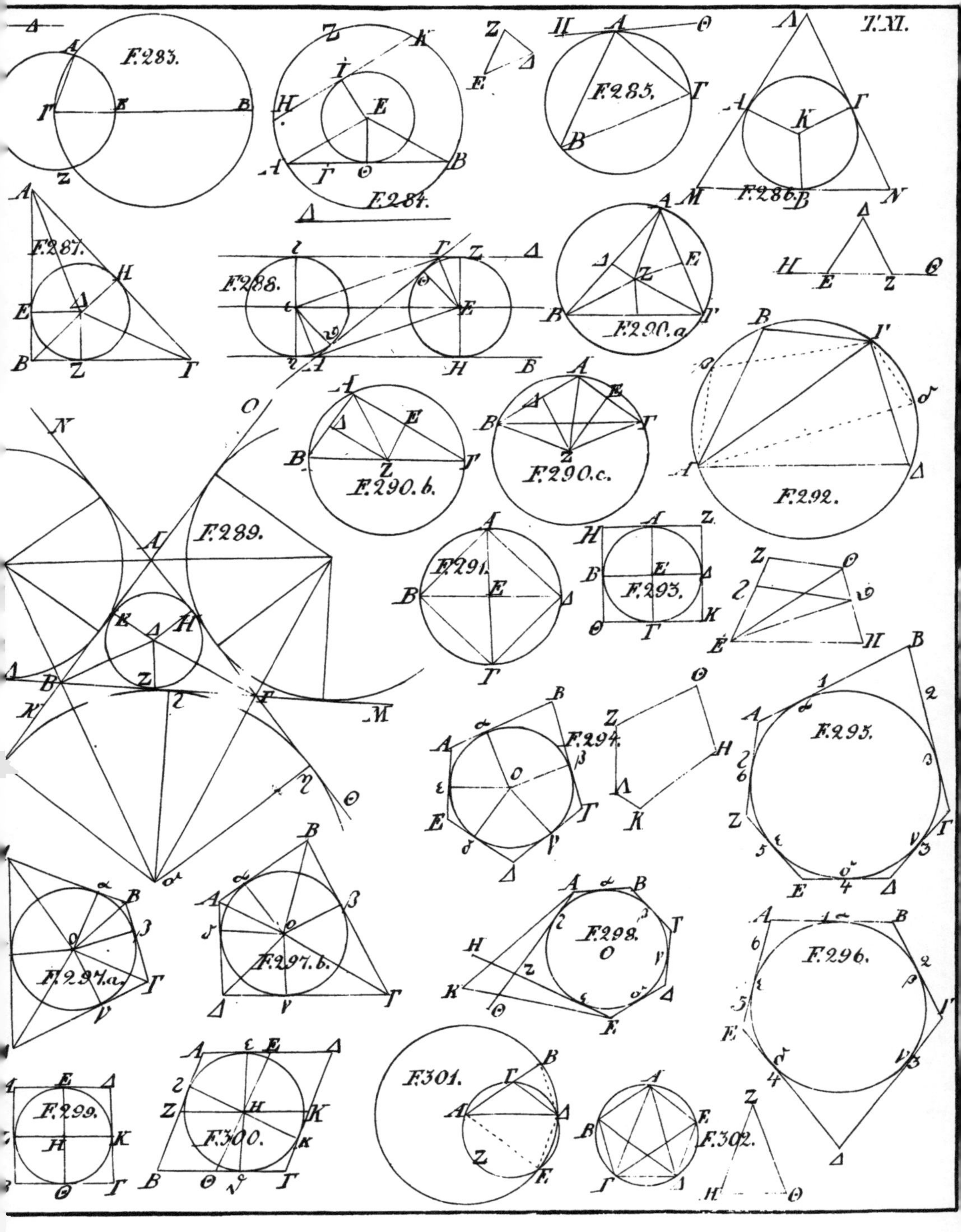
T. XI.
F. 283.
F. 284.
F. 285.
F. 286.
F. 287.
F. 288.
F. 289.
F. 290. a
F. 290. b.
F. 290. c.
F. 291.
F. 292.
F. 293.
F. 294.
F. 295.
F. 296.
F. 297. a.
F. 297. b.
F. 298.
F. 299.
F. 300.
F. 301.
F. 302.

TXII.

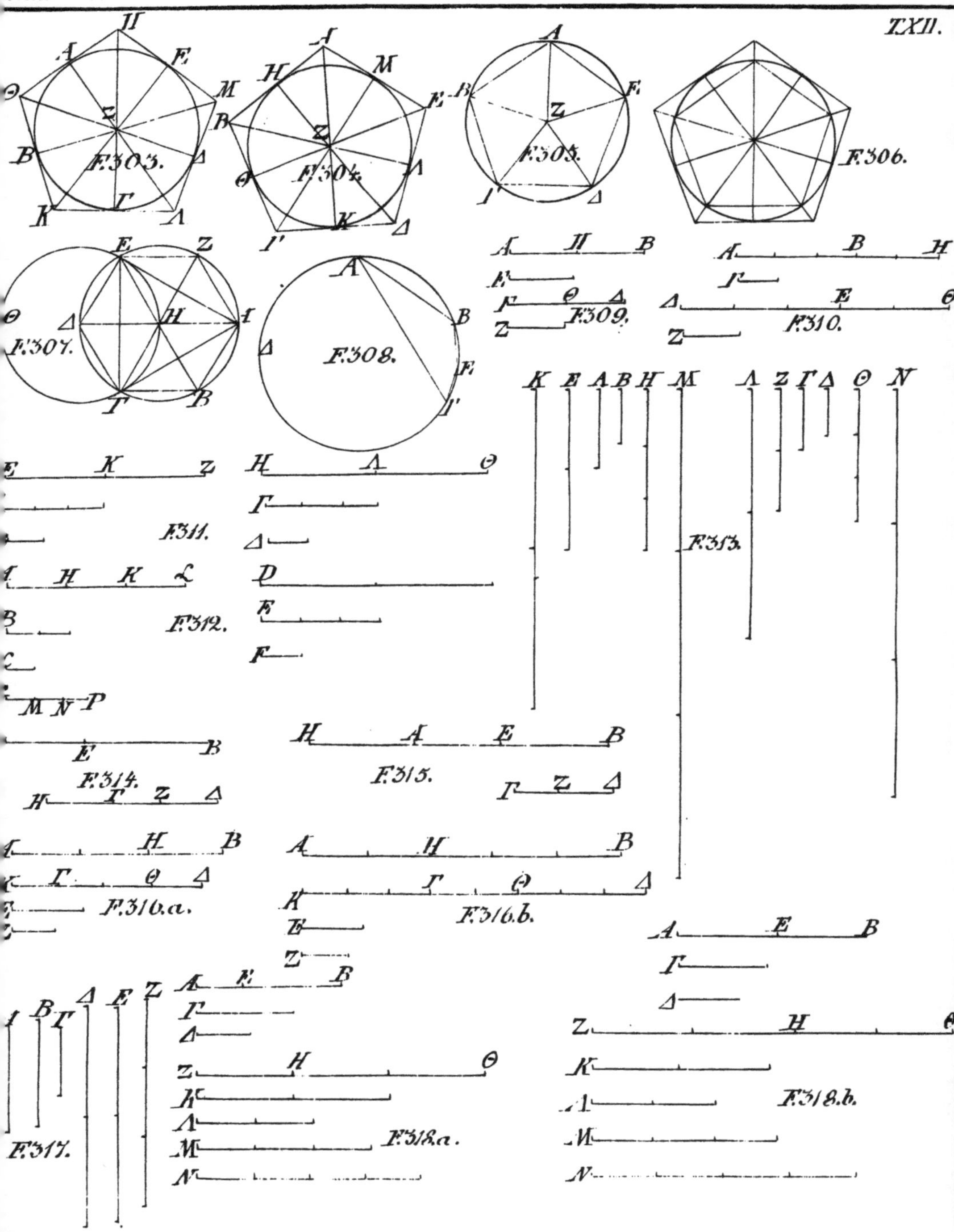
F.303.
F.304.
F.305.
F.306.
F.307.
F.308.
F.309.
F.310.
F.311.
F.312.
F.313.
F.314.
F.315.
F.316.a.
F.316.b.
F.317.
F.318.a.
F.318.b.

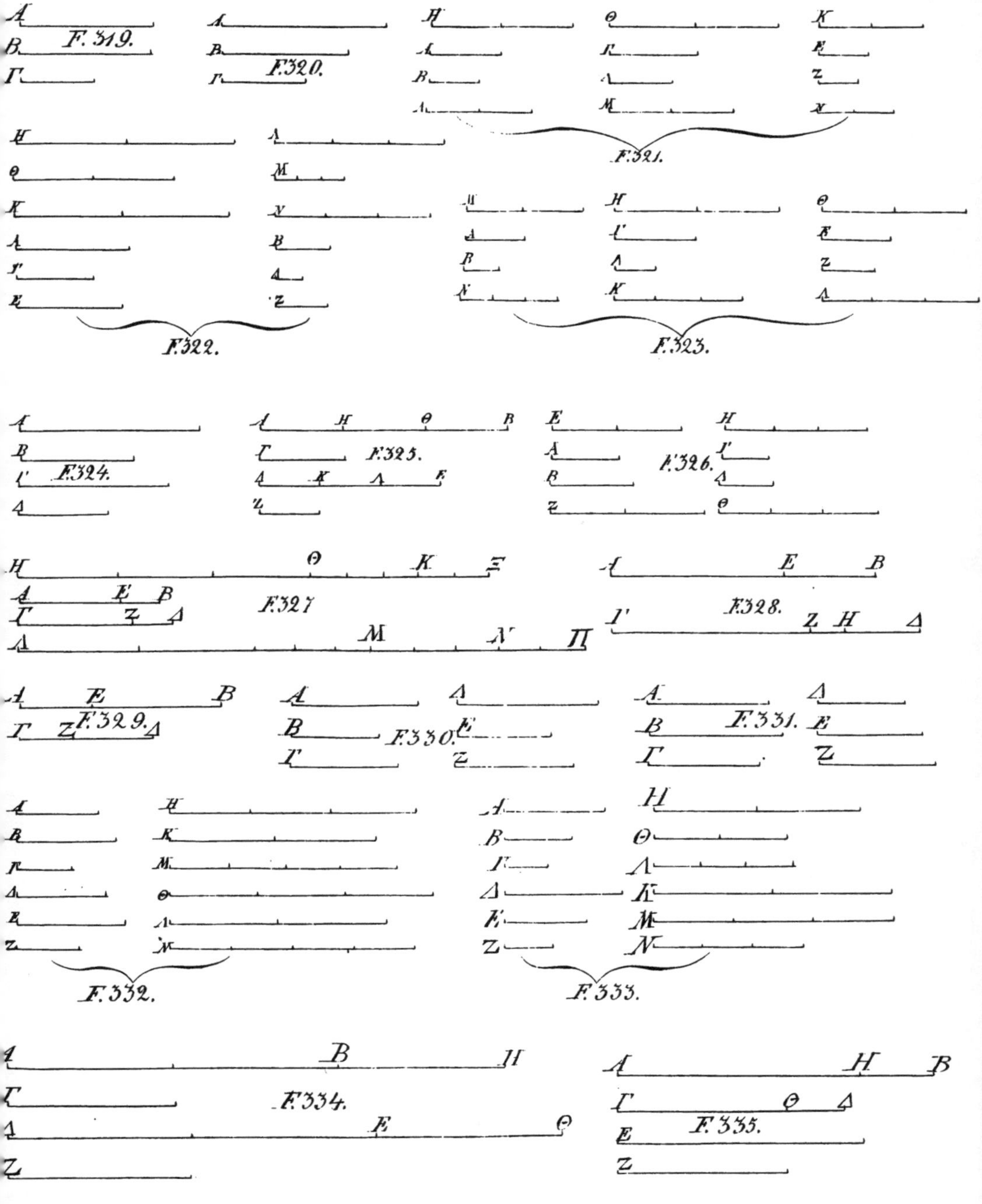
F. 319.
F.320.
F.321.
F.322.
F.323.
F.324.
F.325.
F.326.
F.327
F.328.
F.329.
F.330.
F.331.
F.332.
F.333.
F.334.
F.335.

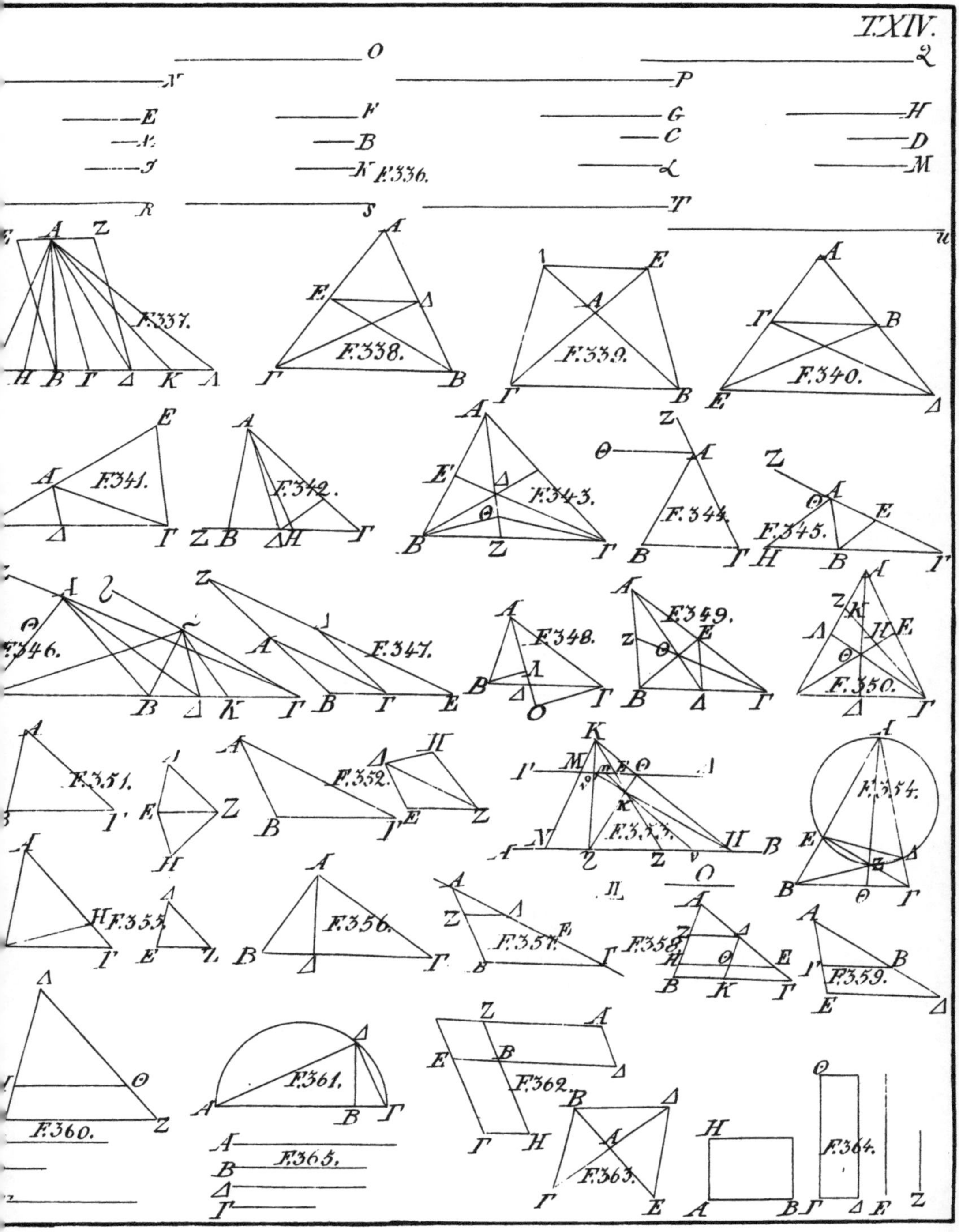
T.XIV.
F.336.
F.337.
F.338.
F.339.
F.340.
F.341.
F.342.
F.343.
F.344.
F.345.
F.346.
F.347.
F.348.
F.349.
F.350.
F.351.
F.352.
F.353.
F.354.
F.355.
F.356.
F.357.
F.358.
F.359.
F.360.
F.361.
F.362.
F.363.
F.364.
F.365.

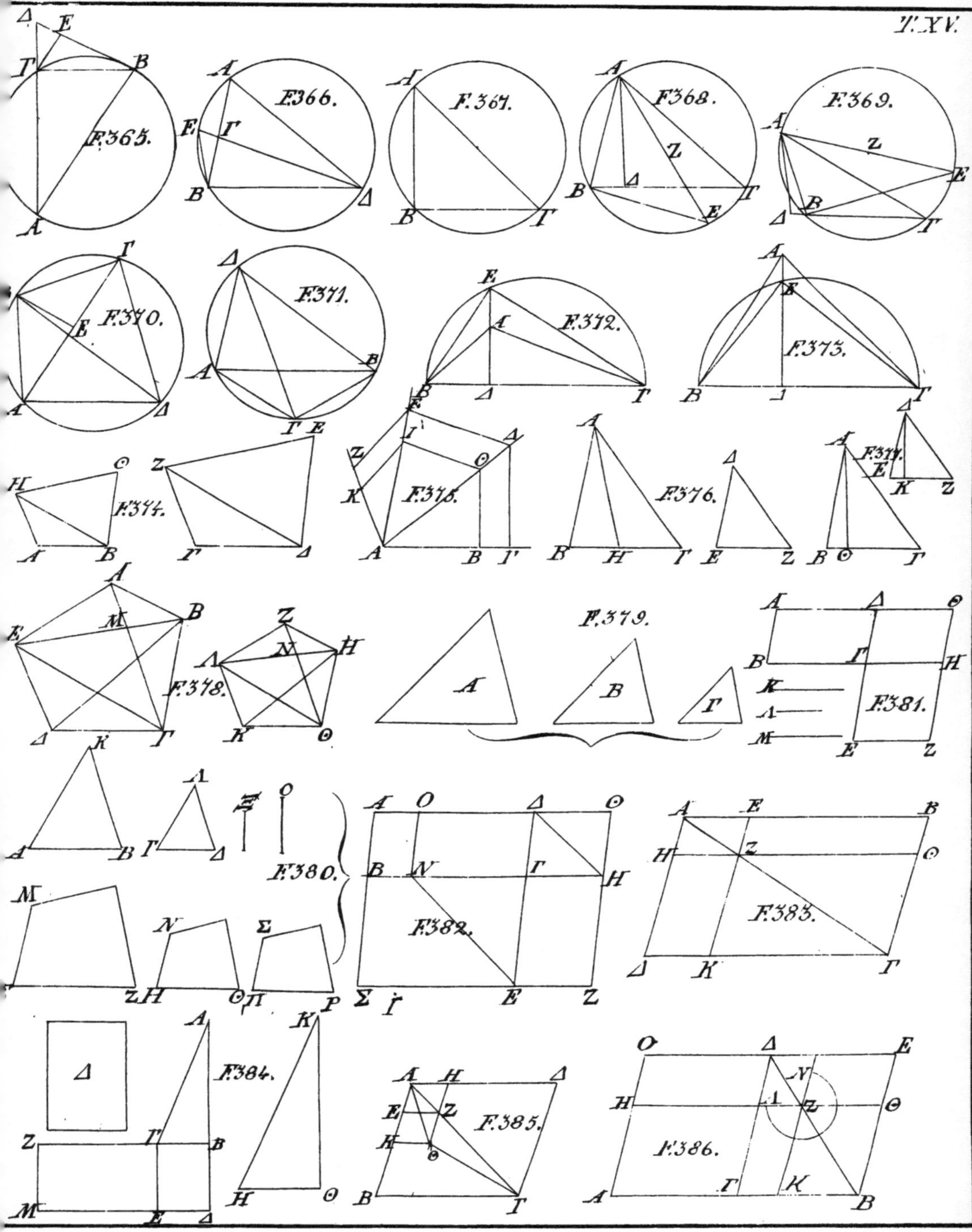
F.365.
F.366.
F.367.
F.368.
F.369.
F.370.
F.371.
F.372.
F.373.
F.374.
F.375.
F.376.
F.377.
F.378.
F.379.
F.380.
F.381.
F.382.
F.383.
F.384.
F.385.
F.386.

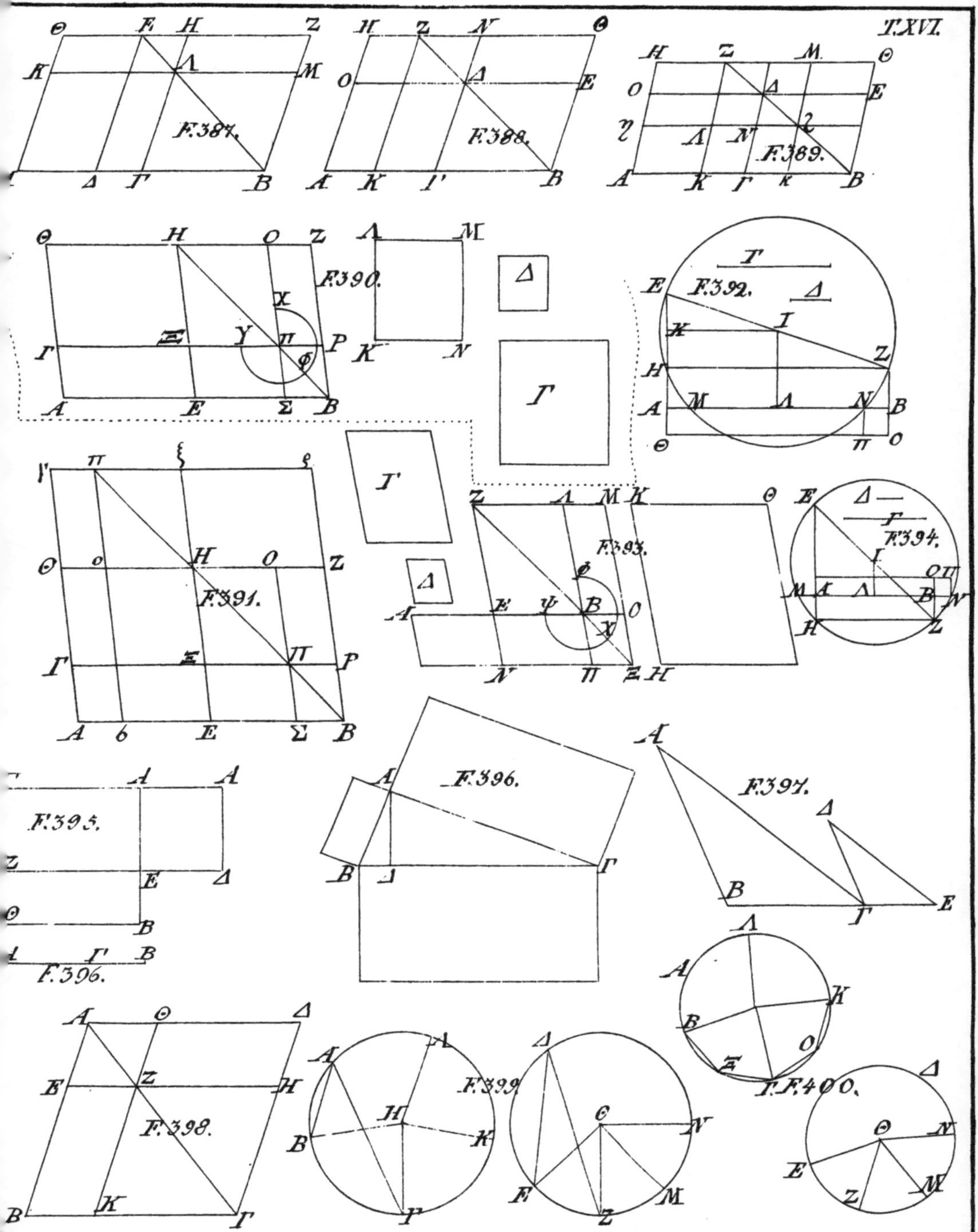
T.XVI.
F.387.
F.388.
F.389.
F.390.
F.391.
F.392.
F.393.
F.394.
F.395.
F.396.
F.396.
F.397.
F.398.
F.399
F.400.

Bei Fragen zur Produktsicherheit wenden Sie sich bitte an:
If you have any questions regarding product safety,
please contact:

Walter de Gruyter GmbH
Genthiner Straße 13
10785 Berlin
productsafety@degruyterbrill.com